# Bioethik unterrichten - Urteilsfähigkeit fördern

Corinna Hößle · Wiebke Rathje
Hrsg.

# Bioethik unterrichten - Urteilsfähigkeit fördern

Ein Aufsatzsammlung von Fachdidaktikern und Bildungswissenschaftlern für die Bildungslandschaft

*Hrsg.*
Corinna Hößle
Inst. Biologie und Umweltwissenschaften
Carl von Ossietzky Universität Oldenbur
Oldenburg, Deutschland

Wiebke Rathje
Fakultät V - Mathematik und
Naturwissenschaften, Institut für Biologie
und Umweltwissenschaften
Carl von Ossietzky Universität Oldenburg
Oldenburg, Deutschland

Ergänzendes Material zu diesem Buch finden Sie auf http://link.springer.com.

ISBN 978-3-662-69706-1     ISBN 978-3-662-69707-8 (eBook)
https://doi.org/10.1007/978-3-662-69707-8

Die Deutsche Nationalbibliothek verzeichnet diese Publikation in der Deutschen Nationalbibliografie; detaillierte bibliografische Daten sind im Internet über https://portal.dnb.de abrufbar.

© Der/die Herausgeber bzw. der/die Autor(en), exklusiv lizenziert durch Springer-Verlag GmbH, DE, ein Teil von Springer Nature 2025

Das Werk einschließlich aller seiner Teile ist urheberrechtlich geschützt. Jede Verwertung, die nicht ausdrücklich vom Urheberrechtsgesetz zugelassen ist, bedarf der vorherigen Zustimmung des Verlags. Das gilt insbesondere für Vervielfältigungen, Bearbeitungen, Übersetzungen, Mikroverfilmungen und die Einspeicherung und Verarbeitung in elektronischen Systemen.
Die Wiedergabe von allgemein beschreibenden Bezeichnungen, Marken, Unternehmensnamen etc. in diesem Werk bedeutet nicht, dass diese frei durch jede Person benutzt werden dürfen. Die Berechtigung zur Benutzung unterliegt, auch ohne gesonderten Hinweis hierzu, den Regeln des Markenrechts. Die Rechte des/der jeweiligen Zeicheninhaber*in sind zu beachten.
Der Verlag, die Autor*innen und die Herausgeber*innen gehen davon aus, dass die Angaben und Informationen in diesem Werk zum Zeitpunkt der Veröffentlichung vollständig und korrekt sind. Weder der Verlag noch die Autor*innen oder die Herausgeber*innen übernehmen, ausdrücklich oder implizit, Gewähr für den Inhalt des Werkes, etwaige Fehler oder Äußerungen. Der Verlag bleibt im Hinblick auf geografische Zuordnungen und Gebietsbezeichnungen in veröffentlichten Karten und Institutionsadressen neutral.

Planung/Lektorat: Stefanie Wolf
Springer Spektrum ist ein Imprint der eingetragenen Gesellschaft Springer-Verlag GmbH, DE und ist ein Teil von Springer Nature.
Die Anschrift der Gesellschaft ist: Heidelberger Platz 3, 14197 Berlin, Germany

Wenn Sie dieses Produkt entsorgen, geben Sie das Papier bitte zum Recycling.

# Vorwort: Moralisch urteilen und ethisch bewerten in unterschiedlichen Fachdomänen – Theorie und Praxisbeispiele für den Bildungsbereich

## Einleitung

Sollten Gehirn-Computer-Schnittstellen genutzt werden, um Parkinsonpatienten zu behandeln? Dürfen Hunde wie der Mops nach menschlichem Belieben gezüchtet werden? Widerspricht eine Impfpflicht dem demokratischen Denken? Diese und viele weitere ethische Fragen fordern die Bürgerinnen und Bürger unserer Gesellschaft tagtäglich heraus, moralisch reflektierte Urteile zu fällen. Welchen Einfluss haben Emotionen und Erfahrungen auf die Urteilsfällung und anhand welcher Methoden und Medien kann es gelingen, die Urteilsfähigkeit im Sinne der Demokratie zu fördern? Diese Fragen werden im vorliegenden Buch aufgegriffen und aus interdisziplinären Perspektiven beantwortet. Fachdidaktiker aus den Fächern Politische Bildung, Biologie, Chemie, Physik, Philosophie und Geographie reflektieren über Theorien, stellen Forschungsergebnisse vor und präsentieren erprobte praktische Ansätze zur Förderung der Urteilsfähigkeit. Die Autorinnen und Autoren liefern damit eine bisher einmalige, wertvolle Bandbreite an aktuellen Einblicken in ein Basiselement demokratischen Denkens.

## Ethik und Moral: Zwei verwandte, aber unterschiedliche Begriffe

Die Begriffe Ethik und Moral sind eng miteinander verknüpft, unterscheiden sich aber in Funktion, Geltungsbereich und der Rolle der jeweiligen Konzepte. Während die Ethik die wissenschaftliche Untersuchung von Moralprinzipien und -regeln beschreibt, bezieht sich Moral auf persönliche sowie soziale Normen und Werte, die Menschen in Bezug auf ihre Handlungen und Entscheidungen anwenden. Ethik ist somit eine philosophische Disziplin, die moralische Prozesse und Einstellungen reflektiert und die Kennzeichen „guten" und „schlechten" Handelns hinterfragt. Vereinfacht kann man die Ethik als Wissenschaft der Moral und die Moral als die praktische, in der Gesellschaft gelebte Anwendung der Ethik bezeichnen.

Unter Moral werden dabei Verhaltensregeln und Normen bestimmter Gruppen oder Kulturen verstanden, die das Handeln von Menschen bestimmen. Wird gegen die Moralvorstellungen verstoßen, löst das in der Regel Schuldgefühle aus. Das heutige Verständnis von Ethik und Moral ist stark geprägt durch verschiedene

Philosophien und Zeitepochen, die zunächst in einem kurzen historischen Überblick wiedergegeben werden.

## Die Vorstellungen zu Ethik und Moral haben sich im Laufe der Zeit verändert

Die Basis der heutigen ethischen Theorien wurde bereits durch die Philosophen der Antike gelegt. *Aristoteles* (384–322 v. Chr.) betonte als einer der ersten Philosophen in seiner Nikomachischen Ethik die Bedeutung von Tugenden wie z. B. Wahrhaftigkeit, Mäßigkeit und insbesondere Gerechtigkeit für das gute Zusammenleben der Menschen (Celikates, 2009). Die von Aristoteles dargelegten Tugenden finden sich in der Tugendethik wieder und zeichnen die wertebasierte moralische Urteilsfähigkeit aus. Der Ansatz findet seine Berücksichtigung in beinahe allen Beiträgen dieses Werkes. Stets geht es dabei um die Frage, welche ethischen Werte durch einen ethisch-moralischen Konflikt berührt werden.

Auch wenn von *Sokrates* (469–399 v. Chr.) keine Schriften hinterlassen sind, soll er nach Überlieferungen ein scharfer Diskutant über Moral und Tugend gewesen sein. Noch heute gelten das sokratische Gespräch und der sokratische Dialog als Methoden zur Förderung der moralischen Urteilsfähigkeit von Kindern und Jugendlichen (Birnbacher & Krohn, 2008). Kennzeichen dieser Gesprächsformen ist es, durch Fragen und kritisches Denken das Verständnis des Problems und der berührten Tugenden zu vertiefen und Ideen zur Lösung des Konflikts zu erforschen. In diesem Sammelband wird in Kap. 19 von Arne Dittmer das sokratische Gespräch als Methode vorgestellt, um gezielt die Diskussionskultur von Kindern und Jugendlichen im Unterricht zu fördern.

Von *Platon*, (428/427–348/347 v. Chr.), dem Schüler Sokrates, ist sein schriftliches Werk *Politeia* („Der Staat") überliefert, in dem seine ethischen Fragen und Ideen diskutiert werden. Insbesondere der in der Moralforschung zentrale Begriff der Gerechtigkeit wurde von Platon erstmalig ausgiebig definiert und im Zeitalter der Aufklärung von *John Locke, Immanuel Kant, John Stuart Mill* und *John Rawls* aufgegriffen und ausdifferenziert. Noch heute findet der Begriff der Gerechtigkeit in der Diskussion bioethischer Dilemmata große Berücksichtigung. Geht es etwa um die Frage der Verteilungsgerechtigkeit von begrenzten Gütern im Gesundheitswesen, so steht der Begriff im Fokus (s. hierzu Kap. 15 von Corinna Hößle und Kap. 18 von Sarah Huck.

Allen Philosophen der Antike ist die Diskussion des „Glücks" gemeinsam, wenngleich spezifische Interpretationen variieren. Das Konzept des „Glücks" (griech. *eudaimonia*) steht im Allgemeinen für das ideale Leben, das alle Menschen auf ihre Art und Weise anstreben. Dieses Ideal hat sowohl moralische als auch pragmatische Aspekte und ist meist mit Vorstellungen von Tugend, Vernunft und persönlicher Erfüllung verknüpft (Prechtl & Burkard, 2015). In der heutigen Diskussion bioethischer Konflikte steht häufig die Frage nach einem glücklichen Leben im Vordergrund. Können neue gentechnologische Verfahren das Glückserleben verbessern? Führt der (Verzicht auf) Fleischkonsum zu einem glücklicheren Leben oder hält ein an Konsumgütern orientiertes Leben mehr Glück bereit?

Neben der Philosophie üben bis heute vor allem auch religiöse Traditionen einen entscheidenden Einfluss auf die Entwicklung der moralischen Urteilsfähigkeit aus. Die Zehn Gebote, die sowohl im Juden- wie auch im Christentum moralisch handlungsweisend sind, stellen bis heute für Gläubige die normativen Richtlinien für das Leben bereit. Im Mittelalter verband der Dominikanermönch *Thomas von Aquin* (1225–1274) Aristoteles' Ethik mit dem Christentum und betonte ebenso die Bedeutung der Tugend für ein moralisches Leben. Im Gegensatz zu Aristoteles, für den die Moral auf menschlicher Vernunft und Glück gründet, basiert für Aquin die Moral letzten Endes auf Gottes Wille und göttlicher Gnade. Folgt man Thomas von Aquin, so besitzt der Mensch aufgrund eines *Göttlichen Gesetzes* oder *Naturrechts* „die Fähigkeit, zwischen wahr und unwahr sowie zwischen Gut und Böse zu unterscheiden" (Papst Franziskus, 2024). In Bezug auf Gerechtigkeit sieht Aquin die Pflicht aller Menschen darin, anderen das zu geben, was ihnen „zusteht" oder was sie verdienen. Dies kann auf zahlreiche alltagsrelevante Situationen angewendet werden; von der Bezahlung eines fairen Lohns für Arbeit bis hin zur Behandlung von Menschen mit Respekt und Würde. Aquins Moralphilosophie bleibt bis heute insbesondere in der katholischen Kirche einflussreich (Kruip, 2018). Nadine Tramowsky zeigt in Kap. 16 zur Tierethik anschaulich, welchen Einfluss religiöse Denkweisen auch heute noch auf die Bewertung ethischer Kontexte haben.

Im 17. und 18. Jahrhundert erreicht die Epoche der Aufklärung ihren Höhepunkt und verursacht eine Verschiebung von diesen religiös geprägten zu mehr säkularen Ansätzen in der Moralforschung. Ihre Vertreter sind bei der Suche nach Wahrheit und Verständnis geprägt von einem starken Glauben an die Vernunft. Insbesondere der deutsche Philosoph *Immanuel Kant* (1724–1804) betont, dass moralisches Handeln auf Vernunft basieren sollte, nicht auf Emotionen oder dem Streben nach Glück. Seine Moralethik ist als *Pflichtethik* (auch deontologische Ethik) bekannt und prägt noch heute das Denken und Handeln in unserer Gesellschaft und vor allem in unserem Rechtswesen. Die Kant'sche Ethik betont die moralische Pflicht zum guten Handeln, während die Folgen der Handlung sowie Eigeninteressen oder Neigungen in den Hintergrund geraten. Im Gegensatz dazu stehen die Prinzipien des *Utilitarismus*, zu deren Vertretern z. B. *Jeremy Bentham* (1748–1832) und *John Stuart Mill* (1806–1873) zählen, die die Konsequenzen einer Handlung in den Vordergrund stellen und diese stärker gewichten als ethische Prinzipien und Werte. Ein bekanntes Beispiel, an dem die gegensätzlichen Prinzipien des Utilitarismus und Kants Pflichtethik deutlich werden, ist die von Ferdinand von Schirach (2016) beschriebene Dilemmasituation im Theaterstück *Terror*: Ein Terrorist entführt ein Passagierflugzeug und plant, es in ein Stadion mit 70.000 Menschen zu lenken. Ein von der Luftwaffe alarmierter Kampfpilot steht vor der Entscheidung, das Flugzeug abzuschießen, um Tausenden das Leben zu retten, was aber den sicheren Tod der 164 Passagiere an Bord bedeute. In Anbetracht der Folgen eines Abschusses (164 Passagiere sterben, 70.000 Menschen werden gerettet) ist nach den Prinzipien des Utilitarismus der Abschuss die moralisch richtige Entscheidung. Nach Kants Pflichtethik verbietet sich dagegen die Tötung auch nur eines Passagieres. Mögliche Folgen sollten bei einer Handlungsentscheidung nicht berücksichtigt werden. Es sollte allein beurteilt werden, ob die Handlung selbst moralisch richtig ist. Da der Abschuss gegen das Prinzip der Menschenwürde verstößt, die das Recht auf Leben eines jeden Menschen betont, können geopferte und gerettete Menschenleben nicht gegeneinander aufgewogen werden. Zudem sind die Folgen des Abschusses nicht vorhersehbar. Der Kampfpilot kann nicht mit absoluter Sicherheit wissen, ob das Flugzeug tatsächlich in das Stadion gelenkt wird.

Diese kantische Haltung spiegelt sich auch im Urteil des Bundesverfassungsgerichts (2006) wider, das das Abschießen eines für terroristische Zwecke entführten Flugzeugs mit dem Grundrecht auf Leben und mit der Menschenwürdegarantie des Grundgesetzes unvereinbar sieht. Der im deutschen Grundgesetz und in der Menschenrechtscharta festgelegte Begriff der Menschenwürde knüpft in Teilen an Kants Philosophie an (Hong, 2024) und ist heute in zahlreichen ethischen Debatten ein zentraler Grundsatz, so auch in den Praxisbeispielen dieses Bandes, wenn es z. B. um Fragen zu den Themen Schwangerschaftsabbruch (Hößle, Kap. 9), Genome Editing am Menschen (Gerber, Kap. 10), Zwangsimpfung (Halbrock, Meisert und Menthe, Kap. 14) oder Triage bei Überlastung des Gesundheitssystems (Hößle, Kap. 15) geht.

Für Kant gilt darüber hinaus der kategorische Imperativ: „Handle stets nur nach derjenigen Maxime, von der du wollen kannst, dass sie ein allgemeines Gesetz werde!" Kritik übt der Zeitgenosse *Arthur Schopenhauer* (1788–1860). Er beurteilt Kants Moralphilosophie als eine Art „Moralismus", der die Menschen dazu bringe, sich selbst zu überheben und andere zu verurteilen. Die Menschen würden seiner Auffassung nach nicht durch moralische Gesetze motiviert, sondern durch ihre eigenen Interessen und Bedürfnisse (Trampota, 2012).

Für viele Philosophen des 18., 19. und auch 20. Jahrhunderts, wie auch *David Hume* (1711–1776), greift die kantische Pflichtethik ebenfalls oft zu kurz, da sie weder die Emotionen und realen Bedürfnisse der Menschen noch die Situationen berücksichtigt, in denen eine moralische Entscheidung getroffen werden soll (Trampota, 2012). So führt *Jean-Paul Sartre* (1905–1980) die Situation der Franzosen während der Besetzung durch Deutschland im 2. Weltkrieg als Beispiel an. In diesem Kontext stellt Sartre die Frage, ob eine Person in den Widerstand gehen sollte und damit die eigene Familie gefährden würde oder ob die Person eher kollaborieren und somit die Familie schützen sollte. In solchen Situationen hilft, so Sartre, die Definition von moralischem Handeln als vernunftgeleitetes Handeln nach Kant nicht weiter. Sartre betont, dass die meisten wirklich moralischen Entscheidungen in amoralischen Situationen (z. B. Angriff und Besetzung eines Landes) getroffen werden (Sartre, 2005, S. 32). Derartige Entscheidungssituationen, die auch als moralische Dilemmata bezeichnet werden, spiegeln sich auch in der aktuellen Diskussion um die Waffenlieferung in die Ukraine wider. Egal, welche Entscheidung man fällt, „es gibt keine Lösung, bei der man nicht schuldig wird" (Feige, 2022).

Seit der zweiten Hälfte des 20. Jahrhunderts und dem Aufkommen verschiedener ökologischer Krisen werden Fragen, die die Umwelt betreffen, immer bedeutsamer. Welche Verantwortung hat die Gesellschaft zukünftigen Generationen gegenüber? Welche Eingriffe in die Natur sind moralisch vertretbar? Wie sollen Tiere behandelt werden, und welche Rechte werden ihnen zugesprochen? Diese Aspekte finden sich in vielen aktuellen bioethischen Kontexten wieder und werden in diesem Buch intensiv diskutiert, z. B. wenn Fragen nachhaltiger Landwirtschaft (Rathje, Kap. 11,

Jansen und Krause, Kap. 12), des Klimawandels (Bub, Höger und Rabe, Kap. 13) oder dem „Nutzen" von Tieren als „Organquelle" (Ulrich-Riedhammer und Laub, Kap. 17) fokussiert werden.

## Moralisch urteilen und ethisch bewerten in Bildungskontexten

Die Begriffe „moralische Urteilsfähigkeit" und „ethische Bewertungskompetenz" werden häufig synonym verwendet und auch von den Autorinnen und Autoren dieses Sammelwerks aufgegriffen. Während im deutschsprachigen Raum in den Naturwissenschaften durchgängig der Begriff „ethische Bewertungskompetenz" benutzt wird, greifen die Fachdidaktiker der Philosophie und Geographie auf den Begriff „moralische Urteilsfähigkeit" zurück. In der politischen Bildung wird letztgenannter Begriff von der „politischen Urteilsfähigkeit" unterschieden (Füchter, Kap. 1). Es soll daher ein kurzer Blick auf diese Konstrukte geworfen werden:

Die *moralische Urteilsfähigkeit* bezieht sich auf die Fähigkeit einer Person, moralisch-ethische Situationen und Konflikte zu erkennen, moralische Werte und Prinzipien zu verstehen, auf die Konflikte zu übertragen und abzuwägen sowie fundierte, argumentativ begründete Urteile zu fällen. Darüber hinaus gilt es, die Konsequenzen eines Urteils antizipieren zu können.

Bereits die Definition weist darauf hin, dass die Fähigkeit, moralische Urteile zu fällen, ein komplexer Prozess ist, der sowohl kognitive als auch emotionale und soziale Aspekte umfassen kann. Die Entwicklung dieser Fähigkeiten bei Kindern und Jugendlichen wurde ab dem 20. Jahrhundert eingehend erforscht.

Der Schweizer Entwicklungspsychologe *Jean Piaget* (1896–1980) führte vermutlich als erster bedeutende Studien zur moralischen Entwicklung von Kindern durch. Dabei identifizierte er verschiedene Stufen der moralischen Entwicklung und schlussfolgerte, dass Kinder sich schrittweise von einer heteronomen, d. h. durch Autoritäten regelgeleiteten, hin zu einer autonomen, d. h. selbstregulierten, Moral entwickeln.

Der Amerikaner *Lawrence Kohlberg* (1927–1987), dessen Arbeiten das Oldenburger Modell der ethischen Bewertungskompetenz maßgeblich beeinflusste, baut auf den Arbeiten Piagets auf und entwickelte eine eigene, forschungsbasierte Theorie der moralischen Entwicklung (Reitschert & Hößle, 2017). Sein Modell präsentiert sechs Stufen der moralischen Entwicklung, die sich über drei Hauptebenen (präkonventionell, konventionell und postkonventionell) erstrecken und die zunehmende Autonomie der Urteilenden beschreiben. Kohlberg betont die Bedeutung von moralischem Denken und begründeten Entscheidungen basierend auf moralischen Prinzipien (Kohlberg, 1981). *Carol Gilligan* kritisiert Kohlbergs Theorie der moralischen Entwicklung als zu stark auf männliche Perspektiven und alltagsferne Dilemmata ausgerichtet. Gilligan betont vielmehr, dass Frauen oft eine ethische Perspektive der Fürsorge und Beziehungen haben und weniger allein an dem Prinzip der Gerechtigkeit ausgerichtet sind (Gilligan, 1982). Damit hat Gilligan wesentlich dazu beigetragen, die Diskussion um geschlechtsspezifische Unterschiede in der moralischen Entwicklung zu erweitern.

Der zeitgenössische Moralpsychologe *Jonathan Haidt* greift Gilligans Kritik an Kohlbergs rein kognitiv-rational ausgerichtetem Modell moralischer Urteilsfähigkeit auf und ergänzt diese um eine sozial-intuitionistische Theorie (Haidt, 2001). Haidt betont, dass moralische Urteile oft spontan und intuitiv sind und rationales Denken häufig im Nachhinein eingesetzt wird, um diese Urteile zu rechtfertigen. Seine Arbeiten finden in diesem Buch ihren Niederschlag in den Überlegungen von Arne Dittmer (Kap. 3) und Monika Pohlmann (Kap. 4).

Diese und einige weitere Wissenschaftler der Moralforschung haben durch ihre internationalen Beiträge dazu beigetragen, das Verständnis der moralischen Urteilsfähigkeit zu vertiefen und verschiedene Dimensionen dieses Konstrukts zu erforschen. Ihre Arbeiten haben die Diskussionen über Ethik und Moral in verschiedenen Disziplinen vorangetrieben, darunter Psychologie, Pädagogik, Philosophie und Soziologie. Die Betrachtung zeigt, dass die Auffassungen über moralische Urteilsfähigkeit von vielen Einflüssen geprägt sind. Allen Theorien liegt die Annahme zugrunde, dass die Entwicklung moralischer Urteilsfähigkeit stets ein dynamischer Prozess ist, der durch unterschiedliche pädagogische und psychologische Einwirkungen ausdifferenziert werden kann. Diese Annahme ist Grundlage aller Kapitel dieses Sammelwerkes.

Während das Konstrukt der moralischen Urteilsfähigkeit auf eine lange historische Entwicklung gründet, ist der Terminus der *ethischen Bewertungskompetenz* vergleichsweise jung. 2005 erfolgte die Einführung der Bildungsstandards für den naturwissenschaftlichen Unterricht, die 2024 in überarbeiteter Version erschienen (KMK, 2024). Damit wurde die Implementation ethischer Konflikte in den Unterricht zu einer verbindlichen Aufgabe für die Naturwissenschaftslehrkräfte. Der Begriff der ethischen Bewertungskompetenz wurde in diesem Zusammenhang als gleichberechtigter Kompetenzbereich neben Fachwissen, Erkenntnisgewinnung und Kommunikation eingeführt und zunächst lediglich grob definiert. Bezogen auf das Fach Biologie, das die Herausgeberinnen dieses Werkes vertreten, fokussiert der Kompetenzbereich „Ethisches Bewerten" auf das Erkennen und Bewerten biologischer Sachverhalte in verschiedenen Kontexten (KMK, 2024). Die Beurteilung von Sachverhalten oder Handlungsoptionen soll explizit unter Bezugnahme auf ethische Werte vollzogen werden. Hier wird die Nähe zum Bereich der Ethik in einer Form deutlich, die in den Fächern Chemie und Physik weniger stark ausgeprägt ist. Hinweise auf eine Fachspezifität und damit indirekt eine Kontextabhängigkeit von Bewertungskompetenz liefern auch Hostenbach und Walpuski (2013).

Im Bereich der biologiedidaktischen Forschung sind drei Modelle explizit für den Kompetenzbereich „Bewertung" entwickelt worden, um Bewertungskompetenz fördern und diagnostizieren zu können: das Oldenburger Modell der ethischen Bewertungskompetenz (Hößle, 2007; Reitschert & Hößle, 2007), das Göttinger Modell zur umweltethischen Bewertungskompetenz (Bögeholz, 2007) sowie das Kompetenzmodell aus dem Projekt „Evaluation der Standards in den Naturwissenschaften für die Sekundarstufe". Diese stammen aus unterschiedlichen thematischen Kontexten und beziehen sich auf unterschiedliche Grundlagen (Hostenbach et al., 2011; Steffen & Hößle, 2014)

Das Oldenburger Modell der ethischen Bewertungskompetenz ist ein Strukturmodell, das in bioethischen Kontexten entwickelt wurde und den Kompetenzbereich

"Bewertung" auf der Basis von bereits bestehenden Modellen zur Urteilsbildung aus Philosophie- und Biologiedidaktik beschreibt (Hößle, 2007; Bögeholz et al., 2018) und sowohl zur Strukturierung von Unterricht als auch zur Förderung und Diagnose von Bewertungskompetenz eingesetzt wird. Im Fokus steht die Förderung der Teilkompetenzen Wahrnehmen und Bewusstmachen der eigenen Einstellung, Wahrnehmen und Bewusstmachen moralischer Relevanz, Beurteilen, Folgenreflexion, Urteilen sowie ethisches Basiswissen und Argumentieren.

Das Göttinger Modell der Bewertungskompetenz fokussiert thematisch auf den Bereich der nachhaltigen Entwicklung und rückt vor allem Theorien der Entscheidungsfindung in den Fokus (Bögeholz, 2007). Teilkompetenzen sind das Kennen und Verstehen von nachhaltiger Entwicklung, Kennen und Verstehen von Werten und Normen, Generieren und Reflektieren von Sachinformationen sowie Bewerten, Entscheiden und Reflektieren.

Aus einer Zusammenarbeit von Chemie-, Physik und Biologiedidaktikern ist das WAAGE$^R$-Modell entstanden, mit dem eine weitere Methode zur Strukturierung von naturwissenschaftlichem Unterricht in Bezug auf ethische Kontexte zur Verfügung steht. Es zieht die oben dargestellten Göttinger- und Oldenburger-Modelle als theroriebasierte und empirisch überprüfte Grundlagen heran und reduziert sie in ihrer Komplexität, um sie fächerübergreifend in den Naturwissenschaften einzusetzen. Das WAAGE$^R$-Modell fokussiert auf die folgenden fünf Fähigkeiten: Wahrnehmen, Analysieren, Argumentieren, Gewichten, Entscheiden und Reflektieren (Langlet et al., 2022).

**Warum moralisch urteilen und ethisch bewerten?**
Die moralische Urteilsfähigkeit und ethische Bewertungskompetenz spielen eine entscheidende Rolle in einer demokratischen Gesellschaft sowie im individuellen Leben einer jeden Person. An dieser Stelle sollen einige Aspekte benannt werden, die die Relevanz sowohl für ein demokratisches Zusammenleben als auch für ein reflektiertes, verantwortungsbewusstes individuelles Leben veranschaulichen:

1. *Verantwortungsbewusste Entscheidungsfindung:* In einer Demokratie haben Bürger das Recht und die Pflicht, an politischen Prozessen teilzunehmen, sei es durch Wahlen, Meinungsäußerung oder soziale Bewegungen. Um informierte Entscheidungen zu treffen, benötigen sie eine ausgeprägte moralische Urteilsfähigkeit, um komplexe Themen wie soziale Gerechtigkeit, Menschenrechte, Möglichkeiten der künstlichen Intelligenz oder Herausforderungen des Klimawandels abzuwägen (Massing, 2003).
2. *Schutz von Minderheiten:* Moralische Urteilsfähigkeit hilft dabei, den Grundsatz der Gleichheit und den Schutz von Minderheiten zu wahren. In einer Demokratie entscheidet oft die Mehrheit, dennoch ist es unumgänglich, die Rechte von Minderheiten zu respektieren. Moralische Reflexion verhindert den Missbrauch der Macht durch die Mehrheit (Weißeno, 1997).
3. *Förderung des Gemeinwohls:* Demokratische Entscheidungen sollten das Gemeinwohl fördern. Dies erfordert moralisches Urteilsvermögen, um individuelle Interessen und das Wohl der gesamten Gesellschaft in Einklang zu bringen. Bür-

ger sollten gerechte Entscheidungen von egoistischen Motiven einzelner Interessengruppen unterscheiden können.
4. *Förderung von Toleranz und Pluralismus:* Demokratien leben von Meinungsvielfalt und Pluralismus. Moralische Urteilsfähigkeit ist die Basis für das Verständnis unterschiedlicher Perspektiven und Werte und den respektvollen Umgang miteinander. Sie fördert Toleranz und verhindert Polarisierung und Konflikte (Rawls, 1979).
5. *Widerstand gegen Manipulation und Populismus:* Moralische Urteilsfähigkeit schützt Bürger einer Gesellschaft vor argumentativer Manipulation und der Vereinnahmung durch populistische Meinungen. In einer Demokratie ist es deshalb entscheidend, ethische Fragen kritisch zu überdenken und hinsichtlich auf Angst, Vorurteilen oder Fehlinformationen basierenden Manipulationen zu hinterfragen.
6. *Ethische Gestaltung von Gesetzen und Politik:* Gesetze und politische Entscheidungen beeinflussen direkt das Leben der Bürger. Um faire und gerechte Gesetze zu schaffen, müssen Politiker und Wähler in der Lage sein, ethische Dilemmata zu verstehen und zu beurteilen. Moralische Urteilsfähigkeit ist daher unerlässlich, um politische Entscheidungen auf der Grundlage von Gerechtigkeit und Menschenwürde zu treffen.

**Fazit:** In einer demokratischen Gesellschaft sind moralische und politische Urteilsfähigkeiten entscheidend, um Freiheit und Gerechtigkeit zu schützen, Entscheidungen im Sinne des Gemeinwohls zu treffen, eine Kultur des Respekts und der Toleranz zu fördern sowie aktuelle Herausforderungen kritisch zu bewerten.

## Fachdidaktiker und Bildungswissenschaftler fördern und reflektieren moralische Urteilsfähigkeit und ethische Bewertungskompetenz

Wir freuen uns, an dieser Stelle renommierte Bildungswissenschaftler und Fachdidaktiker unterschiedlicher Domänen vorstellen zu dürfen und einen kurzen Einblick in den jeweiligen Kontexten der Artikel zu geben. Natürlich befassen sich alle Autoren mit der Urteilsfähigkeit und zeigen aus ihrer spezifischen Perspektive sowohl theoretische Zugänge als auch an der Praxis orientierte Lehr- und Lernmaterialien, die sich an erfahrene Lehrkräfte aus Universität und Schule, Umweltbildner, Lehramtsstudierende sowie an alle „Urteilsbildende" wenden.

Der Politikwissenschaftler **Dr. Andreas Füchter** eröffnet mit **Kap. 1** zu der Frage, wie mündiges Urteilen im Spannungsfeld Ethik, Politik und Wirtschaft gelingen kann, diesen Sammelband und führt in die politischen und ethischen Hintergründe zum moralischen Urteilen in einer demokratischen Gesellschaft ein. Mündigkeit wird in einen Zusammenhang gestellt mit moralischer und politischer Urteilsfähigkeit und als grundlegender, alle Unterrichtsfächer verbindender Aspekt von Bildung konstatiert. Damit wird ein wesentliches Ziel des gesamten Buches deutlich: Moralische Urteilsfähigkeit als allen Fächern übergeordnetes Lehr- und Lernziel in einer demokratischen Gesellschaft zu betrachten und Wege aufzuweisen, diese komplexe Kompetenz bei Lernenden zu fördern. Neben dieser fachlichen Fundierung zeigt Andreas Füchter anhand von alltagsnahen Praxisbeispielen zu Mobilitäts- und Energiekontexten anwendungsorientierte Strukturierungswege für den Politik- und Wirtschaftsunterricht auf, die nicht nur von jungen, sondern auch erfahrenen Lehrkräften an Schule und Universität genutzt werden können. Mit seinem Kapitel leistet der Autor eine wichtige fachliche Fundierung und Definitionshilfe zur moralischen und politischen Urteilsfähigkeit.

Urteilsbildung umfasst in allen Modellen, seien es psychologisch basierte oder philosophisch orientierte Modelle zur Urteilsfähigkeit oder Bewertungskompetenz, stets die alle Fachdomänen umgreifende Argumentationsfähigkeit. Eine Basiskompetenz des Argumentierens ist die Unterscheidung zwischen deskriptiven, d. h. beschreibenden, faktenbasierten Argumenten, und normativen, d. h. an Werten orientierten, Argumenten. Der Biologiedidaktiker **Prof. Dr. Arne Dittmer** greift in **Kap. 2** diese Fähigkeit auf und zeigt theoriebasiert und praktisch orientiert Gelingensbedingungen für die Einführung in diese zentrale Argumentationsweise. Anhand des unterrichtspraktischen Beispiels der Waldrodung verdeutlicht der Autor die unterschiedlichen Argumentationsweisen und nennt Gelingensbedingungen für die Integration in den Unterricht.

Dass moralische Urteile nicht nur auf rationales Argumentieren basieren, sondern durchaus von Intuitionen und Emotionen geprägt sind, betont **Prof. Dr. Arne Dittmer** in **Kap. 3** mit dem Titel „Das sozial-intuitionistische Modell der Urteilsbildung". Dem amerikanischen Sozialpsychologen Jonathan Haidt (2001) folgend, versucht Dittmer darzulegen, dass scheinbar rationale Urteile häufig nur die Folge eines emotionalen Urteils sind, das es zu rechtfertigen gilt. Insbesondere in der Corona-Krise wurde deutlich, dass z. B. die Einführung von mRNA-Impfstoffen in Teilen der Bevölkerung zu einer spontanen emotionalen Ablehnung führte, die häufig rational begründet wurde. Dittmer betont, dass auch eine rein fachliche Aufklärung der Bürger kein Vertrauen in ein als unnatürlich empfundenes Impfmittel erzeugen konnte. Das Wissen um den Einfluss von Emotionen auf die Urteilsbildung kann helfen und genutzt werden, um die Urteile von jungen Menschen besser zu verstehen und einordnen zu können. Dittmer zeigt beeindruckende Wege auf, wie eine Auseinandersetzung mit moralischen Intuitionen im Unterricht gelingen kann.

Auch der Chemiedidaktiker **Prof. Jürgen Menthe** und **Christina Priert**, Stipendiatin des Promotionskollegs Unterrichtsforschung, betonen die Grenzen des rationalen Urteilens, indem sie auf den von Bourdieu (1993) beschriebenen Habitus und damit verbundene implizit verankerte Erfahrungen des Urteilenden verweisen (**Kap. 4**). Die Autoren liefern wichtige Hinweise und Unterrichtshilfen dazu, wie der jeweilige Habitus von Lernenden berücksichtigt werden sollte, um die Urteilsbildung zu fördern. Nur so kann es gelingen, den ganzen Menschen in seiner Entwicklung zu schulen und eine Fokussierung auf allein kognitive (Urteils-)Fähigkeiten zu verhindern.

Die Biologiedidaktikerin **Dr. Monika Pohlmann** greift in **Kap. 5** die Forderung, Intuitionen in den Urteilsprozess explizit zu integrieren, auf und leitet aus den empirischen Daten ihrer Untersuchung zu Lehrkräftefortbildungen nicht nur die Bedarfe von Lehrkräften ab, sondern entwickelt daraus ein um Intuitionen und Kompromisse erweitertes Pyramidenmodell zur Förderung von Bewertungsprozessen. Das Modell wird sehr anschaulich dargestellt und lädt ein, sowohl in Lehreraus- und -weiterbildung integriert zu werden.

Neben dem Argumentieren spielt das Verstehen des moralischen/bioethischen Problems eine zentrale Rolle in der Urteilsbildung. Basiert das Urteil auf unzureichendem ethischem Verständnis, so ist es geradezu obsolet. Wie kann es gelingen, das Verstehen eines ethischen Problems zu fördern? Die Geographiedidaktikerin **Dr. Eva Marie Ulrich-Riedhammer** stellt dazu in **Kap. 6** die erprobte Methode der Fallanalyse vor und wählt zur Veranschaulichung den umweltethischen Kontext „Staudammbau". Zentral ist im methodischen Vorgehen die Identifizierung des ethischen Gehalts sowie der Kernfragen, die sich angliedern. Neben der Entwicklung von Kriterien, die für die Beurteilung des ethischen Konflikts angelegt werden sollten, kann eine vertiefende Klärung zentraler, berührter Begriffe (wie z. B. Natur) erfolgen. Das Verstehen und Bewerten des ethischen Problems erfolgt insbesondere im Geographieunterricht stets unter Rückbezug auf die Sustainable Development Goals (SDGs).

Zur Förderung der Teilkompetenzen des moralischen Urteilens und ethischen Bewertens eignen sich insbesondere kompetenzorientierte und fokussierte Lernaufgaben. Allerdings sind diese nur sehr vereinzelt in Schulbüchern zu finden. Die Biologiedidaktiker **Prof. Jörg Zabel**, **Dr. Alexander Bergmann-Gering**, **Maja Funke** und **René Leubecher** nehmen sich dieses erforschten Desiderats in **Kap. 7** an und widmen sich der Präsentation eines evaluierten Merkmalrasters, anhand dessen theorie- und empiriebasierte bewertungskompetenzorientierte Aufgaben von Lehrenden entwickelt werden können, um ethische Bewertungskompetenz gezielt im Unterricht zu fördern. Zur Veranschaulichung und Vereinfachung des Umgangs mit dem Raster wird der aktuelle neurobiologische Kontext Gehirn-Computer-Schnittstellen zur Therapie von Parkinsonerkrankten genutzt, und es werden sowohl sehr anschauliche Aufgabenbeispiele als auch Lösungsvorschläge vorgestellt. Das Aufgabenset hilft Lehrkräften und Dozenten gleichermaßen, Lernende anhand erprobter Aufgaben zu fördern, und vermittelt aktuelles Grundlagenwissen zu einem spannenden neurobiologischen Thema mit ethischen Implikationen.

**Dr. Monika Pohlmann** zielt in **Kap. 8** ebenfalls auf die professionale Qualifizierung von Lehrkräften hinsichtlich der Förderung des Pedagogical Content Knowledge (PCK) nach Shulman (1986). Dazu stellt sie zunächst detailliert empirisch abgeleitete Inhaltsfelder zum Themenkomplex Bewertungskompetenz dar, die veranschaulichen, welche Fähigkeiten Lehrkräfte im Rahmen des Studiums bzw. der Fortbildung erwerben sollten, um Bewertungskompetenz in ihrem Berufsfeld zu fördern. Neben der Kenntnis der Teilfähigkeiten von Bewertungskompetenz ist Wissen über geeignete Methoden, Leistungsbeurteilungskriterien, Schülervorstellungen und weitere fachdidaktische Bereiche nötig. Aber wie kann dieses Wissen vermittelt werden? Pohlmann entwickelt aus den empirischen Daten, die im Rahmen von Lehrerfortbildungsevaluationen gewonnen wurden, ein Programm, das sowohl für die universitäre Aus- als auch Weiterbildung von Lehrkräften eingesetzt werden kann.

Einen Beitrag mit dem Schwerpunkt, digitale Elemente in den Unterricht einzubauen, um Bewertungskompetenz zu fördern, liefern **Prof. Dr. Corinna Hößle und Denise Schürmann** in **Kap. 9.** Vorgestellt wird eine Lerneinheit zum Thema Schwangerschaftsabbruch, die die aktuelle Frage nach dem sinnvollen und zeitgemäßen Fortbestand des § 218 in den Fokus rückt. Anhand von Erklärvideos, die sehr anschaulich und altersgerecht gestaltet sind und sich in ihrem Niveau an Schüler der Oberstufe bzw. Studierende richten, werden medizinische, rechtliche und umfangreiche ethische Hintergründe zu den SKIP-Argumenten geliefert, die den Weg der Urteilsfindung rahmen. Zusätzlich wird Wissen zur selbstständigen Gestaltung von Erklärvideos vermittelt. So kann es gelingen, die gängige Methode der sechs Schritte moralischer Urteilsfähigkeit durch digital gestützte Methoden zu bereichern und gleichzeitig digitale Kompetenzen zu fördern.

Lernende zur Informationsentnahme und Gestaltung der digitalen Medien einzuführen, ist wesentlicher Bestandteil von Unterricht geworden und Kennzeichen einer zunehmend digitalen Welt. Die Biologiedidaktikerin **Dr. Sophia Gerber** entwickelte in ihrem Team eine interessante und motivierend gestaltete Lernplattform zum aktuellen ethischen Kontext des Genome Editing am Menschen, die interaktive Stationen und Unterrichtsmaterialien zur Förderung des ethischen Bewertens bereithält (**Kap. 10**). Die Nutzung der Lernplattform ist in einen Lernzirkel integriert, der sich auf sechs Schritte erstreckt und sowohl fachliches als auch ethisches Wissen vermittelt und schrittweise zum reflektierten Urteil führt. Dabei werden sowohl die Argumentationsweise des praktischen Syllogismus (s. auch Kap. 2 von Arne Dittmer und Kap. 15 von Corinna Hößle) als auch ethische Werte und der Umgang mit diesen vermittelt.

Die digitale Lernplattform dient in erster Linie der Informationsentnahme und bietet viele wertvolle Ideen zur Entwicklung weiterer digitaler Medien für die Bereiche der Urteilsfähigkeit und Bewertungskompetenz.

Die Methode des Genome Editing ist auch zentrales Thema in **Kap. 11** der Biologiedidaktikerin **Dr. Wiebke Rathje**. Sie widmet sich der Frage, wie eine in der Öffentlichkeit häufig kontrovers und emotional geführte Debatte um die Zulassung genomeditierter Kulturpflanzen in ein Hochschullehrkonzept zur Förderung der ethischen Bewertungskompetenz eingesetzt werden kann, um eine Auseinandersetzung mit den eigenen intuitiven Bewertungsprozessen sowie das Finden eines gemeinsamen Kompromisses zu fördern, und führt in Teilen das 6-Schritte-Modell nach Hößle mit dem Pyramidenmodell von Monika Pohlmann zusammen.

Zunehmende Komplexität kennzeichnet den Unterricht zur Förderung der Urteilsfähigkeit und Bewertungskompetenz. Neben der o. g. Herausforderung, Digitalisierungs- und ethische Kompetenzen gleichzeitig zu fördern, steht die Lehrkraft heute vor einer zunehmenden Komplexität der ethischen Inhaltsfelder.

Als Beispiel dafür greifen die Bildungswissenschaftlerinnen **Prof. Dr. Ulrike Krause** und **Annegret Janssen** in **Kap. 12** das Thema „Landwirtschaft und Ernährung" als zentrale Bereiche einer sozial-ökologischen Transformation in Richtung Nachhaltigkeit auf. Ökologische, soziale und politisch-ökonomische Aspekte berühren das globale Thema der Welternährung und fordern nachhaltige Urteile und Entscheidungen im Sinne der Agenda 2030 für nachhaltige Entwicklung der Vereinten Nationen (UN, 2015). Die Autorinnen plädieren dafür, das Thema zur Reduktion der Komplexität in einem fächerübergreifenden Unterricht, der Geographie, Biologie und Politik einbezieht, zu organisieren und insbesondere außerschulische Lernorte in den problemorientierten Unterricht einzubinden. Im Zentrum steht dabei eine fokussierte Problemstellung, die schrittweise unter Einbeziehung multipler Perspektiven und Kontexte bearbeitet wird.

Die Relevanz fachlicher und gesellschaftlicher Facetten des Klimawandels unter Perspektive der Förderung von Bewertungskompetenz im Physikunterricht ist Thema von **Kap. 13** der Physikdidaktiker **Frederik Bub**, **Emily Höger** und **Prof. Dr. Thorid Rabe**. Sie betrachten dabei innerfachliche Bewertungen als auch überfachliche Ansätze, um eine medienorientierte und ethische Bewertung von Ursachen und Folgen des Klimawandels mit Schülern zu diskutieren. Zunehmende Digitalisierungsprozesse öffnen den Raum für beides: wertvolle Informationen und Desinformationen. Aber wie kann es Lernenden gelingen, diese voneinander zu unterscheiden?

Dieser Frage gehen das interdisziplinäre Autorenteam **Prof. Dr. Anke Meisert** (Biologiedidaktik) und **Prof. Dr. Jürgen Menthe** (Chemiedidaktik) sowie die Biologiedidaktikerin **Lara Halbrock** in **Kap. 14** nach. Letztgenannte entwickelt in ihrer Doktorarbeit ein Verfahren, um Desinformationen, die dem Nutzer bei einer Internetrecherche angeboten werden, zu entlarven. Durch Prüfung der Relevanz, Glaubwürdigkeit und der Oberflächenmerkmale internetbasierter Informationsquellen kann es gelingen, falsche Wissenselemente von korrekten zu unterscheiden. Die erprobte Methode eignet sich hervorragend für die Einbettung in den Unterricht und zur Vorbereitung der moralischen Urteilsfindung, die stets auf einer fachlich sicheren Grundlage stattfinden sollte. Anhand des aktuellen ethischen Kontextes der Corona-Impfpflicht (s. auch Kap. 3 von Arne Dittmer) wird exemplarisch und sehr anschaulich gezeigt, wie konkrete Desinformationen, die im Internet und auf sozialen Netzwerken kursieren, erkannt und in der Argumentation vermieden werden können.

Neben Arne Dittmer befasst sich die Biologiedidaktikerin **Prof. Dr. Corinna Hößle** in **Kap. 15** mit der Förderung der Argumentationsfähigkeit und liefert anschauliche und praxisorientierte Unterrichtsbeispiele zum kumulativen Erwerb der Argumentationsfähigkeit von Klasse 5–13. In diesem Zusammenhang werden vier Argumentationsweisen zu aktuellen bioethischen Kontexten vorgestellt, die anhand der digitalen Instrumente „padlet" und „taskcard" in den Unterricht integriert werden können.

Die Frage nach der Würde des Tieres im Widerstreit zu den Konsumansprüchen des Menschen wird aktueller denn je angesichts der zunehmenden Klimakrise diskutiert. Die Biologiedidaktikerin **Prof. Dr. Nadine Tramowsky** beleuchtet in **Kap. 16** zunächst die mit der Tierhaltung verbundenen sozialen, ethischen, religiösen, ökologischen und ökonomischen Implikationen und orientiert sich dabei ebenso wie Janssen und Krause in Kap. 12 an der Agenda 2030 für eine nachhaltige Entwicklung. Nach dieser fachlichen Auseinandersetzung wird unter Einbezug der in Kap. 15 von Corinna Hößle dargestellten 6-Schritte-Methode zur Urteilsfindung eine Lernsequenz vorgestellt, in deren Zentrum das Lerntagebuch steht. Anhand von alltagsnahen Abbildungen, Concept Cartoons und unter Berücksichtigung von Moralmetaphern kann es Lehrenden gelingen, das Verantwortungsbewusstsein von Lernenden im Hinblick auf den Umgang, die Haltung von Tieren sowie den Konsum von Fleischprodukten zu fördern.

Ein weiteres Unterrichtsthema, das von hoher Komplexität zeugt, ist die Xenotransplantation, die das Ziel verfolgt, durch eine Tier-Mensch-Transplantation den Bedarf an Organen im Gesundheitssystem zu decken und Leben zu erhalten. Diese medizinische Herausforderung wirft eine Vielzahl an ethischen Fragen auf, die sich auch um das Wohl des Spendertieres ansiedeln. Die Geographiedidaktiker **Dr. Eva Marie Ulrich-Riedhammer** und **Dr. Jochen Laub** zeigen in **Kap. 17** anhand der Methode des ethischen Zeitungslesens, wie es gelingen kann, die Lernenden schrittweise an die Identifikation und Bewertung komplexer ethischer Implikationen heranzuführen und diese auf ethische Denktraditionen zurückzuführen. Das strukturierte Vorgehen hilft Lehrenden und Lernenden gleichermaßen, das spannende Thema sicher und diskussionsoffen in den Unterricht zu integrieren und Partizipationsmöglichkeiten zu eröffnen.

Neben der Xenotransplantation bleibt die Mensch-zu-Mensch-Organspende als wichtiges Unterrichtsthema zur Förderung von ethischer Urteilsfähigkeit seit Jahren aktuell. Immer wieder entfacht die Diskussion um die gesetzliche Regelung der Organspende neu und fordert die Bürger heraus, Stellung zu beziehen. Die Philosophiedidaktikerin **Dr. Sarah Huck** wählt in ihrem Unterrichtsentwurf zum Thema Organspende in **Kap. 18** die Methode der Fallanalyse, die insgesamt sechs Schritte umfasst und einen Schwerpunkt in der kriteriengeleiteten Einordnung normativer Argumente aufweist. Sehr anschaulich und an konkreten Beispielen orientiert zeigt die Autorin auf, wie die Kriterien der Relevanz, Akzeptanz und des Respekts in die normative Analyse eingebunden werden können. Auf diese Weise kann es auch Laien gelingen, Argumentationsfähigkeiten von Lernenden zu komplexen Themen und auf einem hohen Niveau zu schulen.

Der Abschluss des Sammelwerkes ist gleichzeitig als pädagogischer Aufruf zu verstehen: Der Biologiedidaktiker **Prof. Dr. Arne Dittmer** regt in **Kap. 19** lebhaft dazu an, bereits mit Kindern in die Diskussion ethischer Dilemmata einzusteigen und den Ansatz des Philosophierens mit Kindern (und natürlich auch mit Jugendlichen!) zu nutzen, um die diskursethischen Grundlagen des philosophischen Gespräches einzuüben.

## Literatur

Birnbacher, D., & Krohn, D. (Hrsg.). (2008). *Das sokratische Gespräch*. Reclam.
Bögeholz, S. (2007). Bewertungskompetenz für systematisches Entscheiden in komplexen Gestaltungssituationen Nachhaltiger Entwicklung. In D. Krüger & J. Vogt (Hrsg.), *Theorien in der biologiedidaktischen Forschung. Ein Handbuch für Lehramtsstudenten und Doktoranden* (S. 209–220). Springer.

Bögeholz, S., Hößle, C., Höttecke, D., & Menthe, J. (2018). Bewertungskompetenz. In D. Krüger, I. Parchmann, & H. Schecker (Hrsg.), *Theorien in der naturwissenschaftsdidaktischen Forschung* (S. 261–281). Springer.

Bourdieu, P. (1993). *Sozialer Sinn. Kritik der theoretischen Vernunft.* Suhrkamp.

Bundesverfassungsgericht. (2006). *ECLI:DE:BVerfG:2006:rs20060215.1bvr035705.* https://www.bundesverfassungsgericht.de/SharedDocs/Entscheidungen/DE/2006/02/rs20060215_1bvr035705.html;jsessionid=032CDC5C643236A6808A80A4A815E3D2.internet952. Zugegriffen am 15.08.2025.

Celikates, R. (2009). *Philosophie der Moral: Texte von der Antike bis zur Gegenwart.* Suhrkamp.

Feige, G. (2022). *Es gibt keine Lösung, bei der man nicht schuldig wird.* https://weltkirche.katholisch.de/artikel/42609-es-gibt-keine-loesung-bei-der-man-nicht-schuldig-wird

Gilligan, C. (1982). *In a different voice. Psychological Theory and Women's Development.* Harvard University Press.

Haidt, J. (2001). The emotional dog and its rational tail. A social intuitionist approach to moral judgement. *Psychological Review, 108*(4), 814–834.

Hong, M. (2024). Immanuel Kants 300. Geburtstag und das Grundgesetz. *VerfBlog, 2024/4/22.* https://verfassungsblog.de/immanuel-kants-300-geburtstag-und-das-grundgesetz/. https://doi.org/10.59704/275738a964c1c3cb

Hößle, C. (2007). Theorien zur Entwicklung und Förderung moralischer Urteilsfähigkeit. In D. Krüger & H. Vogt (Hrsg.), *Theorien in der biologiedidaktischen Forschung. Ein Handbuch für Lehramtsstudierende und Doktoranden* (S. 110–120). Springer.

Hostenbach, J., & Walpuski, M. (2013). Untersuchung der Einflussfaktoren auf die Bewertungskompetenz im Fach Chemie. *Zeitschrift für Didaktik der Naturwissenschaften, 19,* 129–157.

Hostenbach, J., Fischer, H. E., Kauertz, A., Mayer, J., Sumfleth, E., & Walpuski, M. (2011). Modellierung der Bewertungskompetenz in den Naturwissenschaften zur Evaluation der Nationalen Bildungsstandards. *Zeitschrift für Didaktik der Naturwissenschaften, 17,* 261–288.

KMK (Kultusministerkonferenz). (2005). *Bildungsstandards im Fach Biologie für den mittleren Schulabschluss. Beschluss vom 16.12.2004.* Luchterhand.

KMK (Kultusministerkonferenz). (2024). *Weiterentwickelte Bildungsstandards in den Naturwissenschaften für das Fach Biologie (MSA).* Luchterhand.

Kohlberg, L. (1981). The philosophy of moral development: Moral stages and the idea of justice (Vol. 1) San Francisco, CA: Harper & Row Kruip, G. (2018). Ethik im Kontext von Theologie und Kirche aus katholischer Perspektive. In M. Roth & M. Held (Hrsg.), *Was ist theologische Ethik?: Grundbestimmungen und Grundvorstellungen* (S. 303–322). De Gruyter. https://doi.org/10.1515/9783110565980-018

Langlet, J., Gemballa, S., Eilks, I., Gemballa, S., Heckmann, G., Kunz, A., Lücbck, M., Meisert, A., Menthe, J., Ratzek, J., Wlotzka, P., & Wodzinski, R. (2022). *Bewertungskompetenz in den Naturwissenschaften: Denkanstöße, Empfehlungen und Hilfen für den Unterricht und für Aufgaben.* Verband zur Förderung des

MINT-Unterrichts. https://www.mnu.de/images/publikationen/Bewertungskompetenzen/Bildungsstandards_Bewertungskompetenz.pdf

Massing, P. (2003). Kategoriale politische Urteilsbildung. In H.-W. Kuhn (Hrsg.), *Urteilsbildung im Politikunterricht* (S. 5). Schwalbach.

Papst Franziskus. (2024). *Papst Franziskus würdigt Philosophen Thomas von Aquin. Evangelische Zeitung.* https://www.evangelische-zeitung.de/papst-franziskus-wuerdigt-philosophen-thomas-von-aquin

Prechtl, P., & Burkard, F. P. (Hrsg.). (2015). *Metzler Lexikon Philosophie: Begriffe und Definitionen*. Springer. https://doi.org/10.1007/978-3-476-05469-2

Rawls, J. (1979). *Eine Theorie der Gerechtigkeit*. Suhrkamp.

Reitschert, K., & Hößle, C. (2007). Wie Schüler ethisch bewerten – Eine qualitative Untersuchung zur Strukturierung und Ausdifferenzierung von Bewertungskompetenz in bioethischen Sachverhalten bei Schülern der Sek. I. *Zeitschrift für Didaktik der Naturwissenschaften (ZfDN), 13*(2007), 125–143.

Sartre, J. P. (2005). *Entwürfe für eine Moralphilosophie*. (Übersetzung: Schöneberg, H., & Wroblewsky, V. V.). Rowohlt.

von Schirach, F. (2016). *Terror: ein Theaterstück und eine Rede*. btb.

Shulman, L. S. (1986). Those who understand: Knowledge growth in teaching. *Educational Researcher, 15*(4), 4–14.

Steffen, B., & Hößle, C. (2014). Decision-making competence in biology education: Implementation into German curricula in relation to international approaches. *Eurasia Journal of Mathematics, Science & Technology Education, 10*, 343–355.

Trampota, A. (2012). Vernunft allein bewegt nichts. Hume, Kant und die Externalismus-Internalismus-Debatte. In G. Brüntrup & M. Schwartz (Hrsg.), *Warum wir handeln – Philosophie der Motivation* (S. 41–59). Kohlhammer.

UN (United Nations). (2015). *Transformation unserer Welt: Die Agenda 2030 für nachhaltige Entwicklung* (UN-Dokument A/RES/70/1). https://www.un.org/depts/german/gv-70/band1/ar70001.pdf

Weißeno, G. (1997). Politische Urteilsbildung über innerparteiliche Demokratie: Analyse einer Schulbuchsequenz. In G. Breit (Hrsg.), *Politische Urteilsbildung: Zentrale Aufgabe für den Politikunterricht* (S. 265–275). Bundeszentrale für politische Bildung. https://nbn-resolving.org/urn:nbn:de:0168-ssoar-96093-4

| | |
|---|---|
| Oldenburg, Deutschland | Corinna Hößle |
| Oldenburg, Deutschland | Wiebke Rathje |

# Inhaltsverzeichnis

1 **Mündiges Urteilen im Spannungsfeld von Ethik, Politik und Wirtschaft – der reflexive Umgang mit Interrationalität als Voraussetzung einer problemadäquaten Urteilspraxis** .............. 1
Andreas Füchter

2 **Der Sein-Sollen-Fehlschluss – grundlegend, verführerisch und gefährlich** ................................................. 17
Arne Dittmer

3 **Das sozial-intuitionistische Modell der Urteilsbildung: Intuitive Bewertungen und reflektierte Begründungen in bioethischen Kontroversen**..................................... 29
Arne Dittmer

4 **Die Grenzen rationalen Kalküls** ................................ 41
Jürgen Menthe und Christina Priert

5 **Pyramidenmodell für das bioethische Lernen** ..................... 53
Monika Pohlmann

6 **Ethisches Urteilen als Verstehen eines ethischen Problems in einem (geographisch) komplexen Sachverhalt**................... 65
Eva Marie Ulrich-Riedhammer

7 **Ethisches Bewerten mit kompetenzorientierten Lernaufgaben fördern – Aufgabenbeispiele für die wissenschaftsethische Betrachtung von Gehirn-Computer-Schnittstellen** ................. 75
René Leubecher, Maja Funke, Jörg Zabel und Alexander Bergmann-Gering

8 **Fachdidaktische Inhaltsfelder der Bewertungskompetenz im Fach Biologie für eine innovative Lehrerbildung**.................. 91
Monika Pohlmann

| | | |
|---|---|---|
| 9 | Den Schwangerschaftsabbruch verstehen und bewerten: Der Einsatz von Erklärvideos im Biologie- und Philosophieunterricht der Oberstufe............................................... | 107 |

Denise Schürmann und Corinna Hößle

| | | |
|---|---|---|
| 10 | Ethische Urteilsbildung mit der Lernplattform „Genome Editing am Menschen"................................................ | 125 |

Sophia Gerber

| | | |
|---|---|---|
| 11 | Neue Gentechnik: Chance für eine nachhaltige Landwirtschaft in der Klimakrise oder ökologisches Risiko ohne Nutzen?.......... | 139 |

Wiebke Rathje

| | | |
|---|---|---|
| 12 | Mehrperspektivität und politische Urteilsbildung im Bereich Bildung für nachhaltige Entwicklung: Ein problemorientierter Unterrichtsansatz mit außerschulischen Lerngelegenheiten ........ | 157 |

Annegret Jansen und Ulrike-Marie Krause

| | | |
|---|---|---|
| 13 | Die Bewertung des Klimawandels in den Medien als Perspektive für den Physikunterricht ....................................... | 167 |

Frederik Bub, Emily Höger und Thorid Rabe

| | | |
|---|---|---|
| 14 | Bewertungs- und Informationskompetenz im digitalen Zeitalter im Biologieunterricht fördern? Am Beispiel Impfpflicht Desinformation erkennen und Informationsqualität beurteilen ..... | 189 |

Lara Halbrock, Anke Meisert und Jürgen Menthe

| | | |
|---|---|---|
| 15 | Von der Qualzucht bis zur Eizellspende........................ | 207 |

Corinna Hößle

| | | |
|---|---|---|
| 16 | Leben mit Tieren: Förderung des Verstehens tierethischer Herausforderungen für den Bereich Verantwortung, Tierhaltung und Fleischkonsum ................................ | 227 |

Nadine Tramowsky

| | | |
|---|---|---|
| 17 | Bioethische Fragen in der Zeitung wahrnehmen und vertiefen – am Beispiel von Xenotransplantation zwischen Medizin- und Tierethik..................................................... | 243 |

Eva Marie Ulrich-Riedhammer und Jochen Laub

| | | |
|---|---|---|
| 18 | Ethische Argumentation mithilfe von Fallanalysen................ | 253 |

Sarah Huck

| | | |
|---|---|---|
| 19 | Förderung von Partizipation, Nachdenklichkeit und Kreativität im Gespräch: Der Ansatz des Philosophierens mit Kindern und Jugendlichen im naturwissenschaftlichen Unterricht.............. | 267 |

Arne Dittmer

# Mündiges Urteilen im Spannungsfeld von Ethik, Politik und Wirtschaft – der reflexive Umgang mit Interrationalität als Voraussetzung einer problemadäquaten Urteilspraxis

## Andreas Füchter

> *Wie kann die Urteilsfähigkeit von Lernenden so gefördert werden, dass sie mit dem Spannungsverhältnis von privater und öffentlicher Autonomie (Moral und Recht) in komplexen Urteilssituationen mündig umgehen können?*

### Zusammenfassung

Mündigkeit der Lernenden erfordert eine normative Urteilspraxis, die sich gleichermaßen auf ethische, moralische und rechtliche Aspekte bezieht und aufgrund der Sonderung von Recht und Moral in modernen Gesellschaften kognitiv komplex ist. Anhand des Themenbereichs Mobilitäts- und Verkehrspolitik soll exemplarisch aufgezeigt werden, wie problemadäquate Urteilsbildung angesichts von Interrationalität gerade bei kontroversen Themen durch einen reflexiven Umgang mit Urteilskategorien gefördert werden kann. Fünf Thesen und Empfehlungen geben Hinweise, wie mündige Urteilsbildung im Fachunterricht besser gelingen kann.

### Worum es geht

- Was bedeutet Mündigkeit, und warum ist sie ein bedeutsames Erziehungsziel?
- Welche drei praktischen Voraussetzungen hat die mündige Urteilsbildung von Lernenden?
- Worin unterscheiden sich ethische, moralische und politische Urteile?

---

A. Füchter (✉)
TU Darmstadt, Darmstadt, Deutschland

- Warum ist die Sonderung von Moral und Recht für pluralistische und freiheitliche Gesellschaften von höchster Bedeutung?
- Warum sind in der Urteilspraxis drei Ebenen der Kontroversität zu beachten?
- Mit welchen Lernstrategien und Werkzeugen kann die Urteilsbildung der Lernenden gezielt gefördert werden?

## 1.1 Praktische Voraussetzungen autonomer Urteilsbildung als zentrales Element einer *Erziehung zur Mündigkeit*

Unter *Mündigkeit* kann zunächst die potenzielle Fähigkeit aller Menschen verstanden werden, Handlungsentscheidungen eigenständig zu treffen und dementsprechend verantwortlich gegenüber sich selbst und anderen zu handeln. Das spezifische Vermögen des Menschen, das eigene Handeln bewusst zu steuern, also intentional, planvoll und reflexiv zu handeln, ist seit der Aufklärung eng mit den Idealen der *Selbstbestimmung* und *Eigenverantwortung* verbunden. Unter der Voraussetzung innerer und äußerer Freiheit ist Autonomie im Denken und Handeln möglich, die letztlich die Würde einer Person im Kern ausmacht und zumindest in Rechtsstaaten durch Menschen- und Grundrechte geschützt ist. Mündiges Handeln in verschiedenen gesellschaftlichen Kontexten ist dabei mehrfach voraussetzungsvoll. Schulischer Unterricht, der auf eine Erziehung zur Mündigkeit abzielt, muss dabei wenigstens drei praktische Bedingungen erfüllen:

a. Menschen müssen zunächst das Abwägen von Handlungsalternativen erlernen, wobei die Ziele, Mittel und Strategien der Zielerreichung sowie Handlungsregeln in komplexen Entscheidungskalkülen vor dem Hintergrund von spezifischen Wertpräferenzen, die sich Menschen im Sozialisationsprozess aneignen, selbsttätig abgewogen werden müssen. Mündigkeit ist damit kognitiv voraussetzungsvoll und hat langfristige Entwicklungs- und Lernprozesse zur Bedingung. Sie ist daher auch nur im rechtlichen Sinne ein definierbarer Zustand (das Erreichen einer Altersgrenze wie der Volljährigkeit). Die Entwicklung hin zu einer autonomen Person erfordert thematisch vielfältige, lebensweltlich situierte und problemorientierte Lernprozesse jenseits der Eigenlogik von Unterrichtsfächern, die sich aufgrund der Vielfalt menschlicher Handlungsmöglichkeiten und -räume im Spannungsverhältnis von Individuation und Sozialisation vollziehen (Habermas, 1996, S. 301 f. und 87 ff.).

*Eine erste praktische Bedingung einer Erziehung zur Mündigkeit ist daher die Realisierung lebensweltlich situierter, problemorientierter und auf praktisches Handeln abzielender Lernprozesse, ganz gleich in welchen Unterrichtsfächern.*

b. Weil menschliches Handeln ganz überwiegend in sozialer Interaktion erfolgt, erfordert Mündigkeit zudem eine aktive Übernahme der Verantwortung für mögliche Handlungsfolgen sowohl gegenüber der eigenen Person als auch gegenüber

Mitmenschen sowie der belebten Natur. Mündigkeit unterliegt damit spezifischen Kriterien der Rationalität: „Im pädagogischen Sinne zielt [Mündigkeit, A. F.] auf den Menschen als vernunftbegabtes, spontanes und selbstreflexives Wesen, *dessen Denken und Handeln im freiheitlichen, sozialen und demokratischen Gemeinwesen Eingang findet*. Das Bildungsziel Mündigkeit ähnelt den Zielen Freiheit, Autonomie, Emanzipation und Partizipation, bezieht aber zusätzlich die anthropologischen Voraussetzungen mit ein *sowie die Möglichkeit und Verpflichtung zu eigenem Urteil und selbstverantwortlichem Handeln*" (Jung, 2008, S. 237). Mündiges Handeln ist gegenüber willkürlichem Handeln oder bloß selbstbezüglicher Eigennutzmaximierung an eine spezifisch *soziale* Urteilspraxis rückgebunden, die neben Nutzenaspekten mindestens auch *moralische* und *rechtliche* Argumente anderer einbeziehen muss: „Autonome Menschen formulieren ihre moralischen und politischen Urteile eigenständig und stellen sie der Praxis kritisch gegenüber, sind zugleich aber gehalten, diese Urteile zu rechtfertigen und all die Folgen daraus [...] gemeinsam zu beraten und entsprechend zu entscheiden" (Forst, 2007, S. 17). Daher erfordert eine *Erziehung zur Mündigkeit*, dass Lernende hinreichend komplexe Lernmöglichkeiten angeboten bekommen, in denen sie ihre eigene Urteilsfähigkeit an geeigneten Urteilsgegenständen im Austausch und in Abgrenzung zu anderen Menschen und deren Identitäten sowie Wert- und Zielpräferenzen erweitern können: „Die Idee einer Erziehung zur politischen Mündigkeit durch politische Bildung liegt darin, zur Entwicklung von politischer, moralischer und ethischer Autonomie beizutragen. Diese Fähigkeit von Autonomie als Selbstbestimmung über das eigene Leben erfordert immer auch Urteilsfähigkeit" (Henkenborg, 2012, S. 29). Gegenüber einem verkürzten Verständnis von problemorientiertem Unterricht erfordert Erziehung zur Mündigkeit daher das Einüben der argumentativen Rechtfertigung von Handlungsentscheidungen.

*Die zweite Bedingung einer Erziehung zur Mündigkeit ist die Realisierung von thematisch-inhaltlich angemessen komplexen sowie zeitlich hinreichend umfangreichen Phasen selbstständiger Urteilsbildung, verbunden mit der Verpflichtung zur Rechtfertigung eigener Urteilsentscheidungen mittels guter Argumente.*

c. Normatives Urteilen jenseits bloßer Sachurteile beinhaltet das argumentative Rechtfertigen von Entscheidungen darüber, *was sein soll*. Dabei geht es auch immer um die Verantwortbarkeit möglicher Handlungsfolgen in Gegenwart und Zukunft (Jonas, 1979). Dazu müssen Lernende jedoch über hinreichende Sach- und Fachkenntnisse sowie Datenmaterial zu den jeweiligen Entscheidungsproblemen und den damit einhergehenden Ziel- und Wertekonflikten verfügen. Weiterhin ist in der Regel auch ein systemisches Grundverständnis der jeweiligen Handlungsdomäne wie Politik, Wirtschaft, Massenmedien oder Ökosysteme erforderlich, gerade weil die Eigenlogik sozialer Systeme die Interessen und Handlungsmuster von Akteuren präfiguriert.

*Dritte praktische Bedingung einer Erziehung zur Mündigkeit ist daher die Aneignung von relevantem Orientierungs-, Struktur- und Faktenwissen, das für die Beurteilung normativer Fragen und Kontroversen jeweils von Bedeutung ist.*

## 1.2 Varianten und Medien normativer Urteilsbildung: Moral *und* Recht

Mündigkeitsentwicklung erfordert also eigenständige Urteilsleistungen von Lernenden im Überschneidungsbereich von persönlicher Lebenswelt und systemischen Handlungskontexten der modernen Gesellschaft. Infolge der Re-Vision sozialwissenschaftlicher Didaktiken aufgrund der Wende zum kompetenzorientierten Unterricht wurde auch der Begriff der politischen und moralischen Urteilsbildung präzisiert (vgl. u. a. Juchler, 2012; Detjen, 2013). So gelingt Ingo Juchler unter Einbezug der fundamentalen Überlegungen von Immanuel Kant, Hannah Arendt und John Rawls zur *erweiterten Denkungsart* eine normative Konzeptualisierung *politischer* Urteilsfähigkeit, die dem *Metaziel* politischer Mündigkeit als elementare Bedingung des Fortbestands tatsächlicher Demokratie gerecht wird: „Politisches Urteilen zeichnet sich durch das verständigungsorientierte Abwägen des Eigeninteresses des Individuums mit den tatsächlichen oder vorgestellten Interessen anderer unter der Maßgabe seiner Gerichtetheit auf Gemeinsinn in Bezug auf einen in der politischen Öffentlichkeit thematisierten Sachverhalt aus" (Juchler, 2012, S. 20). Diese Definition sei hier exemplarisch herangezogen, um die spezifische Differenz *ethisch-moralischer* und *politischer* Urteilsbildung näher zu beleuchten (Abb. 1.1), wobei sich zahlreiche Modelle der Urteilsbildung aus den Fachdidaktiken Politik und Ethik gleichermaßen auf das Stufenmodell moralischer Urteilsbildung von L. Kohlberg beziehen (z. B. Reinhardt, 2022; Köck, 2013, S. 122 ff.; Rösch, 2012, S. 259 ff.).

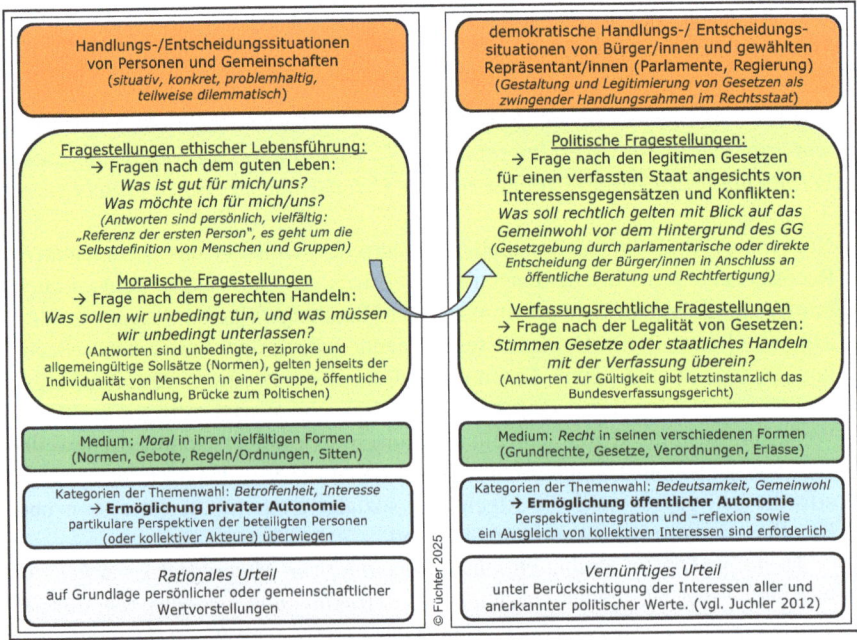

**Abb. 1.1** Ethisch-moralische und politische Urteilsbildung. Private vs. öffentliche Autonomie. (Füchter, 2025)

Spezifisch für *politische* Urteilsbildung ist, dass sich die Urteile im Kern auf den Geltungsanspruch von Rechtsnormen beziehen, also allgemeingültigen Gesetzen, die vor dem Hintergrund divergierender gesellschaftlicher Interessen öffentlich beraten und in institutionalisierten Verfahren entschieden werden. Dies ist bei der *ethischen* oder *moralischen* Urteilsbildung nicht oder nur eingeschränkt der Fall. Die Erörterung von Fragestellungen einer *ethischen Lebensführung* können *teilweise* rein selbstbezüglich behandelt werden (z. B. *Möchte ich mich vegetarisch ernähren? Muss ich den Wehrdienst mit der Waffe verweigern?*). Es handelt sich dabei um persönliche Gewissensentscheidungen, die nicht allgemein verbindlich entschieden werden *können*. Eine verfassungsrechtliche Absicherung entsprechender Bereiche der persönlichen Entscheidungsfreiheit gegenüber dem Staat ist dabei eine wesentliche Voraussetzung *ethischer* Autonomie, die bei vielen Themen aus historischer Sicht erst emanzipatorisch erkämpft werden musste. Eine persönliche *ethische* Entscheidungspraxis wurde gerade jungen Menschen und auch erwachsenen Frauen lange Zeit durch patriarchale Strukturen verwirkt, was auf eine faktische *Entmündigung* formal gleicher Bürger:innen hinauslief.

Moralische Urteilsbildung erfordert im Vergleich zu einer bloß ethischen Urteilspraxis bereits einen öffentlichen Vernunftgebrauch, also ein „Gespräch der Bürger:innen" jenseits des privaten Meinungsaustauschs, und ist damit intersubjektiv, weil sie auf eine generelle Geltung von Normen, Geboten, Regeln und Sitten in einer Gemeinschaft oder Gruppe (dies können auch Großgruppen wie bspw. Religionsgemeinschaften sein) abzielt: „Die Pointe der Unterscheidung zwischen Moral und Ethik liegt [...] darin, dass in praktischen Konflikten zwischen ethischen Normen „die Rechtfertigungsschwelle" erhöht werden muss. Die Moral zeichnet sich durch ein Maß an Allgemeinheit und Verbindlichkeit aus, durch das konkurrierende Wertvorstellungen transzendiert werden können" (Henkenborg, 2012, S. 40). Moralische Aushandlungs- und Urteilsprozesse beziehen sich dabei in der Regel auf tradierte kollektive Identitäten von Gemeinschaften mit je eigenen Sitten, Traditionen und Wertehierarchien. Problematisch für moderne Gesellschaften ist, dass diese gegenüber der Komplexität der gesamten Gesellschaft partikular sind. Beispielhaft stehen dafür die Moralvorstellungen sozialer Bewegungen wie beispielsweise die Friedens-, Anti-AKW- oder Tierschutzbewegung und auch Fridays for Future. Diese skandalisieren zwar gravierende Probleme der Gegenwart und beeinflussen, indem sie ihre kommunikative Macht ausüben (vgl. Habermas, 2022, 24–29), politische Öffentlichkeiten und das Agenda-Setting der Politik, wechseln aber im Gegensatz zu gewählten Abgeordneten nicht in die Position des Gesetzgebers, der die Bürde und Verantwortung trägt, in seiner Normen setzenden Tätigkeit dem Wohle aller verpflichtet zu sein.

Politische Urteilsbildung unterscheidet sich an dieser Stelle wesentlich von moralischer, weil sie als Medium das alle Bürger:innen gleich bindende Recht zum Thema hat. Gegenüber einer rein moralischen Urteilspraxis ist nicht die Suche nach einer das Gewissen der Bürger:innen kategorisch bindenden sowie konsensualen Antwort auf normative Problemstellungen das Ziel, sondern der Interessenausgleich in einer pluralistischen Gesellschaft durch Verrechtlichung von Konflikten um Wertpräferenzen und zu verteilende Ressourcen: „Erst durch diese Gerichtetheit auf die eigenen wie auf die Interessen anderer im politischen Gemeinwesen wird ein Urteil im Bereich der politischen Öffentlichkeit zu einem explizit politischen

Urteil" (Juchler, 2012, S. 20). Dabei ist der mit dem Gesetzgebungsprozess einhergehende Wechsel des Mediums der Verhaltenssteuerung von Individuen von zentraler Bedeutung: Aus moralisch begründeten Forderungen und Maximen, die politische Mehrheiten suchen, wird positives und allgemeingültiges Recht. Politische Bildung thematisiert und reflektiert daher insbesondere die Ausgestaltung von Problemlösungen durch Rechtsetzung in demokratischen Verfahren sowie durch die fundamentale Gestaltung normativer Ordnungen (z. B. der Verfassungs-, Sozial- oder Wirtschaftsordnung). Hintergrund der Sonderung von Moral und Recht ist die Ausdifferenzierung moderner Gesellschaften mit der institutionellen Eigenständigkeit des Wirtschaftssystems, des Staates und den ausdifferenzierten Bereichen der Öffentlichkeit. Weil in modernen, hochgradig pluralistischen Gesellschaften ein Gemeinwohl nur noch *a posteriori* im Rahmen medial vermittelter Beratungs- und Entscheidungsprozesse in repräsentativen Organen diskursiv entwickelt werden kann, ist letztlich das Recht gegenüber der Moral das entscheidende Medium der Handlungskoordination.

Dies bedeutet allerdings ausdrücklich nicht, dass moralische Diskurse und Rechtfertigungspraxen bedeutungslos oder gänzlich getrennt von der parlamentarischen Rechtssetzung wären, vielmehr stehen sie in einem spezifischen Ergänzungsverhältnis zueinander, wobei entscheidend ist, dass das „Recht [...] nicht nur Symbolsystem, sondern auch ein Handlungssystem" ist (Habermas, 1994, S. 137). Damit haben sich auch die Orte und die Reichweiten moralischer Begründungspraktiken erheblich verändert. Arenen moralischer Diskurse in modernen Gesellschaften sind die Zivilgesellschaft sowie massenmediale Öffentlichkeiten, die kategorische Forderungen an das politische System adressieren und damit kommunikative Macht ausüben. Im demokratischen Gesetzgebungsprozess übertragen vielfältige Akteure (Parteien, Verbände u. v. m.) und staatliche Organe (Parlamente, Regierung usw.) diese in die Form positiven Rechts, das effektiv handlungsleitend ist, weil es von den Handlungsträgern zwar regelkonformes Verhalten fordert, nicht aber moralisches Einverständnis (vgl. Habermas, 1994, S. 141, 143). Der Prozess der Verrechtlichung ermöglicht es also, legitime Handlungsnormen zu erzeugen (durch politische Macht) und diese wirksam durchzusetzen (in Form administrativer Macht), ohne den moralischen und sittlichen Pluralismus moderner Gesellschaften durch totalitären Durchgriff auf die Wert- und Zielpräferenzen der Bürger:innen einschränken zu müssen. Die Antwort des demokratischen Rechtsstaates auf normative Regelungsbedarfe – in welchen Bereichen der Gesellschaft auch immer – ist eben nicht die Re-Moralisierung der Handlungsträger und, damit einhergehend, die Pflicht zur willentlichen Übernahme einer kollektiven Identität, sondern die Verrechtlichung des Handlungsrahmens zur Ermöglichung freien Handelns rechtsgleicher Subjekte eben im Rahmen allgemeingültiger Gesetze.

Normative Urteilsbildungsprozesse der Bürger:innen werden sich aufgrund des Ergänzungsverhältnisses von Moral und Recht in modernen Gesellschaften praktisch auf alle drei normativen Teilbereiche beziehen, was mit dem Begriff der *Interrationalität* des Urteilens gefasst werden kann (vgl. Henkenborg, 2012, S. 37–43). Peter Henkenborg hat in diesem Zusammenhang herausgearbeitet, dass sich die politische Urteilsfähigkeit der Bürger:innen gerade durch die Fähigkeit auszeichnet, sowohl den Eigensinn der unterschiedlichen Rationalitätsformen anzuerkennen als auch ihren Zusammenhang herstellen zu können: „Die besondere Leistung der politischen Urteilsfähigkeit besteht in der Integration dieser unterschiedlichen Rationalitätsansprüche in Bezug auf politische Handlungsprobleme und -konflikte in einem abwägenden ‚Spiel der Differenzen'" (Henkenborg, 2012, S. 10). Eine Gleichsetzung von politischer und moralischer Urteilsbildung wäre für pluralistische Gesellschaften gefährlich, weil die damit einhergehende Komplexitätsreduktion eher konflikteskalierend als konfliktlösend wirken kann, wie Joachim Detjen zu Recht betont: „Moralurteile fallen in der Regel viel rigider aus als politische Urteile. Das liegt daran, dass Moralurteile in erster Linie oder gar ausschließlich ethischen Prinzipien gerecht zu werden versuchen. Sie zielen unbedingte Geltung an. Moralurteile tendieren deshalb zur Gesinnungsethik. In Moralurteilen [...] werden Interessen- und Machtkonstellationen völlig vernachlässigt. Eine rein moralische Orientierung kann der Komplexität der Politik deshalb nicht gerecht werden. Man kann zwar moralisch über Politik urteilen. Ausschließlich nach moralischen Kriterien über Politik zu urteilen, heißt aber, nicht angemessen über Politik zu urteilen" (Detjen, 2013, S. 15). Im Folgenden sollen diese Ausführungen zu den Grundlagen normativer Urteilsbildung anhand des Themenbereichs *Mobilitäts- und Verkehrspolitik*, der für Heranwachsende aufgrund deren Mobilitätsbedürfnisse und -wünsche bedeutsam sein dürfte, konkretisiert werden. Dabei steht die Frage im Zentrum, wie eine unterrichtliche Urteilspraxis ermöglicht werden kann, die der *Kontroversität* und *Interrationalität* des Urteilsgegenstands gerecht wird.

## 1.3 Ebenen der Kontroversität und dazugehörige Rationalitätsformen in der Urteilspraxis

Ethisch-moralische und politische Urteilsbildungsprozesse sind auf drei Ebenen kontrovers und dabei durch spezifische Rationalitätsformen geprägt (Abb. 1.2).

**Untere Ebene der Kontroversität: Konflikte hinsichtlich der Mittelwahl**
Im Zentrum öffentlicher Aufmerksamkeit stehen erstens fortdauernde Kontroversen um die Wahl geeigneter Mittel im Spannungsverhältnis von individuellen und freien Konsumentenentscheidungen in einer Marktwirtschaft einerseits und politischen Steuerungsversuchen andererseits. In der Mobilitäts- und Verkehrspolitik wird beispielsweise dauerhaft darum gestritten, welche technischen Plattformen (z. B. Elektro-, Verbrenner-, Muskelkraftfahrzeuge) in welcher Nutzungsform (als Privateigentümer oder Mieter) durch welche politischen Steuerungsmittel (z. B. Verbrauchssteuern und -abgaben oder Subventionen) in der Mobilität massenhaft genutzt werden sollten. Diese primär technisch-instrumentellen und ökonomischen Abwägungsprozesse sind durch vielfältige Interessen beeinflusst und orientieren sich zunächst nur eingeschränkt an moralischen Prinzipien oder an politischen Entscheidungskategorien. Im Prozess der Urteilsbildung werden auf dieser Kontroversi-

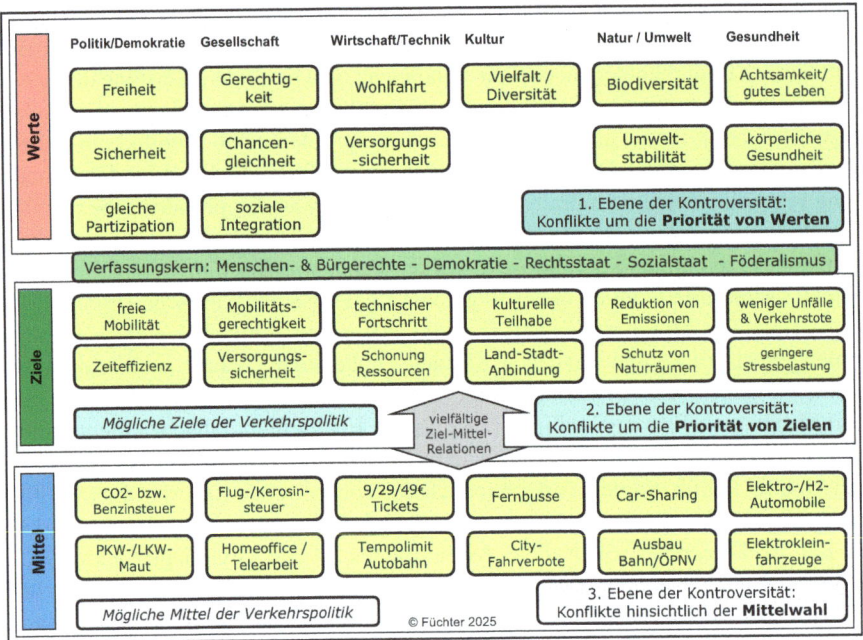

**Abb. 1.2** Politische Urteilsbildung. Ziel-Mittel-Relationen und Kontroversität, Beispiele Mobilitäts- und Verkehrswende. (Füchter, 2025)

tätsebene insbesondere Argumente hinsichtlich der generellen Wirksamkeit und Machbarkeit (Urteilskategorie *Effektivität*) sowie der Kosten-Nutzen-Verhältnisse abgewogen (Urteilskategorie *Effizienz*). Hinsichtlich der Rationalitätsform handelt es sich hierbei um die sog. *Zweckrationalität*: „In der Politik ist Zweckrationalität ein Aspekt von instrumenteller Rationalität, also von kognitiven oder technischen Eingriffen in die objektive Welt durch politische Entscheidungen. Das Kriterium der Zweckrationalität fragt danach, ob solche zielgerichteten Eingriffe Erfolg haben oder scheitern, ob sie den beabsichtigten Effekt erzielen oder verfehlen und ob das Ergebnis auf möglichst ökonomische Weise erreicht wird" (Henkenborg, 2012, S. 39).

Paradoxerweise unterliegt allerdings gerade diese Entscheidungs- und Urteilsebene besonderer Aufmerksamkeit bei zugleich starker Emotionalisierung (vgl. May, 2020, S. 133 ff.): aus technischen Fragen werden regelmäßig Technikgrundsatzdiskussionen aufgrund von Wirksamkeitshypothesen, die häufig nicht wissenschaftlich abgesichert sind und hinsichtlich ihrer Chancen und Risiken letztlich kaum objektiv bewertbar sind (Schwierigkeit der Technikfolgenabschätzung). Insbesondere Politiken des Verbots und der Nutzungseinschränkung (z. B. Dieselfahrverbote, Verbrennerfahrverbote, flächendeckendes Tempolimit) geben dabei Anlass zu Protest, auch weil sie als Eingriffe in die allgemeine Handlungsfreiheit in wichtigen sozialen und wirtschaftlichen Lebensbereichen der Bürger:innen wahrgenommen werden.

**Mittlere Ebene der Kontroversität: Konflikte um die Priorität von Zielen**
Normativ gehaltvoll werden Urteilsbildungsprozesse erst durch den Einbezug konkurrierender Ziele. Eine bestimmte Mobilitätstechnologie oder ein verkehrspolitisches Steuerungsmittel ist erst in Bezug auf ein oder mehrere Ziele hinsichtlich der Effektivität und Effizienz beurteilbar (*Ziel-Mittel-Relation*). Dabei werden Ziele von Diskursteilnehmer:innen aufgrund ihrer Interessen, die dem Einfluss ihrer sozialen Lage und den damit einhergehenden materiellen und immateriellen Bedürfnissen unterliegen, unterschiedlich priorisiert. Zudem streben Akteure häufig mehrere Ziele zugleich an, die aber aufgrund sachlicher Gegebenheiten (z. B. Ressourcenknappheit) in einem funktionalen Zielkonflikt zueinander stehen. So kann beispielsweise das Ziel möglichst kostengünstiger Mobilität im ÖPNV im Widerspruch zu dem Ziel einer hohen Versorgungssicherheit und Zuverlässigkeit stehen, sofern die Transportkapazitäten zu knapp sind (s. beispielhaft das zeitweise Absinken der Mobilitätsqualität nach der Einführung des 9-€-Tickets im Sommer 2022). In Urteilsprozessen müssen Ziele dargelegt und ihre Relevanz begründet werden, wobei deren *Legitimität* über eine bloß subjektive Rationalität hinaus zu rechtfertigen ist (Abb. 1.1; Juchler, 2012, S. 17 f.). Genau an dieser Stelle ist ein „Brückenschlag" von der moralischen zur politischen Urteilsbildung erforderlich: Argumentativ ist zu begründen, warum *bestimmte* Ziele angesichts des gesellschaftlichen Pluralismus und damit einhergehender Interessenkonflikte dennoch im Interesse *aller* Bürger:innen liegen und daher im Sinne eines übergeordneten *Gemeinwohls* angestrebt werden sollten, weil sie *vernünftig* sind. Dabei muss konkret aufgezeigt werden, dass bestimmte Ziele vernünftig für alle sind, weil sie der Steigerung gesellschaftlicher *Gerechtigkeit* dienen und zudem die fundamentalen *Werte* der Verfassung (insbesondere die Grund- und Menschenrechte) in einem spezifischen Handlungsbereich konkretisieren (Henkenborg, 2012, S. 40 f.). So könnte für den Bereich der Mobilitäts- und Verkehrspolitik beispielsweise gerechtfertigt werden, dass in einem demokratischen und sozialen Rechtsstaat zur Ermöglichung politischer, sozialer, wirtschaftlicher und kultureller Teilhabe aller Bürger:innen ein Grundrecht auf Mobilität zur Realisierung vielerlei subjektiver Zwecke *unbedingt* gelten sollte und dies nicht ein Privileg vergleichsweise vermögender Besitzer von Privatkraftfahrzeugen sein darf. Für Menschen, und insbesondere Jugendliche, mit geringem Einkommen, die in ländlichen Regionen leben, könnte dies eine höhere soziale Gerechtigkeit bedeuten. Urteilskriterien der Zielebene sind daher insbesondere die Urteilskategorien *Legitimität* sowie *Gerechtigkeit* bzw. *Gemeinwohl* (ebd.), die als *Maßstäbe der Vernünftigkeit normativer Ziele* in die Rechtfertigung politischer Entscheidungen eingebracht werden müssen.

**Obere Ebene der Kontroversität: Konflikte um die Priorität von Werten**
Die mit der Urteilsbildung einhergehende Priorisierung von Zielen in öffentlichen Diskursen bezieht sich normativ auf die grundlegende Werte- und Rechtsordnung einer Gesellschaft gerade angesichts des modernen Wertepluralismus. Die Pluralität konkurrierender Menschen- und Gesellschaftsbilder, die in politischen Weltbildern,

Denkrichtungen und Ordnungsvorstellungen wie beispielsweise des Liberalismus, Sozialismus, Konservatismus und Autoritarismus zum Ausdruck kommt, bildet den unausgesprochenen und doch stets relevanten Hintergrund bei der Rechtfertigung politischer Ziele im politischen Tagesgeschäft. Eine Priorisierung von Werten wie Freiheit, Frieden, Gerechtigkeit, Wohlfahrt, Sicherheit usw. kann für moderne Gesellschaften nicht mehr moralphilosophisch letztbegründet werden, wie die Überlegungen zur Sonderung von Moral und Recht gezeigt haben. Moralische Werte sind zwar als zentrale regulative Ideen vielen modernen demokratischen Verfassungen und Menschenrechtsdeklarationen eingeschrieben, jedoch in sehr abstrakter Weise. *Welche Freiheiten* konkret in einem Staat gelten, *welche Sicherheit* mit welchen Mitteln hergestellt wird, *welcher Wohlfahrtsbegriff* der jeweiligen Sozialpolitik zugrunde liegt oder in *welchem Maß soziale Gerechtigkeit* durch Abbau von Diskriminierungen und Umverteilung hergestellt wird, ist Gegenstand politischer Ausgestaltungsprozesse durch vielfältige Gesetzgebungsakte. Moralische Wertpräferenzen bilden zwar den Hintergrund politischer Konsenssuche, doch das Ergebnis parlamentarischer Entscheidungsprozesse ist *positives Recht*. Allerdings müssen sich die Beschlüsse souveräner Gesetzgebung in einer wertgebundenen Verfassungsordnung als verfassungsgemäß erweisen, d. h., sie müssen zugleich den Kriterien der *Wertrationalität* und *Legalität* genügen: „Die moralische Qualität der Politik wird von der Wertrationalität repräsentiert. Wertrational ist dasjenige politische Handeln, das sich an anerkennungswürdigen Werten orientiert. Solche Werte vermögen das betreffende Handeln nämlich zu rechtfertigen, d. h. zu legitimieren. Legitimierende Werte müssen universalisierbar sein, d. h. jedermanns Zustimmung finden können" (Detjen, 2013, S. 37). Zu diesen Werten gehören insbesondere:

- die Menschenwürde
- Freiheit
- Gleichheit
- Gerechtigkeit
- Frieden
- Partizipation der Entscheidungsbetroffenen an den Entscheidungen
- Transparenz der Öffentlichkeit des politischen Prozesses

Eine Politik, die den genannten Werten folgt, ist demokratisch und genießt Legitimität. *Politische Urteilsbildung bedeutet also nicht bloß zu prüfen, ob bestimmte Ziele moralisch geboten sind, sondern zu reflektieren, inwiefern sich daraus ergebende Gesetze kompatibel zur Verfassungsordnung in Form der Grundrechte und der freiheitlich-demokratischen Grundordnung sind.* So muss die Gesetzgebung zu verkehrspolitischen Zielen in Einklang zu Verfassungswerten stehen, zu denen u. a. auch der Schutz der natürlichen Lebensgrundlagen und der Tiere gehört (GG Art. 20a). Vor diesem Hintergrund wäre beispielsweise ein forcierter Ausbau des Autobahnnetzes mit der Zielsetzung freier Automobilität angesichts der damit einhergehenden massiven Eingriffe in Naturräume nur schwer zu legitimieren, ebenso wie ein generelles Verbot aller privater Verbrennerfahrzeuge, weil dies ein massiver Eingriff in die wirtschaftliche Handlungsfreiheit und die Eigentumsrechte der Bürger:innen bedeuten würde.

In der Zusammenschau zeigen die Überlegungen zur Relevanz der drei Ebenen der Kontroversität in der politischen Urteilspraxis, wie kognitiv komplex eine angemessene Rechtfertigungspraxis ist, die sich als moralisch und politisch mündig ausweisen kann: Lernende müssen die Relevanz von *gerechten* und *gemeinwohlorientierten* politischen Zielsetzungen (Vernünftigkeit der Ziele, Legitimität) vor dem Hintergrund *verfassungsgemäßer Wertorientierungen* (Wertrationalität und Legalität) begründen und dazu geeignete Mittel bestimmen, die den Kriterien der *Effektivität* und *Effizienz* genügen (Zweckrationalität). Die Anbahnung und Entfaltung der dazu erforderlichen Urteilsfähigkeit (Kompetenzerwerb) sind motivational anspruchsvoll, weil in der argumentativen Rechtfertigung von politischen Entscheidungen Bürger:innen kohärente Relationen von Werten, Zielen und Mitteln sprachlich entfalten müssen. Adäquate Begründungen politischer Urteile sind daher auch ausgeprägt (selbst-)reflexiv, weil sie eine Distanz gegenüber der je eigenen politischen Position erfordern (Müller, 2022, S. 235 ff.). Aus diesem Grund muss moralisch-politische Urteilsbildung sowohl didaktisch-inhaltlich als auch didaktisch-methodisch sorgfältig geplant werden. Entsprechende Implikationen für die Unterrichtspraxis sollen abschließend in Form von begründeten Thesen aufgezeigt werden.

## 1.4 Didaktische und methodische Implikationen zur Förderung mündiger Urteilspraxis

**These 1: Die Wahl geeigneter Gegenstandsbereiche und die Formulierung tatsächlich normativer Urteilsfragen ist für das Erlernen mündigen Urteilens entscheidend**

*Empfehlung:* Gegenstände der Urteilsbildung sollten hinreichend komplex ausgewählt und entsprechende Urteilsfragen normativ offen formuliert werden.

*Begründung und praktische Ansätze:* Trotz der Vielfalt möglicher Gegenstände moralisch-politischer Urteilsbildung (Abb. 1.3; Detjen, 2013, S. 15) sollte für die unterrichtliche Urteilspraxis ein bedeutsamer und permanent-aktueller Bereich eines Politikfeldes ausgewählt werden, der eine Verschränkung der drei Ebenen der Kontroversität ermöglicht und zugleich erfordert, denn nur dann können die Lernenden die kognitive Herausforderung der *Interrationalität* erfahren. Die Verschränkung der Rationalitätsformen sollte am Beispiel erlernt und reflektiert werden; ein bloß abstrakter Hinweis auf die Ziel-Mittel-Relation genügt nicht. Die *politische-normative* Offenheit der Urteilsfrage ist zumindest für Schüler:innen der Sekundarstufe II angemessen, weil sich Lernende dann intensiv mit der Ziel- und Wertebene reflexiv-kritisch auseinandersetzen müssen, und nicht bloß eine Mittelwahl begründen.

Für eine tatsächlich *politische* Urteilsbildung wäre beispielsweise die Fragestellung, ob Elektrofahrzeuge in ihrer Gesamtenergiebilanz mehr oder weniger $CO_2$ verursachen als Verbrennerfahrzeuge, nicht angemessen. Diese Fragestellung führt letztlich zu einem (technischen) Sachurteil, aber nicht zu einem normativen Urteil,

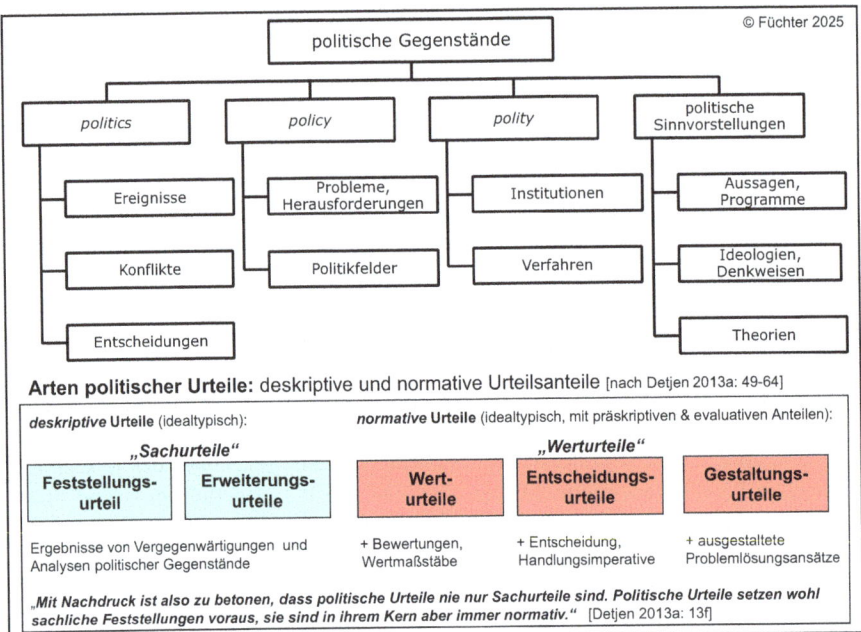

**Abb. 1.3** Gegenstände und Arten politischer Urteile. (Füchter, 2025)

weil die Zielebene und entsprechende Zielkonflikte durch die enge Fragestellung nicht in die Urteilsbegründung einbezogen werden. Eine didaktisch angemessene Fragestellung könnte dagegen sein: Welche Ziele sollte eine nachhaltige Mobilitäts- und Verkehrspolitik angesichts der vielfältigen Mobilitätsbedürfnisse der Bürger:innen anstreben, und welche Mittel sind dafür geeignet? Eine entsprechend ausgestaltete Unterrichtseinheit, die diesen Anspruch altersgemäß für die Zielgruppe der 9. und 10. Jahrgangsstufe umsetzt, trägt den Titel „Herausforderung nachhaltige Mobilität und Verkehrspolitik: Familie Hess immer auf Achse – wie kann die persönliche Verkehrswende gelingen?"[1] Im Zentrum der kompetenzorientierten Lernaufgabe steht die Anforderungssituation, sich problemlösend mit der zugleich gesellschaftlichen, ökologischen, wirtschaftlichen und politischen Aufgabe einer nachhaltigen Verkehrspolitik als Rahmenbedingung persönlichen verantwortungsvollen Mobilitätsverhaltens bildend auseinanderzusetzen (vgl. auch Füchter 2025).

**These 2: Die reflexive Auseinandersetzung mit den je eigenen Bedürfnissen, Interessen und Einstellungen zu einem Urteilsgegenstand ist eine notwendige Bedingung mündiger Urteilsbildung**

*Empfehlung:* Die Vorstellungen, Einstellungen und auch das Vorwissen sollten zu Beginn einer problem- und handlungsorientierten Unterrichtseinheit, die auf diffe-

---

[1] Die Lernaufgabe mit einem Umfang von acht bis zehn Unterrichtsstunden kann via Mail beim Autor dieses Textes unentgeltlich angefordert werden.

renzierte Urteilsbildung abzielt, durch geeignete Diagnoseinstrumente (Füchter, 2022) erhoben und zum Gegenstand der Selbstreflexion in Kontrast zu denen der anderen Lernenden werden.

*Begründung und praktische Ansätze:* Ausgangspunkt politischer Urteilsprozesse sind die subjektiven und partikularen Themenbezüge der Lernenden mit spezifischen Voreinstellungen und Haltungen, die häufig stark durch Handlungserfahrungen geprägt und noch nicht reflexiv relativiert sind. So werden Kinder aus Familien, die eine automobile Sozialisation erleben, spontan anders über mobilitäts- und verkehrspolitische Kontroversen urteilen als Heranwachsende, die sich überwiegend mit öffentlichen Verkehrsmitteln fortbewegen. Zu erfahren und zu begreifen, dass die je eigene „Normalität" nicht allgemeine Norm sein muss, ist bereits die Voraussetzung *moralischer* Urteilsbildung, weil eine reflexive Distanz zu eigenen Affekten und Emotionen erforderlich ist, um sich auf die „erweiterte Denkungsart" überhaupt erst einlassen zu können.

**These 3: Keine mündige Urteilsbildung ohne Analyse von Handlungsalternativen – deren Gewährleistung ist Aufgabe von Fachlehrkräften, die über eine professionelle Fachexpertise verfügen**

*Empfehlung:* Lernende, die im Unterricht mündig urteilen müssen, sollten im Gegenzug dazu praktisch erfahren können, dass ein differenziertes Wissen um mögliche Handlungsalternativen und den damit einhergehenden Zielen, Mitteln und Wertbezügen nützlich und wertvoll für ihr je eigenes Urteilen ist.

*Begründung und praktische Ansätze:* Das begründete Abwägen und Rechtfertigen von Handlungsalternativen setzt voraus, dass Lernende problem- und sachadäquat wissen, worüber sie eigentlich entscheiden. Ein auf Urteilsbildung abzielender Unterricht erfordert daher die Teilsequenzen der Problemanalyse (Was ist? Warum besteht das Problem?) und der Möglichkeitserörterung (Was ist möglich?), bevor überhaupt Entscheidungs- oder Gestaltungsurteile (Was soll sein? Wie sollte die Problemlösung genau aussehen?) formuliert werden können.[2] Dabei ist es Aufgabe der Lehrkräfte, eine strukturierte Zwischensicherung für alle Lernenden zu gestalten, die die Kontroversität des Urteilsgegenstands ersichtlich werden lässt. Eine Formatvorlage liefert dazu Abb. 1.2, die in reduzierter Form als Strukturbild im Unterricht dienen kann.

**These 4: Mündige Urteilsbildung sollte mehr sein als eine situative Meinungsäußerung im Unterricht – sie zeigt sich insbesondere in angemessen komplexen Lernprodukten**

*Empfehlung:* Das Fällen politischer Urteile und deren argumentative Rechtfertigung benötigen hinreichend Unterrichtszeit sowie geeignete Mittel zur Förderung der Urteilsbegründung. Lehrkräfte sollten sich der kognitiven Komplexität rationaler Urteilsbildung bewusst sein und geeignete Förderstrategien zur Entwicklung politischer Urteilsfähigkeit gezielt im Unterricht einsetzen.

---

[2] Vgl. die Zusammenfassung verschiedener Sequenzierungsmodelle der Politikdidaktik bei Füchter (2010, S. 39 ff.).

*Begründung und praktische Ansätze:* Wie erläutert ist moralisch-politische Urteilsbildung nur dann intersubjektiv, rational und vernünftig, wenn sie zumindest die zentralen Kategorien der Urteilsbildung

- Effektivität,
- Effizienz,
- Legitimität und
- Gerechtigkeit/Gemeinwohl

als Urteilsmaßstäbe explizit zur Rechtfertigung heranzieht. In der Unterrichtspraxis erfolgt Urteilsbildung in der Regel in Einzelarbeit und häufig im Rahmen von schriftlichen Ausarbeitungen, wenn nicht sogar direkt in Klausuren (Aufgaben im KMK-Anforderungsbereich 3). Fairerweise sollte schriftliche Urteilsbegründung im Rahmen von Leistungsformaten im Unterricht zeitlich angemessen und frei von Bewertungsdruck geübt werden. Entsprechende Förderstrategien (vgl. Füchter, 2015, S. 6–10) können durch die Nutzung geeigneter Förderinstrumente effektiviert werden (Abb. 1.4). Deren Fördereffekt für viele Lernende hat sich als besonders hoch erwiesen, wenn sie in kooperativen Sozialformen (Gruppenarbeit, Think-Pair-Share-Verfahren usw.) eingesetzt werden, weil Lernende dabei ihr Urteilsvermögen in diskursiver Auseinandersetzung mit ihnen ebenbürtigen Lernpartner:innen angstfrei schulen können.

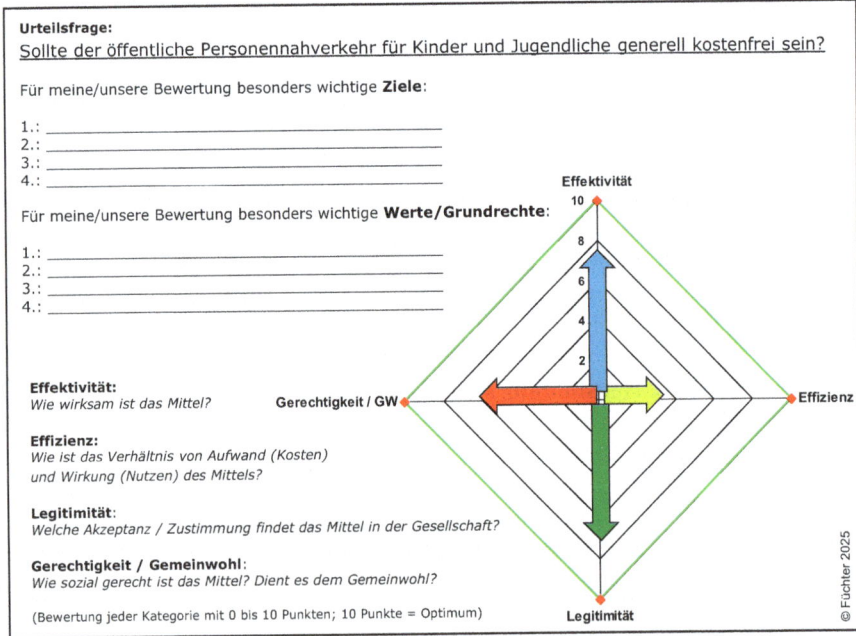

**Abb. 1.4** Die Förderung politischer Urteilsbildung mithilfe kategorialer Skalen – Praxisbeispiel. (Füchter, 2025)

**These 5: Politische Mündigkeit erfordert eine Selbstreflexion der eigenen Rechtfertigungspraxis hinsichtlich ethischer, moralischer und politischer Argumentationsmuster**

*Empfehlung:* Lernende sollten üben, eigene (und auch fremde) Urteilsbegründungen hinsichtlich der verwendeten Begründungsmuster kritisch zu reflektieren. Dabei ist zu prüfen, ob bestimmte Urteilskategorien (z. B. *Effektivität, Effizienz*) gegenüber anderen (z. B. *Legitimität, Gerechtigkeit*) über- oder unterbetont werden. Reflektiert werden sollte in diesem Zusammenhang, ob Argumente aus dem Bereich der Rationalitätsformen *Zweckrationalität, Vernünftigkeit der Ziele* sowie *Wertrationalität* und *Legalität* plausibel aufeinander bezogen und im Spiel der Differenzen der Rationalitätsformen nicht übergangen werden.

*Begründung und praktische Ansätze:* In der Urteilspraxis hat sich gezeigt, dass Lernende häufig die Rationalitätsform der Zweckrationalität gegenüber anderen Rationalitätsformen bevorzugen. Inwiefern diese Präferenz in einer, vielleicht praktisch vorherrschenden, schulischen Erziehung zur individuellen Nutzenmaximierung begründet oder der hohen kognitiven Komplexität geschuldet ist, sei dahingestellt. Wünschenswert ist, dass diese Engführung und Verkürzung der moralisch-politischen Urteilsbildung sukzessive überwunden werden. Das Erlernen mündigen Urteilens ist damit an eine reflexive Selbstaufklärung über die (bisherigen) Grenzen des eigenen Urteilsvermögens rückgebunden. In der (Selbst-)Erkenntnis der blinden Flecken der eigenen Urteilsbildung steckt die Chance, genau diese in den Blick zu nehmen und auch diese zunehmend autonom zu beurteilen. Dazu sind konstruktiv-kritische Feedbacks von Peers und professionelle Feedbacks von Lehrkräften unter Nutzung geeigneter Diagnoseinstrumente hilfreich (Füchter, 2015, S. 4 f.).

## Literatur

Detjen, J. (2013). *Politikkompetenz – Urteilsfähigkeit*. Wochenschau.
Forst, R. (2007). *Das Recht auf Rechtfertigung. Elemente einer konstruktivistischen Theorie der Gerechtigkeit*. Suhrkamp.
Füchter, A. (2010). *Diagnostik und Förderung im gesellschaftswissenschaftlichen Unterricht*. Prolog.
Füchter, A. (2015). Grundlagen politischer Urteilsbildung (und der Diagnose politischer Urteile). *Wirtschaft + Politik*, (2/2015), 1–11.
Füchter, A. (2022). Methoden der Diagnostik: Vorstellungen, Einstellungen und Vorwissen erfassen. In W. Sander & K. Pohl (Hrsg.), *Handbuch politische Bildung* (5. völlig. überarb. Aufl., S. 421–433). Wochenschau.
Füchter, Andreas (2025): Lernaufgaben in politisch-sozialwissenschaftlichen Unterrichtsfächern. Grundlagen – Praxisbeispiele – Tools. Frankfurt am Main. Wochenschau. [150 Seiten. ISBN 978-3-7344-1711-5]
Jonas, H. (1979). *Das Prinzip Verantwortung*. Suhrkamp.
Habermas, J. (1994). *Faktizität und Geltung. Beiträge zur Diskurstheorie des Rechts und des demokratischen Rechtsstaats*. Suhrkamp.
Habermas, J. (1996). *Die Einbeziehung des Anderen*. Suhrkamp.
Habermas, J. (2022). *Ein neuer Strukturwandel der Öffentlichkeit und die deliberative Politik*. Suhrkamp.

Henkenborg, P. (2012). Politische Urteilsfähigkeit als politische Kompetenz in der Demokratie – der Dreiklang von Analysieren, Urteilen und Handeln. *Zeitschrift für Didaktik der Sozialwissenschaften*, (2/2012), 28–50.

Juchler, I. (2012). Politisches Urteilen. *Zeitschrift für Didaktik der Sozialwissenschaften*, (2/2012), 10–27.

Jung, E. (2008). Mündigkeit. In R. Hedtke & B. Weber (Hrsg.), *Wörterbuch Ökonomische Bildung* (S. 237–238). Wochenschau.

Köck, P. (2013). *Handbuch des Ethikunterrichts* (3. überarb. Aufl.). Donauwörth

May, M. (2020). „Aber bitte mit Gefühl!" Rationale Urteilsbildung als Ziel und Herausforderung politischer Bildung. In M. Dickel, A. John, & M. May (Hrsg.), *Urteilspraxis und Wertmaßstäbe im Unterricht* (S. 125–147). Wochenschau.

Müller, S. (2022). Kontroversität. In W. Sander & K. Pohl (Hrsg.), *Handbuch politische Bildung* (5. völlig. überarb. Aufl., S. 231–239). Wochenschau.

Reinhardt, S. (2022). Moralisches Lernen. In W. Sander & K. Pohl (Hrsg.), *Handbuch politische Bildung* (5. völlig. überarb. Aufl., S. 346–355). Wochenschau.

Rösch, A. (2012). *Kompetenzorientierung im Philosophie und Ethikunterricht* (3. Aufl.). LIT.

# Der Sein-Sollen-Fehlschluss – grundlegend, verführerisch und gefährlich

## Arne Dittmer

> „Plötzlich werde ich damit überrascht, dass mir anstatt der üblichen Verbindung von Worten mit ‚ist' und ‚ist nicht' kein Satz mehr begegnet, in dem nicht ein ‚sollte' oder ‚sollte nicht' sich fände. Dieser Wechsel vollzieht sich unmerklich; aber er ist von größter Wichtigkeit" (Hume, 1739/2013, S. 547)

### Zusammenfassung

Dieses Kapitel behandelt den zentralen Grundsatz der Ethik, dass Werte und Normen nicht aus empirischen Fakten abgeleitet werden können. Es geht um ein im Alltag häufig vorzufindendes Phänomen, wenn in ethischen Kontroversen aus empirischen Aussagen (dem *Seienden*) direkt geschlossen wird, was Menschen tun oder lassen sollen und was als moralisch richtig oder falsch gilt (das, was sein *soll*). Wenn in ethischen Auseinandersetzungen Bezüge zu naturwissenschaftlichen Befunden oder Konzepten hergestellt werden, ist ein Verständnis darüber, dass ethische Argumente auf normativen Prämissen (unsere moralischen Werte) beruhen und dass man erkennt, wann in einer Debatte ein *Sein-Sollen-Fehlschluss* vorliegt oder naturalistisch argumentiert wird, von zentraler Bedeutung.

---

A. Dittmer (✉)
Didaktik der Biologie, Universität Regensburg, Regensburg, Deutschland
E-Mail: Arne.Dittmer@ur.de

> **Worum es geht**
> - Welche Rolle spielen empirische Aussagen in ethischen Argumenten?
> - Sein-Sollen-Fehlschluss: Aus empirischen Tatsachen können keine moralischen Forderungen abgeleitet werden.
> - Naturalistischer Fehlschluss: Der wertende Ausdruck „moralisch gut" kann nicht durch Eigenschaften wie „lebend", „schmerzfrei" oder „Lust" definiert werden.
> - In einer wissenschaftsorientierten Kultur spielen empirische Daten in ethischen Argumenten oft eine große Rolle. Umso wichtiger ist es, dass bereits junge Menschen lernen, zwischen deskriptiven bzw. empirischen Aussagen einerseits und Werten und Normen andererseits zu unterscheiden.

## 2.1 Fakten, Werte und eine Kompetenzerwartung an Jugendliche am Ende des 9. Schuljahres

Bewertungskompetenz ist eine der vier Kompetenzdimensionen des naturwissenschaftlichen Unterrichts. Für das Unterrichtsfach Biologie wurde mit Einführung der Bildungsstandards für den mittleren Schulabschluss eine anspruchsvolle und zugleich für unsere wissenschaftsorientierte Kultur bedeutsame Kompetenzerwartung formuliert: Gleich welcher Schulart steht hier als Bildungsziel, dass Schülerinnen und Schüler lernen, „zwischen beschreibenden (naturwissenschaftlichen) und normativen (ethischen) Aussagen" unterscheiden zu können" (KMK, 2005, S. 15, vgl. KMK, 2024, S. 11). Ohne es hier explizit auszuführen, verweist diese Fähigkeit – den Unterschied zwischen empirischen Aussagen (den Fakten) und ethischen, politischen Bewertungen und Handlungsaufforderungen zu kennen – auf einen zentralen Grundsatz der philosophischen Ethik: Werte und Normen können nicht aus Fakten abgeleitet werden!

So werden beispielsweise in der Diskussion darüber, ob Menschen Tiere zu Nahrungszwecken töten dürfen, verschiedenste Argumente ausgetauscht. Gelegentlich werden hier auch Bezüge zu der Biologie und Evolution des Menschen hergestellt: Man kann empirisch belegen, dass der Mensch aufgrund seines Gebisses ein Omnivore (Allesfresser) ist, und dies schließt auch Fleisch als mögliche Nahrungsquelle mit ein, und Fleischverzehr spielte auch im Laufe der menschlichen Evolution eine große Rolle. Aber in tierethischen Debatten steht nicht zur Diskussion, was biologisch der Fall ist, sondern ob es ethisch gerechtfertigt ist, dass Menschen Tiere töten bzw. dass Tiere in der Massentierhaltung leiden müssen. In der Ethik geht es um Werte (in diesem Beispiel der moralische Wert tierischen Lebens) und von ihnen abgeleitete moralische Normen und Pflichten (hier beispielsweise die moralische Pflicht zur Leidensminderung, da viele Menschen auch nichtmenschlichen Lebewesen ein Recht auf ein Leben ohne Leid zusprechen).

Werte haben eine Orientierungsfunktion, und man kann sie als Überzeugungen verstehen, die unser Handeln und das Zusammenleben in sozialen Gruppen leiten: „Der Mensch als Subjekt zeichnet sich durch diesen Bezug zu Werten aus: Sie sind die Direktion der Gestaltung seiner selbst und seiner Welt. [...] Insofern gibt der Wert dem menschlichen Dasein Sinn und Richtung" (Krijnen, 2002, S. 528 ff.). Es kennzeichnet die Menschen als kulturbildende Lebewesen, dass Handlungen, Lebensweisen und Lebensformen sowie Objekten oder Naturräumen Werte zugeschrieben werden. Werte entwickeln und verändern sich in einem historischen Prozess und repräsentieren von Menschen angestrebte Ziele wie *Gerechtigkeit*, *Selbstbestimmung* oder ein *Recht auf Leben* bzw. ein *Recht auf Leben ohne Leid*, sei es das menschliche oder das Leben von nichtmenschlichen Organismen. Die Diversität gelebter oder angestrebter Werte entspricht der Diversität kultureller Lebensformen, wobei viele grundlegende Werte (wie beispielsweise *Gerechtigkeit* oder *Fürsorge*) von unterschiedlichen Kulturen geteilt werden. Aus Werten können Normen – sozial geteilte und informell über die Erziehung oder formell in Bildungsinstitutionen vermittelte Regeln des Zusammenlebens – abgeleitet werden. Entsprechend kann mit dem Wert *Gerechtigkeit* die Norm *Alle Personen sind gleich zu behandeln* begründet werden.

In Impfdebatten kann man beobachten, wie Werte wie Solidarität oder Selbstbestimmung in Konflikt geraten und wie sich die Wertedebatte mit dem Streit über medizinische Folgen in der Argumentation von Impfbefürwortern und Impfgegnern durchmischt und auch durch Halbwissen und Verschwörungstheorien geprägt sein kann (Beniermann, 2021). Daher ist es für das Fach Biologie eine gute Idee, dass Schülerinnen und Schüler am Ende des 9. Schuljahrs in der Lage sein sollen, in solche hitzigen Debatten zum einen Struktur hineinzubringen und zum anderen die konfligierenden Werte zu benennen, zu diskutieren und bezüglich ihrer Bedeutung und Verhältnismäßigkeit bewerten zu können. Bezogen auf die Beziehung zwischen Fakten und Werten in ethischen Argumenten, geht es in diesem Kapitel somit um ein im Alltag häufig vorzufindendes Phänomen, wenn in ethischen Kontroversen aus der empirischen Welt (dem *Seienden*) direkt abgeleitet wird, was Menschen tun oder lassen sollen und was als moralisch richtig oder falsch gilt (das, was sein *soll*).

In alltäglichen Debatten, sei es im privaten oder im öffentlichen Raum, werden häufig die den Bewertungen und Schlussfolgerungen zugrunde liegenden Überzeugungen (beispielsweise: *Frauen, die ein Kind geboren haben, haben diesem gegenüber eine Fürsorgepflicht!*) nicht explizit genannt. Die Argumente sind aus ethischer Perspektive somit unvollständig und können in ihrer argumentativen Struktur auch naturalistisch bzw. biologistisch sein. Letzteres bezeichnet eine Argumentation, bei der biologische Sachverhalte herangezogen werden, um menschliche Handlungen ethisch zu rechtfertigen. Ein Beispiel hierfür ist der oben angebahnte Gedanke, dass Frauen eine besondere Fürsorgepflicht gegenüber ihren Kindern hätten, da nur sie diese gebären und säugen können. Aus dieser Perspektive sei es also naturgemäß geboten, dass sie sich um die Kinder kümmern sollen. Fürsorgepflicht leitet sich aber eben nicht aus dem Besitz einer Gebärmutter ab. Eine Fürsorgepflicht kann vielmehr auch jenen zugeschrieben werden, die biologisch nicht in der Lage sind Kinder zur Welt zu bringen. Es macht also einen Unterschied, ob man über die Existenz und die biologische Funktion von Geschlechtsorganen auf einer deskriptiven, beschreibenden Ebene diskutiert oder auf einer normativen und bewertenden Ebene über Fürsorge als moralische Pflicht. Wird die o. g. normative

Prämisse explizit genannt und zur Diskussion gestellt, so könnten sich die Diskutierenden auch auf eine nicht biologistisch begründete Prämisse einigen: *Menschen, die ein Kind erziehen, haben diesem gegenüber einer Fürsorgepflicht!*

## 2.2 Sein-Sollen-Fehlschluss

In Bezug auf den naturwissenschaftlichen Unterricht sollten Schülerinnen und Schüler lernen, dass man aus empirischen Aussagen keine ethischen oder politischen Schlussfolgerungen ziehen kann. Der philosophische Diskurs zum *Sein-Sollen-Fehlschluss* ist allerdings komplex, und philosophische Logik und Argumentationstheorie sind kompliziert; folglich kann es nicht darum gehen, dass 15- oder 16-Jährige (wenn sie nicht gerade einen Philosophie- oder Ethikkurs besuchen) eine Exegese von David Humes *A treatise of human* (Hume, 1739/2013) verfassen. Vielmehr geht es um ein Grundverständnis dessen, warum beispielsweise in der wissenschaftsethischen Literatur und auch in Bildungskontexten die Unterscheidung zwischen Verfügungs- und Orientierungswissen hervorgehoben wird (Mittelstraß, 1996):

- *Verfügungswissen*: Wissen über Ursachen und Wirkungen. Wissenschaftliche Erklärungen und Theorien machen uns die Welt verfügbar, wir können sie gestalten oder auch bewahren (beschreibende, naturwissenschaftliche Aussagen).
- *Orientierungswissen*: Wissen über Zwecke und Ziele, die unser Handeln rechtfertigen und uns Orientierung geben. Entscheidungen darüber, was wir mit unserem Wissen tun wollen oder was wir vermeiden sollten, hängt von unseren Werten ab (normative, ethische Aussagen).

Werte geben uns Orientierung und sind Ausdruck unseres Selbst-, Menschen- und Weltbildes. Es wundert deshalb nicht, dass die Identifikation und Diskussion ethischer Werte, die den moralischen und politischen Kontroversen zugrunde liegen, ein substanzielles Merkmal eines jeden Ethikunterrichts ist, der auf eine Förderung ethischer Argumentationskompetenz abzielt.

Ziel des Argumentierens ist es, eine Bewertung bzw. Schlussfolgerung (Konklusion) durch Aussagen (*Prämissen*) zu begründen (Raters, 2020). Es gibt deskriptive, beschreibende Prämissen (*Die Waldrodung am Amazonas reduziert die Artenvielfalt*) und normative, wertebezogene Prämissen (*Die Artenvielfalt ist ein wertvolles Gut und sollte erhalten werden*).

Bei rein sachbezogenen Argumenten bedarf es keiner normativen Prämisse, wie beispielsweise beim klassischen Syllogismus[1]: *Alle Menschen sind sterblich, Sokrates ist ein Mensch, also ist auch er sterblich*. In ethischen Debatten werden aber Handlungen, Meinungen oder andere moralisch relevante Phänomene bewertet, und die argumentativen Schlussfolgerungen haben einen bewertenden oder vor-

---

[1] Bezeichnung für einen logischen Schluss.

## 2 Der Sein-Sollen-Fehlschluss – grundlegend, verführerisch und gefährlich

schreibenden Charakter. Es ist ein Grundsatz der Argumentationstheorie, dass ein vollständiges ethisches, normatives Argument immer auch eine normative Prämisse enthalten muss (Hardy & Schamberger, 2017), denn eine normative Argumentation bzw. Schlussfolgerung (auch *praktischer Syllogismus* genannt) nimmt auf einen moralischen Wert Bezug, der in der normativen Prämisse seinen Ausdruck findet.

So leben wir beispielsweise in Zeiten, in denen viele Menschen der Artenvielfalt bzw. der Biodiversität einen intrinsischen Wert zuschreiben und den *Erhalt der Biodiversität*[2] (unabhängig von empirischen Daten) als Eigenwert und normative Prämisse in die Diskussion über den Umgang mit Naturflächen und über die menschliche Verantwortung gegenüber der Natur einbringen.

Als Fehlschluss wird in der philosophischen Logik eine nicht gültige Schlussfolgerung (*Konklusion*) aus vorhergehenden Aussagen (*Prämissen*) bezeichnet. Ein solcher Fehlschluss besteht bei einer ethischen Argumentation beispielsweise dann, wenn die normative Prämisse nicht genannt wird und direkt aus den Kartierungsergebnissen eines Waldrodungsgebiets die Schlussfolgerung abgeleitet wird, dass die Waldbesitzer zum Schutz der dort lebenden Arten die Rodung stoppen sollten (Abb. 2.1). Wird ein unvollständiges ethisches Argument formuliert, bei dem die zugrunde liegende normative, wertebezogene Prämisse nicht dargelegt und dennoch eine normative Forderung (ein Handlungsgebot oder -verbot) aus einem empirischen Sachverhalt (*deskriptive Prämisse*) abgeleitet wird, wird dies als *Sein-Sollen-Fehlschluss* bezeichnet (Hume, 1739/2013; Potthast & Ott, 2016).

Den stillen Übergang von beschreibenden Aussagen zu einer normativen Forderung oder Bewertung bemängelte Davis Hume bereits im 18. Jahrhundert und prägte das *Hume'sche Gesetz*, welches hervorhebt, dass aus deskriptiven Aussagen keine

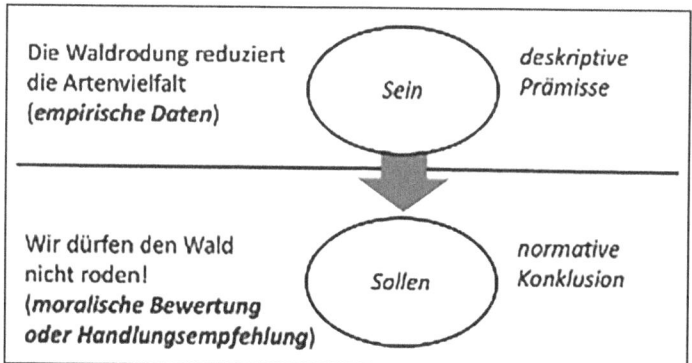

**Abb. 2.1** Sein-Sollen-Fehlschluss

---

[2] Die Etablierung des Begriffs *Biodiversität* in den 1980er-Jahren hebt die Intention biologischer Forschung hervor, ihren Beitrag zu einer nachhaltigen Umweltpolitik zu leisten und Naturschutz wissenschaftlich zu begründen. Ob Artenreichtum aber ein Indikator für ein funktionierendes Ökosystem per se ist, wird kontrovers diskutiert (Isbell et al., 2017), wobei diese Diskussion nicht infrage stellt, dass der Erhalt der Artenvielfalt als schützenswert erachtet und ein normatives Ziel des politischen und wissenschaftlichen Naturschutzes darstellt.

normativen Aussagen direkt abgeleitet werden können. Auch wenn viele Menschen bei dem gewählten Beispiel eines Waldrodungsverbots der Forderung sofort zustimmen und diese nicht als fehlerhafte Schlussfolgerung empfinden würden, so zielt ein ethischer Bewertungsprozess darauf ab, dass in ethischen Reflexionen die Werte explizit genannt und so selbst zum Gegenstand eines ethischen Diskurses werden können.

Im Alltag kommunizieren wir jedoch nicht immer analytisch, sondern eher spontan und intuitiv und beziehen uns meist direkt auf den problematisierten Sachverhalt. Es ist deshalb ein häufiges und geradezu normales Phänomen, dass in privaten wie auch öffentlichen Debatten sich Personen beispielsweise über die Todesstrafe empören, ohne in ihren Ausführungen auf den intrinsischen Wert des menschlichen Lebens einzugehen. Ähnlich verhält es sich in Bezug auf umweltethische Konflikte. Aus der Beschreibung einer Waldrodung im Amazonasgebiet und einer damit verbundenen Bedrohung der Artenvielfalt folgern viele Personen direkt das Verbot der Rodung.

Aber ein vollständiges ethisches Argument beinhaltet neben einer *deskriptiven Prämisse* (Aussage über die empirische Welt: *Die Waldrodung reduziert die Artenvielfalt*) stets auch eine *normative Prämisse* (*Die Vielfalt der Arten ist zu erhalten*; Abb. 2.2), die sich auf einen ethischen Wert bezieht.

In ethischen Kontroversen, die sowohl deskriptive als auch normative Aussagen umfassen, können an zentraler Stelle ethische Werte miteinander in Konflikt geraten. Betrachtet man den Fall der Waldrodung aus Sicht der rodenden Akteure, dann führt von deren Standpunkt eine andere normative Prämisse (z. B. *Menschen haben ein Recht auf Wohlstand*) zu einer anderen normativen Schlussfolgerung (Abb. 2.3).

Eine Förderung ethischer Bewertungskompetenz beinhaltet, logisch schlüssig und sprachlich genau zu sein und zu prüfen, welche normativen Prämissen in ethi-

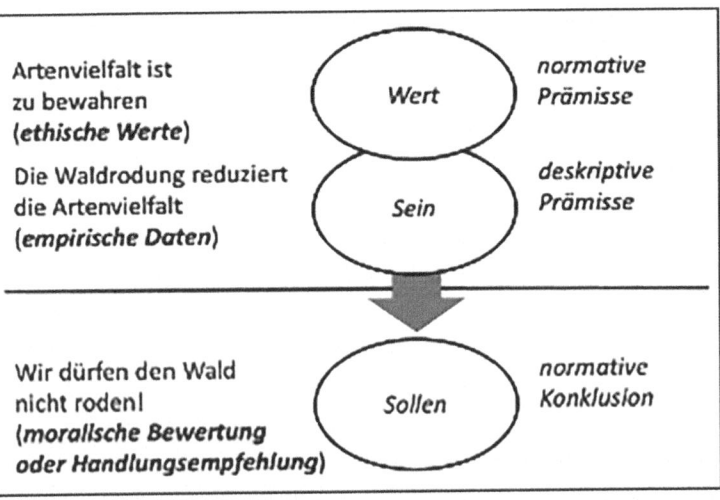

**Abb. 2.2** Ethisches Argument aus ökologischer Perspektive

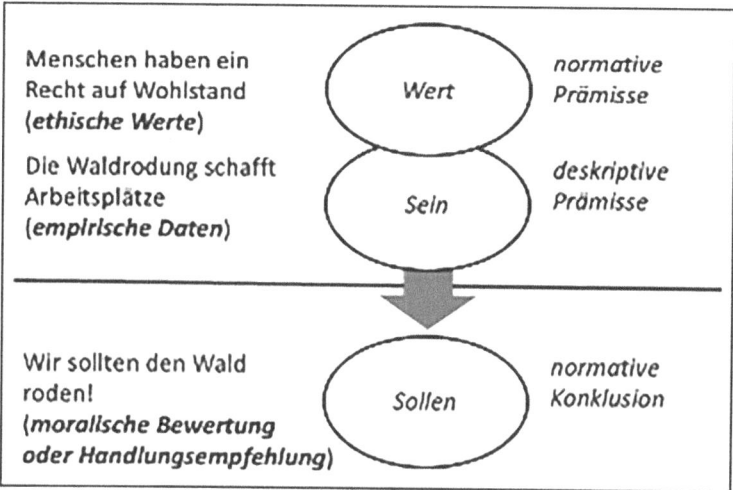

**Abb. 2.3** Ethisches Argument aus einer sozial-ökonomischen Perspektive

sche Debatten einfließen, um diese zu identifizieren und zur Diskussion stellen zu können. Wenn am Ende einer Argumentation eine Person eine normative Schlussfolgerung zieht, aber zuvor keine normativen Prämissen genannt hat, dann darf man auf die Unvollständigkeit der Argumentation hinweisen und eine Darlegung der zugrunde liegenden Werte einfordern (*Auf welche Werte beziehst du dich, wenn du forderst, dass die Waldrodung gestoppt werden soll?*). Gerade für die naturwissenschaftlichen Fächer und allen voran für die Biologie ist dies von großer Bedeutung, um naturalistischen bzw. biologistischen Argumentationen entgegenzuwirken.

## 2.3 Naturalistischer Fehlschluss: Das moralische Prädikat *gut* kann nicht durch empirische Eigenschaften definiert werden

So wie der Sein-Sollen-Fehlschluss bezieht sich auch der naturalistische Fehlschluss auf die Ableitung normativer Schlüsse aus empirischen Sätzen. Aber auch wenn in der Literatur der *Sein-Sollen-Fehlschluss* und der *naturalistische Fehlschluss* häufig synonym verwendet werden (Potthast & Ott, 2016b), so sind sie nicht identisch, obgleich sie inhaltlich nahe beieinanderliegen. George E. Moore (1903/1986) bezeichnet es in seinen Ausführungen zum naturalistischen Fehlschluss als einen Fehler, wenn man versucht, das moralische, normative Wort *gut* durch Tatsachenaussagen bzw. empirische Eigenschaften zu definieren. Moore nennt es das Argument der offenen Frage, dass ethische Begriffe wie *gut*, *schlecht* oder *wertvoll* nicht mit einer x-beliebigen Eigenschaft gleichgesetzt werden können. Das Wort *gut* ist in ethischen Kontexten ein wertender Ausdruck und ein ethischer Grundbegriff, dessen Bedeutung insofern offen ist, dass Menschen sehr unterschiedliche Eigenschaften oder Handlungen mit ihm bezeichnen können. Der ethische Begriff *gut* hat eine eigenständige, nicht reduzierbare Bedeutung, die nicht durch analytische Definitionen geklärt werden kann. In diesem Sinne bezeichnet Moore es als einen Fehlschluss, wenn man „moralisch gut" durch empirische Eigenschaften definiert.

Wenn jemand die Eigenschaft, auf Fleischkonsum zu verzichten, als moralisch gut bewertet, dann muss der Person klar sein, dass andere Menschen das Prädikat *moralisch gut* anderen Eigenschaften oder Handlungen zuschreiben. Was in einer Gesellschaft als *moralisch gut* gilt, wird von ihren Mitgliedern bestimmt und weitergegeben und in der Ethik reflektiert. *Gut* kann bedeuten, dass eine Gesellschaft nach gerechten Maßstäben lebt oder dass jedes Menschenleben geschützt werden soll. Eingebunden in soziale Gruppen handeln Menschen miteinander aus, was sie unter einem moralisch guten Leben verstehen. Während beim Sein-Sollen-Fehlschluss der stille Übergang von deskriptiven zu normativen Aussagen das Problem ist, wird bei einem naturalistischen Fehlschluss die Norm *moralisch gut* fälschlicherweise durch einen deskriptiven Satz definiert. Dies geschieht beispielsweise, wenn Phänomene, wie die biologische Zeugung eines Kindes, als moralisch gut bestimmt werden (was *natürlich* ist, ist gut).

Extreme Beispiele hierfür sind sexistische und diskriminierende Positionen, bei denen heterosexuelle Partnerschaften als biologisch normal und deshalb mit *moralisch gut* gleichgesetzt werden. Auch rassistische Überzeugungen, die eine Überlegenheit bestimmter Menschengruppen postulieren und diese als *gut* bewerten, unterliegen diesem Fehlschluss. Interessant hierbei ist, dass solche sexistischen und rassistischen Argumentationen auch als biologistisches Denken bezeichnet wird, zugleich aber die Biologie selbst empirische Argumente liefert, dass sowohl aus verhaltensbiologischer Sicht das Liebesleben von Säugetieren sehr variantenreich sein kann und insbesondere die Humangenetik rassistische Ideologien widerlegen kann (Fischer et al., 2019). Bei rassistischen Ideologien – so könnte man argumentieren – handelt es sich um *Biologismen* in einem antiquierten Sinne, denn die zeitgenössische Biologie bietet deskriptive Prämissen an, die für eine diversitätssensible Weltsicht herangezogen werden könnten (Dittmer, 2023). Wenn nun also Diversität ein zentrales Merkmal biologischer Phänomene ist, dann könnte ein *biologistisch* denkender Mensch zu ganz anderen Schlüssen kommen und Vielfalt als *moralisch gut* definieren. Aber auch in diesem Fall kann aus empirischen Daten nicht abgeleitet werden, dass unsere Gesellschaft divers sein soll. Biologische Diversität kann unser kulturelles Selbstverständnis inspirieren, aber es wäre ebenfalls ein naturalistischer Fehlschluss im oben beschriebenen Sinne, Vielfalt als eine Eigenschaft des moralisch Guten zu definieren, da auch für emanzipatorische Zwecke aus empirischen Daten keine normativen Folgerungen direkt abgeleitet werden können. Wenn Menschen Vielfalt als Wert anerkennen, dann, weil sie Vielfalt als kulturelles Gut wertschätzen und Selbstbestimmung als individuelles Recht.

## 2.4 Die Rolle empirischer Daten in bioethischen Kontroversen

Ethische Fragen spielen in naturwissenschaftsbezogenen Kontexten nicht nur deswegen eine Rolle, weil neue Technologien und naturwissenschaftliches Wissen Quellen ethischer Problemlagen sein können, sondern auch, da naturwissenschaftliche Kenntnisse zur Lösung oder Klärung ethischer Probleme herangezogen werden. Bei vielen bioethischen Fragen wird immer wieder auf empirische Daten Bezug genommen, um diese Fragen zu klären (beispielsweise bei der empirischen Frage nach der Empfindungsfähigkeit des Embryos in der Diskussion über Abtreibung). Die Grenze zwischen Sachanalyse und dem normativen Diskurs über moralische Werte und Wertzuschreibungen scheint sich so immer wieder zu verschieben oder undeutlich zu werden. So wird die Frage, ob man auch nichtmenschlichen Organismen einen moralischen Wert zuschreiben sollte, zwar schon früh in der Philosophiegeschichte diskutiert (Walters & Portmess, 1999), doch mit dem Erstarken der Naturwissenschaften und zunehmenden Kenntnissen über biologische Lebensformen und ökologische Zusammenhänge wurden pathozentrische (*Leiden vermeiden*), biozentrische (*alles Lebendige respektvoll behandeln*) oder auch auf die Ökologie bezogene holistische Positionen (*Naturräume und Arten schützen*) stärker rezipiert (Gorke, 2000). Wir wissen mehr über die Leidensfähigkeit nichtmenschlicher Organismen sowie über die Existenz und ökologische Bedeutung vieler Arten. Schwierig wird es aber, wenn man nach der Leidensfähigkeit von Insekten oder dem moralischen Wert einer Art fragt, deren ökologische Bedeutung man nicht nachweisen kann: Schütze ich nur Tiere, von denen ich belegen kann, dass sie leidensfähig oder ökologisch bedeutsam sind?

Werte werden von Menschen gesetzt, und man kann sie nicht durch empirische Forschung entdecken oder hervorbringen. Aber man kann empirisch prüfen, inwieweit moralische Werte in einer Gesellschaft Anwendung bzw. Berücksichtigung finden und welche Folgen dies hat.

Die Grenzen der Wissenschaft in der Wertediskussion bringen Fischer et al. (2008, S. 441) in ihrem *Grundkurs Ethik* auf den Punkt: „Der Wertbegriff kommt ja gerade deshalb in Gebrauch, um etwas zu bezeichnen, das in der durch die empirischen Wissenschaften beschriebenen Wirklichkeit nicht enthalten und daher auch nicht aus ihr ableitbar ist." Denn wie genau und zuverlässig in wissenschaftlichen Studien die Welt auch in Zahlen und Wirkungszusammenhängen dargestellt wird, was Menschen letztendlich für moralisch gut und erstrebenswert halten oder was sie vermeiden wollen, ist kein Produkt der wissenschaftlichen Erkenntnisgewinnung, kann sich aber darauf argumentativ stützen (beispielsweise, wenn es um die Bewertung der artgerechten und somit leidensfreie Nutztierhaltung geht). Aber auch hier obliegt es den Menschen, ob sie Lebensformen, über deren Leidensfähigkeit und ökologische Bedeutung keine empirischen Aussagen getroffen werden können, einen moralischen Wert und damit einen Schutzstatus zuschreiben.

## Resümee: Der Sein-Sollen-Fehlschluss ist ein Kernkonzept für die Behandlung bioethischer Fragen

Professionelle Handlungskompetenzen für die schulische Vermittlung und Förderung von Bewertungskompetenz werden in der universitären Phase der Biologielehrkräftebildung meist nur rudimentär in der fachdidaktischen Lehre vermittelt. Es ist in der Biologielehrkräftebildung eine durchaus offene und gelegentlich strittige Frage, in welchem Umfang Biologielehrkräfte sich moralphilosophische Grundlagen aneignen müssen bzw. in einem umfangreichen Studium sich überhaupt aneignen können, um angemessen über ethischen Fragen reden und eine unterrichtliche Auseinandersetzung anleiten zu können. Aber wenn in ethischen Auseinandersetzungen Bezüge zu naturwissenschaftlichen Befunden oder Konzepten hergestellt werden, ist ein Verständnis darüber, dass Werte und Normen nicht aus Fakten abgeleitet werden können und dass man erkennt, wann in einer Debatte ein Sein-Sollen-Fehlschluss vorliegt oder naturalistisch argumentiert wird, von zentraler Bedeutung. Insbesondere in einem Fach wie der Biologie, das mit seinen Erklärungen und Befunden eine gewisse Wirkmächtigkeit und Deutungsmacht hat (Hüttemann, 2008), sollte ein Verständnis der hier beschriebenen Fehlschlüsse zum argumentativen Handwerkzeug gehören. Wenn es im Biologieunterricht u. a. darum geht, Schülerinnen und Schüler für die ethische und politische Dimension der Biologie zu sensibilisieren und im fachlichen Kontext deren Reflexions- und Urteilsfähigkeiten zu fördern, dann gehören der *Sein-Sollen-Fehlschluss* und der *naturalistische Fehlschluss* zur begrifflichen Grundausstattung. Man trifft auf solche Fehlschlüsse bei rassistischen oder sozialdarwinistischen Argumentationen, bei Vorstellungen über Natürlichkeit in ökologischen oder technologiebezogenen Diskussionen oder im Alltag, wenn über die *natürlichen* Rollen und Eigenschaften von weiblich oder männlich gelesene Personen gesprochen wird.

## Literatur

Beniermann, A. (2021). Kontroversen zwischen Wissenschaft und Gesellschaft: Argumentationen von Kreationisten, Impfgegnerinnen, Klimawandelskeptikern und Gentechnikgegnerinnen. In M. C. Bauer & L. Deinzer (Hrsg.), *Zwischen Wahn und Wahrheit*. Springer.

Dittmer, A. (2023). Vielfalt, Varianz und Prototypen. Diversität als Gegenstand eines wissenschaftspropädeutisch reflektierten und politischen Biologieunterrichts. *PraxisForschungLehrer*innenBildung. Zeitschrift für Schul- und Professionsentwicklung, 5*(2), 45–61.

Fischer, J., Gruden, S., Imhof, E., & Strub, J.-D. (2008). *Grundkurs Ethik: Grundbegriffe philosophischer und theologischer Ethik*. Kohlhammer.

Fischer, M. S., Hoßfeld, U., Krause, J., & Richter, S. (2019). Jenaer Erklärung – Das Konzept der Rasse ist das Ergebnis von Rassismus und nicht dessen Voraussetzung. *Biologie in unserer Zeit, 49*(6), 399–402.

Gorke, M. (2000). Was spricht für eine holistische Umweltethik? *Natur und Kultur, 1*(2), 86–105.

Hardy, J., & Schamberger, C. (2017). *Logik der Philosophie: Einführung in die Logik und Argumentationstheorie*. UTB.

Hume, D. (1739/2013). *Ein Traktat über die menschliche Natur. Buch II. Über die Affekte*. Meiner.

Hüttemann, A. (2008). *Zur Deutungsmacht der Biowissenschaften*. mentis.

Isbell, F., Gonzalez, A., Loreau, M., Cowles, J., Díaz, S., Hector, A., Mace, G. M., Wardle, D. A., O'Connor, M. I., Duffy, J. E., Turnbull, L. A., Thompson, P. L., & Larigauderie, A. (2017). Linking the influence and dependence of people on biodiversity across scales. *Nature, 546*, 65–72.

KMK (Sekretariat der Ständigen Konferenz der Kultusminister der Länder in der Bundesrepublik Deutschland) (Hrsg.). (2005). *Beschlüsse der Kultusministerkonferenz: Bildungsstandards im Fach Biologie für den Mittleren Bildungsabschluss. Beschluss vom 16.12.2004.* Luchterhand.

KMK (Sekretariat der ständigen Konferenz der Kultusminister der Länder in der Bundesrepublik Deutschland) (Hrsg.) (2024). *Weiterentwickelte Bildungsstandards in den Naturwissenschaften für das Fach Biologie (MSA).* Beschluss vom 16.12.2004 i.d.F. vom 13.6.2024. Luchterhand.

Krijnen, C. (2002). Wert. In M. Düwell, C. Hübenthal, & M. H. Werner (Hrsg.), *Handbuch Ethik* (S. 527–533). Metzler.

Mittelstraß, J. (1996). *Leonardo-Welt.* Suhrkamp.

Moore, G. E. (1903/1986). *Principia Ethica.* Cambridge University Press.

Potthast, T., & Ott, K. (2016a). Naturalistischer Fehlschluss. In K. Ott, J. Dierks, & L. Voget-Kleschin (Hrsg.), *Handbuch Umweltethik* (S. 55–60). Metzler.

Raters, M.-L. (2020). *Ethisches Argumentieren. Ein Arbeitsbuch.* Metzler.

Walters, K. S., & Portmess, L. (1999). *Ethical vegetarism. From Pythagoras to Peter Singer.* University of New York.

## Vertiefende Literatur

Potthast, T., & Ott, K. (2016b). Naturalistischer Fehlschluss. In K. Ott, J. Dierks, & L. Voget-Kleschin (Hrsg.), *Handbuch Umweltethik* (S. 55–60). Metzler.

Raters, M.-L. (2020). *Ethisches Argumentieren. Ein Arbeitsbuch.* Metzler.

# 3. Das sozial-intuitionistische Modell der Urteilsbildung: Intuitive Bewertungen und reflektierte Begründungen in bioethischen Kontroversen

Arne Dittmer

*„Ich warte auf einen Lebendimpfstoff, das ist natürlicher"*
*(Tweet während der Corona-Pandemie).*

### Zusammenfassung

Das *sozial-intuitionistische Modell der moralischen Urteilsbildung* des Moralforschers Jonathan Haidt (2001) veranschaulicht sechs Pfade der Urteilsbildung, die für ein Verständnis und eine Auseinandersetzung mit der Psychologie des Bewertens hilfreich sind. Das Modell kann als Reflexionsrahmen für eine unterrichtliche Behandlung moralischer Intuitionen, von Stereotypen und Vorurteilen oder von sozialen Einflüssen auf Bewertungsprozesse dienen. Moralpsychologische Grundlagenkenntnisse sind bedeutsam, um beispielsweise die Beiträge oder Reaktionen von Schülerinnen und Schülern besser einordnen zu können oder ein einseitig rationalistisches Verständnis moralischer Urteilsbildung zu vermeiden.

A. Dittmer (✉)
Didaktik der Biologie, Universität Regensburg, Regensburg, Deutschland
E-Mail: Arne.Dittmer@ur.de

© Der/die Autor(en), exklusiv lizenziert an Springer-Verlag GmbH, DE, ein Teil von Springer Nature 2025
C. Hößle, W. Rathje (Hrsg.), *Bioethik unterrichten - Urteilsfähigkeit fördern*, https://doi.org/10.1007/978-3-662-69707-8_3

> **Worum es geht**
> - Welche Rolle spielen Intuitionen und Emotionen bei der moralischen Urteilsbildung?
> - Mit der Wahrnehmung moralischer Phänomene werden diese intuitiv bewertet, und reflektierte Begründungen sind häufig Post-hoc-Rechtfertigungen moralischer Intuitionen.
> - Das sozial-intuitionistische Modell der moralischen Urteilsbildung beschreibt sechs Pfade, welche die Bewertung moralisch relevanter Ereignisse bzw. ethischer Fragen beeinflussen.

## 3.1 Intuitive Bewertungen bioethischer Fragen

Wie rational, also gut begründet, sind die Bewertungen bioethischer Fragen, wenn sie nicht in einem akademischen Kontext oder mit ausreichend Zeit und Ruhe vorgenommen werden? Beispielsweise wird die Nutzung gentechnischer Verfahren im Bereich der Pflanzenzüchtung in medialen Debatten oder bei Befragungen häufig mit dem Attribut *unnatürlich* verknüpft oder *natürlichen* Entwicklungen gegenübergestellt. Assoziiert wird die Gentechnik u. a. mit Vorstellungen von der Hybris des Menschen als Gestalter seiner Umwelt, der *natürliche* Grenzen überschreitet, mit Vorstellungen von der unheilsamen Ambivalenz von Wissenschaft und Technik oder Vorstellungen von der unberührten Natur als Vorbild und normative Orientierung (Schramme, 2002; Gebhard & Mielke, 2003). Mit Blick auf solche bewertungsrelevanten Vorstellungen vom Wesen der Natur und der Rolle des Menschen als Teil und Gegenüber der Natur in einer zugleich technologisierten Welt geht es in diesem Kapitel um die Bedeutung intuitiver Bewertungen in ethischen Bewertungsprozessen.

Das *sozial-intuitionistische Modell der moralischen Urteilsbildung* des Moralforschers Jonathan Haidt (2001) veranschaulicht sechs Pfade bzw. Wirkzusammenhänge der Urteilsbildung, die für ein Verständnis und eine Auseinandersetzung mit der Psychologie des Bewertens hilfreich sind (Andersen & Klamm, 2018). Aufgrund der klaren Struktur bietet sich das Modell als moralpsychologischer Reflexionsrahmen für eine unterrichtliche Behandlung moralischer Intuitionen, von Stereotypen und Vorurteilen, von sozialen Einflüssen auf den Bewertungsprozess oder der Wirksamkeit rationaler Begründungen an, denn ethische Bewertungsprozesse werden nicht von sozial isolierten Individuen ausschließlich auf der Basis rationaler Argumente vorgenommen, sondern sie sind durch Vorwissen, biografische Erfahrungen und soziale Beziehungen beeinflusst. Moralpsychologische Grundlagenkenntnisse sind als pädagogisch-didaktisches Professionswissen in der Lehrkräftebildung bedeutsam, um beispielsweise die Beiträge oder Reaktionen von Schülerinnen und Schülern besser einordnen zu können (wenn beispielsweise beim Thema Genetik gentechnische Verfahren aufgrund ihrer Unnatürlichkeit kritisiert werden). Es ist insbesondere aber auch ein eigenständiger Lerninhalt, wenn es darum geht, Schülerinnen und Schüler für den alltäglichen Umgang mit ethischen Kontroversen vorzubereiten. Kenntnisse über die Psychologie der moralischen Urteilsbildung und des moralischen Handelns helfen, das Verhalten und emotionale Reaktionen der an einer ethischen Diskussion beteiligten Akteure sowie das eigene Verhalten besser zu verstehen. Hierbei geht es auch darum, einem einseitig rationalistischen und idealisierten Verständnis moralischer Urteilsbildung entgegenzuwirken.

Das jüngste Beispiel für die Wirkmächtigkeit intuitiver Bewertungen und ihrer Verstärkung durch soziale Einflüsse war die Reaktion von Teilen der Bevölkerung auf die Einführung von mRNA-Impfstoffen während der Corona-Pandemie 2020 bis 2023. Auch hier stießen Befürworter des Impfstoffes teilweise auf Ablehnung, da das genbasierte Wirkprinzip zum einen mit Erbinformationen manipulierender Gentechnik assoziiert wurde und zum anderen die scheinbare Schnelligkeit der Entwicklung für Misstrauen gegenüber staatlichen Institutionen sorgte (Koock 2021). Der Versuch, den Bedenken rational zu begegnen – Aufklärung über die Rolle von mRNA in der Proteinbiosynthese oder über die jahrzehntelange Forschung über die Möglichkeiten von mRNA-Therapien –, hat bei vielen Personen das ungute Gefühl, dass man dem neuen Impfstoff nicht trauen kann und man lieber auf eine bewährte, *natürlichere* Impfung warten solle (oder sich gar nicht impfen lässt), nicht ausräumen können. Solche Effekte sowie auch die Verstärkung ablehnender Intuitionen durch soziale Prozesse können mit dem sozial-intuitionistischen Modell gut nachvollzogen werden. Das Modell beschreibt unbewusste und soziale Einflüsse auf die Urteilsbildung sowie die Bedeutung von Reflexion und Perspektivenübernahme. Es kann sowohl für die Auseinandersetzung mit moralischen Intuitionen im Unterricht als auch für die Vermittlung moralpsychologischer Grundkenntnisse in der Lehrkräftebildung genutzt werden.

## 3.2 Eine idealisierte Perspektive auf menschliches Bewertungsverhalten

Bewertungen bioethischer Themen finden (wie grundsätzlich alle Bewertungen) auf der Grundlage von Gedächtnisinhalten statt, die uns nicht alle bewusst und teilweise auch nicht bewusstseinsfähig sind. Lange Zeit orientierte sich die Moralpsychologie an einem rationalistischen Forschungsparadigma, das, aufbauend auf den Arbeiten des Entwicklungspsychologen Jean Piaget (1926/1988), die argumentativen Fähigkeiten ins Zentrum stellt. Das von Piaget beschriebene kognitive Entwicklungsmodell geht von einem konkreten, egozentrischen Denken aus und führt zum abstrakten, analytischen Denken. Hierbei entwickelt sich die Fähigkeit zum Perspektivenwechsel, und es kommt zu einer allmählichen Ablösung von externen Autoritäten. Moralisches Handeln ist in diesem Modell vornehmlich argumentativ begründetes Handeln, und rationale Entscheidungen können in ethischen Kontroversen gemeinsam ausgehandelt werden. Diesem Ideal einer kommunikativen Rationalität folgend, untersuchte auch der Moralpsychologe Lawrence Kohlberg (2001), wie Personen moralische Handlungen, Normen und Werte rechtfertigen. Richtungsweisend für Kohlbergs Forschung waren Kants prinzipienorientierte Pflichtenethik (Irrlitz, 2015) sowie Rawls (1971) Interpretation des Prinzips der Gerechtigkeit. Um die moralische Reife eines Menschen festzustellen, konfrontierte Kohlberg seine Probanden mit hypothetischen Dilemmatageschichten und analysierte ihre Begründungen hinsichtlich der in ihnen enthaltenen Orientierung am Prinzip der Gerechtigkeit sowie am Grad der Unabhängigkeit der Urteile von externen Autoritäten. Kohlbergs Stufenmodell folgt einer hierarchischen Entwicklungslogik, wobei die höchste Stufe durch ein ausgeprägtes formal-logisches Denken charakterisiert ist. Das kognitionspsychologische Paradigma seines Forschungsprogramms operiert mit einem engen Begriff von *Kognition*, der sich auf bewusstseinsfähiges, sprachlich explizierbares Wissen bezieht (Becker, 2011).

Moralisches Verhalten kann aber auch auf Empathie beruhen, wenn eine Person beispielsweise auf die wahrgenommene Not eines anderen Menschen oder auch eines nichtmenschlichen Lebewesens einfühlsam reagiert (Hoffmann, 1991). Empathische Reaktionen reichen von einfacher Stimmungsübertragung bis hin zur Sympathie, bei der die Gefühle des Notleidenden selbst mittels Perspektivenübernahme nachempfunden werden. So konnten Hoffmann (1991) und Eisenberg (1992) zeigen, dass bereits Vorschulkinder ein hohes Maß an Empathie aufweisen können, die in selbstlos helfendes Verhalten mündet (Nunner-Winkler, 2005). Die hier hervorgehobene Rolle von Empathie verweist zugleich auf eine andere Dimension moralischer Bewertungen, nämlich die der moralischen Intuition.

Während die moralpsychologische Forschung in der Tradition Kohlbergs sich auf die Untersuchung rationaler Begründungen konzentrierte, untersucht eine vornehmlich sozialpsychologisch inspirierte Forschungsrichtung seit einiger Zeit stärker die unbewusst ablaufenden, intuitiven Bewertungsprozesse. Maxwell und Narvaez (2013) sprechen hier von einem *Paradigmenwechsel*: Die Moralforschung nahm stärker in den Blick, dass nicht erst nach einer rationalen Analyse eine Bewertung vorgenommen wird, sondern simultan mit der Wahrnehmung Gedächtnisinhalte aktiviert und die Wahrnehmungsobjekte evaluiert werden. Bei der Aktivierung von Gedächtnisinhalten kann es sich sowohl um Sachinformationen als auch um Themen handeln, die aus anderen Gründen (Ähnlichkeit oder biografische Erlebnisse) mit einem Thema assoziiert sind. Informationen aus der Umwelt werden mit einer Vielzahl gespeicherter Informationen verglichen und auf der Basis bereits erworbener Informationen bewertet (*mRNA = DNA = Gentechnik = unnatürlich*).

Moralische Intuitionen gehen auf unbewusste kognitive Verarbeitungsprozesse zurück, in die wir keine Einsicht nehmen können. Intuitionen und Emotionen haben ihre eigene Rationalität: Sie gründen auf Gedächtnisinhalten, aber wir nehmen nur das Resultat der Informationsverarbeitung wahr. So haben wir beispielsweise ein positives Gefühl, wenn uns eine fremde Person unbewusst an einen geliebten Menschen erinnert, oder ein negatives, wenn wir grundsätzlich der Meinung sind, dass die Menschheit die Natur schon zu sehr umgestaltet hat, gentechnische Verfahren eine Grenze überschreiten und in den Nachrichten eine neue Impftechnologie als ein gentechnisches Verfahren dargestellt wird. Wenn dann mRNA trotz aller Aufklärung mit DNA und eine die Keimbahn manipulierende Gentechnik assoziiert wird, kann es schwer sein, diese Verknüpfung im Gehirn durch eine 45-minütige Unterrichtsstunde aufzulösen. Neben einer inhaltlichen Analyse (Pro- und Contra-Argumente für die Einführung von mRNA-Impfstoffen) bedarf es auch einer selbstreflexiven Aufklärung über die Genese und teilweise auch Stabilität moralischer Intuitionen. Grundkenntnisse über die Psychologie des Bewertens sind hierfür unabdingbar.

## 3.3 Zwei-Prozess-Modelle der Informationsverarbeitung: Intuitives und reflektiertes Denken

In der Alltagssprache ist die Unterscheidung von bewusstem und unbewusstem Denken durchaus vertraut und eng verknüpft mit Sigmund Freuds Psychoanalyse. Wir wägen beispielsweise bewusst ab, ob wir bei Halsschmerzen zu einem Arzt gehen, oder vermeiden unbewusst den Kontakt zu einer Person, da sie uns an ein unangenehmes Ereignis erinnert. Während in der Tradition der Psychoanalyse der Begriff des *Unbewussten* oft mit Verdrängung und unbewussten Triebregungen verknüpft wird, wird in der zeitgenössischen Kognitions- und Sozialpsychologie der Umstand, dass der größte Teil der Informationsverarbeitung uns nicht bewusst bzw. auch nicht bewusstseinsfähig ist, neutraler als die Standardsituation der Informationsverarbeitung beschrieben. Analog zur Unterscheidung in bewusstes und unbewusstes Denken werden in Zwei-Prozess-Modellen automatisierte und kontrollierte Prozesse unterschieden (Schneider & Shiffrin, 1977; Evans, 2007). Strack und Deutsch (2004) sprechen in ihrem Modell vom *impulsiven* und *reflektiven System* (Tab. 3.1) und beziehen es auch auf die motivationale Handlungsorientierung einer

**Tab. 3.1** Vergleich von intuitivem und reflektierendem Denken. (Nach Haidt, 2001; Strack & Deutsch, 2004)

| Intuitives, automatisiertes Denken (impulsives System) | Reflektiertes, kontrolliertes Denken (reflektives System) |
|---|---|
| *Schnell, mühelos und unbeabsichtigt:* mRNA wird unmittelbar mit Gentechnik assoziiert. | *Langsam, anstrengend und beabsichtigt:* In Gesprächen und bei der Informationsrecherche beschäftigt man sich mit der Wirkung von mRNA-Impfstoffen. |
| *Prozess ist nicht zugänglich, nur die Ergebnisse gelangen ins Bewusstsein:* Während man Nachrichten über Corona-Impfstoffe hört, hat man ein ungutes Gefühl und lehnt die neuen Impfstoffe ab. | *Prozess ist bewusst zugänglich und bezüglich seiner argumentativen Logik überprüfbar:* Die sprachlich ausgetauschten oder während der Recherche notierten Argumente können nachvollzogen und auch korrigiert werden. |
| *Benötigt keine Aufmerksamkeitskapazitäten:* Das Gehirn verarbeitet kontinuierlich Informationen. | *Benötigt Aufmerksamkeitskapazitäten:* Man muss wach sein, Zeit haben und sollte nicht durch Drogen oder Medikamente beeinträchtigt sein, wenn man über einen Sachverhalt nachdenkt. |
| *Informationen werden parallel verarbeitet:* Ein Thema kann sehr vielfältig mit Gedächtnisinhalten verknüpft sein, und es können mit der Wahrnehmung eines Sachverhalts mehrere Verknüpfungen gleichzeitig aktiviert werden. Denken ist metaphorisch und holistisch. | *Informationen werden seriell verarbeitet:* Bei einer Diskussion oder auch wenn ein Argument verschriftlicht wird, wird immer nur ein Aspekt betrachtet und Schritt für Schritt auf andere Aspekte bezogen. Das Denken ist analytisch, und es werden sprachliche Symbole verarbeitet. |
| *Der Prozess ist abhängig vom neuronalen System, in dem er abläuft:* Die Informationsverarbeitung findet im Gehirn einer Person statt und kann nicht in ein anderes System übertragen werden. Es handelt sich um einen individuellen, biografisch geprägten Prozess. | *Der Prozess kann in jedes System übertragen werden, das Symbole regelhaft verarbeiten kann:* Reflektiertes Denken ist eine Anwendung symbolisch repräsentierter Regeln, die über Sprache und Logik rekonstruiert werden können. Wie jemand seine Meinung über mRNA-Impfstoffe begründet, kann aufgeschrieben oder mündlich wiederholt werden. |

Person: Fühle ich mich zu einem Thema, einer Situation oder einem Objekt hingezogen, oder habe ich eine eher ablehnende Tendenz? Eine Person betritt beispielsweise einen Raum und verlässt ihn schnell wieder, da unbewusst beim Betreten eine andere Person in dem Raum mit einem unangenehmen Ereignis assoziiert wird. Dieselbe Person kann sich aber in einem bewussten, kontrollierten Denkprozess aktiv dafür entscheiden, in den Raum zurückzukehren. Die Verarbeitungsleistung unseres kognitiven Systems hilft uns, Situationen schnell zu bewerten, unmittelbar zu reagieren und durch vertraute Entscheidungspfade den Alltag zu entlasten.

Solche schnellen Bewertungen auf der Grundlage größtenteils unbewusster Entscheidungsstrategien werden in der Psychologie unter dem Begriff der *Heuristiken* untersucht (Gilovich et al., 2002; Gigerenzer & Brighton, 2009). Eine Heuristik ist in der Psychologie eine unbewusst angewendete Denkstrategie, um eine Situation kriteriengeleitet schnell zu bewerten. Im Alltag sprechen wir vom *Bauchgefühl* (Gigerenzer, 2015), und es gibt Momente, in denen man froh ist, seiner Intuition gefolgt zu sein. So hat vielleicht eine andere anwesende Person in dem o. g. Raum sofort die Erinnerung an ein unangenehmes Gespräch aktiviert, und daher wurde intuitiv der Raum schnell verlassen. Aber das Weggehen fühlte sich auch nicht gut an (ebenfalls eine Intuition), und man entscheidet, zurückzugehen, um beispielsweise einen alten Streit oder eine vergangene Situation zu klären.

Solche alltäglichen Intuitionen (schnelle und automatisch ablaufende Bewertungen von Alltagssituationen) sind an sich unproblematisch. Aber eine Auseinandersetzung mit moralischen Intuitionen ist insbesondere auch für eine antidiskriminierende Bildungsarbeit von Bedeutung. Diskriminierendes Verhalten gründet aus sozialpsychologischer Perspektive häufig auf rassistischen oder sexistischen Heuristiken: Ein neuer Mitschüler mit einem aus dem persischen Raum stammenden Namen kommt in die Klasse und wird gefragt: „Aus welchem Land kommst du?", und oft ist hier die Antwort „Deutschland". Oder als Lehrkraft fragt man nur die als männlich gelesenen Schüler, ob sie beim Tragen von Bücherkisten helfen können. Dies mögen schwache Beispiele sein, aber auch hier greifen rassistische (*nicht deutsch klingender Name = Ausländer*) oder sexistische (*Jungen = stark, Mädchen = schwach*) Heuristiken, die uns oft nicht bewusst sind und den Alltag prägen.

So zielt eine Auseinandersetzung mit moralischen Intuitionen nicht darauf ab, dem enorm leistungsfähigen Gehirn blind zu vertrauen (*Hör auf dein Gefühl!*), sondern sich der zentralen Bedeutung intuitiver Bewertungen bewusst zu werden und eine Reflexion eigener Erfahrungen und Vorstellungen zu trainieren. Die genannten Beispiele für systemischen Alltagsrassismus oder auch Alltagssexismus sind Anlässe, um mit Schülerinnen und Schülern über bewusste und unbewusste Bewertungen nachzudenken und eigene Vorstellungen und Assoziationen zu reflektieren.

In einer ethischen Debatte macht das impulsive System keinen Unterschied zwischen argumentativ relevanten und irrelevanten Aspekten. Die automatisch aktivierten Gedächtnisinhalte beeinflussen den Bewertungsprozess und äußern sich als moralische Intuition. Der Begriff „gentechnisch hergestellte mRNA-Impfstoffe" kann unmittelbar die Vorstellung von *Unnatürlichkeit* und eine ablehnende Haltung hervorrufen. Natur bzw. Natürlichkeit wirkt in diesen Kontexten intuitiv als Gegenpol und positiv assoziierte „sinnstiftende Idee" (Born & Gebhard, 2005, S. 261).

## 3.4 Intuitive Urteile, Post-hoc-Rechtfertigungen und die Illusion der argumentativen Überzeugung

Aus sozial-intuitionistischer Perspektive leidet das in unserer Kultur verbreitete Alltagsverständnis von Moral unter der Illusion, dass Menschen erst nachdenken und dann bewerten. Haidt (2001) beschreibt dies als die *wag-the-dog illusion*, die besagt, dass die Beziehung zwischen Reflexion und Bewertung in einer falschen Reihenfolge gedacht wird, so als würde ein Hund sich freuen, *weil* er mit seinem Schwanz wedelt. Wir haben zuerst eine Intuition („Ich traue der Gentechnik nicht, ich halte es für falsch, sich impfen zu lassen!") und rechtfertigen diese mit Post-hoc-Argumenten („Man kann einen Impfstoff nicht so schnell entwickeln und ich habe zuvor noch nie von mRNA-Impfstoffen gehört!"). Hiermit verknüpft ist die *wag-the-other-dog's-tail illusion*, die sich auf die begrenzten Möglichkeiten bezieht, durch Argumentieren die Meinung anderer Personen zu beeinflussen. Wir nehmen Einfluss auf andere Personen, aber der Prozess ist subtiler. So waren es in der Corona-Pandemie oft Freunde oder Angehörige, die Einfluss darauf hatten, dass sich Impfgegner umstimmen ließen, weil man den Personen traute und der Kontakt mit ihnen und Gespräche neue Intuitionen hervorriefen („Meine Schwester ist eine kluge und vertrauensvolle Person, vielleicht hat sie doch recht?"). Aufgrund der sozialen Einbindung kommt es zu einem *Chamäleoneffekt*: Man übernimmt unbewusst die Überzeugungen und Werte der Bezugspersonen, denen man sich zugehörig fühlt oder die einem sympathisch sind.

Mit diesem Bild, in dem die rationale Begründung (der wedelnde Hundeschwanz) nicht Ursache, sondern Folge einer moralischen Intuition (dem glücklichen Hund) ist, verdeutlicht Haidt (2001), dass moralische Begründungen oft eher den Charakter einer Verteidigung vor Gericht als dem Idealtypus eines unbeeinflussten, wahrheitssuchenden Erkenntnisprozesses gleicht: „Moral reasoning is usually an ex post facto process used to influence the intuitions (and hence judgements) of other people. [...] Then, when faced with a social demand for a verbal justification, one becomes a lawyer trying to build a case rather than a judge searching for the truth" (Haidt, 2001, S. 814). Studien zum moralischen Bewerten zeigen, dass Personen bei Irritationen eher mit ihren Begründungen als mit ihren moralischen Positionen ins Schwanken geraten. Probanden wurden mit Tabubrüchen konfrontiert, und wenn sie ihre Bewertung nicht weiter begründen konnten, wurden sie unsicher, blieben aber bei ihrer Position und verteidigten sie (Haidt et al., 1993; Greene, 2014). Ein prominentes Beispiel von Haidt ist die Geschichte der Geschwister Julia und Mark:

> „Julia und Mark sind Geschwister. Gemeinsam verbringen sie ihren Sommerurlaub in Frankreich. Einen Abend verbringen sie zusammen in einer Hütte an der Atlantikküste. Da sie neugierig sind und an dem Abend viel Spaß haben, entscheiden sie sich dafür, miteinander zu schlafen.
> 
> Für beide ist dieser Abend ein besonderes Erlebnis. Julia nimmt die Pille, doch um sicher zu sein, benutzt Mark zusätzlich ein Kondom. Beide genießen diesen Abend, aber danach entscheiden sie sich, dieses nie wieder zu wiederholen. Sie behalten dieses Ereignis als ein besonderes Geheimnis für sich und fühlen sich als Schwester und Bruder eng miteinander verbunden." (Haidt, 2001, S. 814, Übersetzung A. D.)
> 
> *Was denken Sie: War es in Ordnung, dass Julia und Mark miteinander geschlafen haben?*

Menschen verfügen über einen reichhaltigen Pool an kulturell überlieferten Überzeugungen (schnell im Gedächtnis verfügbare Alltagstheorien: „a priori causal theories"; Haidt, 2001, S. 822), auf die man zurückgreift, wenn man dazu aufgefordert wird, die eigene intuitive Bewertung zu rechtfertigen. Das Inzesttabu ist eine solche Überzeugung, und auch wenn in Interviews darauf verwiesen wird, dass niemand Schaden nimmt (die Geschwister nutzten Verhütungsmittel, wiederholten die Handlung nicht, niemand erfuhr davon, sie fanden es eine interessante Erfahrung, erlitten keine seelischen Probleme, und beide leben später in glücklichen Beziehungen), so halten die meisten Befragten daran fest, dass die Handlung von Julia und Mark moralisch falsch war, und reagierten irritiert: „I don't know, I can't explain it, I just know it's wrong" (Haidt, 2001, S. 814).

Um Phänomene dieser Art zu erklären, beschreibt Haidt (2001) in seinem *sozial-intuitionistischen Modell der Urteilsbildung* verschiedene Wirkzusammenhänge, die unsere moralische Urteilsbildung beeinflussen.

## 3.5 Die sechs Pfade der moralischen Urteilsbildung im Modell des sozialen Intuitionismus

Das Verhältnis zwischen intuitiven und reflektierten Bewertungsprozessen wird in dem *sozial-intuitionistischen Modell der Urteilsbildung* als sechs Pfade bzw. Wirkzusammenhänge dargestellt, bei denen auch der soziale Kontext berücksichtigt wird (Abb. 3.1):

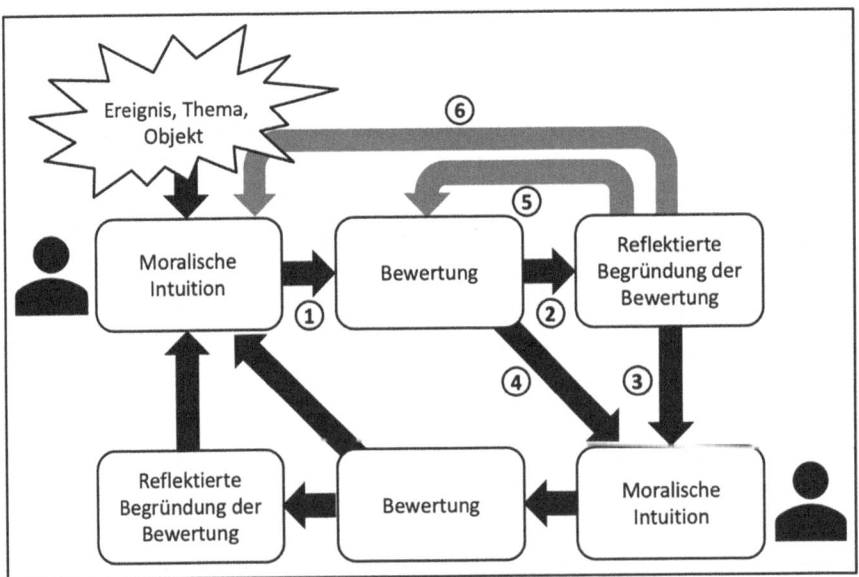

**Abb. 3.1** Modell des sozialen Intuitionismus. (Nach Haidt, 2001)

1) *Die intuitive Bewertung:* Die Bewertung von Situationen, Personen oder Themen ist ein integraler Teil der Wahrnehmung. Die assoziativen Verarbeitungsprozesse, die zu einer Bewertung führen, bleiben im Verborgenen. Die Umwelt wird auf der Basis bewährter Heuristiken kategorisiert (Gilovich et al., 2002). In der Geschichte ist das Wort „Geschwister" unmittelbar mit dem Inzesttabu verknüpft, was meistens zu einer intuitiven Ablehnung der Handlung von Julia und Mark führt.

2) *Die Post-hoc-Rechtfertigung:* Personen beginnen, ihre intuitiven Bewertungen zu begründen, wenn sie dazu aufgefordert werden oder aus anderen Gründen dazu motiviert sind. Die Rekonstruktion der eigenen Bewertungsgründe gleicht einer Hypothesenbildung, und man sucht nach stimmigen Argumenten. Fragt man Studierende oder Schülerinnen und Schüler nach der Begründung, so suchen viele nach einem plausiblen Grund ihrer Position: Julia könnte schwanger werden (aber beide haben verhütet), andere könnten es nachmachen (Julia und Mark erzählen niemandem davon), sie könnten seelischen Schaden nehmen (beiden geht es gut, und sie leben später in glücklichen Partnerschaften).

3) *Die argumentative Einflussnahme auf die Intuitionen anderer:* Wenn Personen anfangen, ihre Bewertung zu begründen, rufen sie bei ihren Gesprächspartnern ihrerseits Assoziationen und intuitive Bewertungen hervor. Der Effekt kommt manchmal verspätet und begründet die bekannte Aussage, dass man noch einmal eine Nacht darüber schlafen müsse. In Gesprächen mit Studierenden über die Geschichte von Julia und Mark kommt es zu dem Phänomen, dass einige bezüglich ihrer Positionen unsicher werden und sich ihr Gefühl bzw. ihre Intuition bezüglich des geschilderten Falles ändert.

4) *Die soziale Einflussnahme:* Häufig übernehmen wir intuitiv die Überzeugungen von Personen, zu denen wir uns hingezogen fühlen oder zu denen wir eine Bindung haben, seien es Familienmitglieder, Freunde oder Menschen, die uns sympathisch sind. Haidt bezeichnet das Phänomen treffend als *I agree with people I like*-Heuristik, und eingehend diskutiert wird die soziale Beeinflussung unserer Überzeugungen unter dem Begriff der *sozialen Persuasion* (Petty & Cacioppo, 1986). Wenn jemand eine konträre Position vertritt, diese Person aber einem sympathisch ist, dann fällt es oft leichter, die eigene Meinung zu ändern und sich der Person anzuschließen.

5) *Reflektiertes Bewerten:* Stehen einer Person ausreichend kognitive Kapazitäten und ein förderlicher räumlicher und zeitlicher Kontext zur Verfügung (so wie im Idealfall im Unterricht oder in Seminaren), so können Bewertungen auch durch reflektiertes Denken geschlussfolgert werden, ob sie mit unseren Intuitionen übereinstimmen oder nicht (Haidt et al., 1993). Kontraintuitive Bewertungen erfordern ein hohes Maß an kritischer Distanz sich selbst gegenüber, und Reflexivität ist daher – obgleich kognitiv aufwendiger und nicht unseren Alltag bestimmend – in unserer Kultur ein hohes Gut und begründet unser Engagement in Bildung und Wissenschaft. Dieser Pfad der Urteilsbildung begründet die zentrale Bedeutung schulischer Bildung. Angesichts dessen, dass das automatisierte, intuitive Denken immer stattfindet und jeden Bewertungsprozess beeinflusst, kann man im wörtlichen Sinne von einem Denk- und Reflexions*training* reden. Moral-

psychologische Grundkenntnisse sensibilisieren für den Einfluss von Intuitionen und Emotionen in ethischen Bewertungsprozessen und öffnen den ethischen Diskurs für die gemeinsame Reflexion bewertungsrelevanter Assoziationen oder persönlicher Erfahrungen. Gegebenenfalls müssen manche Diskussionen auch pausieren, wenn nur noch hitzig verteidigt wird oder es keine Aufmerksamkeitskapazitäten mehr für eine sorgfältige und selbstkritische Prüfung widerstreitender Argumente gibt.

6) *Der innere Dialog:* Das Hineinversetzen in die Situation und Erlebnisse anderer Personen kann dazu führen, dass weitere Assoziationen aktiviert und neue intuitive Bewertungen generiert werden, die durchaus im Widerspruch zu unserer ursprünglichen Intuition stehen können. Solch ein Perspektivenwechsel kann erfolgen, wenn man sich intensiver mit Menschen auseinandersetzt, die eine andere Position vertreten. Auch dieser Punkt hat in der Moralpädagogik eine lange Tradition, wenn junge Menschen sich in Rollenspielen oder Gruppendiskussionen darin üben, die Perspektive anderer Personen zu übernehmen und sich in sie hineinzufühlen.

## Resümee: Nachdenken über intuitive Bewertungen wird der Lebenswirklichkeit moralischer Bewertungsprozesse gerecht

Moralpsychologische Grundkenntnisse sind wichtig, um als Lehrkraft nicht mit überhöhten Erwartungen in den Unterricht zu gehen (wir klären die Argumente, kommen zur Einsicht und ändern unser Verhalten) oder überrascht und enttäuscht von emotionalen oder auf den ersten Blick irrationalen Äußerungen der Lernenden zu sein. Aber wer kein Vertrauen in staatliche Institutionen hat, hält es vielleicht auch für möglich, dass globale Konzerne von der Corona-Pandemie profitierten und diese ausgelöst haben. Es hat also auch eine politische Relevanz, über moralische Intuitionen und die sich dahinter verbergenden Assoziationen bzw. Welt- und Menschenbilder zu sprechen.

Die unterrichtliche Behandlung ethischer Fragen sollte Raum dafür geben, über Assoziationen und Emotionen (die oft mit den Assoziationen verknüpft sind) zu reden und zugleich die Bedeutung intuitiver Bewertungen zu reflektieren. Bei bioethischen Fragen schwingen häufig auch grundlegende Vorstellungen über Menschheit, Natur und Technik mit. Gebhard (2007) bezeichnet intuitiv wirksame Welt- und Menschenbildaspekte als *Alltagsphantasien*, beispielsweise wenn in gentechnischen Debatten von „Monstertomaten" die Rede ist, welche an den Mythos des entfesselten Wissenschaftlers Frankenstein erinnern („Mad Scientist"; Pansegrau 2009, S. 376) oder Jugendliche gentechnische Verfahren verurteilen, weil sie diese als *unnatürlich* bewerten. Bioethische Themen, die an den *Kern des Lebens* rühren, können ein reichhaltiges Spektrum an Vorstellungen, Assoziationen sowie auch an Ängsten aktivieren (Gebhard & Mielke, 2003). Der Blick auf unsere moralischen Intuitionen ist in ethischen Bewertungsprozessen ein fruchtbarer Schritt, auch um sich des eigenen Bewertungsverhaltens bewusst zu werden und die vermeintliche Irrationalität oder auch Schärfe ethischer Kontroversen besser zu verstehen. Die Auseinandersetzung mit der Psychologie des Bewertens erweitert die ethische Bewertungskompetenz, da nicht nur Inhalte und Methoden, sondern auch das reale Bewertungsverhalten des Menschen als psychisches und soziales Wesen besser nachvollzogen und in den ethischen Diskurs integriert werden kann: Die sozial-intuitionistische Perspektive begründet, warum es sich lohnt, in ethischen Kontroversen gelegentlich einen Schritt zurückzutreten und sich in Ruhe den eigenen und den Assoziationen und Emotionen des Gegenübers zuzuwenden.

## Literatur

Andersen, M. L., & Klamm, B. K. (2018). Haidt's social intuitionist model: What are the implications for accounting ethics education? *Journal of Accounting Education, 44*, 35–46.
Becker, G. (2011). *Kohlberg und seine Kritiker: Die Aktualität von Kohlbergs Moralpsychologie*. VS Verlag für Sozialwissenschaften.
Born, B., & Gebhard, U. (2005). Intuitive Vorstellungen und explizite Reflexion – Zur Bedeutung von Alltagsphantasien in Lernprozessen zur Bioethik. In B. Schenk (Hrsg.), *Bausteine einer Bildungsgangtheorie* (S. 255–271). Springer VS.
Eisenberg, N. (1992). *The caring child*. Harvard University Press.
Evans, J. S. B. T. (2007). Dual-processing accounts of reasoning, judgement, and social cognition. *Annual Review of Psychology, 59*, 255–278.
Gebhard, U. (2007). Intuitive Vorstellungen bei Denk- und Lernprozessen: Der Ansatz der „Alltagsphantasien". In D. Krüger & H. Vogt (Hrsg.), *Theorien in der biologiedidaktischen Forschung* (S. 117–128). Springer.
Gigerenzer, G. (2015). *Bauchentscheidungen: die Intelligenz des Unbewussten und die Macht der Intuition*. Bertelsmann Verlag.
Gebhard, U., & Mielke, R. (2003). „Die Gentechnik ist das Ende des Individualismus." Latente und kontrollierte Denkprozesse bei Jugendlichen. In D. Birnbacher, J. Siebert, & V. Steenblock (Hrsg.), *Philosophie und ihre Vermittlung* (S. 202–218). Siebert.
Gigerenzer, G., & Brighton, H. (2009). Homo heuristicus: Why biased minds make better inferences. *Topics in Cognitive Science, 1*(1), 107–143.
Gilovich, T., Griffin, D., & Kahneman, D. (Hrsg.). (2002). *Heuristics and biases*. Cambridge University Press.
Greene, J. D. (2014). Beyond point-and-shoot morality: Why cognitive (neuro) science matters for ethics. *Ethics, 124*(4), 695–726.
Haidt, J. (2001). The emotional dog and its rational tail. A social intuitionist approach to moral judgement. *Psychological Review, 108*(4), 814–834.
Haidt, J., Koller, S. H., & Dias, M. (1993). Affect, culture, and morality, or is it wrong to eat your dog? *Journal of Personality and Social Psychology, 31*, 191–221.
Hoffmann, M. (1991). Empathy, social cognition, and moral action. In W. M. Kurtines & J. L. Gewirtz (Hrsg.), *Handbook of moral behavior and development* (Theory, Bd. 1, S. 275–301). Lawrence Erlbaum Associates.
Irrlitz, G. (2015). Kritik der praktischen Vernunft (1788). In G. Irrlitz (Hrsg.), *Kant-Handbuch. Leben und Werk* (S. 299–330). J.B. Metzler.
Kohlberg, L. (2001). Moralstufen und Moralerwerb – Der kognitiv-entwicklungstheoretische Ansatz. In W. Edelstein, F. Oser, & P. Schuster (Hrsg.), *Moralische Erziehung in der Schule* (S. 35–61). Beltz.
Koock, U. (2021). Sorgen (ernst) nehmen: Die Covid-Impfung. *Heilberufe, 73*, 40–41. https://doi.org/10.1007/s00058-021-1971-x
Maxwell, B., & Narvaez, D. (2013). Moral foundations theory and moral development and education. *Journal of Moral Education, 42*(3), 271–280.

Nunner-Winkler, G. (2005). *Zum Verständnis von Moral – Entwicklungen in der Kindheit*. In D. Horster & J. Oelkers (Hrsg.), *Pädagogik und Ethik* (S. 173–192). VS Verlag für Sozialwissenschaften.

Pansegrau, P. (2009). Zwischen Fakt und Fiktion – Stereotypen von Wissenschaftlern in Spielfilmen. In B. Hüppauf & P. Weingart (Hrsg.), *Frosch und Frankenstein. Bilder als Medium der Popularisierung von Wissenschaft*. transcript.

Pansegrau, P., & Weingart, P. (2004). Von Menschenzüchtern, Weltbeherrschern und Abenteurern – Die Wissenschaft im Spiegel Hollywoods. *Forschung an der Universität Bielefeld, 27*, 23–30.

Petty, R. E., & Cacioppo, J. T. (1986). *Communication and persuasion: Central and peripheral routes to attitude change*. Springer.

Piaget, J. (1926/1988). *Das Weltbild des Kindes*. Klett-Cotta.

Rawls, J. (1971). *A theory of justice*. Harvard University Press.

Schneider, W., & Shiffrin, R. M. (1977). Controlled and automatic human information processing: I. Detection, search, and attention. *Psychological Review, 84*, 1–66.

Schramme, T. (2002). Natürlichkeit als Wert. *Analyse & Kritik, 24*, 249–271.

Strack, F., & Deutsch, R. (2004). Reflective and impulsive determinants of social behavior. *Personality and Social Psychology Review, 8*, 220–247.

## Vertiefende Literatur

Gigerenzer, G. (2015). *Bauchentscheidungen: Die Intelligenz des Unbewussten und die Macht der Intuition*. Bertelsmann Verlag.

Haidt, J. (2001). The emotional dog and its rational tail. A social intuitionist approach to moral judgement. *Psychological Review, 108*(4), 814–834.

# Die Grenzen rationalen Kalküls

## Jürgen Menthe und Christina Priert

> „Der habitualisierte Akteur, der die gesellschaftlichen Strukturen inkorporiert hat und innerhalb bestimmter Grenzen höchst erfinderisch agiert, besitzt nicht die Wahl zwischen Mündigkeit und Unmündigkeit. Er ist hineingestellt in undurchsichtige Strukturen [...] die andere, beweglichere Denkfiguren verlangen." (Rieger-Ladich, 2002)

**Zusammenfassung**

Dieses Kapitel hinterfragt die Annahme, dass Entscheidungen im Wesentlichen rational und auf explizitem Wissen basierend getroffen werden. Es wird argumentiert, dass reale Entscheidungsprozesse stark auf impliziten Präferenzen und biografischen Prägungen basieren. Mit Bezug auf die Wissenssoziologie Mannheims und das Habituskonzept Bourdieus wird aufgezeigt, dass Akteure vor allem habitualisiert handeln und dass auf diese Weise biografische Erfahrung und gesellschaftliche Strukturen Eingang in individuelles Handeln finden und sich im konjunktiven Wissen der Subjekte niederschlagen. Mit der dokumentarischen Methode wird dargelegt, wie konjunktives Wissen rekonstruiert und reflektiert werden kann. Exemplarisch unterstreicht das Kapitel die Bedeutung des konjunktiven Wissens bei Entscheidungen im Kontext Klimawandel und plädiert

J. Menthe (✉)
Institut für Biologie und Chemie, Didaktik der Chemie, Stiftung Universität Hildesheim, Hildesheim, Deutschland
E-Mail: menthe@uni-hildesheim.de

C. Priert
Institut für Biologie und Chemie, Didaktik für Chemie, Stiftung Universität Hildesheim, Hildesheim, Deutschland
E-Mail: chrispri0101@gmail.com

für dessen Berücksichtigung in der pädagogischen Forschung und Praxis. Damit wirbt es für die Erweiterung des Konzepts der Bewertungskompetenz um die Dimension unbewusster, erfahrungsbasierter Wissensbestandteile und stellt eine Erweiterung rein rationaler Ansätze der Bewertungskompetenz dar.

> **Worum es geht**
> In welchem Verhältnis stehen rationales Abwägen und implizit verankerte Erfahrungen bei Bewertungs- und Entscheidungsprozessen?
>
> - Handlungsentlastetes rationales Entscheiden auf Basis expliziter Wissensbestände stellt aus soziologischer Perspektive einen Ausnahmefall dar.
> - Reale Entscheidungen basieren auf unbewussten Präferenzen.
> - Gemäß der Wissenssoziologie ist im Regelfall das aus biografischen Erfahrungen gewonnene und oft nur implizit vorhandene „konjunktive" Wissen handlungs- und entscheidungsleitend.
> - Die dokumentarische Methode erlaubt die Rekonstruktion dieses impliziten Wissens und macht es der Reflexion zugänglich.
> - Auch beim Umwelthandeln spielen implizite Vorstellungen bzw. konjunktive Wissensbestände eine entscheidende Rolle und müssen für die Gestaltung von handlungswirksamen Interventionen berücksichtigt werden.

## 4.1 Einleitung

Im pädagogischen Diskurs werden Urteilen und Entscheiden häufig auf rationale Aushandlungsprozesse bezogen, versehen mit einem Appell an die Mündigkeit, die sich in der Fähigkeit zum rationalen Abwägen und kommunikativen Aushandeln beweist. Reale Entscheidungen unterliegen allerdings vielfältigen konkreten Rahmenbedingungen und basieren auf unbewussten Präferenzen und praktischen Einschränkungen. Bewusstes, rationales Entscheiden im Modus eines nutzenmaximierenden *Homo oeconomicus* stellt aus soziologischer Perspektive einen seltenen Spezialfall des Entscheidungshandelns dar, falls für eine Entscheidung vollständige Informationen und beliebig viel Zeit (und Muße) zur Entscheidungsfindung zur Verfügung stehen. Die Fähigkeit, komplexe rationale Entscheidungsprozesse verstehen und systematisch anwenden zu können, ist wichtig und die Auseinandersetzung mit solchen Prozessen fraglos eine wichtige Aufgabe von Schule.

In diesem Kapitel soll aber vor allem die Bedeutung biografisch erworbenen atheoretischen Wissens, das auf inkorporierte gesellschaftliche Strukturen zurückgeht, für menschliches Entscheidungshandeln heraus- und damit ein theoretischer Anschluss an soziologische Theorien (die Wissenssoziologie Karl Mannheims, 1980, und das Habituskonzept Pierre Bourdieus, 1993) hergestellt werden.

Soziologische Theorien bilden ihrerseits die Grundlage der dokumentarischen Methode nach Bohnsack (2014). Diese erlaubt einen empirischen Zugriff auf das als handlungsleitend angenommene atheoretische, konjunktive Wissen und bildet damit eine Basis für ein umfassendes Verständnis von Entscheidungshandeln. Mit Blick auf ein konkretes Forschungsvorhaben wird illustriert, wie die dokumentarische Methode das Feld der Bewertungskompetenz und das Urteilen und Entscheiden von Schüler:innen empirisch zugänglich machen kann.

## 4.2 Bewertungskompetenz, *rational choice* und implizites Wissen

Die meisten fachdidaktischen Modelle von Bewertungskompetenz orientieren sich – aus guten Gründen – an rationalen Aushandlungsprozessen (Gresch et al., 2013; Jafari & Meisert, 2019; Dittmer et al., 2019; Bögeholz et al., 2018; Hößle & Menthe, 2013). Das entspricht einem Verständnis von Schule als wesentlich rationalem Diskursraum, in dem Lernende ohne realen Handlungsdruck über Sachverhalte und Wertfragen diskutieren können. Ohne den Wert solchen schulischen Probehandelns infrage zu stellen, ist zugleich klar, dass reales Urteilen und Entscheiden nur in Ausnahmefällen auf diese Weise ablaufen. Daniel Kahnemans (2012) Buch *Thinking, fast and slow* hat diese Erkenntnis bis in den populärwissenschaftlichen Diskurs getragen. Er unterscheidet darin einen obligatorisch ablaufenden, schnellen und in der Regel unbewussten Entscheidungsprozess (*thinking fast*, bezeichnet als System 1) von einem kognitiv aufwendigen, bewussten, rationalen und nur im Bedarfsfall zugeschalteten Abwägeprozess (*thinking slow*, bezeichnet als System 2). Während es für die lernwirksame Gestaltung diskursiver oder reflexiver Aushandlungsprozesse viele bewährte Unterrichtsmodelle gibt (z. B. Böttcher et al., 2016; Bögeholz et al., 2004; Langlet et al., 2022), bleiben die Genese wie auch der unterrichtliche Umgang mit System 1 zumindest bei Kahneman unterbelichtet. Das liegt sicher auch daran, dass System 1 wesentlich veränderungsstabiler ist und der schulische Einfluss darauf als begrenzt angenommen werden darf. Das fachdidaktische Interesse an System 1 zielt daher weniger auf die Vermittlung handlungswirksamen und unmittelbar verfügbaren Wissens ab, sondern darauf, Schüler:innen einerseits ein Verständnis für reales menschliches Entscheidungshandeln zu vermitteln und forschungsseitig auf die Rekonstruktion typischer handlungsleitender Orientierungen, um zumindest in Ansätzen – ähnlich wie im Umfeld der Schülervorstellungsforschung – an diese anzuknüpfen und sie der rationalen Reflexion zugänglich zu machen.

### 4.2.1 Habitus und Entscheidungshandeln bei Bourdieu

Abweichungen vom Modell des nutzenmaximierenden *Homo oeconomicus* betrachtet die Verhaltensökonomie schon seit langer Zeit, beginnend mit den frühen Arbeiten von Simon, (1957), der anzweifelte, dass Menschen in der Lage sind, die dem *rational choice* zugrunde liegenden Berechnungen in der kurzen, für Entscheidungen zur Verfügung stehenden Zeit auszuführen (*bounded rationality*). Kahneman (2012) zeigte in Studien, dass Individuen – abweichend vom mathematischen Kalkül – Risiken scheuen und dem Vermeiden von Verlusten mehr Bedeutung beimessen als den Chancen, Gewinne einzustreichen. Hayes (2020) und Khalil (2022) referieren weitere Arbeiten, in denen Abweichungen von den gemäß *rational choice*-Kalkulationen „richtigen" Entscheidungen moniert werden. Hayes problematisiert darüber hinaus, dass die Verhaltensökonomie diese Sachverhalte zwar in Studien zeigen könne, allerdings keine sinnvolle Erklärung für dieses „defizitäre" Verhalten habe. Eine soziologische Theorie, die diese Lücke füllen, also die Genese handlungsleitenden, aber der rationalen Reflexion nicht zugänglichen, impliziten Wissens erklären könne, sei das Habituskonzept des französischen Soziologen Pierre Bourdieu (1993).

Soziologische Theorien fokussieren Entscheidungshandeln als eine besondere Form sozialen Handelns. Die einzelnen Individuen können nur verstanden werden, wenn die soziale, historische Praxis, in die sie hineingeboren wurden, mitbetrachtet wird. Die Entscheidungen, die der einzelne trifft (und mithin das häufig nur implizit verfügbare, handlungsleitende Wissen), ist eingebettet in ein nicht unmittelbar bewusstes, aber dennoch rekonstruierbares soziales Regelwerk, das sich in Routinen und Selbstverständlichkeiten ausdrückt. Um zu entscheiden, was ich heute Mittag esse, wähle ich aufgrund unhinterfragter Prämissen aus einer extrem eingeschränkten Vorauswahl aus: Die in Betracht gezogenen Restaurants basieren auf Routinen, aber auch auf biografischer Prägung, die mir bestimmte Restaurants als passend erscheinen und mich andere gar nicht in Betracht ziehen lässt. Solche Vorauswahlen – bezüglich bestimmter Kleidungsstile, Automarken oder Urlaubsziele – sind Ausdruck inkorporierter und habitueller Präferenzen, die unser Handeln bestimmen, bevor es zu einer bewussten Entscheidung kommt. Es handelt sich dabei allerdings nicht um eine einfache Prägung im Sinne festgelegter Reflexe, der Habitus nach Bourdieu (ebd.) ist vielmehr ein komplexes, anpassungsfähiges und auch schöpferisches System, das auch in neuen und unbekannten Handlungssituationen wirkt. Zentral sind dabei die Begriffe „Habitus" und „Feld", wobei Habitus und Feld einander wechselseitig beeinflussen. Den Habitus beschreibt Bourdieu „als einverleibte, zur Natur gewordene und damit als solche vergessene Geschichte. [...] [D]er Habitus [ist] wirkende Präsenz der gesamten Vergangenheit, die ihn erzeugt hat. Deswegen macht gerade er die Praktiken relativ unabhängig von den äußeren Determiniertheiten der unmittelbaren Gegenwart" (Bourdieu, 1993, S. 105). Der Habitus rahmt also das Handeln, er bestimmt, was für ein Individuum selbstverständlich, was denkbar und was umgekehrt für völlig ausgeschlossen gehalten wird. Der Habitus entwickelt sich aufgrund biografischer Erfahrungen in einer Gesellschaft, die Bourdieu (ebd.) als das Zusammenspiel unterschiedlicher Felder begreift. Ein Feld beschreibt eine Struktur regelgeleiteter Praxis, die das Handeln der Individuen in einer Gruppe (etwa dem Schützenverein), einem bestimmten Milieu (z. B. einem Hochhausviertel einer Großstadt) oder einer bestimmten Vermögensschicht unbewusst angleicht und steuert – und zwar, weil die zugehörigen Mitglieder vergleichbare Erfahrungen gemacht und damit zusammenhängende Weltsichten entwickelt haben. Das leugnet nicht die grundlegende Verschiedenheit der Menschen, dennoch prägt die soziale Praxis in den oben genannten Bezugsfeldern die Menschen in typischer Weise und führt zu geteilten Überzeugungen, die sich in Wertvorstellungen, Routinen, Einstellungen bis hin zu Wahrnehmungs-, Denk- und Handlungsschemata im Subjekt niederschlagen – und die ihrerseits die Basis wechselseitigen Verstehens bilden. Das dialektische Verhältnis von Habitus und Feld ist gekennzeichnet von einer gegenseitigen Abhängigkeit: Der Habitus der Individuen, die in einem bestimmten Feld interagieren, prägt das soziale Feld, umgekehrt wirkt ein geteiltes soziales Feld auf den Habitus der darin interagierenden Individuen zurück.

Rückbezogen auf das Entscheidungshandeln bedeutet es, dass nur bedingt reflexiv nachvollziehbar ist, was eine bestimmte Person denkt, welche Normen sie befolgt und welche Präferenzen sie ausbildet. Und Entscheidungen sind nie nur freie, rationale Abwägungen. Vielmehr ist Entscheidungshandeln präfiguriert durch das jeweilige Feld, in dem die Individuen vermittels ihres Habitus „kollektiv aufeinander abgestimmt" sind (Bourdieu, 1993, S. 99). Damit geht eine fundamentale Einschränkung einher: Das rationale Urteilen und Entscheiden und mithin das autonome Subjekt und die Validität von *rational choice*-Modellen des Urteilens und Entscheidens werden grundlegend angezweifelt (vgl. dazu auch Rieger-Ladich, 2002).

### 4.2.2 Mannheim und die Wissenssoziologie

Ähnliche Überlegungen zum Verhältnis unmittelbaren Verstehens (und Beurteilens) und der kommunikativen, auf allgemeine Geltung abzielenden Verständigung finden sich in der Wissenssoziologie Karl Mannheims (1980). Mit dem Begriff des konjunktiven Erfahrungsraumes beschreibt er den sozialen Erlebniszusammenhang, der seinerseits einen besonderen Zugang zum unmittelbaren gegenseitigen Verstehen eröffnet. Am Beispiel der Wirkung einer Ansprache verdeutlicht Mannheim diesen Sachverhalt: „Es ist bekannt, dass insbesondere bedeutende Revolutionsreden, wenn sie nur gedruckt gelesen werden, oft als nichtssagend [...] erscheinen, während sie in der Versammlung, wo ihr konjunktiver Erfahrungsraum noch vorhanden war und die Rede sozusagen nur die hinweisende Funktion auf gemeinsam Erlebtes hatte, als adäquater Ausdruck erlebt wurde. [...] Wir erfassen [im Nachhinein, J. M.] die Worte mehr oder minder nur von ihren uns allein zugänglichen Allgemeinbedeutungen her und nicht mehr aus ihrer einmaligen Bezogenheit auf den zusammen erlebten Erfahrungszusammenhang" (Mannheim, 1980, S. 219). Allgemeiner gesprochen erwachsen aus konjunktiven Erfahrungsräumen, etwa dem Aufwachsen in einem bestimmten Milieu, bestimmte geteilte Überzeugungen, die sich im konjunktiven Wissen der Subjekte niederschlagen – im Unterschied zum gesellschaftlich geteilten kommunikativen Wissen. Am Beispiel des Begriffs der Familie verdeutlichen Bohnsack et al. (2013) die zwei Bedeutungsebenen, die in jeder Verständigung mitschwingen: Wenn jemand von Familie spricht, hat jeder Mensch ein Bild vor Augen, was Familie bedeutet und was mit dem Wort allgemein bezeichnet wird. Dieses Wissen um die Institution Familie basiert auf kommunikativ-generalisierendem Wissen, dessen Mitteilung in der Regel unproblematisch ist. Dieses generalisierende Wissen bleibt aber abstrakt, es „ermöglicht uns [...] noch keinen Zugang zum Erfahrungsraum der je konkreten Familie in ihrer je milieuspezifisch oder auch individuell-fallspezifischen (gruppenspezifischen) Besonderheit" (Bohnsack et al., 2013, S. 15). Das aus dem konjunktiven Erfahrungsraum (eines bestimmten Milieus oder einer bestimmten Familie) resultierende konjunktive Wissen bewirkt dabei nicht nur ein bestimmtes Verständnis des eigenen Milieus (oder der eigenen Familie), sondern beeinflusst – ähnlich wie der Habitus – unterschiedlichste Handlungen und Entscheidungen einer Person. Habitus und implizites, konjunktives Wissen können „als eine Struktur aufgefasst werden, die in der sozialen Praxis hergestellt bzw. erworben wird und zugleich die Handlungspraxis von Gruppen oder Milieus bestimmt" (Asbrand & Martens, 2018, S. 12).

### 4.3 Dokumentarische Analyse von Gruppendiskussionen mit Blick auf Bewertungskompetenz

#### 4.3.1 Vorgehen bei der dokumentarischen Analyse

Die dokumentarische Methode zielt auf die Analyse des kommunikativen und des konjunktiven Wissens ab. Letzteres bildet das als handlungsleitend angenommene, habitualisierte und z. T. inkorporierte Orientierungswissen (Bohnsack et al., 2013, S. 9). Eine Unterscheidung der beiden Wissensebenen lässt sich am besten an einem alltäglichen Beispiel veranschaulichen. Asbrand und Martens (2018, S. 13) illustrieren diesen Sachverhalt anhand der „Selbstverständlichkeit des Alltags" im dörflichen Milieu. Die Mitglieder, die im dörflichen Milieu aufgewachsen sind und diese Form des Zusammenlebens auf dem Dorf von klein auf kennen, sind mit den Ritualen, Gepflogenheiten und Sitten vertraut – sie teilen einen konjunktiven Erfahrungsraum und verfügen über geteiltes konjunktives Wissen. Routinen im dörflichen Alltag sind für sie selbstverständlich und müssen nicht explizit gemacht werden, um verstanden werden zu können. „Die gemeinsame Existenz in derartigen geistigen Beziehungen konstituiert einen ‚konjunktiven Erfahrungsraum' der beteiligten Subjekte auf der Grundlage gemeinsamer Praxis – jenseits des theoretischen Erkennens und der kommunikativen Absichten" (Bohnsack, 2014, S. 63). Eine Person, die diesen konjunktiven Erfahrungsraum aufgrund der Zugehörigkeit zum städtischen Milieu nicht teilt, wird die dörfliche Praxis an vielen Stellen nicht verstehen. Der distanzierte Blick der außenstehenden Person erlaubt eine reflektierte Auseinandersetzung mit der Alltagspraxis des Dorfes. Die dörfliche Alltagspraxis wird in diesem Zuge explizit gemacht und lässt sich – mutmaßlich – als typisch für ein Dorfleben beschreiben. „Die begriffliche Unterscheidung bzw. die Bezeichnung der sozialen Wirklichkeit als ‚dörflich' geschieht erst auf der Ebene des kommunikativen Wissens" (Asbrand & Martens, 2018, S. 14). Während also die konjunktive Wissensebene implizit ist, keiner Erklärung bedarf und das daraus erwachsene Verhalten als selbstverständlich erachtet wird, kommt das kommunikative Wissen in einer explizierten Form zum Tragen. Der Schulkontext stellt ein Milieu dar, in dem sich Schüler:innen sowie Lehrkräfte befinden und in dem ebenfalls eine gewisse Alltagspraxis mit Verhaltensregeln implizit verankert ist. Beispielsweise müssen Begrüßungsrituale zwischen einer Lehrkraft und einer Klasse nicht von den Beteiligten expliziert werden. In solchen Situationen reicht es aus, wenn die Lehrkraft nach Ankunft in den Klassenraum die Tasche abstellt und sich frontal zur Klasse stellt, um die Bereitschaft zur Begrüßung zu signalisieren. Die Schüler:innen können dieses Signal aus der Raumpositionierung und der Körperhaltung herauslesen und sich ebenfalls auf das Ritual einstellen. Solche und ähnliche Situationen finden sich immer wieder im Schulkontext.

Für den Bereich der Bewertungskompetenz sind sowohl kommunikative Wissensbestände (rekonstruiert als Orientierungsschemata) als auch konjunktive Wissensbestände (rekonstruiert als Orientierungsrahmen) von Bedeutung. Beide werden in der wissenssoziologischen Tradition als wissensförmig angenommen und sind damit grundsätzlich im Unterricht adressierbar, indem „komplexe fachliche Kompetenzen als eine Kombination von kommunikativem und konjunktivem Wissen in den Blick genommen werden" (Martens et al., 2022, S. 9). Es wird damit deutlich, dass im Rückbezug auf Entscheidungshandeln gerade das Zusammenspiel konjunktiver und kommunikativer Wissensbestandteile als bedeutsam betrachtet wird. Im Folgenden soll ein Forschungsprojekt vorgestellt werden, welches eben jene beiden Wissensebenen mittels der dokumentarischen Analyse rekonstruiert und sich mit deren Bedeutung für die Kontexte Klimakrise und COVID-19-Pandemie beschäftigt.

### 4.3.2 Auszüge einer dokumentarischen Analyse zu Vorstellungen von Schüler:innen zur Klimakrise

Die zur Illustration herangezogene Studie lehnt sich an eine Arbeit von Sander und Höttecke (2018) an, in der durch Analyse von Interviews die Orientierungsrahmen von Jugendlichen rekonstruiert wurden. Sander (2017) konnte z. B. bei einigen Jugendlichen einen Orientierungsrahmen rekonstruieren, dem zufolge diese die Komplexität von Entscheidungsproblemen im Kontext nachhaltiger Entwicklung (z. B. zur Verkehrsmittelwahl) ablehnten oder negierten und damit die eingehende eigene Beschäftigung mit dem Problem für unnötig befanden. Eine solche Orientierung kann leicht das, was eine Person auf der Inhaltsebene äußert, also den kommunikativen Gehalt, überstrahlen. Und ein solcher Befund erklärt umgekehrt, warum Jugendliche, bei denen ein solcher Orientierungsrahmen rekonstruiert wurde, ihr Handeln z. B. eher an einfachen Regeln ausrichten. Am Beispiel der dokumentarischen Analyse von Gruppendiskussion von Schüler:innen zum Klimawandel möchten wir das Vorgehen illustrieren und aufzeigen, welche Impulse für den fachdidaktischen Diskurs zur Bewertungskompetenz von solchen Analysen ausgehen können.

**Forschungsdesign und Fragestellung**
Im Zuge eines Forschungsprojekts wurden konjunktive Wissensbestände von Jugendlichen zum Umgang mit dem Klimawandel und der COVID-19-Pandemie erhoben. In Gruppendiskussionen sollte die folgende Forschungsfrage beantwortet werden: *„Wie gehen jugendliche Schülerinnen und Schüler mit den aus der Krise resultierenden Herausforderungen und den damit verbundenen eigenen Unsicherheiten um?"* Als Stimuli der Gruppendiskussion dienten Audiovignetten und Impulsfragen, in denen Strategien zur Bewältigung der beiden Krisen vorgestellt wurden, zu denen die Schüler:innen ihre eigenen Meinungen, Gedanken und Bedenken äußern sollten. Um das konjunktive Wissen der Jugendlichen rekonstruieren zu können, sollten die Lernenden möglichst ungestört und unter Abwesenheit der Interviewerin miteinander sprechen. Daher wurden die Stimuli der Gruppendiskussionen nicht in Form von Interviewfragen eingegeben, sondern mithilfe eines Computers eingespielt. Zur Illustration der Rekonstruktion konjunktiver Wissensbestandteile mit der dokumentarischen Methode stellen wir eine Gruppendiskussion zum Thema „Reisebeschränkungen während der Pandemie" vor.

**Material und Interpretation**
Bei der nachfolgenden Interpretation wurde zum besseren Nachvollzug auf eine formale Trennung der Analyseschritte der formulierenden und reflektierenden Interpretation verzichtet. Aus diesem Grund werden sowohl Ausschnitte dazu, *was* gesagt wurde, als auch dazu, *wie* etwas gesagt wurde, in einem einzigen Schritt dargelegt. Bei der ausgewählten Gruppe handelt es sich um drei Lernende (zwei Schülerinnen und einen Schüler), die zum Zeitpunkt der Erhebung in die 10. Klasse einer Gesamtschule gingen. Im folgenden Auszug der Gruppendiskussion spricht eine der beiden Schülerinnen über die externen Regelungen zur Bewältigung der Pandemie und das Verbot von Flugreisen:

> „Ja, also ich weiß nicht genau, was ich dazu sagen soll. Ich bin jetzt nicht so'n Faan von wegen jaa Reisewarnung, weil wir relativ gerne wegfliegen [lachend]. Ähm natürlich verstehe ich so, dass es darum geht, dass man Corona irgendwie eindämmen möchte und es nicht weltweit irgendwie noch mehr verbreiten möchte. Aber das, ich find das eigentlich jetzt nicht so schlau."

Das konjunktive Wissen und damit der Hintergrund für die Ablehnung liegt vermutlich in einer konjunktiven Erfahrung, die auf den familiären Erfahrungsraum („wir") zurückgeht. In diesem familiären Erfahrungsraum ist das „Wegfliegen" positiv besetzt und prägt das Verständnis davon, wie sich die Schülerin ihre Realität wünscht: fliegen zu dürfen. Diese familiäre Erfahrung ist nicht nur der handlungsleitende Impuls für die Ablehnung eines Reiseverbots, sondern könnte auch – als implizit verankertes Denkmuster – eine generelle Ablehnung von Verboten, die die Schülerin persönlich tangieren und einschränken, auslösen. Im weiteren Verlauf der Gruppendiskussion wird die Bewertung der Regelungsebene erneut von derselben Schülerin aufgegriffen und am Beispiel des Social Distancing im eigenen Umfeld ausgetragen:

## 4 Die Grenzen rationalen Kalküls

„Ja, aber ich denke, das ist halt auch so. Da muss halt der Mensch halt auch selbst sich irgendwie in'ner Weise Gedanken machen. Ich denke mir so, wenn du jetzt wirklich was verändern möchtest und vielleicht aufpassen möchtest, dass es wirklich mit Corona nicht weiter ausartet, dann sagst du dir ja auch selbst so: ‚Okay, ich achte darauf, dass ich mich jetzt nicht mit großen Menschenmassen treffe.' Dann gibt's Leute, die aber sagen: ‚Okay joa äh, Corona gibt's nicht oder sonst was. Okay, treff mich jetzt trotzdem mit zehn Freunden auf einmal.' Aber ich denke halt auch bei Regelungen gab es halt auch wirklich viele, wo man sich so dachte: ‚Ähh, es gibt Regelungen, die sich so mäßig stechen', wo man sich denkt: ‚Okay, die kann ich gar nicht erfüllen, wenn ich hier zum Beispiel auch in der Klasse sitze mit 30 Leuten, aber mich nicht draußen mit, was weiß ich, drei Personen treffen kann.' Das find ich dann halt auch immer so'n bisschen fragwürdig."

Der Schülerin scheint bewusst zu sein, dass es Menschen gibt, die sich nicht verantwortungsbewusst verhalten, da diese Menschen nicht an die Existenz der Krise glauben („Corona gibt's nicht"). Sie kritisiert diesen Umstand allerdings nicht, sondern verteidigt diese Denk- und Verhaltensweise implizit, indem sie die Maßnahmen als nicht umsetzbar bzw. nicht überzeugend bezeichnet. Dazu führt die Schülerin ein Beispiel aus ihrer unmittelbaren Erfahrung an: Ihrer Ansicht nach ist es „fragwürdig", dass die höhere Kontaktzahl in Klassenräumen toleriert wird, während die geringere Kontaktzahl außerhalb des Klassenraumes nicht erlaubt ist. Mit der konkreten Nennung der Kontaktzahlen (30 Personen im Klassenraum und drei Personen draußen) versucht sie, die Absurdität der Regelung zu unterstreichen. In dieser Kritik wird der Regelung eine fragwürdige Doppelmoral unterstellt. Die Schülerin zeigt durch den Zweifel an der Regelung Verständnis für die Personen, die sich nicht an die Maßnahmen halten. In diesem Auszug fokussiert die Schülerin das selbstbestimmte und eigenmotivierte Handeln der Individuen. Dabei offenbart sie nicht nur eine Forderung nach mehr Selbstbestimmung, sondern auch nach Eigenverantwortlichkeit innerhalb der Gesellschaft. Auf diese Weise wären politisch regulierte Beschränkungen nicht notwendig, von denen sich die Schülerin implizit auch distanziert. Das implizit verankerte Denkmuster des vorherigen Ausschnitts zeigt sich an dieser Stelle erneut: Persönliche Beschränkungen im Alltag rufen – bei unterschiedlichen Themen – in ähnlicher Weise Ablehnung und Distanz hervor. Aus der Betrachtung beider Ausschnitte resultiert, dass die Schülerin im ersten Auszug zunächst implizit und im weiteren Verlauf der Gruppendiskussion auch explizit die Fremdbestimmung durch die Beschränkungen kritisiert und ablehnt. Auch ohne eine ausführliche Rekonstruktion des familiären bzw. sozialen Milieus illustrieren die beiden Beispiele, wie in konjunktiven Erfahrungsräumen erworbenes, implizit verankertes Wissen das Bewerten beeinflusst.

Für die schulische Förderung von Bewertungskompetenz ergeben sich mindestens zwei Erweiterungen der Art und Weise, in der Bewertungskompetenz im Unterricht behandelt werden kann. Die erste bezieht sich auf das, was typischerweise als Bewertungsstrukturwissen bezeichnet wird: Beispiele rekonstruierten konjunktiven Wissens können im Unterricht als Impuls eingesetzt werden, um Schüler:innen die Bedeutung solcher impliziter, biografisch erworbener Wissensbestandteile deutlich zu machen. Unser aller Entscheiden ist wesentlich von teils nicht bewussten, biografischen und soziokulturellen Prägungen präformiert. Die rekonstruierten Vorstellungen können auf der Metaebene dazu beitragen, Schüler:innen über die Natur menschlichen Urteilens und Entscheidens aufzuklären und damit sowohl die Notwendigkeit und zugleich die praktischen Grenzen rationalen Kalküls deutlich zu machen. Die zweite Erweiterung bezieht sich auf die Arbeit mit den hier rekonstruierten Vorstellungen zur Klimakrise und zur nachhaltigen Entwicklung: Betrachtet man etwas genauer bestimmte Argumentationen für und wider bestimmte Verhaltensweisen oder politische Regulationen, so wird man – ähnlich wie im oben dargestellten Beispiel – feststellen, dass hinter rationalen Begründungen nicht selten bloß unbewusste konjunktive Erfahrungen stecken, etwa die Kritik an „unsinnigen Kontaktbeschränkungen" oder die positiven Emotionen zu Urlaubsflügen. Auch andere Arbeiten unterstreichen, dass menschliche Entscheidungen vor allem vor dem Hintergrund lebensweltlicher und biografischer Prägung zu verstehen sind und dass diese Einbettung jegliches Bewerten, Urteilen und Entscheiden rahmt (Dittmer et al., 2016; Ulrich-Riedhammer, 2017; Holfelder, 2018; Sander & Höttecke, 2018): Wenn Menschen sich z. B. aufgrund ihrer Erfahrungen – wie Sander (2017) zeigt – in Bezug auf eigenes Handeln gar nicht als wirkmächtig erleben, so wird das ganz unabhängig von rationalen Abwägungen die Beurteilung von Maßnahmen beeinflussen. Ähnlich sieht es aus, wenn Jugendliche über sich und die Welt allein in Begriffen der Gegenwart nachdenken oder ihr Nachdenken über die Zukunft wesentlich von ökonomischen Kategorien strukturiert wird. Diese grundlegenden Orientierungen werden Urteilen und Handeln der Jugendlichen leiten und erschweren den Aufbau von Bewertungskompetenz im Kontext nachhaltiger Entwicklung. Die Gestaltung von Lernangeboten muss solche Orientierungen berücksichtigen.

## Resümee und Ausblick

Schulisches Probehandeln und diskursive Aushandlungsprozesse sind zweifellos wichtig, damit Schüler:innen ein Verständnis idealer – gesellschaftlicher oder individueller – Entscheidungsprozesse gewinnen. Hierfür eignen sich insbesondere Fragen, bei denen ein rationales, aufwendiges Entscheidungsverfahren geboten und üblich ist (z. B. ein Planfeststellungsverfahren für eine neue Autobahn). Solche Entscheidungen – etwa in Form von Planspielen – zu verhandeln, schafft einen (unterrichtlichen) interaktiven, konjunktiven Erfahrungsraum. Das im Probehandeln eines Planspieles erworbene Erfahrungswissen geht in das konjunktive Wissen der Lernenden ein und kann – wie anderes Erfahrungswissen – in späteren Entscheidungssituationen handlungswirksam werden.

Die Unterscheidung zwischen konjunktivem und kommunikativem Wissen kann auch für die schulische Auseinandersetzung mit Entscheidungshandeln fruchtbar sein. Sie liefert ein begriffliches Instrumentarium, Schüler:innen über die Bedeutung unbewusster Impulse und der weitgehenden Präformierung vorgeblich freier Entscheidungen aufzuklären. Zugleich erlaubt die Annahme der Wissensförmigkeit konjunktiver Erfahrungen deren Bearbeitung im Unterricht. Das ist insbesondere für all die Themen und Fragestellungen bedeutsam, bei denen die Schule einen normativen Bildungsauftrag hat. Insbesondere für gesellschaftlich bedeutende Themen wie *Demokratiebildung* oder *Bildung für nachhaltige Entwicklung*, bei denen einerseits bestimmte Kenntnisse vermittelt, zugleich aber bestimmte Einstellungen und Haltungen gefördert werden sollen, spielen konjunktive (und nur implizit verfügbare) Wissensbestandteile eine wichtige Rolle. Soll der Unterricht Haltungen adressieren, kann die unterrichtliche Reflexion rekonstruierten konjunktiven Wissens eine zentrale Rolle spielen. Soziologische Theorien können Entscheidungshandeln in einer Weise erfassen, dass diese Aspekte in den Blick genommen und im Unterricht bearbeitet und reflektiert werden können. Die dokumentarische Methode bietet einen Zugang zu dem konjunktiven Wissen und liefert damit Ansatzpunkte für die Reflexion, ähnlich wie aus der Schülervorstellungsforschung gewonnene Vorstellungen Gelegenheit bieten, fachliche Lernprozesse anzuregen und zu reflektieren.

## Literatur

Asbrand, B., & Martens, M. (2018). *Dokumentarische Unterrichtsforschung*. Springer VS.

Bögeholz, S., Hößle, C., Langlet, J., Sander, E., & Schlüter, K. (2004). Bewerten – Urteilen – Entscheiden im biologischen Kontext: Modelle in der Biologiedidaktik. *Zeitschrift für die Didaktik der Naturwissenschaften, 10*, 89–115.

Bögeholz, S., Hößle, C., Höttecke, D., & Menthe, J. (2018). Bewertungskompetenz. In D. Krüger, I. Parchmann, & H. Schecker (Hrsg.), *Theorien in der naturwissenschaftsdidaktischen Forschung*. Springer.

Bohnsack, R., Nentwig-Gesemann, I., & Nohl, A. M. (2013). Einleitung: Die dokumentarische Methode und ihre Forschungspraxis. In R. Bohnsack, I. Nentwig-Gesemann, & A. M. Nohl (Hrsg.), *Die dokumentarische Methode und ihre Forschungspraxis*. VS Verlag für Sozialwissenschaften.

Bohnsack, R. (2014). Rekonstruktive Sozialforschung. In *Einführung in qualitative Methoden* (9. überarb. und erw. Aufl.). Barbara Budrich.

Böttcher, F., Hackmann, A., & Meisert, A. (2016). Argumente entwickeln, prüfen und gewichten: Bewertungskompetenz im Biologieunterricht kontextübergreifend fördern. *MNU Journal, 69*, 150–157.

Bourdieu, P. (1993). *Sozialer Sinn. Kritik der theoretischen Vernunft*. Suhrkamp.

Dittmer, A., Gebhard, U., Höttecke, D., & Menthe, J. (2016). Ethisches Bewerten im naturwissenschaftlichen Unterricht: Theoretische Bezugspunkte für Forschung und Lehre. *Zeitschrift für Didaktik der Naturwissenschaften, 1*, 97–108.

Dittmer, A., Bögeholz, S., Gebhard, U., & Hößle, C. (2019). Kompetenzbereich Bewertung – Reflektieren für begründetes Entscheiden und gesellschaftliche Partizipation. In J. Groß, M. Hammann, P. Schmiemann, & J. Zabel (Hrsg.), *Biologiedidaktische Forschung: Erträge für die Praxis*. Springer Spektrum.

Gresch, H., Hasselhorn, M., & Bögeholz, S. (2013). Training in decision-making strategies: An approach to enhance students' competence to deal with socio-scientific issues. *International Journal of Science Education, 35*(15), 2587–2607.

Hayes, A. S. (2020). The behavioral economics of Pierre Bourdieu. *Sociological Theory, 38*(1), 16–35.

Holfelder, A.-K. (2018). *Orientierungen von Jugendlichen zu Nachhaltigkeitsthemen*. Springer Fachmedien.

Hößle, C., & Menthe, J. (2013). Urteilen und Handeln im Kontext Bildung für nachhaltige Entwicklung In J. Menthe, D. Höttecke, I. Eilks, & C Hößle (Hrsg.), *Handeln in Zeiten des Klimawandels. Bewerten lernen als Bildungsaufgabe* (S. 35–65). Waxmann.

Jafari, M., & Meisert, A. (2019). Activating students' argumentative resources on socioscientific issues by indirectly instructed reasoning and negotiation processes. *Research in Science Education, 51*, 913–934.

Kahneman, D. (2012). *Thinking, fast and slow*. Penguin Psychology.

Khalil, E. L. (2022). The information inelasticity of habits: Kahneman's bounded rationality or Simon's procedural rationality? *Synthese, 200*(4), 343.

Langlet, J,, Eilks, I., Gemballa, S., Heckmann, G., Kunz, A., Lübeck, M., Meisert, A., Menthe, J., Ratzek, J., Woltzkam P., & Wozinski, R. (2022). MNU Themenreihe Bildungsstandards. Bewertungskompetenz in den Naturwissenschaften.

Mannheim, K. (1980). In D. Kettler et al. (Hrsg.), *Strukturen des Denkens* (S. 33–154). Suhrkamp.

Martens, M., Asbrand, B., Buchborn, T. & Menthe, J. (Hrsg.). (2022). *Dokumentarische Unterrichtsforschung in den Fachdidaktiken*. Springer VS.

Rieger-Ladich, M. (2002). *Mündigkeit als Pathosformel. Beobachtungen zur pädagogischen Semantik*. UVK.

Sander, H. (2017). *Orientierungen von Jugendlichen beim Urteilen und Entscheiden in Kontexten nachhaltiger Entwicklung*. Logos.

Sander, H., & Höttecke, D. (2018). Students' Orientations About Judgement and Decision-Making On Issues of Sustainability. *Zeitschrift für Didaktik der Naturwissenschaften, 24*, 83–98.

Simon, H. A. (1957). *Models of man*. Wiley.

Ulrich-Riedhammer, E. M. (2017). *Ethisches Urteilen im Geographieunterricht. Theoretische Reflexionen und empirisch-rekonstruktive Unterrichtsbetrachtung zum Thema „Globalisierung"*. readbox.

# Pyramidenmodell für das bioethische Lernen

## 5

Bewertungsprozesse unter Einbezug intuitiver Vorstellungen fördern und zu einem gemeinsamen Urteil gelangen

### Monika Pohlmann

> „Auf komplizierte Herausforderungen gibt es keine einfachen Antworten. [...] Wer Kompromisse schließt, gibt nicht einfach seine Haltung auf. Er gewinnt Entscheidungskraft, indem er sich Mehrheiten verschafft. [...] Sich durch gegenseitiges Nachgeben einigen zu können, erfordert Zuversicht – und auch Mut" (Schäuble, 2017).

#### Zusammenfassung

Die Einbindung kontroverser bioethischer Positionen ist heute unwidersprochen integraler Bestandteil eines modernen Biologieunterrichts. Für Lehrkräfte bedeutet dies eine große didaktische Herausforderung, der Diversität und Kulturalität ethisch relevanter Vorstellungen der Schülerschaft gerecht zu werden. Dem begegnet das *Pyramidenmodell für das bioethische Lernen*, indem es einem Erfahrungs- und Diskursraum Struktur gibt, in welchem unterschiedliche individuelle Überzeugungen nicht nur moderiert werden, um sie nebeneinanderstehen zu lassen, sondern diese durch das Bewusstmachen von Wertegemeinschaft und Konfliktbewältigung zu einem gemeinsamen, fairen Kompromiss weiterentwickelt werden. Dies befördert grundlegende demokratische Tugenden, wie Toleranz und Respekt vor dem andersartigen Urteil. Das Pyramidenmodell bietet sich daher für den gesamten naturwissenschaftlichen Unterricht an, da insbesondere die gesellschaftliche Verantwortung der Naturwissenschaften als solche, im Sinne von *Scientific Literacy*, im Mittelpunkt steht.

---

M. Pohlmann (✉)
Bergisch Gladbach, Deutschland

> **Worum es geht**
> - Heute unbestritten gehört die Förderung von Bewertungskompetenz zu den zentralen Zielen zeitgemäßer Bildungsarbeit.
> - Das *Pyramidenmodell für das bioethische Lernen*, ein aus der empirischen Forschung entwickeltes theoriebasiertes Strukturmodell, ist Instrument einer auf ethisches Bewerten fokussierten Unterrichtsarchitektur.

Die Notwendigkeit einer schulischen Werterziehung wird heute nicht mehr bestritten. Die Einbeziehung bioethischer Kontroversen ist zu einem verbindlichen Aufgabenbereich für Biologielehrkräfte geworden. Die intuitive Dimension ethischer Bewertungskompetenz und die kulturelle Dimension des naturwissenschaftlichen Unterrichts im Sinne von *Scientific Literacy*, in der der verantwortungsvolle Umgang mit der gesellschaftlichen Bedeutung des naturwissenschaftlichen Unterrichts hervorgehoben wird, sind aber weiterhin eine fachdidaktische Herausforderung. Sie verlangen von den Beteiligten ein hohes Maß an Sensibilität. Es zeichnet sich demnach für Lehrkräfte die Notwendigkeit ab, eine didaktische Haltung zu entwickeln, die der Diversität und Kulturalität ethisch relevanter Vorstellungen und Intuitionen gerecht wird. Im *Pyramidenmodell für das ethische Lernen* geht es daher neben der Förderung kognitiver Lernprozesse auch darum, intuitive Vorstellungen und Bewertungen einzubeziehen, den eigenen Standpunkt offenzulegen, ohne zu bevormunden, sensibel auf persönliche Betroffenheit zu achten und divergierende Meinungen nicht nur zu moderieren, sondern diese über die Erfahrung von Wertegemeinschaft und Konfliktbewältigung zu einem gemeinsamen Urteil, einem fairen Kompromiss weiterzuentwickeln. In einem solchen Erfahrungs- und Diskursraum gedeihen demokratische Grundtugenden im Unterricht.

## 5.1 Theoretischer Hintergrund

### 5.1.1 Kompromissfähigkeit: Grundlage einer wertepluralistischen demokratischen Gesellschaft

Zur Klärung, ob austauschbar ein „Konsens" oder ein „fairer Kompromiss", wie es Luther-Kirner (2009) nahelegt, Ziel der ethischen Debatte im Klassenzimmer sein sollte, lohnt sich eine vergleichende Betrachtung beider Bedeutungen. In beeindruckender Weise präzisiert der renommierte Politiker und ehemalige Bundestagspräsident Wolfgang Schäuble (2017) in einem Essay mit dem Titel „Der Kompromiss als Mutprobe" die Unterschiede und hebt die unzweifelhafte Bedeutung der Kompromissfähigkeit für eine wertepluralistische demokratische Gesellschaft hervor. Schäuble beschreibt die Schwierigkeit der Aufgabe, die Vielzahl an Interessen und Meinungen schließlich zu Entscheidungen zusammenzuführen, die in einer Demokratie nur aus Mehrheiten erwachsen können. Anders als in Deutschland hat der Kompromiss, beispielsweise in angelsächsischen Ländern, einen guten Klang, meint er doch den harmonischen Ausgleich unterschiedlicher Interessen. Der Ausdruck „best of both worlds" steht demnach für das Ergebnis eines Kompromisses, das besser ist als die Summe seiner Einzelteile. Die oft fälschlicherweise als „Umfallen" und „Ausdruck von Profilschwäche" missverstandene Kompromissbereitschaft ist in Wahrheit von zentraler Bedeutung für den gesellschaftlichen Frieden, den Fortschritt und das Wohl aller (ebd.). Kompromisslosigkeit gilt nur dort, wo rechtsstaatliche Regeln gebrochen oder infrage gestellt werden.

Der Kompromiss sollte allerdings nicht mit Konsens verwechselt werden. Der Begriff „Konsens" geht auf das lateinische Wort *consensus* zurück, das „Übereinstimmung", „Einhelligkeit" bedeutet. Im Gegensatz zum Dissens verstehen wir darunter eine übereinstimmende Auffassung über Ziele, Meinungen oder eine bestimmte Frage von zwei oder mehr diskutierenden oder verhandelnden Parteien, ohne verdeckten oder offenen Widerspruch. Dagegen ist der Kompromiss die Lösung eines Konflikts, in dem Verhandlungspartner aufeinander zugehen. Sie geben die eigene Überzeugung in Teilen auf und bewegen sich auf eine neue gemeinsame Position zu. Manche empfinden es als Scheitern, wenn es ihnen nicht gelingt, in einem Konflikt sämtliche Forderungen durchzusetzen. Dabei kann übersehen werden, dass Verzicht nicht selten der erste Schritt zu einer Lösung ist, die alle bereichert. Laut Cicero war ein *compromissum* das gemeinsame Versprechen zweier streitender Parteien, sich dem Schiedsspruch eines Dritten zu unterwerfen. Wer sich diesem Urteil widersetzte, wurde mit einem Bußgeld bestraft. Demnach ist ein Kompromiss ein Mittel, „Recht und Ordnung" wiederherzustellen, indem zwei Seiten, die sich nicht einigen können, eine dritte Möglichkeit als Lösung anerkennen. Der Kompromiss entspricht damit einer von allen beteiligten Personen akzeptierten Lösung. Und um diese Begriffsklärung geht es, mit Blick auf das neue didaktische Modell, welches Dissensen zulässt, diese nicht kleinredet, sondern auf der Basis eines gemeinsamen Regelkanons einen fairen Kompromiss zum Ziel hat.

## 5.1.2 Ethische Schlussfolgerungen – eine rein persönliche Angelegenheit?

Es stellt sich die Frage, ob individuelle Urteile überhaupt noch angemessen sind. Die meisten der heute bekannten didaktischen Ablaufmodelle für den bioethischen Unterricht lassen sich dem entwicklungsorientiert-kognitiven Ansatz von Kohlberg (1996, Abschn. 4.5) zuordnen. Ein bioethisches Problem wird in Form eines moralischen Dilemmas didaktisiert. Der daraus resultierende kognitive Konflikt bewirkt bei Schülerinnen und Schülern, ihre Werthaltungen zu überdenken. Ziel der angeleiteten Reflexion über den ethischen Konflikt ist die eigene Wertentscheidung. Nach der zugrunde liegenden Theorie Kohlbergs lassen sich damit kognitive Strukturen verändern und eine höhere Stufe des moralischen Denkens und der moralischen Entwicklung erreichen (Dubs, 2009, S. 380). Dieser Ansatz zeichnet sich durch seine Fokussierung auf vernunftbestimmte Persönlichkeitsmerkmale aus und ist grundlegend für weitere rationalitätsorientierte Erziehungsverfahren, die ebenfalls auf die Theorie der Entwicklung moralischer Urteilsfähigkeit zurückgreifen (Dürr, 2004). Bereits 1985 bestätigte Snarey in einer Metaanalyse den Erfolg des Konzepts. Die Diskussion von Dilemmata sowie die Ausrichtung auf die passende Entwicklungsstufe der Schülerinnen und Schüler führten zu einer Steigerung der moralischen Urteilsfähigkeit, vorausgesetzt die Dilemmasituationen waren lebensnah und wurden häufig genug im Unterricht eingesetzt. Zwischenzeitlich belegen verschiedene Studien kritische Aspekte des Ursprungskonzepts von Kohlberg der individuellen moralischen Entwicklung. Sie schränken die Wirksamkeit der für die Unterrichtsgestaltung entwickelten Stufenfolge des präkonventionellen, konventionellen und postkonventionellen bzw. von Prinzipien geleiteten Stadiums zur Bearbeitung eines ethischen Konflikts ein (Beck, 1999; Beck et al., 2001).

In Kenntnis der Entwicklungsstufen moralischer Urteilsfähigkeit sind im Rahmen didaktischer Überlegungen für ein sachgerechtes ethisches Argumentieren drei Kernkompetenzen als Elemente einer bioethischen Grundbildung wesentlich (Dietrich, 2003, S. 272):

1. Fähigkeit zur Wahrnehmung einer Situation als ethisch relevant
2. Fähigkeit zur Generierung von einschlägigen Normen zusammen mit deren Abwägung und Begründung
3. Fähigkeit zur logischen Schlussfolgerung

Unterrichtskonzeptionen für das bioethische Lernen sollten daher diese Grundstruktur ethischer Urteilsbildung aufgreifen und damit jeden einzelnen Schüler befähigen, grundlegend zu einer eigenständigen, begründbaren Urteilsfindung zu gelangen. Diese individuell erworbene Kompetenz ist Voraussetzung für alle demokratischen Prozesse in werteorientierten Verhandlungen.

In ihrer kritischen Analyse vorherrschender Strukturmodelle für den bioethischen Unterricht weist Luther-Kirner (2009, S. 46) diesbezüglich auf eine „Leerstelle" hin. Zwar verlangen die meisten didaktischen Modelle eine Stellungnahme zum Problem, eine Entscheidung zwischen Handlungsoptionen oder ein Urteil und geben einem bloßen Werterelativismus damit keinen Raum, verbleiben aber in ihrer Konstruktion auf der individuellen Ebene, sodass die gezogene Schlussfolgerung „die Ethik auf eine persönliche Angelegenheit reduziert" (ebd.). Ein ethisches Urteil wird zwar immer durch ein urteilendes Subjekt gefällt, welches damit auch persönliche Verantwortung übernimmt, es mangelt ihm aber an Reflexivität, solange es nicht in einem argumentativen Diskurs in eine gemeinsame Lösung der betroffenen Gruppe, beispielsweise als Kompromiss, einfließt (Dittmer, 2005, S. 34). Luther-Kirner stellt sogar infrage, ob eine persönlich bleibende Urteilsbildung der Struktur ethischer Probleme überhaupt gerecht werden kann. Sie könnte den Schülerinnen und Schülern suggerieren, dass ethische Probleme ausschließlich individuelle Lösungen erfordern.

Die über das Individuum hinausweisende Dimension einer gesamtgesellschaftlichen Klärung kommt damit zu kurz. Reale gesellschaftliche Entscheidungsprozesse, die auf der diskursiven Suche nach Konsens oder einem fairen Kompromiss basieren, werden damit nicht einbezogen. Die gesellschaftliche Situation in ihrer tatsächlichen Komplexität könnte dagegen mittels einer erweiterten Zielsetzung gegenüber den bestehenden didaktischen Strukturmodellen erfahrbar gemacht werden.

### 5.1.3 Wertegemeinschaft, gemeinsamer Wertekanon: Ausschluss inadäquater Handlungsoptionen

Moral wird als die Gesamtheit der gelebten Werte und Normen (Dietrich, 2004) und damit als ein Netzwerk von Überzeugungen bezüglich gebotener und unerlaubter Handlungen und Wertordnungen von Menschen in einer Gemeinschaft betrachtet (Reitschert & Hößle, 2007, S. 130). Den Ausführungen von Reitschert und Hößle folgend, wird zur theoretischen Grundlegung des Pyramidenmodells für das bioethische Lernen

a. als Gegenstand der Moral die Gesamtheit der Sitten und Tugenden aller in einer Gesellschaft lebenden Mitglieder,
b. unter Sitten die gelebte, handlungsrelevante, intersubjektive Praxis sowie
c. unter Tugenden positive charakterliche Dispositionen des Menschen

verstanden. Piepers (1994, S. 32) Moralbegriff als Gruppenmoral, die als geschichtlich entstandener und geschichtlich sich mit dem Freiheitsverständnis von Menschen verändernder Regelkanon verstanden wird, bekommt im Pyramidenmodell besondere Bedeutung zugewiesen. Auf dem Weg zum „gemeinsamen Urteil" oder zum „fairen Kompromiss" werden damit den Stufen, die die Grundstruktur von Bewertungskompetenz spiegeln, weitere hinzugefügt, die auf das „Bewusstwerden der Gruppenmoral", den zugrunde liegenden „gemeinsamen Wertekanon" abheben und damit über ein reflektiertes Regelwerk das Instrument liefern, unerlaubte Handlungsweisen, die beispielsweise dem Grundgesetz oder der gesellschaftlich anerkannten Moral einer Gemeinschaft widersprechen, auszuschließen. Diese Stufen im Prozess des ethischen Bewertens bieten damit einem, in erzieherischen Bezügen, unerwünschten Werterelativismus Paroli. Auf affektiver Ebene können diese Prozessschritte zum „Erleben einer Wertegemeinschaft" führen. Auf Basis der bewusst gewordenen Gruppenmoral und des damit einhergehenden Regelkanons können damit erstmalig im bioethischen Unterricht inadäquate Handlungsoptionen begründet ausgeschlossen und der allgemein bemängelten Beliebigkeit und individualistischen Entwicklung, die einem gelingenden solidarischen Gemeinwesen zuwiderlaufen, der Boden entzogen werden (Dubs, 2009; Reckwitz, 2017). Das neue Pyramidenmodell für das bioethische Lernen zielt damit in besonderer Weise auf einen gemeinsamen Erfahrungs- und Diskursraum. Es eröffnet den Schülern explizit auch emotional-intuitive Primärerfahrungen, ohne damit antirationalistisch zu sein.

### 5.1.4 Persönlichkeitswirksames bioethisches Lernen: Ratio oder Emotion und Intuition?

In der klassischen Moralforschung wurden die intuitiven Wurzeln moralischen Urteilens und Verhaltens kaum berücksichtigt. Kohlberg (1996, S. 88) beschreibt die höchste Entwicklungsstufe in seiner am Prinzip der Gerechtigkeit orientierten Ethik als „die Autonomie eines prinzipienorientierten Denkens". Interessanterweise zeigen Studien zum moralischen Bewerten, dass Menschen in Konfliktsituationen eher Schwierigkeiten mit der Begründung als mit ihrer Bewertung haben. Mit Tabubrüchen konfrontierte Probanden wurden unsicher oder erfanden absurde Gründe, um ihre Urteile aufrechtzuerhalten (Haidt et al.,1993). Der aktuelle moralpsychologische Diskurs zum tieferen Verständnis ethischer Bewertungskompetenz beleuchtet daher insbesondere die Bedeutung intuitiver Entscheidungen und ihre soziokulturellen Wurzeln. Es wird zu ergründen versucht, warum vermeintlich irrationale Aspekte in ethischen Kontroversen eine große Rolle spielen und oft eine Kluft zwischen Urteilen und Handeln zu beobachten ist (Schallies & Wachlin, 1999). Das neu entwickelte Stufenmodell für das bioethische Lernen greift die Intention auf, für intuitive und unbewusste Schülervorstellungen zu sensibilisieren und diese weiterzuentwickeln. Es fokussiert damit eine zweite „Leerstelle" der meisten Konzeptionen für bioethisches Lernen im Unterricht, um damit den Sprachduktus von Luther-Kirner (2009) fortzuführen. Das Pyramidenmodell für das bioethische Lernen leitet die explizite Reflexion assoziativer und intuitiver Vorstellungen an, die die Beschäftigung mit den Lerngegenständen vertieft und dadurch subjektiv bedeutsames, persönlichkeitswirksames Lernen ermöglicht (Dittmer & Gebhard, 2012, S. 91).

Die kulturelle Dimension des naturwissenschaftlichen Unterrichts im Sinne von *Scientific Literacy* würde ohne korrespondierende soziale, empathische und kommunikative Fähigkeiten sowie ohne die intuitive Dimension ethischer Bewertungskompetenz seelenlos und unverbindlich bleiben (Dittmer & Gebhard, 2012, S. 95). Die affektive Dimension moralisch relevanter Situationen, die ihren Ausdruck in Gefühlen und im intuitiven Urteilen findet, ist demnach etwas zutiefst Menschliches. Sie aufzugreifen und als wesentliches Element des Prozesses bioethischen Lernens zu werten, bedeutet aber auch, Anleitung zur Begründung intuitiver Entscheidungen zu geben.

## 5.2 Ziele

In der Stufenfolge des Pyramidenmodells für das bioethische Lernen eröffnet sich für die Schülerinnen und Schüler ein kompetenzfördernder Erfahrungs- und Diskursraum, der darauf abzielt, dass sie

- für den moralischen Problemgehalt bioethischer (umwelt-, tier- und medizinethischer) Themen sensibilisiert werden und diesen sprachlich treffend zum Ausdruck bringen;

- für ihre intuitiven, unbewussten Einstellungen sowie deren Bedeutung für bioethische Bewertungen sensibilisiert werden und den Zusammenhang reflexiv erläutern;
- gesellschaftlich relevante Kontroversen argumentativ nachvollziehen sowie Diskurspartizipation erfahren und Konfliktfähigkeit erwerben;
- die implizite Gruppenmoral und den Regelkanon der Lerngruppe identifizieren und beschreiben sowie am Muster der eigenen Lerngruppe den Verhaltenskodex einer Gesellschaft analysierend erschließen;
- Wertegemeinschaft erleben und versprachlichen.
- Kompromissfähigkeit unter Anerkennung des Konflikts im Sinne einer Konfliktbewältigung erwerben;
- intuitive Vorstellungen und Bewertungen zu reflektierten persönlichen Urteilen und zu einem gemeinsamen Urteil oder einem fairen Kompromiss weiterentwickeln.

## 5.3 Modellierung und didaktische Intention

Die Pyramide ist ein gestufter Baukörper mit quadratischer Grundfläche, der aus unterschiedlichen alten Kulturen bekannt ist wie Ägypten, Lateinamerika, China und den Kanaren. Pyramiden wurden vorwiegend als Bauwerke mit religiösem oder zeremoniellem Charakter errichtet. Die wohl bekanntesten Pyramiden des alten Ägypten waren Teil eines viele Jahrtausende währenden Totenkults, der bis heute fasziniert. Der Schlussstein einer Pyramide, das Pyramidion, hat die gleichen Proportionen und stellt ein verkleinertes, verdichtetes Abbild der großen Pyramide dar. Seine Form wurde aus einem einzigen Steinblock herausgeschlagen, an den Seiten oft mit Inschriften verziert und mit Elektrum, einer Legierung aus Gold und Silber, überzogen. Die in der Sonne glänzende Pyramidenspitze verband damit sinnbildlich Himmel und Erde.

Ausschlaggebend für die Darstellung des didaktischen Modells für bioethisches Lernen in Form einer Pyramide sind die metaphorischen Strukturmerkmale. Der aufwärts gerichtete Charakter des Bauwerks, von der Basis bis zur Spitze, gibt die Richtung vor. Der Prozess der ethischen Auseinandersetzung verläuft in sechs definierten Schritten, die mit den Stufen der Pyramide veranschaulicht werden. Ziel ist der Schlussstein, das Pyramidion, im bioethischen Diskurs die Metapher für das gemeinsame Urteil oder den fairen Kompromiss. Die verschiedenen Flächen lassen sich für verschiedene Dimensionen der didaktischen Betrachtung nutzen, dies auch immer vertikal gewandt in Richtung Schlussstein. So lässt sich auf der linken Pyramidenseite die Handlungsdimension der Lernenden in Form von zentralen Operatoren für den jeweiligen Entwicklungsschritt abbilden. Die mittlere Pyramidenfläche gibt die didaktischen Schritte als Ablaufschema wieder. Die rechte Pyramidenfläche verdeutlicht den jeweils intendierten Entwicklungsschritt während des bioethischen Lernens und dimensioniert damit Teilziele. Darüber hinaus werden den didaktischen Etappenzielen exemplarisch Methoden und Instruktionsstrategien zugeordnet, die die Tätigkeiten der moderierenden und steuernden Lehrkraft unterstützen können (Abb. 5.1 und Tab. 5.1).

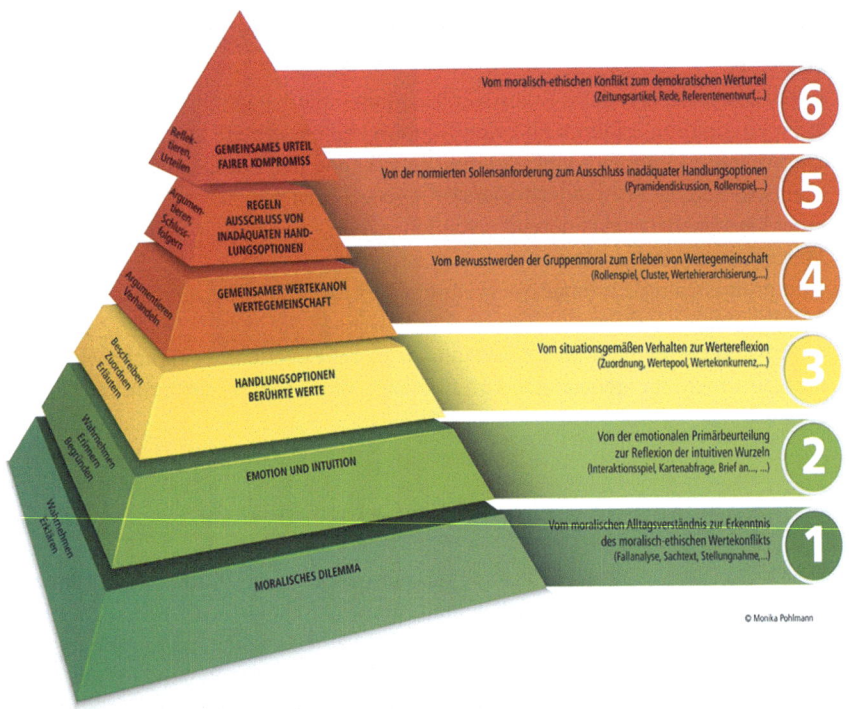

**Abb. 5.1** Pyramidenmodell für das bioethische Lernen. (Monika Pohlmann)

**Tab. 5.1** Schema für das bioethische Lernen mit dem Pyramidenmodell

| Tätigkeit der Lernenden | Ablauf | Tätigkeit der Lehrkraft |
|---|---|---|
| Wahrnehmen und bewusst machen der ethischen Relevanz des Dilemmas<br>Erklären des ethischen Konflikts in eigenen Worten | Präsentation des moralischen Dilemmas | Vom moralischen Alltagsverständnis zum Erkennen des moralisch-ethischen Wertekonflikts führen |
| Wahrnehmen, erinnern und benennen von Gefühlen und Intuitionen<br>Bewusstmachen der Quellen der eigenen Einstellung<br>Zusammenhänge herstellen und mit biografischen Erfahrungen, Gedanken und Erlebnissen begründen | Primärbeurteilung<br>Freie Assoziation von Emotionen und Intuitionen | Von der emotionalen Primärbeurteilung zur Reflexion der intuitiven Wurzeln führen |

(Fortsetzung)

**Tab. 5.1** (Fortsetzung)

| Tätigkeit der Lernenden | Ablauf | Tätigkeit der Lehrkraft |
|---|---|---|
| Aufzählen von Handlungsoptionen Folgen unterschiedlicher Reichweite antizipieren und abschätzen, den inkludierten Perspektivwechsel beschreiben Werte zuordnen, Wertekonkurrenz erläutern | Handlungsoptionen, Berührte Werte | Vom situationsgemäßen Verhalten zur Wertereflexion führen |
| Unterschiedliche Wertehierarchien und -präferenzen beschreiben Werte argumentativ abwägen, persönlich urteilen, Urteile vergleichen Gemeinsame Werte identifizieren und gemeinsamen Wertekanon verhandeln | Gemeinsamer Wertekanon Wertegemeinschaft | Vom Bewusstwerden der Gruppenmoral zum Erleben von Wertegemeinschaft führen |
| Aufstellen von Regeln Inadäquate Handlungen identifizieren und ausschließen | Regeln Ausschluss von inadäquaten Handlungsoptionen | Von der normierten Sollensanforderung zum Ausschluss inadäquater Handlungsoptionen führen Ausschluss von Beliebigkeit und Werterelativismus |
| Erlaubte Handlungen aufzählen und vergleichen Streitpunkte und Interessenskonflikte benennen und diskutieren Entwickeln von Vorschlägen für ein gemeinsames Urteil oder einen fairen Kompromiss Demokratische Abstimmung | Gemeinsames Urteil, Fairer Kompromiss | Vom moralisch-ethischen Konflikt zum demokratischen Werturteil |

## Ausblick

Für die Umsetzung des Bildungsauftrags, Bewertungskompetenz im naturwissenschaftlichen Fachunterricht zu fördern, sind die Fachlehrkräfte zuständig. Im Rahmen ihrer Aus- und Weiterbildung sollten die bereits reichlich angesammelten Erkenntnisse der empirischen fachdidaktischen Forschung genutzt werden. Für die Moralerziehung im Biologieunterricht ist die Kenntnis des Weges zum ethischen Urteil von zwingend vergleichbarer Bedeutung wie die des klassischen Wegs der naturwissenschaftlichen Erkenntnisgewinnung im hypothetisch-deduktiven Verfahren. Instrumente für eine begleitende Lernverlaufsdiagnostik in Form eines erwachsenengerechten und damit weitgehend selbstbestimmten formativen Assessments sowie inhaltliche Leitlinien für eine umfassende Fortbildung zur Förderung des bioethischen Lernens stellt die aktuelle biologiedidaktische Forschung zur Verfügung (Pohlmann, 2019).

Das Pyramidenmodell für das bioethische Lernen gehört zweifellos in die Kategorie von Modellen, die die Auseinandersetzung mit Wertedilemmata betonen. Es zielt insbesondere auf die bewusste Einbeziehung und Transformation intuitiv zugänglicher Vorbedingungen zu falsifikationsfähigen Meinungen sowie auf die Entwicklung einer demokratischen Streitkultur, die das Verschiedenartige erträgt und zum Kompromiss fähig ist. Es steht als ein Baustein für eine innovative Unterrichtsarchitektur zur Wahl, mit einer ganz eigenen didaktischen Zielsetzung, und sollte daher neben anderen Strukturierungshilfen zur Förderung von Bewertungskompetenz weiter erprobt und ggf. weiterentwickelt werden.

## Literatur

Beck, K. (1999). Wirtschaftserziehung und Moralerziehung – ein Widerspruch in sich? Zur Kritik der Kohlbergschen Moralentwicklungstheorie. *Pädagogische Rundschau, 1999*(53), 9–28.

Beck, K., Bienengräber, T., Mitulla, C., & Parche-Kawik, K. (2001). Progression, Stagnation, Regression – Zur Entwicklung der moralischen Urteilskompetenz während der kaufmännischen Berufsausbildung. In C. Harteis, H. Heid, & S. Kraft (Hrsg.), *Kompendium Weiterbildung. Aspekte und Perspektivenbetrieblicher Personal- und Organisationsentwicklung* (S. 191–207). Leske + Budrich.

Dietrich, J. (2003). Ethische Urteilsbildung. Elemente und Arbeitsfragen für den Unterricht. *Zeitschrift für Didaktik der Philosophie und Ethik, 2003*(3), 269–278.

Dietrich, J. (2004). Grundzüge ethischer Urteilsbildung. Ein Beitrag zur Bestimmung ethischphilosophischer Basiskompetenzen und zur Methodenfrage der Ethik. In J. Rohbeck (Hrsg.), *Ethisch-philosophische Basiskompetenz. Jahrbuch für Didaktik der Philosophie und Ethik 5* (S. 65–96). Thelem.

Dittmer, A. (2005). Vom Schattenboxen und dem Verteidigen intuitiver Urteile. Eine Einführung für die Oberstufe. *Ethik und Unterricht, 2*(5), 34–39.

Dittmer, A., & Gebhard, U. (2012). Ethik im naturwissenschaftlichen Unterricht aus sozialintuitionistischer Perspektive. *Zeitschrift für Didaktik der Naturwissenschaften, 18*, 81–98.

Dubs, R. (2009). *Lehrerverhalten. Ein Beitrag zur Interaktion von Lehrenden und Lernenden im Unterricht* (S. 377–398). Franz Steiner Verlag.

Dürr, R. (2004). Moralerziehung – Erziehung zur Demokratie. In G. Bovet & V. Huwendiek (Hrsg.), *Leitfaden Schulpraxis. Pädagogik und Psychologie für den Lehrberuf* (4. Aufl.). Cornelsen.

Haidt, J., Koller, S. H., & Dias, M. (1993). Affect, culture, and morality, or is it wrong to eat your dog? *Journal of Personality and Social Psychology, 65*, 613–628.

Kohlberg, L. (1996). *Die Psychologie der Moralentwicklung*. Suhrkamp.

Luther-Kirner, B. (2009). Ethik im Biologieunterricht. Eine Kritik didaktischer Konzeptionen. In U. Manz (Hrsg.), *Bioethik in der Schule: Grundlagen und Gestaltungsformen*. Waxmann.

Pieper, A. (1994). *Einführung in die Ethik*. Francke.

Pohlmann, M. (2019). Förderung ethischer Bewertungskompetenz. Der Einfluss ausgewählter Lerngelegenheiten auf die inhaltliche Ausdifferenzierung und die Kohärenz der Komponenten des fachdidaktischen Wissens von Biologielehrkräften (Doctoral dissertation, Universität Oldenburg). http://nbn-resolving.org/urn:nbn:de:gbv:715-oops-41077. Zugegriffen am 28.05.2025.

Reckwitz, A. (2017). *Die Gesellschaft der Singularitäten. Zum Strukturwandel der Moderne*. Suhrkamp.

Reitschert, K., & Hößle, C. (2007). Wie Schüler ethisch bewerten. *Zeitschrift für Didaktik der Naturwissenschaften, 13*, 125–142.

Schallies, M., & Wachlin, K. D. (Hrsg.). (1999). *Biotechnologie und Gentechnik im Bildungswesen: Neue Technologien verstehen und beurteilen*. Springer.

Schäuble, W. (2017). Der Kompromiss als Mutprobe. *Welt am Sonntag, 24*(12), 2017.
Snarey, J. R. (1985). Cross-cultural universality of social-moral development: A critical review of Kohlbergian research. *Psychological Bulletin, 97*(2), 202.

## Vertiefende Literatur

Alfs, N. (2012). *Ethisches Bewerten fördern. Eine qualitative Untersuchung zum fachdidaktischen Wissen von Biologielehrkräften zum Kompetenzbereich „Bewertung"*. Verlag Dr. Kovac.
Alfs, N., Heusinger von Waldegge, K., & Hößle, C. (2012). Bewertungsprozesse verstehen und diagnostizieren. *Zeitschrift für interpretative Schul- und Unterrichtsforschung, 1*, 83–112.
Leubecher, R., Krell, M., & Zabel, J. (2020). Bewertungskompetenz in der Lehramtsausbildung – Vorschlag zur Vermittlung von Professionswissen in der universitären Lehre. *Zeitschrift für Didaktik der Biologie (ZDB) – Biologie Lehren und Lernen, 24*, 1–13.
Pohlmann, M. (2019). Modellierung, Visualisierung und Messung fachdidaktischer Kompetenz von Lehrkräften der Naturwissenschaften. *Seminar: Unterrichtsqualität – Herausforderungen und Instrumente für die Praxis, 4*, 143–151.
Pohlmann, M. (2020). Die Lehrkraft als Experte für das Lernen und Lehren in der Schule. Förderung von Professionalität durch effizientere Lehrerfortbildungen am Beispiel von Bewertungskompetenz im Fach Biologie. *Seminar: Bildung 4.0 – Digitalisierung im Kontext der Lehrkräftebildung, 1*, 95–111.

# 6. Ethisches Urteilen als Verstehen eines ethischen Problems in einem (geographisch) komplexen Sachverhalt

Eva Marie Ulrich-Riedhammer

*„Verstehen statt begründen" (Fischer, 2012).*

## Zusammenfassung

Ethisches Urteilen oder Bewerten wird in der Biologie- und der Geographiedidaktik im Hinblick auf eine konstatierte doppelte, also eine faktische und ethische, Komplexität vieler Themen gefordert. Doch die Frage, was ethisches Urteilen angesichts von Komplexität im Unterricht heißen kann, ist an vielen Punkten noch zu konkretisieren. Dieser Frage soll aus der Perspektive der Geographiedidaktik, jedoch mit gleichzeitigem Blick auf die Biologiedidaktik, nachgegangen werden, indem anhand der Methode der Fallanalyse gezeigt wird, dass ethisches Urteilen primär als Verstehen eines ethischen Problems fern von Pro- und Kontra-Argumentationen definiert werden kann und sich Operatoren wie „erkläre das ethische Problem" anbieten, bevor Operatoren wie „bewerte" wichtig werden. Die Fallanalyse wird dabei anhand des Themas „Staudammbau" vorgestellt und diskutiert, zumal das Thema beide Fächer betrifft.

**Worum es geht**
- Fallbeispiel „Staudammbau": Sollte der Staudamm gebaut werden?
- Verständnis von ethischem Urteilen als Verstehen eines ethischen Problems
- Verstehen eines ethischen Problems mit der Methode der ethischen Fallanalyse
- Schritt 5 der Fallanalyse als Verstehen des eigenen Urteilens

---

E. M. Ulrich-Riedhammer (✉)
Landshut, Deutschland

## 6.1 Einleitung

Ethisches Urteilen oder Bewerten wird in der Biologie- und der Geographiedidaktik (DGfG, 2016) mit Hinblick auf eine konstatierte doppelte, also eine faktische und ethische Komplexität vieler Themen gefordert (Mehren et al., 2015; Bögeholz & Barkmann, 2005). Doch was kann ethisches Urteilen angesichts von Komplexität im Unterricht heißen – was ist denkbar und wünschenswert? Dieser Frage soll aus der Perspektive der Geographiedidaktik, jedoch mit gleichzeitigem Blick auf die Biologiedidaktik und ihre Themen, nachgegangen werden, indem auf Zugänge fokussiert wird, die ethisches Urteilen als Verstehen eines ethischen Problems fern von Pro- und Kontra-Argumentationen definieren.

„Soll der neue Skilift gebaut werden?", „Soll der Staudamm gebaut werden?" – gängige Fragen im Geographieunterricht, die darauf abzielen, Argumente für und gegen den jeweiligen Bau zu finden und die eigene Meinung zu begründen. Oft werden dafür verschiedene Perspektiven (Skiliftbetreiber, Landwirt, Anwohner etc.) herangezogen und faktische Sachverhalte beispielsweise in Form von Statistiken zurate gezogen. Letztlich aber läuft jede dieser Fragen darauf hinaus, eine Pro- und Kontra-Argumentation zu erstellen und Argumente aufzuführen, zu begründen und ggf. zu gewichten. Die Erkenntnis nach derartigen Diskussionen ist häufig sowohl bei der Lehrkraft als auch bei den Schüler:innen gleich: Jeder hat seine eigene Meinung, die er begründen kann. Das Dilemma scheint unlösbar. Es widersprechen sich die Werte Ökologie und Ökonomie. An dieser Stelle des Unterrichts ist eine weitere Begründung nicht mehr möglich bzw. sogar, wie Dietrich (2017) schreibt, das „erreichte Diskussionsniveau auf ‚null' bzw. ‚nicht verbindlich' zurückgesetzt".

Damit ist jedoch der Kern ethischer Probleme nicht annähernd bestimmt oder, anders formuliert, bleibt die Bestimmung auf einer Ebene stehen, die einer kritischen Reflexion im Sinne einer transformatorischen Bildung nicht mehr angemessen scheint (Laub & Ulrich-Riedhammer, 2023). Zudem widerspricht diese Gegenüberstellung dem aktuellen Nachhaltigkeitsverständnis, das versucht, mehrere Komponenten angemessen zu berücksichtigen, d. h. Ökologie und Ökonomie zusammenzudenken (beide sind zudem in den *Sustainable Development Goals* (SDGs) verankert) und eine positive Lösung herbeizuführen (zur Begründung einer Lösungsorientierung im Geographieunterricht vgl. Applis et al., 2022). Was aber könnte diese Diskussionen, diese subjektiven Begründungen, diese Art des ethischen Bewertens oder Beurteilens ersetzen, und warum ist dies wichtig?

## 6.2 Verstehen eines ethischen Problems

Wenn wir an die Themen „Drei-Schluchten-Staudamm" (Geographie) oder das „Klonen von Tieren" (Biologie) denken, dann steht das Verständnis des Sachverhalts im Unterricht im Vordergrund. Der Operator „erkläre" wird diesem Verstehen gerecht.

Wenn es aber um die ethische Problematik geht, wird in erster Linie der Operator „bewerte oder beurteile" gewählt oder mit Bezug auf die eigene Meinung ein „begründe" eingefordert, ohne dass das ethische Problem aber in seiner Komplexität ganz verstanden, geschweige denn erklärt wurde.

Gängig ist für den Geographieunterricht, dass sich an das faktische Verstehen des Sachverhalts die Frage anschließt: „Was spricht für und was spricht gegen den Staudammbau bzw. das Klonen?"

Das Verstehen eines ethischen Problems verfolgt dagegen von vornherein einen anderen Weg. Es geht darum zu fragen, worin das ethische Problem liegt und welche Kernfragen sich stellen. Damit zielt der Unterricht auf folgendes Lernziel ab: „Erkläre, worin das ethische Problem besteht" oder im Sinne der Kompetenzorientierung formuliert „Die Schüler:innen erklären, worin das ethische Problem besteht".

Drei Schritte können dieses Verstehen begreifbar machen.

1. Der erste Schritt fokussiert die ethischen Fragen des Problems und kann mit einer einfachen Formulierungshilfe, die sich im Unterricht bewährt hat, angegangen werden (Abb. 6.1). Zunächst können verschiedene ethische Fragen von den Schüler:innen gesammelt werden, die in einem anschließenden Klassengespräch in eine zentrale Frage münden, um diese weiter zu untersuchen. Zu dem Beispielthema „Staudamm" könnte die folgende zentrale Frage formuliert werden: „Inwiefern ist es ethisch vertretbar, langfristig Strom aus einem groß angelegten Staudamm zu gewinnen, jedoch damit kurz- und langfristig das gesamte (Öko-)

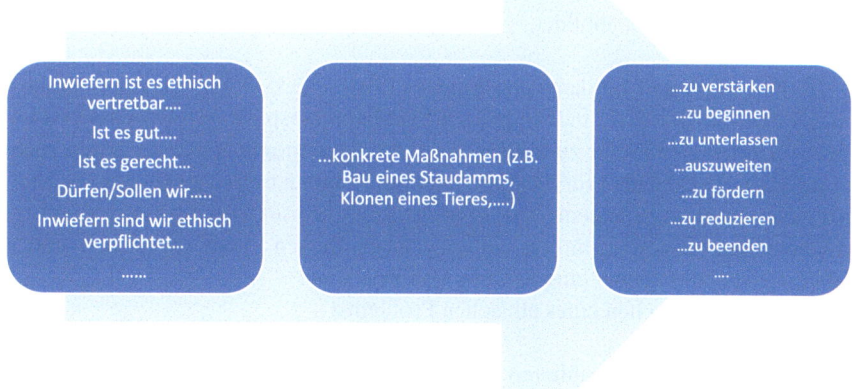

**Abb. 6.1** Formulierungshilfe für ethische Fragen im Unterricht. (Nach Mehren & Ulrich-Riedhammer, 2021, S. 24)

System zu verändern?" Wichtig ist, dass die zentrale Frage nicht von der Lehrkraft vorab festgelegt wird. Wird dieser Schritt auf bestehende Kompetenzmodelle zum Beurteilen bezogen, wie z. B. nach Reitschert et al. (2007), so wäre er mit Stufe 1 des Wahrnehmens und Beschreibens eines ethischen Problems vergleichbar.

2. Im Anschluss werden die Kriterien, die in der Beantwortung dieser Frage stecken, genauer beleuchtet, indem gefragt wird: „Welche Kriterien wenden wir an?" „Wie hängen diese zusammen?" Dabei steht das Herausarbeiten von Kriterien, z. B. „nachhaltiger Strom", „nachfolgende Generation", „jetzige Generation", „Naturerhalt", „Eingriff in Ökosysteme", im Vordergrund dieser Phase. Es sollte deutlich werden, dass es sich an dieser Stelle nicht nur um einen Konflikt zweier Werte handelt, sondern um das dahinterliegende ethische Problem.

3. Je nach Klassenstufe kann noch ein Schritt weitergegangen werden, indem die in Schritt 2 genannten Begriffe genauer geklärt werden. Zum Beispiel kann gefragt werden: „Was heißt eigentlich Natur?" Insbesondere die Klärung dieses Begriffs ist herausfordernd und interessant: „Nicht anders als die meisten Erwachsenen neigen auch Kinder dazu, einfach über Natur draufloszureden, ohne die dabei verwendeten Begriffe oder den Erkenntniszugang als eigenes Problem zu sehen" (Martens, 1997, S. 101). An die Begriffsklärung schließen sich wiederum ethische Fragen an: „Warum wollen oder müssen wir die Natur erhalten, wie sie ist?" „Sollte die Natur für sich selbst oder für uns Menschen erhalten werden?" Ähnlich könnte gefragt werden: „Was ist eigentlich ein gutes Ökosystem?" „Sind neu entstehende Ökosysteme genauso gut oder schlecht?" „Wie gelangen wir zu der Bewertung?" Schließlich stellt der Begriff „Ökosystem" innerhalb des Begriffs „Natur" für einige Personen ein „Konstrukt des menschlichen Geistes" dar, für andere wiederum ist er Realität (Nevers, 2005, S. 29). Wenn aber ambitioniert über die Zerstörung des Ökosystems als Kriterium gesprochen wird, sollte auch geklärt werden, was darunter zu verstehen ist, da dies ein eigenes ethisches Verstehen bzw. Urteilen abbildet.

Der Philosoph und Ethiker Peter Singer (1994, S. 335 ff.) hat in seiner praktischen Ethik am Beispiel eines fingierten Staudammbeispiels gezeigt, dass erst zu fragen ist, was unter Natur zu verstehen ist, um dann mögliche Abwägungen auch in Bezug auf den Schaden für die Tiere und ihre Habitate treffen zu können. Fischer (2012, S. 63) betont in seinem Werk *Verstehen statt begründen*, dass viele ethischen Probleme oder Fragen eigentlich „auf einer begrifflichen Ebene angesiedelt sind", und verweist ebenfalls auf eine Klärung von Begriffen.

Damit heißt Verstehen eines ethischen Problems:

a. Ethische Fragen zu formulieren und den Kern des Problems zu finden = Formulierung der ethischen Frage(n)
b. Die Kriterien in diesen Fragen zu erkennen = Erkennen von Kriterien
c. Die Kriterien in diesen Fragen zu verstehen/zu beleuchten = begriffliche Klärung der Kriterien

Dieses fragende Verstehen zielt darauf ab, fern von einem „Das muss doch jeder für sich selber wissen!" den Gegenstand des Themas aufzuzeigen („über was reden wir ...") (Dietrich, 2017). Das Verstehen gilt somit als Grundlage des Urteilens. Es geht also weniger darum zu erkennen, was uns mit der Aussage „Jeder hat halt seine Meinung" trennt, bzw. zu sehen, welche Meinungen und Argumente es gibt, wer diese vertritt und wie diese begründet werden, sondern darum zu fragen, *worin* das ethische Problem besteht und *wie* wir es *verstehen*.

Es ist außerdem von Bedeutung, im Sinne der in der Geographiedidaktik jüngst diskutierten Lösungsorientierung, auch positiv zu fragen, was eine in dem analysierten Sinne gute Lösung wäre, z. B. einen Staudamm an einer anderen Stelle zu bauen und Ausgleichsflächen zu schaffen (zur Begründung einer Lösungsorientierung vgl. Applis et al., 2022).

## 6.3  Methode der (ethischen) Fallanalyse

Die Fallanalyse, eine Methode aus der Ethikdidaktik, die auch in medizinethischen Bereichen angewendet wird, kann dieses verstehende Vorgehen im Unterricht fördern.

Die Methode der Fallanalyse folgt sechs Schritten (vgl. Franzen, 2017):

1. Betrachtung des Falles, z. B. der Bau eines Staudammes (Singer, 1994, S. 335)
2. Spontanurteil
3. Faktische Analyse, sie beinhaltet eine genaue biologische oder geographische Analyse: „Wie viel $CO_2$ wird für den Bau des Staudammes benötigt bzw. erzeugt?" „Welche Lebewesen sind vom Bau betroffen?" „Welche Arten sind hier beheimatet und gefährdet?"
4. Ethische Analyse, sie beinhaltet ethische Fragen rund um das Problem („Inwiefern ist es ethisch vertretbar, dass zum langfristigen Schutz des Klimas ein Staudamm gebaut wird?"), berücksichtigt ethische Kriterien, die damit verbunden sind, z. B. nachfolgende Generationen, Nachhaltigkeit, Klimaschutz, Umweltschutz sowie unser Verständnis dieser Kriterien, also eine begriffliche Klärung (z. B. „Was heißt Natur?", „Was heißt Nachhaltigkeit?") und fördert damit das Verstehen des ethischen Problems
5. Abschließendes Urteil
6. Reflexion

Das Verstehen des ethischen Problems erhält seinen gezielten Platz mit Punkt 4 der ethischen Analyse. Hier können die drei zuvor beschriebenen Schritte verortet werden. Die ethische Analyse ist maßgeblich von der faktischen Analyse abhängig. Das zur Verfügung gestellte Material entscheidet über bzw. beeinflusst die ethische Analyse (werden z. B. Zahlen zur $CO_2$-Bilanz von Beton für den Staudammbau zur Verfügung gestellt oder zurückgehalten?). Dies sollte als Lehrkraft reflektiert werden, da diese Form der Selektion einen normativen Einfluss hat.

Das Beispiel des Staudammes eignet sich dabei sowohl für den Geographie- als auch für den Biologieunterricht. Für letzteren kann zum einen stärker auf die ethische Position betroffener Tiere verwiesen und zum anderen auf seltene, auf der Roten Liste befindliche Pflanzenarten und die Veränderung des Ökosystems aus biologischer Sicht eingegangen werden.

Vergleicht man die hier vorgestellte Unterrichtsmethode mit der nach Kohlberg für den Ethikunterricht entwickelten Dilemmamethode (z. B. nach Michaelis et al., 2013) oder mit der oftmals im Unterricht üblichen Pro- und Kontra-Methodik, fällt auf, dass hierbei nicht die Realität auf eine Dualität reduziert, sondern die Komplexität der Realität berücksichtigt werden soll. Wahre Dilemmata, wie etwa das Trolley-Problem nach Philippa Foot (1967), das sich z. B. auch in dem bekannten Beispiel des Flugzeugabschusses bei drohenden Terroranschlägen wiederfindet, sind in der Lebenswirklichkeit eher selten. Ethische Problematiken sind meist nicht derart binär, sondern wesentlich komplizierter.

Dies leitet zu der Frage über, ob sich von der Realität abstrahierte und somit fingierte Fälle für das ethische Verstehen im Biologie- oder Geographieunterricht besser eignen. Annahme ist, dass reale und aus Medienberichten bekannte Fälle, wie das Klonschaf Dolly oder der Ausbau von Windkraftanlagen, sich ebenso betrachten lassen wie eigens konstruierte Fälle (Ulrich-Riedhammer, 2022). Bisher fehlt dazu in der Geographiedidaktik die entsprechende Forschung. Auf den ersten Blick lässt sich diese offene Forschungsfrage folgendermaßen verstehen: Reale Fälle sind tatsächlich aus der Lebenswelt gegriffen, haben den Anspruch, dem Leben zu entsprechen und die Komplexität an sich darzustellen. Allerdings ist diese Komplexität in vielen Fällen so hoch, dass eine didaktische Reduktion wichtig wäre. In komplexitätsreduzierten Fällen kann ein ethisches Problem fokussiert werden, indem andere Dinge vernachlässigt werden. Die Abstrahierung von einem realen Problem ist eine gängige Vorgehensweise in der Philosophie (vgl. Staudammbeispiel nach Singer, 1994). So kann z. B. auch ein Staudammbauprojekt in einem Land x beschrieben werden, bei dem keine Bewohner betroffen wären. Damit kann ein weiterer Kontext – und damit ein ethischer Verstehenskomplex – aus dem Fall herausgenommen werden. Sicherlich ist eine Kombination aus beiden Arten von Fällen sinnvoll. Forschung dazu wäre aufschlussreich.

Schüler:innen wollen ihre Meinung gern spontan äußern, und das reine Verstehen eines ethischen Problems verhindert zunächst diesen gängigen Schritt. Die Methode der Fallanalyse lässt die eigene Meinung in Kombination mit einem Verstehen dennoch weiterhin zu. Es sollte jedoch darauf geachtet werden, dass auf die vorher erfolgte Analyse Bezug genommen wird, da sonst Schritt 5 auf einer reinen Meinungsebene und auf dem von Dietrich (2017) oben beschriebenem Diskussionsniveau verbleibt.

Eine weitere Möglichkeit, die „Banalität der eigenen Meinung" zu minimieren, ist es, mit den Schüler:innen gemeinsam zu verstehen, auf welcher Basis und in welcher Form das Urteilen erfolgt. Dafür reicht eine einfache Betrachtung philosophischer Grundkategorien der Handlung: Nach einer kausalen Handlungstheorie (vgl. u. a. Ebert, 1977; Vossenkuhl, 2003) hat jede Handlung oder auch Maßnahme

a. einen Zweck oder mehrere Zwecke (z. B. grüne Energiegewinnung, Unabhängigkeit von Energielieferungen),
b. ein Mittel (z. B. Bau eines Staudammes), und je nachdem werden auch
c. Folgen (absehbar, unmittelbar, unabsehbar, z. B. Eingriff in die Natur) in die Handlungsbeschreibung integriert.

Hinsichtlich des Themas Klonen verhält es sich ebenso:

a. Zweck (z. B. therapeutisch)
b. Mittel (z. B. Eingriff in die Natur)
c. Folgen (z. B. absehbar)

Im Anschluss an diese Zuordnung der Handlungskategorien ist zu fragen, welche Kategorien moralisch gut sein müssen, damit die Handlung insgesamt als gut beurteilt werden kann: Reicht es, wenn der Zweck gut ist, aber die Mittel schlecht sind? Reicht es, wenn die Folgen gut sind, aber das Mittel schlecht ist? Oder müssen alle drei Kategorien gut sein, damit ich die Handlung als moralisch gut beurteile? Je nachdem aber, welche der Kategorien für die Beurteilung der Richtigkeit einer Handlung in den Fokus gerückt wird, wird nach einer unterschiedlichen ethischen Grundposition argumentiert, wie z. B. der Gesinnungsethik (der Zweck bzw. die Pflicht wird beurteilt) oder der Folgenethik (Utilitarismus oder Verantwortungsethik; die Folgen werden beurteilt). Auch diese Analyse trägt dazu bei, das ethische Problem und das Urteilen besser zu verstehen bzw. zu erklären.

Gefragt werden kann dann mit den Schüler:innen beispielsweise: „Heiligt der Zweck (Energiegewinnung, Therapie) die Mittel (Staudammbau, Klonen)?" „Welche Folgen muss ich zur Beurteilung einer Handlung heranziehen?" „Sind die Folgen gut, die den meisten nutzen oder die am wenigsten schaden?" „Was sind gute und schlechte Folgen?" „Welche Folgen (absehbar, unabsehbar) muss ich beurteilen, und wie tue ich das (z. B. im Sinne einiger Utilitaristen oder nach dem ökologischen Imperativ von Hans Jonas, 1984)"?

Die Handlungskategorien (a–c) können Schüler:innen ab der Mittelstufe in der Regel schon gut und schnell unterscheiden und helfen, die eigene Begründungslogik der Meinung zu verstehen. Die Autorin hat dies in ihrem Unterricht ausprobiert. Ein weiterer Schritt wäre die Vertiefung mittels ethischer Theorien, also die direkte Betrachtung etwa utilitaristischer Prinzipien.

Schritt 6 der Fallanalyse, die Reflexion, kann dann verschiedene Richtungen nehmen. Die Reflexion kann einerseits den eigenen Urteilsprozess betreffen (Franzen, 2017), aber auch die Methode als solche in den Blick nehmen (z. B. „Inwiefern beeinflusst die Informationsgabe der Sachanalyse den weiteren Verlauf der Methode?").

## Ausblick: Verstehen statt Begründen

Dieses Kapitel hat das Ziel, dem Verstehen des ethischen Problems einen Platz einzuräumen. Das Bilden der eigenen Meinung und der Begründung tritt zunächst zurück. Wichtig ist zu erkennen, dass diese Logik sich von der gängigen Pro- und Kontra-Diskussion unterscheidet. Damit wird zudem „Ethik in Geographie oder Biologie" nicht auf eine Bewertungs- und Begründungsfunktion reduziert, sondern auch im Bereich des Erklärens oder Erläuterns angesiedelt. Ziel ist es zu verstehen, worin das ethische Problem besteht ohne sofort zu bewerten. Dies basiert zudem auf einem Verständnis von Ethik, das Ethik nicht als Argumentationstheorie von Gründen für moralisches Handeln missversteht, sondern erkennt, dass „in der *Ethik*, d. h. beim Nachdenken über Moral, Argumente keine Rolle spielen" (Fischer, 2012, S. 64).

Erste empirische Ergebnisse zeigen, dass Schüler:innen Pro- und Kontra-Diskussionen mitunter als nicht zielführend empfinden und sagen: „Das find ich halt nicht wirklich weiterbringend. Da fand ich halt im Vergleich [das] [...] viel viel besser [.], weil, man hat sich da halt gemeinsam [.] Gedanken darüber gemacht und man hat halt nicht gegeneinander mehr oder weniger gekämpft" (Auszug aus einer Gruppendiskussion; für genauere Ergebnisse vgl. Ulrich-Riedhammer, 2017).

## Literatur

Applis, S., Mehren, R., & Ulrich-Riedhammer, E. M. (2022). Nachhaltigkeit und Ethisches Lernen im Kontext einer lösungsorientierten Didaktik. In M. Dickel, G. Gudat, & J. Laub (Hrsg.), *Ethik für die Geographiedidaktik. Orientierungen in Forschung und Praxis* (S. 107–128). Transcript.

Bögeholz, S., & Barkmann, J. (2005). Rational choice and beyond: Handlungsorientierende Kompetenzen für den Umgang mit faktischer und ethischer Komplexität. In R. Klee, A. Sandmann, & H. Vogt (Hrsg.), *Lehr- und Lernforschung in der Biologiedidaktik* (S. 211–224). Studienverlag.

DGfG (Deutsche Gesellschaft für Geographie). (2016). *Bildungsstandards für den mittleren Schulabschluss im Fach Geographie*. DGfG.

Dietrich, J. (2017). „Das muss doch jeder*r für dich selber wissen!"? Überlegungen zur Arbeit mit Fallanalysen zu Fragen der Angewandten Ethik. *Ethik und Unterricht, 4*, 9–12.

Ebert, T. (1977). Zweck und Mittel. Zur Klärung einiger Grundbegriffe der Handlungstheorie. *Allgemeine Zeitschrift für Philosophie, 2*(2), 21.

Fischer, J. (2012). *Verstehen statt Begründen. Warum es in der Ethik um mehr als nur um Handlungen geht*. Kohlhammer.

Foot, P. (1967). The problem of abortion and the doctrine of the double effect. *Oxford Review, 5*, 5–15.

Franzen, H. (2017). Fallanalysen im Ethik- und Philosophieunterricht. In sechs Schritten zu einem reflektierten Urteil. *Ethik und Unterricht, 4*, 1–8.

Jonas, H. (1984). *Das Prinzip Verantwortung. Versuch einer Ethik für die technologische Zivilisation* (5. Aufl.). Insel Verlag.

Laub, J., & Ulrich-Riedhammer, E. M. (2023). Philosophieren im Geographieunterricht. In E. Nöthen & V. Schreiber (Hrsg.), *Transformative Geographische Bildung*. Springer Spektrum.

Martens, E. (1997). Ökologische Philosophie und mit Kindern über Natur philosophieren. In H. Schreier (Hrsg.), *Mit Kindern über Natur philosophieren* (S. 98–108). Agentur Dieck.

Mehren, R., & Ulrich-Riedhammer, E. M. (2021). Der Kampf ums Ackerland. Faktische und ethische Komplexität im Kontext der Nachhaltigkeit. *Praxis Geographie, 3*, 20–25.

Mehren, M., Mehren, R., Ohl, U., & Resenberger, C. (2015). Die doppelte Komplexität geographischer Themen – Eine lohnenswerte Herausforderung für Schüler und Lehrer. *Geographie aktuell & Schule, 37*, 4–11.

Michaelis, C., Schimschal, T., & Thyen, A. (Hrsg.). (2013). *Wege-Werte-Wirklichkeiten 9/10*. Oldenbourg.

Nevers, P. (2005). Wozu ist Philosophieren mit Kindern und Jugendlichen im Biologieunterricht gut? In C. Hößle & K. Michalik (Hrsg.), *Philosophieren mit Kindern und Jugendlichen. Didaktische und methodische Grundlagen des Philosophierens* (S. 24–35). Schneider Verlag Hohengehren.

Reitschert, K., Langlet, J., Hößle, C., Mittelsten Scheid, N., & Schlüter, K. (2007). Dimensionen Ethischer Urteilskompetenz. *Mathematischer und Naturwissenschaftlicher Unterricht, 1*(60), 43–50.

Singer, P. (1994). *Praktische Ethik*. 2. revidierte und erweiterte Auflage. reclam.

Ulrich-Riedhammer, E. M. (2017). *Ethisches Urteilen im Geographieunterricht. Theoretische Reflexionen und empirisch-Unterrichtsbetrachtung zum Thema „Globalisierung"*. readbox.

Ulrich-Riedhammer, E. M. (2022). Nachhaltige Städte – Die Stadt der Zukunft lösungsorientiert denken II. doing geo & ethics | Unterricht digital & analog entwickeln. (doinggeoandethics.com).

Vossenkuhl, W. (2003). Praxis. In E. Martens & H. Schnädelbach (Hrsg.), *Philosophie. Ein Grundkurs* (Bd. 1, 7. Aufl., S. 217–261). Reinbek.

## Vertiefende Literatur

Felzmann, D. (2022). Bereichsethisches Wissen im Geographieunterricht vermitteln? Skizzierung eines fachorientierten ethischen Wissens für Schülerinnen und Schüler. In M. Dickel, G. Gudat, & J. Laub (Hrsg.), *Ethik für die Geographiedidaktik. Orientierung in Forschung und Praxis* (S. 65–82). transcript.

Felzmann, D., & Laub, J. (2019). Ethisches Urteilen im Geographieunterricht fördern. *Praxis Geographie, 10*, 4–11.

Ulrich-Riedhammer, E. M. (2022). Nachhaltige Städte – Die Stadt der Zukunft lösungsorientiert denken II. doing geo & ethics | Unterricht digital & analog entwickeln. (doinggeoandethics.com). Zugegriffen am 23.05.2025.

Ulrich-Riedhammer, E. M. et al. (Hrsg.). (2023). *Ethikos-Arbeitsbuch für den Ethikunterricht, Gymnasium Bayern, 9. Jahrgangsstufe*. Oldenbourg Schulbuchverlag. Grundkategorien der Handlung.

# 7 Ethisches Bewerten mit kompetenzorientierten Lernaufgaben fördern – Aufgabenbeispiele für die wissenschaftsethische Betrachtung von Gehirn-Computer-Schnittstellen

René Leubecher, Maja Funke, Jörg Zabel und Alexander Bergmann-Gering

### Zusammenfassung

Kompetenzorientierte Lernaufgaben können Schüler:innen bei der Entwicklung von Bewertungskompetenz unterstützen. In diesem Kapitel wird anhand wissenschaftsethischer Fragen, die im Kontext der modernen Neurowissenschaften entstehen, dargestellt, wie bewertungskompetenzorientierte Aufgaben und Aufgabensets für den Biologieunterricht konstruiert und unterrichtlich eingebettet werden können.

### Worum es geht
- Bewertungskompetenzorientierte Aufgaben beziehen sich auf ein bioethisches Themenfeld, adressieren mindestens eine Teilkompetenz des Bewertens und sind angemessen operationalisiert.
- Lehrkräfte müssen bewertungskompetenzorientierte Aufgaben eigenständig konstruieren und in Aufgabensets einbetten können.

---

**Ergänzende Information** Die elektronische Version dieses Kapitels enthält Zusatzmaterial, auf das über folgenden Link zugegriffen werden kann [https://doi.org/10.1007/978-3-662-69707-8_7]

---

R. Leubecher · M. Funke · J. Zabel · A. Bergmann-Gering (✉)
Universität Leipzig, Leipzig, Deutschland
E-Mail: rene.leubecher@uni-leipzig.de; maja.funke@uni-leipzig.de; joerg.zabel@uni-leipzig.de; alexander.bergmann@uni-leipzig.de

© Der/die Autor(en), exklusiv lizenziert an Springer-Verlag GmbH, DE, ein Teil von Springer Nature 2025
C. Hößle, W. Rathje (Hrsg.), *Bioethik unterrichten - Urteilsfähigkeit fördern*, https://doi.org/10.1007/978-3-662-69707-8_7

- Bewertungskompetenzorientierte Aufgabensets zielen gleichermaßen auf die Klärung der fachlichen sowie der bioethischen Dimension eines Themas.
- Aufgabensets regen Schüler:innen dazu an, diskursiv Urteile zu bilden und Alltagsfantasien zu reflektieren.

## 7.1 Merkmale kompetenzorientierter Lernaufgaben

Aufgaben treten im Fachunterricht in unterschiedlichen Formen auf, beispielsweise mündlich im Unterrichtsgespräch oder schriftlich als Ausgangspunkt einer Arbeitsphase. Lehrkräfte nutzen Aufgaben, um für Schüler:innen die Auseinandersetzung mit dem Lerngegenstand zu strukturieren (Lernaufgaben) oder um zu überprüfen, inwiefern Schüler:innen zuvor festgelegte Lernziele erreicht haben (Diagnoseaufgaben).

Von kompetenzorientierten Aufgaben kann gesprochen werden, wenn sie Schüler:innen dazu auffordern, ihr Wissen und ihre Fertigkeiten anzuwenden, um ein Problem in einem fachbezogenen Kontext zu lösen (Heidinger et al., 2021; Jatzwauk, 2007; Nerdel, 2017). Solche Aufgaben zeichnen sich in der Regel durch zwei Gestaltungsmerkmale aus: Sie bestehen aus einem Informations- und einem Aufforderungsteil (Jatzwauk, 2007; Nerdel, 2017; Schmiemann, 2013). Der Informationsteil nimmt Bezug auf ein fachspezifisches Phänomen und wirft eine Fragestellung auf (Schmiemann, 2013). Der Aufforderungsteil gibt an, welche Handlung in welchem Umfang in der Auseinandersetzung mit dem fachspezifischen Phänomen auszuführen ist. Idealerweise werden dazu Operatoren verwendet, die die geforderte Handlung eindeutig beschreiben (Schmiemann, 2013). Solche Operatoren werden beispielsweise in Listen aus den Einheitlichen Prüfungsanforderungen (EPA) definiert (KMK, 2004, 2006).

Traditionelle Aufgaben zielen häufig auf das „kleinschrittige Abfragen von Details" (Nerdel, 2017, S. 31). Kompetenzorientierte Aufgaben hingegen zeichnen sich dadurch aus, dass sie einerseits an die bereits vorhandenen Kompetenzen der Lernenden anknüpfen, andererseits aber auch so offen gestaltet sind, dass Schüler:innen eigene Lösungswege und damit neue Kompetenzen entwickeln können (Nerdel, 2017). Um Schüler:innen dabei zu unterstützen, werden Aufgaben (unter Verwendung mehrerer Operatoren mit unterschiedlichem Anforderungsniveau) häufig in Aufgabensets, also eine zusammengehörige und aufeinander aufbauende Abfolge von Aufgaben, eingebettet (Schmiemann, 2013).

Ob eine Aufgabe kompetenzorientiert ist, kann in der Regel anhand formaler Gestaltungskriterien beurteilt werden. Inwieweit sie allerdings zur Kompetenzentwicklung der Schüler:innen beiträgt, ist auch davon abhängig, wie eine Lehrkraft sie didaktisch-methodisch einbettet (Nerdel, 2017; Reusser, 2013; Schmiemann, 2013). Entscheidend für kompetenzförderlichen Unterricht ist letztlich, ob und wie es der Lehrkraft gelingt, die Lernvoraussetzungen und -hürden der Schüler:innen in der Planung zu antizipieren und die Aufgaben entsprechend zu adaptieren bzw. durch Unterstützungsmaterial zu ergänzen (Nerdel, 2017; Reusser, 2013).

▶ **Definition (Zusammenfassung)** Eine Aufgabe ist bewertungskompetenzorientiert, wenn sie im Informationsteil auf ein bioethisches Themenfeld verweist und gleichzeitig im Aufforderungsteil unter Verwendung eines fachspezifischen Operators für das Fach Biologie oder Ethik/Philosophie auf eine Teilkompetenz des Kompetenzbereichs Bewerten abzielt.

Teilkompetenzen von Bewertungskompetenz werden in verschiedenen Kompetenzmodellen beschrieben (Böttcher et al., 2016; Eggert & Bögeholz, 2006; Reitschert & Hößle, 2007). Im Oldenburger Strukturmodell der Bewertungskompetenz (Hößle & Alfs, 2016; Reitschert & Hößle, 2007) erfolgt diese Beschreibung themenunabhängig in Form von sieben Teilkompetenzen, die sich gut eignen, um daraus kompetenzorientierte Lernaufgaben abzuleiten. Allgemeine Merkmale bewertungskompetenzorientierter Aufgaben (abgeleitet aus dem Oldenburger Modell) werden in Tab. 7.1 beschrieben.

**Tab. 7.1** Merkmale kompetenzorientierter Lernaufgaben, abgeleitet aus dem Oldenburger Modell der ethischen Bewertungskompetenz

| Teilkompetenz (angelehnt an Hößle & Alfs, 2016; Reitschert & Hößle, 2007) | Die Aufgabe fordert Schüler:innen dazu auf, … |
|---|---|
| Wahrnehmen und Bewusstmachen der moralischen Relevanz einer Situation (MER) | … die ethische Relevanz eines Sachverhalts zu beschreiben oder zu erklären. Dies betrifft die Darstellung eines Interessen- oder Wertekonflikts, die Beschreibung eines ethisch-moralischen Dilemmas oder das Benennen eines durch eine Handlung berührten oder verletzten Wertes. |
| Wahrnehmen und Bewusstmachen der eigenen Einstellung (BEE) | … persönliche und/oder gesellschaftliche Ursachen zu benennen, zu beschreiben oder zu erklären, welche die eigene Einstellung/Haltung bedingen. Diese Kategorie wird auch codiert, wenn persönliche Gefühle artikuliert werden sollen oder eine Positionierung ohne expliziten Perspektivwechsel erfolgen soll. |
| Folgenreflexion (FR) | … Primär- und/oder Sekundärfolgen (kurzfristig, langfristig, real, hypothetisch), die mittelbar und/oder unmittelbar Personen bzw. Lebewesen betreffen, zu benennen oder zu beschreiben. Das betrifft auch Folgen auf gesellschaftlicher Ebene. Dabei stehen Ursache- und Wirkungsbeziehungen im Fokus, jedoch keine persönlichen Motive und Ziele. |
| Perspektivwechsel (PW) | … die Sichtweisen einzelner Personen bzw. Personengruppen oder eine entpersonifizierte Perspektive (Kultur, Gesellschaft, Gesetzgebung, Natur) bezüglich einer ethischen Problemstellung einzunehmen und nachzuvollziehen. Dabei können bestimmte Sichtweisen vorgegeben sein, Rollen eingenommen werden oder Ursachen für das Verhalten einer bestimmten Person zu benennen und nachzuvollziehen sein. |

(Fortsetzung)

**Tab. 7.1** (Fortsetzung)

| Teilkompetenz (angelehnt an Hößle & Alfs, 2016; Reitschert & Hößle, 2007) | Die Aufgabe fordert Schüler:innen dazu auf, … |
|---|---|
| Argumentieren (ARG) | … eine konsistente und plausible Begründung von Aussagen vorzunehmen. Im Vordergrund steht dabei die Form der Argumentationsstruktur als eine folgerichtige Darlegung von Argumenten. Eine eigene Einstellung/Haltung muss nicht zwangsweise formuliert werden. Hingegen muss die Aufgabe zur Auseinandersetzung mit einer normativen Prämisse auffordern, beispielsweise indem Verhaltensregeln thematisiert oder Argumente gewichtet werden sollen. |
| Ethisches Basiswissen (EB) | … ethische Begriffe, Konzepte und Methoden zu beschreiben, zu erklären und/oder zu nutzen. |
| Beurteilen (BU) | … die in Argumentationen auftretenden Werte zu erkennen, zu benennen und begründet zum Bestandteil einer eigenen Argumentation zu machen, auf deren Grundlage die eigene Einstellung/Haltung formuliert wird. Als eine der komplexeren Teilkompetenzen schließt *Beurteilen* immer die Kategorie *Argumentieren* sowie entweder die Kategorie *Wahrnehmen und Bewusstmachen der eigenen Einstellung* oder die Kategorie *Perspektivwechsel* mit ein. |

Die folgenden Aufgabenbeispiele illustrieren die Merkmale bewertungskompetenzorientierter Lernaufgaben und grenzen diese von Aufgaben ab, die lediglich auf die Auseinandersetzung mit der fachlichen Dimension abzielen.

### Beispielaufgabe 1

„Wissenschaftler:innen entwickeln Gehirn-Computer-Schnittstellen zur Therapie von Parkinsonpatient:innen. *Erläutere mithilfe des Infotextes (M1) die Wirkungsweise einer solchen Gehirn-Computer-Schnittstelle.*"
unterstrichen: *Informationsteil*
nicht unterstrichen: *Aufforderungsteil* ◂

Beispielaufgabe 1 stellt zwar einen Bezug zum Themenfeld Wissenschaftsethik bzw. Medizinethik im Kontext moderner Neurowissenschaften her, allerdings zielt die Handlungsaufforderung ausschließlich auf die Auseinandersetzung mit der fachlichen Dimension, in diesem Falle die Wirkungsweise einer Gehirn-Computer-Schnittstelle. Es handelt sich also nicht um eine bewertungskompetenzorientierte Aufgabe, wenngleich sie eine wichtige Grundlage für die spätere Auseinandersetzung mit der ethischen Dimension des Themas liefert.

### Beispielaufgabe 2

Bedeutende Wissenschaftsorganisationen, wie die Deutsche Forschungsgemeinschaft und die Nationale Akademie der Wissenschaften Leopoldina, haben Empfehlungen ausgesprochen, wie mit sicherheitsrelevanter Forschung umgegangen

werden soll. *Informiere dich, welche Empfehlungen das sind und welche Überlegungen ihnen zugrunde liegen.*
unterstrichen: *Informationsteil*
nicht unterstrichen: *Aufforderungsteil* ◂

Im Gegensatz zu Beispielaufgabe 1 intendiert Beispielaufgabe 2 durch die Bezugnahme auf wissenschaftsethische Empfehlungen und die Handlungsaufforderung „informiere dich" eine Auseinandersetzung mit den Rahmenbedingungen naturwissenschaftlicher Forschung und damit letztlich der ethischen Dimension des Einsatzes von Gehirn-Computer-Schnittstellen. Die Handlungsaufforderung „informiere dich" wird in den Operatorenlisten der einheitlichen Prüfungsanforderungen (KMK, 2004, 2006) jedoch nicht definiert. Entsprechend bleibt unklar, ob und in welchem Umfang die Aufgabe beispielsweise auf die Teilkompetenzen *Wahrnehmen und Bewusstmachen der moralisch-ethischen Relevanz* oder *Perspektivwechsel* abzielt.

Demgegenüber enthält eine operationalisierte Version von Beispielaufgabe 2 mit dem fachspezifischen Operator „erläutere" (Definition laut EPA) eine eindeutige Handlungsaufforderung:

**Operationalisierte Beispielaufgabe 3**

Bedeutende Wissenschaftsorganisationen, wie die Deutsche Forschungsgemeinschaft und die Nationale Akademie der Wissenschaften Leopoldina, haben Empfehlungen ausgesprochen, wie mit sicherheitsrelevanter Forschung umgegangen werden soll. *Erläutere diese Empfehlungen mithilfe des Infotextes (M2) in eigenen Worten und beschreibe, welche Überlegungen den Empfehlungen zugrunde liegen.*
unterstrichen: *Informationsteil*
nicht unterstrichen: *Aufforderungsteil mit Benennung eines Hilfsmittels und Maßstabs* ◂

Die Aufgabe ist der Teilkompetenz Perspektivwechsel zuzuordnen, indem die entpersonifizierte Perspektive einer Forschungsgemeinschaft eingenommen wird (Tab. 7.1). Somit ist sie eindeutig als bewertungskompetenzorientierte Aufgabe charakterisiert. Um die Teilkompetenzen der Bewertungskompetenz in operationalisierten Aufgabenstellungen zu adressieren, bietet sich neben der Verwendung der Operatoren für das Fach Biologie (KMK, 2004) auch ein Rückgriff auf Operatoren für das Fach Ethik/Philosophie (KMK, 2006) an.

## 7.2 Bewertungskompetenzorientierte Aufgaben in Schulbüchern für das Fach Biologie

Wie wichtig es für Lehrkräfte ist, bewertungskompetenzorientierte Aufgaben formulieren zu können, zeigt eine Analyse von Aufgaben in Biologieschulbüchern (Leubecher et al., o. J.). Ausgehend von der Annahme, dass Schulbücher für Lehrkräfte zentrales Mittel zur Vorbereitung von Unterricht sind, wurden alle Aufgaben aus einer Stichprobe (n = 72) von in Deutschland zugelassenen Schulbüchern hinsichtlich ihrer Bewertungskompetenzorientierung analysiert.

Die Ergebnisse zeigen, dass von knapp 40.000 untersuchten Aufgaben nur ca. 8,5 % (n = 3191) bewertungskompetenzorientiert sind. Davon ist ein Drittel unzureichend operationalisiert. Sowohl für die Verteilung der bioethischen Themenfelder als auch für die Gewichtung der Teilkompetenzen zeigt sich ein wenig zufriedenstellendes Bild. So werden manche Teilkompetenzen (z. B. *Argumentieren*) stark fokussiert, andere Teilkompetenzen (z. B. *Wahrnehmen und Bewusstmachen der moralisch-ethischen Relevanz* sowie *ethisches Basiswissen*) hingegen kaum angesprochen. Das ist ungünstig, weil Schüler:innen aufgrund dieses Defizits nicht in ausreichendem Maße dazu aufgefordert werden, Werte und Normen zu identifizieren. Diese Kompetenz ist aber für das *Argumentieren* eine wichtige Grundlage. Auch die einzelnen bioethischen Themenfelder werden unterschiedlich stark angesprochen. Viele Aufgaben beziehen sich auf sozialethische Themen, wie beispielsweise gesunde Lebensführung oder den gesellschaftlichen Umgang mit Behinderungen. Medizin- und wissenschaftsethische Themen hingegen werden kaum angesprochen.

Die Analyse legt den Schluss nahe, dass Schulbuchaufgaben Lehrkräfte nur bedingt bei der Planung und Durchführung von bewertungskompetenzförderlichem Biologieunterricht unterstützen. Entsprechend viel Verantwortung für die Entwicklung geeigneter Aufgaben und Aufgabensets verbleibt bei den Lehrkräften selbst. Der folgende Abschnitt illustriert daher an Beispielen aus dem Bereich Wissenschaftsethik, wie Aufgaben(sets) zur Förderung der Bewertungskompetenz selbst entwickelt, adaptiert und unterrichtlich eingebettet werden können.

## 7.3 Bewertungskompetenzorientierte Aufgaben(sets) einsetzen – erläutert am Thema Gehirn-Computer-Schnittstellen

Neurowissenschaftliche Forschung zielt darauf ab, die Struktur und Funktion von Nervensystemen besser zu verstehen. Die Forschungsergebnisse werden u. a. in Psychologie, Informationstechnik und Medizin genutzt: So ist es mittlerweile mithilfe sog. Gehirn-Computer-Schnittstellen (GCS; Brain-Computer-Interfaces, BCI) möglich, die motorischen Fähigkeiten von Parkinsonpatient:innen weitestgehend wiederherzustellen (Little et al., 2013). Im Sinne einer medizinethischen Fragestellung müssen beim Einsatz einer GCS im Zuge der Parkinsontherapie u. a. der zu erwartende therapeutische Nutzen und die mit dem operativen Eingriff verbundenen Risiken gegeneinander abgewogen werden.

Die Entwicklung von GCS regt aber auch zum Nachdenken darüber an, was naturwissenschaftliche Forschung grundsätzlich darf und wie ihre Erkenntnisse genutzt werden sollen. Dabei werden Werte berührt wie Forschungsfreiheit und Erkenntnisinteresse einerseits. Andererseits sind die Sicherheit von Bevölkerung(sgruppen), der Schutz persönlicher Daten und der gerechte Zugang zu Forschungsergebnissen relevante Werte im Kontext der Wissenschaftsethik.

Eine wissenschaftsethische Betrachtung ist insbesondere dann relevant, wenn GCS entwickelt werden, die beispielsweise mithilfe einer Bluetooth-Verbindung die bidirektionale Kommunikation zwischen dem menschlichen Gehirn und externen Medien, Clouds oder Robotern ermöglichen. Eine solche GCS wird derzeit, mit Zustimmung der US-amerikanischen Arzneimittelbehörde, vom Privatunternehmen Neuralink in klinischen Studien untersucht. Das Unternehmen hat sich zur Mission gemacht, in einem ersten Schritt die Autonomie von neurologisch erkrankten Personen wiederherzustellen und in einem zweiten Schritt dazu beizutragen, „das menschliche Potential voll auszuschöpfen" (Neuralink, 2023). Neuralink sagt zwar nicht genau, was damit gemeint ist. Der Schluss liegt jedoch nahe, dass es dabei um Human Enhancement geht, also die „Verbesserung" des Menschen, z. B. durch gesteigerte kognitive Kapazität, ein „technologisch erweitertes Gehirn" oder die Möglichkeit zur Steuerung von Robotern als externe Gliedmaßen des menschlichen Körpers. Solche Möglichkeiten werden Alltagsfantasien bei Schüler:innen aktivieren, also kulturell geprägte und intuitive Vorstellungen, welche die Auseinandersetzung mit dem Thema beeinflussen (Gebhard, 2007).

Unabhängig davon, ob die klinische Studie des Unternehmens Neuralink erfolgreich verläuft oder nicht, erzeugen derartige Entwicklungen ein großes mediales Echo und beeinflussen den öffentlichen Diskurs über natur- und neurowissenschaftliche Forschung. Der Biologieunterricht kann und soll Schüler:innen dabei unterstützen, selbstbestimmt an gesellschaftlichen Diskursen über neurowissenschaftliche Forschung teilzuhaben sowie ihre Alltagsfantasien zu reflektieren (Bergmann et al., 2017). Dies kann mit kompetenzorientierten Lernaufgaben gelingen, die 1) die fachliche und 2) ethische Dimension des Themas klären, 3) die Alltagsfantasien der Lernenden explizieren und 4) sie dazu anregen, im gemeinsamen Austausch begründete Urteile über die Rahmenbedingungen naturwissenschaftlicher Forschung zu bilden.

Im Folgenden wird in Form eines kompetenzorientierten Aufgabensets ein Unterrichtsbeispiel vorgestellt, das sich an dieser Schrittfolge orientiert (Tab. 7.2). Große Teile dieses Aufgabensets wurden bereits mit Schüler:innen der 9. und 11. Klassenstufe sowie mit Studierenden des Lehramts Biologie erprobt. Für die Bearbeitung des Aufgabensets ist es hilfreich, wenn die Schüler:innen im Vorfeld bereits den grundlegenden Aufbau des menschlichen Nervensystems und des Gehirns kennengelernt haben. Zudem kann grundlegendes Wissen über die Struktur von Nervenzellen und den Prozess der Erregungsleitung die Schüler:innen dabei unterstützen, die Funktionsweise der GCS nachzuvollziehen.

**Die fachliche Dimension klären**
Bewertungskompetenzorientierter Biologieunterricht muss die Bedeutung biologischer Konzepte für die Urteilsbildung deutlich machen, denn nur auf Grundlage eines fachlich angemessenen Verständnisses sind begründete Urteile möglich. Die folgende Aufgabe illustriert, wie die fachliche Dimension im Unterricht geklärt werden kann:

**Tab. 7.2** Kompetenzorientierte Lernaufgaben für eine Unterrichtsequenz zum Thema Gehirn-Computer-Schnittstellen mit einem Fokus auf wissenschaftsethische Fragen. Fett markierte Aufgaben werden im Fließtext aufgegriffen und weiterführend erläutert. Eine ausführliche Erläuterung der Kompetenzbezüge und der Erwartungshorizont für die Aufgaben können unter https://link.springer.com/10.1007/978-3-662-69706-1_7 abgerufen werden (s. „Elektronisches Zusatzmaterial" am Ende des Kapitels).

| Ziel | Lernaufgaben | Kompetenzbezug |
|---|---|---|
| Die fachliche Dimension klären | 1. Nenne drei Teile des Nervensystems, die an der Ausführung willkürlicher Bewegungen beteiligt sind, und deren Funktion. 2. Beschreibe das Zusammenspiel des Gehirns, der Motoneuronen und der Muskulatur bei der Ausführung einer willkürlichen Bewegung. **3. Wissenschaftler:innen entwickeln Gehirn-Computer-Schnittstellen zur Therapie von Parkinsonpatient:innen. Erläutere mithilfe des Infotextes (M1) die Wirkungsweise einer solchen Gehirn-Computer-Schnittstelle.** 4. Gehirn-Computer-Schnittstellen können auch für die Steuerung von intelligenten Prothesen genutzt werden. Recherchiere im Internet (z. B. unter dasgehirn.info, L2), wie intelligente Prothesen mit Gehirn-Computer-Schnittstellen gesteuert werden können. Vergleiche den Wirkmechanismus mit dem von Gehirn-Computer-Schnittstellen, die bei der Parkinsontherapie zum Einsatz kommen. | *Fokus: Fachwissen/ Sachkompetenz nach Bildungsstandards (KMK, 2020)* Die Schüler:innen beschreiben biologische Sachverhalte sowie Anwendungen der Biologie sachgerecht (S1); strukturieren und erschließen biologische Phänomene sowie Anwendungen der Biologie auch mithilfe von Basiskonzepten (S2); stellen Vernetzungen zwischen Systemebenen (S6); und erläutern Prozesse in und zwischen lebenden Systemen sowie zwischen lebenden Systemen und ihrer Umwelt (S7; vgl. KMK, 2020). Als zentrale Basiskonzepte werden an dieser Stelle Struktur und Funktion, Steuerung und Regelung sowie Information und Kommunikation betrachtet, die durch ihre Erklärungsmuster die Schüler:innen dabei unterstützen sollen, eine systemische Perspektive auf menschliche Willkürmotorik einzunehmen. Hinweis: Das Material M1 ermöglicht auch die Bearbeitung der ersten beiden Aufgaben. |

(Fortsetzung)

**Tab. 7.2** (Fortsetzung)

| Ziel | Lernaufgaben | Kompetenzbezug |
|---|---|---|
| Die ethische Dimension klären | 5. Gehirn-Computer-Schnittstellen werden nicht nur zur Parkinsontherapie eingesetzt, sondern auch in der Grundlagenforschung. Dabei helfen sie, besser zu verstehen, wie das Gehirn funktioniert. So entstehen schrittweise neue Anwendungsbereiche in Medizin, Psychologie und Wirtschaft. Nenne weitere Einsatzmöglichkeiten für Gehirn-Computer-Schnittstellen. Recherchiere dazu im Internet (z. B. unter dasgehirn.info oder neuralink. com, L3). 6. Einige der Anwendungsbereiche von Gehirn-Computer-Schnittstellen, die derzeit erforscht werden, werden als „sicherheitsrelevante Forschung" bezeichnet. Das heißt, die Forschungsergebnisse könnten gleichzeitig für zivile und für militärische Zwecke genutzt werden. Man spricht daher auch von „Dual-Use". Die Möglichkeit, dass bestimmte Forschungsergebnisse für zivile und für militärische Zwecke genutzt werden können, stellt Forschende und die Zivilgesellschaft vor ein ethisches Dilemma: Sollen diese Anwendungsbereiche überhaupt weiter erforscht werden oder nicht? Bedeutende Wissenschaftsorganisationen, wie die Deutsche Forschungsgemeinschaft und die Nationale Akademie der Wissenschaften Leopoldina, haben Empfehlungen ausgesprochen, wie mit sicherheitsrelevanter Forschung umgegangen werden soll. Erläutere diese Empfehlungen mithilfe des Infotextes (M2) in eigenen Worten und beschreibe, welche Überlegungen den Empfehlungen zugrunde liegen. 7. Erläutere in eigenen Worten, warum Hirnforscher:innen sich darüber Gedanken machen sollten, wie ihre Forschungsergebnisse weiterverwendet werden. 8. Beschreibe einen möglichen Interessenkonflikt bei der Nutzung und Weiterentwicklung von Computer-Gehirn-Schnittstellen. Nenne Werte, die dabei in Widerspruch zueinander geraten. | *Fokus: Bewertungskompetenz nach Bildungsstandards (KMK, 2020)* Die Schüler:innen analysieren Sachverhalte im Hinblick auf ihre Bewertungsrelevanz (B 1); betrachten Sachverhalte aus verschiedenen Perspektiven (B 2); und identifizieren Werte, die normativen Aussagen zugrunde liegen (B 3; vgl. KMK, 2020, S. 17). *Fokus: Bewertungskompetenz nach dem Oldenburger Modell (Höße & Alfs, 2016)* Als zentrale Teilkompetenzen werden an dieser Stelle ethisches Basiswissen, Wahrnehmen und Bewusstmachen der moralisch-ethischen Relevanz und Perspektivenwechsel betrachtet. Diese sind grundlegend für wertebezogenes Urteilen. |

(Fortsetzung)

**Tab. 7.2** (Fortsetzung)

| Ziel | Lernaufgaben | Kompetenzbezug |
|---|---|---|
| Alltagsfantasien explizieren und reflektieren | 9. Wenn alle Menschen die Möglichkeit hätten, Gehirn-Computer-Schnittstellen zu nutzen, hätte das Folgen für unser Zusammenleben. Erläutert in Kleingruppen mögliche gesellschaftliche Folgen. Ordnet die von euch genannten Folgen anschließend, indem ihr sie thematisch zusammenfasst und Kategorien bildet. 10. Beurteilt mithilfe des Diagramms (M3) in eurer Kleingruppe, wie wahrscheinlich es ist, dass die jeweiligen Folgen eintreten, und wie positiv oder negativ die Folgen aus eurer Sicht einzustufen sind. 11. Erläutert eine der von euch erwarteten Folgen im Plenum und diskutiert, wie stark diese Folge bei einer Entscheidung darüber berücksichtigt werden sollte, ob ein Forschungsprojekt zu Gehirn-Computer-Schnittstellen durchgeführt werden darf oder nicht. | *Fokus: Explikation von Alltagsfantasien* Durch die Auseinandersetzung mit der fachlichen und ethischen Dimension des Einsatzes von GCS werden bei den Schüler:innen Alltagsfantasien aktiviert. Diese beeinflussen den Lern- und Urteilsprozess. Es lohnt sich deswegen, sie explizit zu machen und mit den SuS gemeinsam zu reflektieren. *Fokus: Bewertungskompetenz nach Bildungsstandards (KMK, 2020)* Die Schüler:innen reflektieren kurz- und langfristige, lokale und globale Folgen […] gesellschaftlicher Entscheidungen (B 10) und stellen Bewertungskriterien auf, auch unter Berücksichtigung außerfachlicher Aspekte (B 7; vgl. KMK, 2020, S. 17). |
| Begründete Urteile bilden und reflektieren | 12. Das Unternehmen Neuralink entwickelt Gehirn-Computer-Schnittstellen, welche die zweiseitige Kommunikation zwischen Gehirnen und Computern ermöglichen sollen. Dazu sollen Computerchips direkt in das Gehirn implantiert werden. Das Unternehmen hat sich zur Mission gemacht, in einem ersten Schritt die Autonomie von neurologisch erkrankten Personen wiederherzustellen und in einem zweiten Schritt dazu beizutragen, „das menschliche Potential voll auszuschöpfen". Die beiden Ziele von Neuralink berühren jeweils unterschiedliche Werte. Beurteilt diese beiden Ziele mit Bezug auf diese Werte! 13. Diskutiert auf Grundlage eures Fachwissens, der identifizierten Interessen- und Wertkonflikte und möglicher gesellschaftlicher Auswirkungen, warum ihr die Ziele von Neuralink für wünschenswert oder nicht wünschenswert erachtet. | *Fokus: Bewertungskompetenz nach Bildungsstandards (KMK, 2020)* Die Schüler:innen bilden sich kriteriengeleitet Meinungen […] auf der Grundlage von Sachinformationen und Werten (B 9); und reflektieren kurz- und langfristige, lokale und globale Folgen […] gesellschaftlicher Entscheidungen (B 10; vgl. KMK, 2020, S. 17). *Fokus: Bewertungskompetenz nach dem Oldenburger Modell (Hößle & Alfs, 2016)* An dieser Stelle werden insbesondere das Argumentieren und Beurteilen gefördert, indem die Schüler:innen zuvor erworbene Fähigkeiten diskursiv anwenden: Wenn sie argumentieren, greifen sie auf berührte Werte, den moralisch-ethischen Konflikt, ihre eigene Einstellung sowie mögliche Folgen und Perspektiven zurück. |

> **Beispielaufgabe 4**
>
> "<u>Wissenschaftler:innen entwickeln Gehirn-Computer-Schnittstellen zur Therapie von Parkinson-Erkrankten.</u> *Erläutere mithilfe des Infotextes (M1) die Wirkungsweise einer solchen Gehirn-Computer-Schnittstelle.*"
> <u>unterstrichen</u>: Informationsteil
> nicht unterstrichen: Handlungsaufforderung mit Benennung eines Hilfsmittels. ◄

Das Verständnis der Wirkungsweise von GCS (zumindest auf Organ- und Gewebeebene) ist eine notwendige Voraussetzung, um im Anschluss die bioethische Dimension einzugrenzen und zu klären. Darüber hinaus ist angemessenes Fachwissen nötig, um aktuelle sowie zukünftige Potenziale und Grenzen des Einsatzes von GCS einschätzen zu können.

Aufgaben zur Klärung der fachlichen Dimension sind im engeren Sinne nicht als bewertungskompetenzorientiert einzustufen. Dennoch erfüllen sie, eingebettet in Aufgabensets, eine wichtige Funktion: Sie tragen dazu bei, Vorwissen zu aktivieren (z. B. über das motorische System und Willkürbewegungen) und unterstützen Schüler:innen dabei, ein angemessenes Verständnis der relevanten biologischen Konzepte zu entwickeln.

**Die ethische Dimension eingrenzen und klären**

Nach der Klärung der fachlichen Dimension folgen bewertungskompetenzorientierte Aufgaben, die sich explizit auf die Bildungsstandards für den Biologieunterricht und die Teilkompetenzen des Oldenburger Modells beziehen.

> **Beispielaufgabe 5**
>
> <u>Gehirn-Computer-Schnittstellen werden nicht nur zur Parkinsontherapie eingesetzt, sondern auch in der Grundlagenforschung. Dabei helfen sie, besser zu verstehen, wie das Gehirn funktioniert. So entstehen schrittweise neue Anwendungsbereiche in Medizin, Psychologie und Wirtschaft.</u> *Nenne weitere Einsatzmöglichkeiten für Gehirn-Computer-Schnittstellen. Recherchiere dazu im Internet (z. B. unter dasgehirn.info oder neuralink.com).*
> <u>unterstrichen</u>: Informationsteil
> nicht unterstrichen: *Aufforderungsteil mit Nennung eines Hilfsmittels* ◄

Die Rechercheergebnisse der Schüler:innen machen deutlich, dass neben therapeutischen Anwendungen von GCS auch die Möglichkeit von Leistungssteigerungen des Gehirns, sog. Human-Enhancement, diskutiert wird. Zudem werden unter dem Stichwort „Dual-Use" Nutzen (für Forschung und Erkenntnis oder Patient:innen) einerseits sowie Risiken (des Missbrauchs der Technologie z. B. für militärische Zwecke) andererseits gegeneinander abgewogen. Die jeweiligen Anwendungsbereiche sind vielfältig. Schüler:innen könnten als Ergebnis ihrer Recherche Einsatzmöglichkeiten tabellarisch mit Beispielen illustrieren. Diese Tabelle kann dann als Grundlage dienen, um Unterschiede zwischen GCS, die bei der Parkinsontherapie zum Einsatz kommen, und denen, die Neuralink für Human Enhancement entwickeln möchte, darzustellen. Je nach Einsatzmöglichkeit unterscheiden sich auch die berührten Werte und entsprechende Wertekonflikte, die im Zuge des Unterrichts zu berücksichtigen sind.

Die Eingrenzung des ethischen Konflikts ist wichtig, da bioethische Themen aus verschiedenen Perspektiven betrachtet werden können: GCS können aus wissenschaftsethischer, medizinethischer oder sozialethischer Perspektive ganz unterschiedlich bewertet werden. Verschwimmen diese Perspektiven, wird es schwer, ein klares Urteil zu einer konkreten bioethischen Frage zu entwickeln. Vorschläge zur Trennung der Perspektiven auf Grundlage von Tab. 7.2 können unter https://link.springer.com/10.1007/978-3-662-69706-1_7 abgerufen werden (s. „Elektronisches Zusatzmaterial" am Ende des Kapitels).

**Alltagsfantasien explizieren und reflektieren**
Die Auseinandersetzung mit der fachlichen und ethischen Dimension von GCS wird bei den Schüler:innen Alltagsfantasien aktivieren. Die folgende Aufgabe zielt darauf ab, dass Schüler:innen ihre Alltagsfantasien explizieren und sie im weiteren Unterrichtsverlauf gemeinsam reflektieren:

---

**Beispielaufgabe 6**

<u>Wenn alle Menschen die Möglichkeit hätten, Gehirn-Computer-Schnittstellen zu nutzen, hätte das Folgen für unser Zusammenleben.</u> *Erläutert in Kleingruppen mögliche gesellschaftliche Folgen. Ordnet die von euch genannten Folgen anschließend, indem ihr sie thematisch zusammenfasst und Kategorien bildet.*
<u>unterstrichen</u>: *Informationsteil*
nicht unterstrichen: *Aufforderungsteil* ◀

---

Bei wissenschaftsethischen Themen ist es wahrscheinlich, dass die Schüler:innen den Wissenschaftler:innen, Privatunternehmen und Politiker:innen Skepsis entgegenbringen und Macht- sowie Technologiemissbrauch antizipieren. Vorstellungen zu „Supersoldaten", „Hackerangriffen auf das Gehirn" oder „Bevölkerungskontrolle" sind dabei zentral (Bergmann & Zabel, 2019). Dabei kann es helfen, mithilfe eines Diagramms einzuordnen, wie positiv oder negativ und wie wahrscheinlich das Eintreten bestimmter Folgen ist (Abb. 7.1). Folgende Aufforderungen können das Unterrichtsgespräch über die Ergebnisse der Schüler:innen leiten. Ebenso bieten sie sich als Impulse für andere Sozialformen wie Gruppenarbeiten an:

- Beschreibt, wie genau ihr euch einen solchen Hackerangriff auf das Gehirn vorstellt.
- Erläutert Gründe, die jemand haben könnte, um das Gehirn zu hacken.
- Stellt Vermutungen auf, für wie realistisch ihr diesen Missbrauch heutzutage/in 10, 20 oder 50 Jahren haltet.

- Nennt andere Formen der Manipulation, die heute schon eingesetzt werden.
- Erklärt Unterschiede zwischen heutigen Formen der Manipulation (Werbung, Influencer:innen etc.) und solchen Formen der Manipulation, die durch Gehirn-Computer-Schnittstellen möglich werden.

Es kann herausfordernd sein, mit Alltagsfantasien im Unterricht zu arbeiten und die angeregten Diskussionen der Schüler:innen zu strukturieren. Diese reflexiven Phasen sind allerdings wertvoll für den Unterricht, da Schüler:innen sie als besonders interessant erleben, den Themen individuelle Bedeutung zuweisen und so ihr Fachwissen vertiefen können. Daher sollte die Lehrkraft Alltagsfantasien wertschätzen (anstatt sofort gegen sie zu argumentieren) und die Schüler:innen mit Gegenfragen oder geeigneten Impulsen zur Reflexion anregen. Die Lehrkraft spiegelt lediglich das, was die Schüler:innen vorher gesagt haben. Eine Bewertung durch die Lehrkraft sollte nicht erfolgen.

**Urteile bilden, begründen und reflektieren**
Die Klärung der fachlichen und der ethischen Dimension sowie die Reflexion der Alltagsfantasien sind grundlegend für die abschließende Unterrichtsphase. Die Schüler:innen erwerben die nötigen Ressourcen zum Argumentieren und Beurteilen. Eine Zwischensicherung mithilfe von Abb. 7.1 kann dabei helfen, den bisherigen Unterrichtsverlauf zusammenzufassen und die Perspektiven der Schüler:innen noch einmal zu verdeutlichen. Beim Zusammentragen der Folgen können nochmals berührte Werte und Wertkonflikte sowie Alltagsfantasien angesprochen werden. Aufgaben, wie die folgende, ermöglichen es im Anschluss, individuelle Urteile diskursiv zu reflektieren:

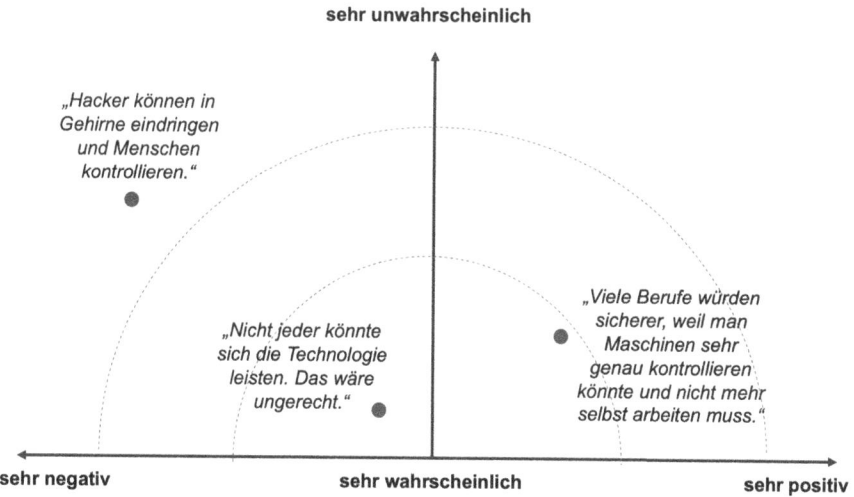

**Abb. 7.1** Diagramm zur Einordnung positiver/negativer sowie wahrscheinlicher/unwahrscheinlicher Folgen der Einsatzmöglichkeiten von Gehirn-Computer-Schnittstellen

> **Beispielaufgabe 7**
>
> „Diskutiert auf Grundlage eures Fachwissens, der identifizierten Interessen- und Wertkonflikte und möglicher gesellschaftlicher Auswirkungen, warum ihr die Ziele von Neuralink für wünschenswert oder nicht wünschenswert erachtet." ◄

Die Aufgabe fokussiert insbesondere auf die Teilkompetenzen *Folgenreflexion* und *Beurteilen*. Zudem üben Schüler:innen ihre Argumentations- und Perspektivwechselfähigkeit. Die Diskussion im Plenum kann dabei von der Lehrkraft mithilfe der folgenden Fragen strukturiert werden:

- Formuliert Bedingungen, unter denen naturwissenschaftliche Forschung allgemein und Forschung an Gehirn-Computer-Schnittstellen im Besonderen stattfinden soll.
- Beurteilt die aktuelle Regulation von Forschungsprozessen.
- Beschreibt Freiräume, die notwendig sind, um neue Erkenntnisse zu gewinnen.
- Formuliert Regeln, die ihr euch für sicherheitsrelevante Forschung wünscht.

Die Unterrichtsphase kann mit einer Zusammenfassung der unterschiedlichen Urteile und Begründungen abgeschlossen werden. So wird die Multiperspektivität, die gesellschaftlich vorhanden ist, abgebildet. Es geht nicht darum, dass die Schüler:innen am Ende ein bestimmtes Urteil oder alle das gleiche Urteil entwickeln. Die Lehrkraft sollte vorab für sich entscheiden, ob sie ihre eigene Meinung zum Thema äußern möchte. Diese sollte immer deutlich markiert sein, indem die Aussage als eigene Meinung bezeichnet und betont wird, dass dies nicht die einzige mögliche Meinung zum Thema ist.

## Bewertungskompetenzorientierte Aufgaben alleine machen keinen guten Biologieunterricht

Das vorliegende Kapitel hat Merkmale bewertungskompetenzorientierter Aufgaben dargestellt und anhand der wissenschaftsethischen Perspektive zu GCS erläutert. Kompetenzorientierte Aufgaben sind von zentraler Bedeutung für kompetenzförderlichen Biologieunterricht. Die Ausführungen machen ebenso deutlich, dass kompetenzorientierte Aufgaben alleine aber noch keinen kompetenzförderlichen Unterricht erzeugen. Die Verantwortung dafür liegt bei den Lehrkräften: Zum einen müssen sie ihre Lerngruppen berücksichtigen, wenn sie kompetenzorientierte Aufgaben und Aufgabensets konstruieren oder anpassen. Zum anderen müssen sie Vertrauen in ihre eigenen Fähigkeiten entwickeln, beispielsweise bei der Moderation ergebnisoffener Diskussionen und der Reflexion von Alltagsfantasien. Vorschläge, wie diese Fähigkeiten im Rahmen der Aus- und Weiterbildung entwickelt werden können, liegen vor (Alfs, 2012; Leubecher et al., 2020; Steffen & Hößle, 2015).

Die Autoren hoffen, mit diesem Kapitel einen weiteren Beitrag zur Professionalisierung von Lehrkräften zu leisten. Mit (bewertungs)kompetenzorientierten Aufgaben ist Lehrkräften ein hilfreiches Mittel an die Hand gegeben, anwendungsorientierten, anspruchsvollen und sinnstiftenden Biologieunterricht durchzuführen. Wenn Lehrkräfte Sicherheit mit stärker geführten Stunden haben, können sie beginnen, den Unterricht schrittweise zu öffnen und stärker schüler:innenzentriert zu arbeiten. Allerdings stehen sowohl die empirische Evaluation von Biologieunterricht, der auf die Förderung von Bewertungskompetenz zielt, als auch die von Aufgabensets wie dem hier vorgeschlagenen noch aus. Beides sind wichtige Entwicklungsfelder für biologiedidaktische Forschung.

## Literatur

Alfs, N. (2012). *Ethisches Bewerten fördern: Eine qualitative Untersuchung zum fachdidaktischen Wissen von Biologielehrkräften zum Kompetenzbereich „Bewertung".* Verlag Dr. Kovač.

Bergmann, A., & Zabel, J. (2019). Biologieunterricht zum Gruseln – wie das Nachdenken über Menschmaschinen und skrupellose Hirnforscher den Biologieunterricht bereichern kann. In A. Beniermann & M. C. Bauer (Hrsg.), *Nerven kitzeln* (S. 163–184). Springer.

Bergmann, A., Biehl, A., & Zabel, J. (2017). Towards a neuroscience literacy? – Theoretical and practical considerations. In J. Leefmann & E. Hildt (Hrsg.), *The human sciences after the decade of the brain* (S. 231–248). Elsevier Academic Press.

Böttcher, F., Hackmann, A., & Meisert, A. (2016). Argumente entwickeln, prüfen und gewichten – Bewertungskompetenz im Biologieunterricht kontextübergreifend fördern. *MNU, 69*, 150–157.

Eggert, S., & Bögeholz, S. (2006). Göttinger Modell der Bewertungskompetenz. Teilkompetenz „Bewerten, Entscheiden und Reflektieren" für Gestaltungsaufgaben Nachhaltiger Entwicklung. *Zeitschrift für Didaktik der Naturwissenschaften, 12*, 199–217.

Gebhard, U. (2007). Intuitive Vorstellungen bei Denk- und Lernprozessen: Der Ansatz „Alltagsphantasien". In D. Krüger, I. Parchmann, & H. Schecker (Hrsg.), *Theorien in der biologiedidaktischen Forschung: Ein Handbuch für Lehramtsstudenten und Doktoranden* (S. 117–128). Springer.

Harms, U., & Kattmann, U. (2020). Wissenschaftsethik und Bioethik. In H. Gropengießer, U. Harms, & U. Kattmann (Hrsg.), *Fachdidaktik Biologie* (S. 114–124). Aulis Verlag.

Heidinger, C., Wenzl, I., Pany, P., Hochholzer, T., Reichstädter, A., Roiser, B., Steinhögl, N., Nowak, E., & Scheuch, M. (2021). Wie kompetenzorientiert sind Reifeprüfungsaufgaben in Biologie an Österreichs Allgemeinbildenden höheren Schulen? *Zeitschrift für Didaktik der Biologie, 25*, 87–109. https://doi.org/10.11576/zdb-3823

Hößle, C., & Alfs, N. (2016). *Doping, Gentechnik, Zirkustiere: Bioethik im Unterricht.* Aulis Verlag.

Jatzwauk, P. (2007). *Aufgaben im Biologieunterricht: Eine Analyse der Merkmale und des didaktisch-methodischen Einsatzes von Aufgaben im Biologieunterricht.* Logos-Verlag.

KMK (Sekretariat der Ständigen Konferenz der Kultusminister der Länder in der Bundesrepublik Deutschland). (2004, Februar 05). *Einheitliche Prüfungsanforderungen in der Abiturprüfung Biologie.* https://www.kmk.org/fileadmin/veroeffentlichungen_beschluesse/1989/1989_12_01-EPA-Biologie.pdf. Zugegriffen am 09.07.2025.

KMK (Sekretariat der Ständigen Konferenz der Kultusminister der Länder in der Bundesrepublik Deutschland). (2006, November 16). *Einheitliche Prüfungsanforderungen in der Abiturprüfung Ethik.* https://www.kmk.org/fileadmin/veroeffentlichungen_beschluesse/1989/1989_12_01-EPA-Ethik.pdf. Zugegriffen am 09.07.2025.

KMK (Sekretariat der Ständigen Konferenz der Kultusminister der Länder in der Bundesrepublik Deutschland). (2020, Juni 18). *Bildungsstandards im Fach Biologie für die Allgemeine Hochschulreife.* https://www.kmk.org/fileadmin/veroeffentlichungen_beschluesse/2020/2020_06_18-BildungsstandardsAHR_Biologie.pdf. Zugegriffen am 09.07.2025.

Leubecher, R., Krell, M., & Zabel, J. (2020). Bewertungskompetenz in der Lehramtsausbildung: Vorschlag zur Vermittlung von Professionswissen in der universitären Lehre. *Zeitschrift für Didaktik der Biologie, 24*, 1–13. https://doi.org/10.4119/zdb-1734

Leubecher, R., Zabel, J., Funke, M., Linnenkemper, V., Schneider, M., & Bergmann-Gering, A. (2024). Bewertungskompetenz in Biologieschulbüchern: Eine integrativ-inhaltsanalytische Untersuchung von Schulbuchaufgaben für die Sekundarstufe I. *Zeitschrift für Didaktik der Naturwissenschaften 30*(2). https://doi.org/10.1007/s40573-023-00166-9

Little, S., Pogosyan, A., Neal, S., Zavala, B., Zrinzo, L., Hariz, M., et al. (2013). Adaptive deep brain stimulation in advanced Parkinson disease. *Annals of neurology, 74*(3), 449–457.

Nerdel, C. (2017). *Grundlagen der Naturwissenschaftsdidaktik – Kompetenzorientiert und aufgabenbasiert für Schule und Hochschule.* Springer. https://doi.org/10.1007/978-3-662-53158-7

Neuralink. (2023). *Neuralink.* https://neuralink.com/. Zugegriffen am 09.07.2025.

Reitschert, K., & Hößle, C. (2007). Wie Schüler ethisch bewerten. Eine qualitative Untersuchung zur Strukturierung und Ausdifferenzierung von Bewertungskompetenz in bioethischen Sachverhalten bei Schülern der Sek. I. *Zeitschrift für Didaktik der Naturwissenschaften, 13*(1), 125–143.

Reusser, K. (2013). Aufgaben – das Substrat der Lerngelegenheiten im Unterricht. *Profi-L, 3*, 4–6.

Schmiemann, P. (2013). Aufgaben. *Unterricht Biologie, 387*(388), 2–9.

Steffen, B., & Hößle, C. (2015). Diagnose von Bewertungskompetenz durch Biologielehrkräfte – Negieren eigener Fähigkeiten oder Bewältigen einer Herausforderung? *Zeitschrift für Didaktik der Naturwissenschaften, 21*(1), 155–172. https://doi.org/10.1007/s40573-015-0032-x

## Vertiefende Literatur

Bögeholz, S., Hößle, C., Höttecke, D., & Menthe, J. (2018). Bewertungskompetenz. In D. Krüger, I. Parchmann, & H. Schecker (Hrsg.), *Theorien in der naturwissenschaftsdidaktischen Forschung* (S. 261–281). Springer.

Böttcher, F., Hackmann, A., & Meisert, A. (2016). Argumente entwickeln, prüfen und gewichten. *MNU, 69*, 150–157.

Dittmer, A., Bögeholz, S., Gebhard, U., & Hößle, C. (2019). Kompetenzbereich Bewertung: Reflektieren für begründetes Entscheiden und gesellschaftliche Partizipation. In J. Groß, M. Hammann, P. Schmiemann, & J. Zabel (Hrsg.), *Biologiedidaktische Forschung: Erträge für die Praxis* (S. 187–208). Springer.

Eggert, S., Barford-Werner, I., & Bögeholz, S. (2008). Entscheidungen treffen – wie man vorgehen kann. *Unterricht Biologie, 336*, 13–18.

Leubecher, R., Krell, M., & Zabel, J. (2020). Bewertungskompetenz in der Lehramtsausbildung – Vorschlag zur Vermittlung von Professionswissen in der universitären Lehre. *Zeitschrift für Didaktik der Biologie (ZDB) – Biologie Lehren und Lernen, 24*, 1–13. https://doi.org/10.4119/zdb-1734

Lübeck, M. (2018). *Der Kompetenzbereich Bewertung im Biologieunterricht. Beiträge zur Schulentwicklung.* Waxmann.

# 8 Fachdidaktische Inhaltsfelder der Bewertungskompetenz im Fach Biologie für eine innovative Lehrerbildung

Monika Pohlmann

> *„Teachers are knowledge producers not knowledge receivers. This characteristic is essential to view teachers as professionals"* (Park & Oliver, 2008, S. 269).

### Zusammenfassung

In Zeiten des beständigen gesellschaftlichen Wandels besteht zu Recht die allgemeine Forderung nach lebenslangem Lernen. Wenig überraschend und umso erschreckender ist es, dass „das Lernen im Beruf", die sog. dritte Phase der Lehrerbildung, in Deutschland nicht systematisch betrieben wird, sondern Zufällen überlassen bleibt. Welche Struktur sollte aber eine Fortbildung zur Förderung von Bewertungskompetenz haben, um berufliches Lernen attraktiv und erfolgreich zu machen? Und wie sieht das fachdidaktische Inhaltswissen für Bewertungskompetenz im Fach Biologie aus? Auf Basis einer umfassenden Studie gibt dieses Kapitel Antworten auf diese zentralen Fragen.

**Worum es geht**
- Forschung zu fachdidaktischem Wissen über Bewertungskompetenz von Lehrkräften
- Partizipative naturwissenschaftliche Aktionsforschung durch Einbezug der Perspektiven von Praxisakteuren

M. Pohlmann (✉)
Bergisch Gladbach, Deutschland

- Erschließung von Inhaltsfeldern zu Wissensfacetten der Bewertungskompetenz
- Welchen Unterstützungsbedarf haben Lehrkräfte?
- Gelingensbedingungen für Lehrerfortbildungen
- Fortbildungsstrukturmodell unter Einbeziehung von Mentoring und Coaching-Prozessen

## 8.1 Einleitung

Wie in anderen Schulfächern auch, stellt das fachdidaktische Wissen den Kern des Expertenwissens von Lehrkräften der Biologie dar. Nur – wie sieht dieses fachdidaktische Inhaltswissen für Bewertungskompetenz im Fach Biologie aus? Und wie kann es ermittelt werden, um es für eine innovative Lehrerbildung zugänglich zu machen? Dieses Kapitel gibt Antworten auf die zentrale Fragestellung: „Welche themenspezifischen, inhaltlichen Ausdifferenzierungen lassen sich innerhalb der fünf Wissensfacetten des fachdidaktischen Wissens für den Kompetenzbereich Bewertung insgesamt identifizieren?"

Als bedeutsame Akteure in der Gestaltung von Unterricht steuern Lehrkräfte, welche Ziele im Unterricht verfolgt werden, wie der Unterricht organisatorisch und inhaltlich angelegt ist und auf welche Weise Schülerinnen und Schüler in ihren Lernprozessen gefördert werden. Welche Unterstützung benötigen daher Lehrkräfte im Beruf, um qualitätsvollen Unterricht zu gestalten? Wie müssen Lehrerfortbildungen gestaltet werden, um berufliches Lernen attraktiv, erstrebenswert und erfolgreich zu machen? Dieses Kapitel gibt damit auch Antwort auf die Frage, welche Struktur eine Fortbildung zur Förderung von Bewertungskompetenz haben könnte.

- Die wissenschaftliche Sicht auf Lehrkräfte als Experten lässt sich auf Shulman (1986, 1987) zurückführen.
- Nach Shulman verstehen Lehrkräfte die Fachgegenstände nicht nur selbst, sondern zeichnen sich dadurch aus, diese auf neuen Wegen elementarisieren und reorganisieren zu können und sie in Metaphern und Übungen, Beispielen und Illustrationen so zu verpacken, dass sie von Schülern begriffen werden können.
- Park und Oliver (2008, S. 279) diskutieren den Erwerb und die Entwicklung von Professionalität im Lehrerberuf als dynamisches Zusammenspiel von fachdidaktischem Wissen, neuen Anwendungsmöglichkeiten dieses Wissens und auf Praxis bezogene Reflexion.
- In diesen Bezügen stellt das fachdidaktische Wissen den zentralen Kern des Expertenwissens dar.
- Empirische Ermittlung des fachdidaktischen Inhaltswissens zur Bewertungskompetenz als Expertenwissen von Biologielehrkräften.

- Didaktische Leitlinien für den Kompetenzbereich Bewertung für das Lehren und Lernen in Zentren für schulpraktische Lehrerausbildung und Universitäten.
- Mentoring und Coaching als integrale Bestandteile einer innovativen Fortbildungsstruktur für eine effizientere Lehrerbildung zur Förderung von Bewertungskompetenz.

Moderne Gesellschaften zeichnen sich durch eine enorme Dynamik aus und verlangen vom Einzelnen ein lebenslanges Lernen. Um wie viel mehr ist dieser Anspruch bedeutsam für Lehrkräfte, die Schulen als „lernende Institutionen" gestalten und Schulcurricula mit Leben erfüllen? Trotzdem kommt der dritten Phase der Lehrerbildung in Deutschland nicht die Bedeutung zu, die sie haben sollte. Lernen im Beruf sollte weniger von der Weiterbildungsbereitschaft einzelner Lehrer abhängen und damit Zufällen überlassen bleiben, als vielmehr verpflichtendes Element grundständiger Schulentwicklung werden. Nach Terhart (2002) kann in keiner Weise davon ausgegangen werden, dass die Lehrererstausbildung den „fertigen Lehrer" hervorbringt, dessen Wissensvorrat für ein ganzes Berufsleben ausreicht. Insofern wird es zu keinem Zeitpunkt im Prozess der Lehrerbildung das Vollbild eines rundum kompetenten Lehrers geben, vielmehr handelt es sich um einen „unabgeschlossenen und unabschließbaren Entwicklungsprozess". Welche Unterstützung benötigen damit Lehrkräfte im Beruf, um qualitätsvollen Unterricht zu gestalten?

## 8.2 Forschungsdesign und Datenerhebung zum fachdidaktischen Inhaltswissen von Biologielehrkräften zur Bewertungskompetenz

### 8.2.1 Partizipative naturwissenschaftsdidaktische Aktionsforschung

Partizipative naturwissenschaftsdidaktische Aktionsforschung, in deren Rahmen sich die zugrunde liegende Forschungsarbeit verortet, unterliegt dem aktuellen Selbstverständnis der naturwissenschaftsdidaktischen Forschung. In den letzten Jahrzehnten haben sich die Didaktiken der drei naturwissenschaftlichen Fächer Biologie, Chemie und Physik als eigenständige wissenschaftliche Disziplinen mit eigenem Forschungsfeld entwickelt und in der Domäne der Naturwissenschaften auch international etabliert (Parchmann, 2013). Die Eigenständigkeit der drei fachdidaktischen Disziplinen ergibt sich aus der domänenspezifischen Perspektive auf das Lernen und Lehren, wobei die fachtypischen Inhaltsbereiche die jeweilige Domäne charakterisieren. Die Fachdidaktiken begreifen sich damit als Wissenschaften vom fachspezifischen Lehren und Lernen.

Partizipative Forschung gründet auf der Wertschätzung der Wissensbestände und Fähigkeiten alltagsweltlicher Praktiker. Partizipative Forschung nimmt damit ihren Anfang mit Blick auf die Perspektiven der Praxisakteure und stößt Lernprozesse durch die Zyklen kollektiver Aktion sowie kollektiver und individueller Reflexion an. Partizipative Forschung zeigt alltagsweltlichen Experten neue Perspektiven und stärkt ihre Handlungsfähigkeit (Neumann, 2011). Damit kristallisiert sich ein entscheidender Unterschied partizipativer Forschungsdesigns zu anderen Formen qualitativer Forschung heraus. Als Mitglieder eines partizipativen Forschungsvorhabens nehmen Praxisakteure an den Entwicklungen in einem festen sozialen Beziehungsgefüge teil, und gleichzeitig wirken sie am Forschungsprozess durch ihr lebensweltliches Wissen, ihre sprachlichen Kompetenzen und ihre sozialen Kontakte mit.

### 8.2.2 Entstehungsgeschichte des Forschungsprojekts

Im Rahmen der Veranstaltungsreihe „Forum Fachdidaktik Biologie" des Departments für Biologie der Universität zu Köln wurde das von Lehramtsstudierenden des Faches Biologie und Biologielehrkräften gut besuchte öffentliche Forum 2014 dem Thema „Werteerziehung im Biologieunterricht" gewidmet. Als Gastredner trugen die damalige Vorsitzende des Deutschen Ethikrates, Frau Prof. Dr. Christiane Woopen, Frau Dr. Christiane Schell vom Bundesamt für Naturschutz, Herr Prof. Dr. Friedhelm Jaeger, Ministerialrat des Ministeriums für Klimaschutz, Umwelt, Landwirtschaft, Natur- und Verbraucherschutz des Landes NRW, sowie Frau Prof. Dr. Corinna Hößle, Leiterin der Didaktik Biologie der Carl von Ossietzky Universität Oldenburg, zu einer viel beachteten Auseinandersetzung zur Bedeutung bioethischer Themen im modernen Biologieunterricht bei. Die im Kontext der Veranstaltung von Frau Prof. Dr. Corinna Hößle angebotenen Workshops „Bewertungskompetenz – Fördern und Diagnostizieren: Aktuelle Unterrichtsbeispiele für Biologielehrkräfte im Beruf und Lehramtsstudierende des Faches Biologie" waren überbucht und zeugten damit von einem besonderen Interesse der Lehrkräfte, mehr Kompetenzen zum Thema erwerben zu wollen. Die 90-minütigen Workshops wurden von den Teilnehmern als große Unterstützung und Bereicherung für den eigenen Kompetenzerwerb eingeschätzt. Sie legten aber gleichzeitig offen, dass der Fortbildungsbedarf zur Bewertungskompetenz für Biologielehrkräfte im Beruf sehr groß ist.

Aus dieser konkreten Erfahrung heraus erwuchs die Idee, das fachdidaktische Wissen zur Bewertungskompetenz von Biologielehrkräften im Beruf und dessen Veränderung durch verschiedene Lerngelegenheiten zu untersuchen. Für dieses Forschungsprojekt wurde ein Fortbildungssetting entwickelt, das den teilnehmenden 29 Berufsakteuren im Sinne der partizipativen Aktionsforschung große eigene Beteiligung ermöglichte und den Austausch in Arbeitsgruppen vorsah. Es wurde offen kommuniziert, dass die Studie in der Tradition der Expertiseforschung stehen würde und es daher nicht um die Bewertung des Lehrerwissens, sondern um eine Aufnahme der Konzepte und Schwierigkeiten hinsichtlich der Integration von Bewertungskompetenz in den Unterricht gehe.

Das Fortbildungsprogramm „Leihmutterschaft – die reproduktionsmedizinische Emanzipation von der Natur?" fordert persönlich und gesellschaftlich an Werten orientierten Stellungnahmen heraus. Es rekurriert auf Emotionen sowie unbewussten kulturellen Vorprägungen und umfasst aus biomedizinischer Perspektive die Gesamtheit der aktuellen Techniken der Fortpflanzungsmedizin. Es erschien in besonderer Weise geeignet, im Fortbildungsbereich für das Fach Biologie exemplarisch die Herausforderungen eines fachintegrierten Ethikunterrichts zu spiegeln und gleichzeitig die Bewältigung aufzuzeigen. In vier 2,5-stündigen Settings wurde theoriegeleitet auf der Grundlage des ethischen Basiswissens, der didaktischen Rekonstruktion des Themas sowie einer Reflexion über die materiale und personale Steuerung von Kompetenz orientierten Lehr-Lern-Prozessen eine strukturierte Unterrichtsplanung zur Förderung von Bewertungskompetenz zum zentralen Thema. Dabei wurde ein besonderer Schwerpunkt auf die Vermittlung methodischer Zugänge gelegt, wie das 6-Schritte-Modell zur Förderung von Bewertungskompetenz, sowie auf die Möglichkeiten einer differenzierten Diagnose (Hößle & Alfs, 2016).

### 8.2.3 Forschungsdesign und methodisches Vorgehen

Die Vermittlung fachdidaktischer Kenntnisse und die Förderung von Reflexionsfähigkeit sind explizite Ziele der Lehrerbildung (KMK, 2019). Über die Wirksamkeit der Lehrerbildung in Bezug auf die Vermittlung dieser Kompetenzen ist bisher nur wenig bekannt. So liegen für die Biologie derzeit nur wenig belastbare Daten bezüglich eines Zusammenhangs von Ausbildungsfaktoren der biologiedidaktischen Lehrerbildung und des fachdidaktischen Wissens und Reflektierens bei Biologielehrkräften im Beruf vor (Kirschner et al., 2017; Schmelzing et al., 2010). Daher setzte hier das Erkenntnisinteresse der vorliegenden Studie an. Dies gilt insbesondere für die Bedeutung von Lerngelegenheiten durch Fortbildungsmaßnahmen und durch Lehrerfahrung in der eigenen Unterrichtspraxis. Konzeptualisiert und operationalisiert wird das fachdidaktische Professionswissen in dieser Erhebung auf der Basis des Pentagon-Modells von Park und Chen (2012) für Lehrer der Naturwissenschaften.

**Experteninterviews**
Seit Beginn der 1990er-Jahre gehören Experteninterviews zu den am häufigsten eingesetzten Methoden in der qualitativen empirischen Sozialforschung. Besonders häufig werden sie auch in der Bildungsforschung genutzt. Der Prozesscharakter und die Nichtexpliziertheit eines großen Teils des Expertenwissens haben den Nachteil, dass dieses Wissen nicht einfach „abgefragt" werden kann (Meuser & Nagel, 2009, S. 51). Die Experten können es auch nicht einfach „abspulen", sondern berichten in der Regel über Fälle und Prinzipien, die sie in professionellen Bezügen berücksichtigen (ebd.). Die handlungsspezifischen Muster des Expertenwissens müssen daher datenbasiert rekonstruiert werden.

Nach Erprobung von Interviewfragen in einer Pilotstudie und dem Einsatz eines Kurzfragebogens zur Erfassung der soziodemografischen Daten der 29 Studienteilnehmer wurden deshalb Experteninterviews in drei Wellen durchgeführt: vor der Fortbildung, nach der Lerngelegenheit durch Fortbildung und nach der Lerngelegenheit durch eigenen Unterricht zur Bewertungskompetenz. Das umfangreiche Datenmaterial diente der Erhebung der zentralen, domänen- und themenspezifischen Repräsentationen des fachdidaktischen Wissens durch qualitative Inhaltsanalyse. Diese *Content Representations* (CoRe) nach, zur Bewertungskompetenz und ihre Veränderung im Rahmen der angebotenen Lerngelegenheiten wurden analysiert. Dabei erwiesen sich narrative Passagen, „wenn der Inhalt der Erzählung eine Episode aus dem beruflichen Handlungsfeld ist, durchaus als Schlüsselstellen für die Rekonstruktion von handlungsleitenden Orientierungen" (Meuser & Nagel, 2009, S. 53). Für die Durchführung eines Interviews bedeutete dies, Narrationen herauszufordern, um Aufschluss über Facetten des Expertenwissens und -handelns zu erhalten, die dem Interviewten oft selbst nicht voll bewusst sind, aber im Verlauf des Gesprächs durchaus bewusst werden können. Die Förderung von Erzählsituationen, die Ermöglichung einer freien Offenlegung subjektiver Erfahrungen der Befragten bildeten damit die Grundlagen dieser Art der Datenerhebung.

## Vignetten

Im Rahmen der hier vorgestellten Forschungsergebnisse wurden qualitative, narrativ angelegte Experteninterviews mit berufstätigen Biologielehrkräften geführt, in denen zusätzlich zu den Interviewfragen verbalisierte Textvignetten als Interviewstimuli dienten (Schnurr, 2003).

### Beispiel

**Interviewabschnitt: Wissen über Leistungsbeurteilung**

1) Welche Methoden zur Leistungsbeurteilung bei Bewertungskompetenz sind sinnvoll?
2) Welche Kriterien eignen sich zur Leistungsbeurteilung von Bewertungskompetenz?
3) Inwiefern können Sie erkennen/überprüfen, ob Ihre Unterrichtsziele erreicht wurden?
4) Führen Sie zum Abschluss des Unterrichts zur Förderung von Bewertungskompetenz eine Form der Leistungsbeurteilung durch? Wenn ja, welche?
5) Nach welchen Kriterien beurteilen Sie Ihre Schüler?
6) Stellen Sie sich vor, Sie haben einen Schüler, der für Leihmutterschaft ist, und einen, der gegen diese ist. Wie benoten Sie diese Schüler?

**Vignette C**

Schülerurteile zur Leihmutterschaft: Lukas ist *pro* Leihmutterschaft: „Man sollte Menschen, die sich einig sind, nicht bevormunden. Die Leihmutter bekommt Geld und das Paar das lang ersehnte Kind. Außerdem weiß man, dass solche Kinder sich normal entwickeln. Damit können alle Beteiligten glücklicher werden als zuvor."

Viola ist *contra* Leihmutterschaft: „Das hat doch gar nichts mehr mit Menschenwürde zu tun! Die Leihmutter gibt ihren Körper für Geld her. Außerdem bedeutet jede Schwangerschaft auch ein gesundheitliches Risiko! Arme Frauen werden so gnadenlos ausgebeutet. Wir haben kein Recht auf die Erfüllung jedes Wunsches, selbst wenn er machbar ist." ◄

„Fallvignetten schildern Szenen, über die Informationen nur in angedeuteter Form vorliegen. Die offene Frage fordert die Interviewten auf, angesichts der vorhandenen Ungewissheit eine Anschlusshandlung zu nennen" (Paseka & Hinzke, 2014, S. 60). Die Lehrkräfte reagieren daher auf Textvignetten mit subjektiven Interessen, Gefühlen und Erwartungen. Durch die Vignettengestaltung werden beigefügte, attribuierte Projektionen und damit eigene Motive und Verhaltensweisen den geschilderten Personen oder Situationen zugeschrieben. Der Befragte gibt damit Auskunft, wie er in dieser ergebnisoffenen Situation denken, fühlen und handeln würde. In diesem Prozess können die Praxisakteure auf vorhandene Denkstrukturen zurückgreifen, die es ihnen ermöglichen, die Situation zu bewältigen. Diese Wirklichkeitskonstruktionen können vor allem über die Begründung der zuvor geleisteten Vignettenvervollständigung abgefragt und rekonstruiert werden.

## Datenauswertung – fachdidaktische Inhaltsfelder für Bewertungskompetenz

Die Auswertung der Experteninterviews erfolgte durch eine qualitative Inhaltsanalyse nach Mayring (2015). Die Hauptkategorien sind deduktiv der Literatur entnommen und beziehen sich auf die fünf Wissensfacetten des Pentagon-Modells zum fachdidaktischen Wissen von Lehrkräften der Naturwissenschaften nach Park und Chen (2012). Sie stellen die Gesamtheit des fachdidaktischen Wissens einer Lehrkraft dar. Darüber hinaus wurden in dieser Forschungsarbeit die in der deutschen Referenzarbeit von Alfs (2012) empirisch ermittelten Subkategorien zum fachdidaktischen Inhaltswissen zum Kompetenzbereich „Bewertung" übernommen. Übereinstimmungen im Kategoriensystem bestätigten die älteren Studienergebnisse und trugen zu ihrer Generalisierbarkeit bei. Sie gaben darüber hinaus auch Aufschluss über kontextabhängiges und kontextunabhängiges fachdidaktisches Wissen, da der Referenzstudie ein anderes Kontextthema zugrunde lag. In dieser Untersuchung wurden zusätzlich neue Subkategorien entdeckt. Das induktiv ermittelte Expertenwissen zeigt im Vergleich zu früheren Ergebnissen insgesamt eine stärkere inhaltliche Ausdifferenzierung des Wissens zum Kompetenzbereich „Bewertung".

Die in einem Kategoriensystem niedergelegten Erkenntnisse der qualitativen Inhaltsanalyse wurden, differenziert nach den fünf Wissensfacetten, einer weiteren Analyse unterzogen. Als deren Ergebnis wurden aus den zentralen, empirischen Befunden konkrete Anregungen für die Lehre und Forschung abgeleitet. Aus diesen wiederum ließen sich Kompetenzerwartungen für ein modulares Fortbildungsprogramm entwickeln. Die auf diese Weise generierten fachdidaktischen Inhaltsfelder eignen sich zur Orientierung für die Lehre in allen Phasen der Lehrerbildung im Fach Biologie und lassen sich damit auch als didaktische Leitlinien für die Weiterentwicklung schulischer Curricula für den Kompetenzbereich „Bewertung" heranziehen. Die Inhaltsfelder werden entsprechend den Ergebnissen der qualitativen Inhaltsanalyse einem grundlegenden, kontextunabhängigem *Fundamentum* bzw. einem weiterführenden, kontextbezogenen *Additum* zugeordnet.

### 8.2.4 Fachdidaktische Inhaltsfelder eines kontextunabhängigen Fundamentums

**Beschreibung von Bewertungskompetenz**
Lehrkräfte erwerben die Kompetenz,

- die Teilkompetenzen von Bewertungskompetenz zu benennen und ihre jeweilige didaktische Bedeutung zu erklären;
- das ethische Metavokabular, beispielsweise Moral, Ethik, Wert, Norm, deskriptive und normative Aussage, naturalistischer Fehlschluss, auf Fallbeispiele anzuwenden;
- einen ethischen Konflikt in kontroversen Themen zu beschreiben, verschiedene Positionen zu benennen, Pro- und Kontra-Argumente zu bestimmen, Werte zuzuordnen sowie Folgen unterschiedlicher Reichweite zu erklären;
- Instrumente und Techniken, beispielsweise Texterschließung durch Elaborationsstrategien, Begriffsnetz, Lückentext oder Glossararbeit zur Erklärung und Einübung von Fachbegriffen und Fachkonzepten, zur Förderung der verschiedenen Facetten des Sprachhandelns zielführend einzusetzen, im Speziellen die argumentative Urteilsbildung als Möglichkeit einer Textproduktion;
- Werturteile zu verschiedenen Positionen zu verschriftlichen und diese hinsichtlich der Qualität der Argumentstruktur, bestehend aus Sachanalyse, Werteanalyse und Folgenantizipation, zu analysieren;
- deontologische und konsequenzialistische Argumentationsweisen zu unterscheiden;
- einen Kontext-Pool hinsichtlich der Lehrplan-Anforderungen, der Jahrgangsstufenpassung und unter Berücksichtigung der Genderproblematik zu analysieren und in ein Schulcurriculum (Hauslehrplan), vertikal vernetzt, zu integrieren;
- ethisch relevante Kontexte wie Klimaschutz, Tierversuche oder Genome Editing in Ablaufschemata und Strukturierungshilfen für den Unterricht einzuarbeiten;
- didaktisch aufbereitete Unterrichtsmaterialien bzgl. der Lehrplananforderungen, Jahrgangsstufenpassung und Genderproblematik zu analysieren;
- in Unterrichtssimulationen ergebnisoffen zu moderieren und die Teilnehmer zu einem eigenen begründeten Urteil zu führen;
- im Prozess der Urteilsbildung auch psychologische Komponenten, wie beispielsweise persönliche Betroffenheit aufgrund von Adoption oder Behinderung, zu berücksichtigen, indem sie die intuitive menschliche Urteilskraft wertschätzend einbeziehen und auf eine reflexiv-bewusste Ebene anheben;
- den gemeinsamen Wertekanon einer Lerngruppe zu identifizieren und zu einem gemeinsamen Urteil oder zu einem fairen Kompromiss in Bezug zum Konfliktthema zu führen.

**Methoden zur Förderung von Bewertungskompetenz**
Lehrkräfte erwerben die Kompetenz,

- verschiedene Gesprächs-, Recherche- und Bewertungsformen zu beschreiben sowie deren jeweilige Stärken und Schwächen zu identifizieren;
- das ethische Grundvokabular, wie beispielsweise deontologische und konsequenzialistische Argumentation, an Fallbeispielen anzuwenden;

- methodische Strukturierungsmodelle/Ablaufschemata, wie das 6-Schritte-Modell zur ethischen Urteilsfindung nach Hößle und Alfs (2016) oder das Pyramidenmodell für das bioethische Lernen (Pohlmann, 2019), für den bioethischen Unterricht zu kategorisieren und einzelne Modelle exemplarisch zu charakterisieren:
  - Modelle, die die ethische Reflexion in den Vordergrund stellen
  - Modelle, die die Auseinandersetzung mit Wertedilemmata betonen
  - Modelle, die speziell für die Umweltbildung entwickelt wurden
- Strukturierungsmodelle/Ablaufschemata hinsichtlich der didaktischen Ziele begründend auszuwählen, z. B. zur Förderung persönlicher Urteile bzw. gemeinsamer Urteile oder fairer Kompromisse;
- Handlungsoptionen Werte zuzuordnen, „Wertepools" zu entwickeln sowie Wertehierarchien und Wertekonkurrenz an praktischen Beispielen zu diskutieren;
- Begründungsstrukturen, Merkmale und Gütekriterien von Urteilen zu benennen.
- Simulationsspiele wie Planspiele oder Rollenspiele praktisch durchzuführen und die Ziele der jeweiligen Methoden mit Blick auf eine fachübergreifende Demokratieerziehung durch das Wecken von Empathie für gegnerische Standpunkte und die Erzeugung eines Klimas der Toleranz und des Respekts zu reflektieren;
- im Rahmen von Spracherziehung eine angemessene Gesprächskultur zu fördern sowie die Verschriftlichung ethischer Urteile anzuleiten;
- Quellenformen zu typologisieren und die Prinzipien der Quellenkritik anzuwenden.

**Leistungsbeurteilung von Bewertungskompetenz**
Lehrkräfte erwerben die Kompetenz,

- einen typischen Diagnosezyklus in Anlehnung an Hößle und Alfs (2016) zu beschreiben und für ein konkretes Schülermerkmal zu spezifizieren;
- zahlreiche Instrumente, wie beispielsweise das Lerntagebuch oder das Protokoll, der Leistungsdiagnose zu benennen und mit konkreten Unterrichtssituationen in Verbindung zu bringen;
- Diagnosebögen mit ausformulierten Indikatoren für die Qualitätskriterien der verschiedenen Teilkompetenzen von Bewertungskompetenz zu entwickeln (Hößle & Heusinger von Waldegge, 2010; Hößle & Alfs, 2016) und z. B. auf selbst verfasste Urteile leistungsmessend anzuwenden;
- vorgelegte schriftliche Werturteile unterschiedlicher Güte, kriteriengeleitet und begründend mit einer Note zu beurteilen (mögliche Kriterien: Wird ein Normenkonflikt wahrgenommen? Werden Werte und/oder Normen ausdrücklich genannt? Werden gesellschaftliche Folgen genannt?);
- strukturgebende didaktische Modelle, wie bereits oben benannt, in selbst erstellten Unterrichtsentwürfen zu nutzen, um über die explizierte prozessuale Struktur des ethischen Bewertens die Operationalisierung/Leistungsmessung der Teilkompetenzen von Bewertungskompetenz zu gewährleisten;

- Kriterien für das diagnostische Beobachten aufzustellen, z. B. „kann auf andere eingehen", „setzt sein Urteil in Bezug zu anderen", und in Rollenspielen anhand von Beobachtungsbögen auf Tauglichkeit zu prüfen;
- eine vorgelegte Unterrichtssequenz zur Förderung ethischer Bewertungskompetenz hinsichtlich der Einsatzmöglichkeiten von Diagnoseinstrumenten zu analysieren.

### 8.2.5 Fachdidaktische Inhaltsfelder eines kontextabhängigen Additums

**Ziele und Themen zur Förderung von Bewertungskompetenz**
Lehrkräfte erwerben die Kompetenz,

- Erziehungsziele wie soziale Verantwortung, Respekt und Toleranz den entwickelten Schulmaterialien zugrunde zu legen, um damit einem Bildungsverständnis zu entsprechen, das die Würde eines jeden Menschen in den Blick nimmt;
- eines sicheren Umgangs mit kulturell-religiös vorgeprägten Werthaltungen und diese im Rahmen einer aktiven Demokratieerziehung zu integrieren;
- an Fallbeispielen, wie beispielsweise der Embryonenspende oder Impftechnologien, die Zusammengehörigkeit von gesellschaftlichen und naturwissenschaftlichen sowie von normativen und deskriptiven Aspekten aufzuzeigen und diese zur Entwicklung ganzheitlichen Materials für den Biologieunterricht zu nutzen;
- Themen wie „Zulassung für genomeditierte Äpfel?" oder „Sterbehilfe erlauben?" zu generieren, die die Entdeckung eines gemeinsamen Wertekanons und das Erleben einer Wertegemeinschaft in Lerngruppen zulassen;
- Themen der Medizinethik, der Tier- und Umweltethik zuzuordnen und mit Blick auf genderspezifische Interessen, beispielsweise technikaffine Jungen, gleichwertig bei der Weiterentwicklung von didaktisierten Schulmaterialien zu berücksichtigen;
- ihr Fachwissen zu aktuellen reproduktionsmedizinischen Themen, beispielsweise der Fertilitätsproblematik (späte Mutterschaft, Leihmutterschaft, Social Freezing), der Techniken (Kryokonservierung, Embryonentransfer) oder der Präimplantationsdiagnostik (Rettungsgeschwister, Designerbaby) zu erweitern;
- Aussagen zu einem Thema durch eine kritische Quellenanalyse zu hinterfragen.

**Umgang mit Schülervorstellungen**
Lehrkräfte erwerben die Kompetenz,

- heterogene, auch genderspezifische Schülerpräkonzepte beispielsweise zur Verantwortungsübernahme bei Sexualkontakt, aufgrund eigener Beobachtungen im Unterricht, schriftlicher Aufzeichnungen oder Videoanalysen wahrzunehmen und zu beschreiben und diese als Anknüpfungspunkte für eine interessens- und motivationsfördernde Entwicklung von Lernmaterialien zu nutzen;

- Schülerpräkonzepte mittels Anknüpfungs- und Konfrontationsstrategien nach Möller (2010, S. 62) in eine Lernumgebung einzubinden und dies schwerpunktmäßig zur Wahrnehmung des ethischen Konflikts, zur Förderung der Empathiefähigkeit sowie einer reflexiven Sicht auf andersartige Urteile an Fallbeispielen darzulegen;
- männliche Schüler in einer koedukativen Lernumgebung durch das Vorbild der Mädchen in ihrer Fähigkeit zu Empathie und Perspektivwechsel, z. B. im Rahmen medizinethischer Kontexte wie Abtreibung oder Leihmutterschaft, zu fördern, indem dazu zielführende Passagen in Unterrichtsmaterialien entwickelt werden;
- Informationen und Meinungen aus den sozialen Netzwerken zu bioethischen Themen in didaktisch-pädagogischer Weise zu hinterfragen und für unterrichtliche Zwecke zu nutzen;
- in Simulationen die eigene Urteilsfindung hinsichtlich des deontologischen und/oder konsequenzialistischen Argumentationstyps sowie des eigenen liberalen oder relationalen Autonomieverständnisses metakognitiv zu reflektieren und daraus Schlüsse für die eigene Unterrichtspraxis zu ziehen.

## 8.3 Fazit

Lernende Erwachsene verfügen über eine deutlich größere Bandbreite an Wissen, Kompetenzen, Strategien und Erfahrungen als Kinder und Jugendliche. Sie haben ein „ausgeprägteres Bedürfnis nach Eigenverantwortlichkeit, Interessens- und Erfahrungsbezug" (Lipowsky, 2011, S. 398). Erwachsene Lerner werden gleichzeitig primär durch die Relevanz von Lerninhalten und den erwarteten Nutzen geleitet. Im Rahmen verschiedener Untersuchungen konnte festgestellt werden, dass die Fortbildungsmotivation von Lehrkräften durch das Erleben von Autonomie und Mitspracherechten positiv beeinflusst wird (Gräsel et al., 2008; Nir & Bogler, 2008). Nach Hascher (2011, S. 430) sind Lernprozesse von Lehrkräften situiert und kontextualisiert. Ergebnisse lassen sich daher nicht auf andere Fortbildungsangebote übertragen. Zur Bewältigung der Alltagsprobleme ist daher auch kein rezeptartiges Wissen, sondern eine adaptive Expertise Voraussetzung (Stern, 2009). Diese adaptive Expertise setzt sich aus impliziten Könnensanteilen und expliziten Wissenskomponenten zusammen.

Aus bisherigen Untersuchungen ist deutlich geworden, dass folgende Gelingensbedingungen für Lehrerfortbildungen vorliegen sollten:

1. Die Erweiterung des Handlungswissens von Lehrpersonen ist eng mit sozialen Austauschprozessen und dem Hinterfragen der eigenen Praxis verbunden.
2. Die Integration von Mentoring- und Coaching-Prozessen bietet sich im Kontext erfolgreicher Erwachsenenbildung daher zwingend an.
3. Darüber hinaus spielen die Güte des fachdidaktischen Wissens als kognitive Voraussetzung für eine tiefere Reflexion unterrichtlicher Praxis und für die Ausbildung von Handlungskompetenzen eine entscheidende Rolle (Großschedl et al., 2014, 2015; Lipowsky, 2011).

Unter Berücksichtigung dieser Befunde und der Ergebnisse der dargestellten Studie, auch mit Blick auf ein mögliches formatives Assessment als begleitende Lernverlaufsdiagnostik durch PCK-Kartierung (PCK = Pedagogical Content Knowledge), wie es Pohlmann (2019, S. 369) beschreibt, lässt sich ein Strukturmodell für lernwirksame und nachhaltige Fortbildungen ableiten. Die empirisch ermittelten Programmbausteine zur Förderung von Bewertungskompetenz sind dabei integraler Bestandteil eines fortlaufenden Evaluationszyklus (Tab. 8.1).

**Tab. 8.1** Fortbildungsstrukturmodell zur Förderung von Bewertungskompetenz (BK)

| Lehrkräfte | Programmbaustein | | | Hochschuldidaktiker |
|---|---|---|---|---|
| Repräsentative Stichprobe | *Pilotierung* Fortbildungsbedarf | | | Lernstandsdiagnose |
| Interschulische, professionelle Lerngemeinschaft | *Partizipative Planung* Ziele Handlungsplan Indikatoren der Zielerreichung | | | Rückmeldung zur Diagnose Moderation |
| | *Reflexionsschleife I* Individueller und kollektiver Lernstand Textvignetten, PCK-Kartierung | | | Lernstandsdiagnose |
| | *Partizipative Durchführung – Fundamentum* | | | Rückmeldung zur Diagnose Coaching |
| | Beschreibung von BK Praktische Übungen | Methoden zur Förderung von BK Praktische Übungen | Leistungsbeurteilung von BK Praktische Übungen | |
| Schulinterne, professionelle Lerngemeinschaft Fachkollegium Mentoring | *Unterrichtspraxis I* Reflexive Erprobung von Moderationstechniken, Unterrichtsmaterialien, Instrumente der Leistungsdiagnose etc. | | | |
| Interschulische, professionelle Lerngemeinschaft | *Partizipative Durchführung – Additum* | | | Coaching |
| | Ziele und Themen zur Förderung von BK | Umgang mit Schülervorstellungen | | |
| Schulinterne, professionelle Lerngemeinschaft Fachkollegium Mentoring | *Unterrichtspraxis II* Reflexive Erprobung von Moderationstechniken, Unterrichtsmaterialien, Instrumente der Leistungsdiagnose etc. | | | |
| Interschulische, professionelle Lerngemeinschaft | *Reflexionsschleife II* Individueller und kollektiver Lernstand Textvignetten, PCK-Kartierung | | | Lernstandsdiagnose |
| | *Partizipative Dateninterpretation* Analyse des Handlungsplanes Auf Wunsch Individualdiagnose | | | Rückmeldung zur Diagnose Moderation |
| | *Qualitätszyklus* Kooperative Weiterentwicklung von Praxis | | | |

Der Baustein „Integration ethischer Aspekte in den Fachunterricht" könnte der kollegialen Kooperation mit Lehrkräften nichtaffiner Fächer zur Gewinnung einer überfachlichen Perspektive dienen, indem interessierte Lehrkräfte unterschiedlicher Fachrichtungen zum Austausch zusammengeführt werden. Struktur und Inhalt eines solchen Zusatzmoduls würden auf die gewonnene Expertise der Teilnehmer und ihre aktive Teilhabe abheben und damit die Selbstwirksamkeitsüberzeugung sowie die motivationalen und volitionalen Bereitschaften und Fähigkeiten befördern.

**Modul zur überfachlichen Reflexion ethikintegrierten Fachunterrichts**
**Integration ethischer Aspekte in den Fachunterricht**
Fachvorträge
Podiumsdiskussion

Die Analyse der Konzepte der fördernden und hemmenden Faktoren zur Integration der Bewertungskompetenz im schulischen Alltag von Biologielehrkräften erlaubt ein vertieftes Verständnis der aktuellen Unterrichtsrealität. Komplexität und Fülle der Ergebnisse dieser Erhebung zeigen aber auch „Reichtum des professionellen Wissens" (Bromme, 1992, S. 153) der Praxisakteure, die Schwierigkeit ihrer Aufgabe und die Leidenschaft, mit der sie diese annehmen und nach Optimierung ihres professionellen Handelns streben (Pohlmann, 2019). Das Expertenwissen der Untersuchungspartner kann damit zur Weiterentwicklung und Qualitätssicherung des Biologieunterrichts beitragen sowie der größeren Wirksamkeit von Lehrerfortbildungen dienen.

## Literatur

Alfs, N. (2012). *Ethisches Bewerten fördern. Eine qualitative Untersuchung zum fachdidaktischen Wissen von Biologielehrkräften zum Kompetenzbereich „Bewertung"*. Verlag Dr. Kovac.
Bromme, R. (1992). *Der Lehrer als Experte*. Huber.
Gräsel, C., Fussangel, K., & Schellenbach-Zell, J. (2008). Transfer einer Unterrichtsinnovation. Das Beispiel Chemie im Kontext. In E.-M. Lankes (Hrsg.), *Pädagogische Professionalität als Gegenstand empirischer Forschung* (S. 207–218). Waxmann.
Großschedl, J., Mahler, D., Kleickmann, T., & Harms, U. (2014). Content-Related Knowledge of Biology Teachers from Secondary Schools: Structure and learning opportunities. *International Journal of Science Education, 36*(14), 2335–2366.
Großschedl, J., Harms, U., Kleickmann, T., & Glowinski, J. (2015). Preservice biology teachers' Professional knowledge: Structure and learning opportunities. *Journal of Science Teacher Education, 26*(3), 291–318.
Hascher, T. (2011). Forschung zur Wirksamkeit der Lehrerbildung. In E. Terhart, H. Bennewitz, & M. Rothland (Hrsg.), *Handbuch der Forschung zum Lehrerberuf*. Münster.
Hößle, C., & Alfs, N. (2016). *Doping, Gentechnik, Zirkustiere. Bioethik im Unterricht*. Aulis Verlag.
Hößle, C., & Heusinger von Waldegge, K. (2010). Bewertungskompetenz diagnostizieren – eine Herausforderung. *MNU, 63*(7), 428–434.

Kirschner, S., Sczudlek, M., et al. (2017). Professionswissen in den Naturwissenschaften (ProwiN). In C. Gräsel & K. Trempler (Hrsg.), *Entwicklung von Professionalität pädagogischen Personals*. Springer Fachmedien.

KMK. (2005). *Bildungsstandards im Fach Biologie für den Mittleren Schulabschluss*. Sekretariat der Ständigen Konferenz der Kultusminister der Länder in der Bundesrepublik Deutschland.

KMK. (2019). *Ländergemeinsame inhaltliche Anforderungen für die Fachwissenschaften und Fachdidaktiken in der Lehrerbildung: Beschluss der Kultusministerkonferenz vom 16.10.2008 id F. vom 16.05.2019. Sekretariat der Kultusministerkonferenz*. Berlin/Bonn.

Lipowsky, F. (2011). Theoretische Perspektiven und empirische Befunde zur Wirksamkeit von Lehrerfort- und Lehrerweiterbildung. In E. Terhart, H. Bennewitz, & M. Rothland (Hrsg.), *Handbuch der Forschung im Lehrerberuf*. Waxmann.

Loughran, J., Berry, A., & Mulhall, P. (2006). *Understanding and developing science teachers' pedagogical content knowledge*. Sense Publishers.

Mayring, P. (2015). *Qualitative Inhaltsanalyse*. Beltz.

Meuser, M., & Nagel, U. (2009). Das Experteninterview – konzeptionelle Grundlagen und methodische Anlage. In S. Pickel, G. Pickel, H.-J. Lauth, & D. Jahn (Hrsg.), *Methoden der vergleichenden Politik- und Sozialwissenschaften*. Springer.

Möller, K. (2010). Lernen von Naturwissenschaften heißt: Konzepte verändern. In P. Labudde (Hrsg.), *Fachdidaktik Naturwissenschaft. 1.–9. Schuljahr* (S. 52–72). Haupt UTB.

Neumann, O. (2011). Partizipatives Forschen unter dem Blickwinkel der Empowerment-Theorie – einige kritische Anmerkungen. *Journal für Psychologie, 19*(2).

Nir, A., & Bogler, R. (2008). The antecedents of teacher satisfaction with professional development programs. *Teaching and Teacher Education, 24*, 377–386.

Parchmann, I. (2013). Wissenschaft Fachdidaktik – Eine besondere Herausforderung. *Beiträge zur Lehrerbildung, 31*(1), 31–41.

Park, S., & Chen, Y. (2012). Mapping Out the Integration of the Components of Pedagogical Content Knowledge (PCK). Examples From High School Biology Classrooms. *Journal of Research in Science Education, 49*(7), 922–941.

Park, S., & Oliver, J. S. (2008). Revisiting the Conceptualisation of Pedagogical Content Knowledge (PCK). PCK as a conceptual tool to understand teachers as professionals. *Research in Science Education, 38*(3), 261–284.

Paseka, A., & Hinzke, J.-H. (2014). Fallvignetten, Dilemmainterviews und dokumentarische Methode: Chancen und Grenzen für die Erfassung von Lehrerprofessionalität. *Lehrerbildung auf dem Prüfstand, 7*(1), 46–63.

Pohlmann, M. (2019). *Förderung ethischer Bewertungskompetenz. Der Einfluss ausgewählter Lerngelegenheiten auf die inhaltliche Ausdifferenzierung und die Kohärenz der Komponenten des fachdidaktischen Wissens von Biologielehrkräften*. Doctoral dissertation, Universität Oldenburg. http://nbn-resolving.org/urn:nbn:de:gbv:715-oops-41077. Zugegriffen am 28.05.2025.

Schmelzing, S., Wüsten, S., Sandmann, A., & Neuhaus, B. (2010). Fachdidaktisches Wissen und Reflektieren im Querschnitt der Biologielehrerbildung. *Zeitschrift für Didaktik der Naturwissenschaften, 16*, 189–207.

Schnurr, S. (2003). Vignetten in quantitativen und qualitativen Forschungsdesigns. In H.-U. Otto et al. (Hrsg.), *Empirische Forschung und soziale Arbeit. Ein Lehr- und Arbeitsbuch*. Luchterhand.

Shulman, L. S. (1986). Those who understand: Knowledge growth in teaching. *Educational Researcher, 15*(4), 4–14.

Shulman, L. S. (1987). Knowledge and teaching: Foundations of the new reform. *Harvard Educational Review, 57*(1), 1–21.

Stern, E. (2009). Implizite und explizite Lernprozesse bei Lehrerinnen und Lehrern. In O. Zlatkin-Troitschanskaia, K. Beck, D. Sembill, R. Nickolaus, & R. H. Mulder (Hrsg.), *Lehrprofessionalität. Bedingungen, Genese, Wirkungen und ihre Messung* (S. 355–364). Beltz.

Terhart, E. (2002). Was müssen Lehrer wissen und können? In G. Breidenstein & W. Helsper (Hrsg.), *Die Lehrerbildung der Zukunft – eine Streitschrift (Studien zur Schul- und Bildungsforschung)*. Leske und Budrich.

## Vertiefende Literatur

Alfs, N., Heusinger von Waldegge, K., & Hößle, C. (2012). Bewertungsprozesse verstehen und diagnostizieren. *Zeitschrift für interpretative Schul- und Unterrichtsforschung, 1*, 83–112.

Hößle, C. (2001a). Ethische Dimensionen der Gentechnik im Unterricht. Teil 4: Wissenschaft und Verantwortung. *Praxis der Naturwissenschaften. Biologie in der Schule, 50*(8), 38–41.

Hößle, C. (2001b). *Moralische Urteilsfähigkeit. Eine Interviewstudie zur moralischen Urteilsfähigkeit von Schülern zum Thema Gentechnik*. Studien-Verlag.

Hößle, C. (2001c). Untersuchung zur Förderung der moralischen Urteilsfähigkeit von Schülern am Thema: Gentechnik im Biologieunterricht. *MNU, 54*(5), 306–313.

Hößle, C., & Reitschert, K. (2007). Wie Schüler ethisch bewerten. Eine qualitative Untersuchung zur Strukturierung und Ausdifferenzierung von Bewertungskompetenz in bioethischen Sachverhalten bei Schülern der Sek. I. *Zeitschrift für Didaktik der Naturwissenschaften, 13*(125–143), 125–143.

Park, S., & Oliver, J. S. (2008). National Board Certification (NBC) as a catalyst for teachers' learning about teaching: The effects of the NBC process on candidate Teachers' PCK development. *Journal of Research in Science Education, 45*(7), 812–834.

Pohlmann, M. (2019). Modellierung, Visualisierung und Messung fachdidaktischer Kompetenz von Lehrkräften der Naturwissenschaften. *Seminar: Unterrichtsqualität – Herausforderungen und Instrumente für die Praxis, 4*, 143–151.

Pohlmann, M. (2020a). Die Lehrkraft als Experte für das Lernen und Lehren in der Schule. Förderung von Professionalität durch effizientere Lehrerfortbildungen am Beispiel von Bewertungskompetenz im Fach Biologie. *Seminar: Bildung 4.0 – Digitalisierung im Kontext der Lehrkräftebildung, 1*, 95–111.

Pohlmann, M. (2020b). Das Pyramidenmodell für das bioethische Lernen. *MNU-Journal, 73*(3), 243–247.

von Unger, H. (2014). *Partizipative Forschung*. Springer VS.

# 9

# Den Schwangerschaftsabbruch verstehen und bewerten: Der Einsatz von Erklärvideos im Biologie- und Philosophieunterricht der Oberstufe

Denise Schürmann und Corinna Hößle

> *„Eine Schwangerschaft abzubrechen, erzeugt schon ein mulmiges Gefühl, denn es ist ja dein eigenes Kind. Aber es sollte einem freistehen, sich zu entscheiden"* (Julia, 16 Jahre).

**Zusammenfassung**

Eine ungewollte Schwangerschaft stellt Menschen vor eine große ethisch-moralische Herausforderung. Dabei steht das Recht auf Leben des Embryos dem Recht auf Selbstbestimmung der Frau gegenüber. Gleichzeitig muss die schwangere Frau sich am § 218 orientieren, um straffrei aus dem Dilemma zu gelangen. Es hat sich eine gesellschaftliche Diskussion entfacht, die eine Neuregelung der deutschen Gesetzeslage fordert. Ist die Debatte gerechtfertigt? Wie könnte eine Neuregelung aussehen, und welche ethischen Werte, Schutzkonzepte und Interessen kollidieren? Diese Fragen werden in der Lerneinheit aufgegriffen., Zur Vermittlung von Fachwissen zu medizinischen, rechtlichen und ethischen Hintergründen sollen Erklärvideos herangezogen werden, so dass am Ende, das Lernenden ein eigenes moralisches Urteil hinsichtlich einer möglichen Gesetzesnovellierung gefällt werden kann.

---

**Ergänzende Information** Die elektronische Version dieses Kapitels enthält Zusatzmaterial, auf das über folgenden Link zugegriffen werden kann [https://doi.org/10.1007/978-3-662-69707-8_9].

D. Schürmann
Bremen, Deutschland

C. Hößle (✉)
Institut Biologie und Umweltwissenschaften, Carl von Ossietzky Universität Oldenburg, Oldenburg, Deutschland
E-Mail: corinna.hoessle@uni-oldenburg.de

© Der/die Autor(en), exklusiv lizenziert an Springer-Verlag GmbH, DE, ein Teil von Springer Nature 2025
C. Hößle, W. Rathje (Hrsg.), *Bioethik unterrichten - Urteilsfähigkeit fördern*, https://doi.org/10.1007/978-3-662-69707-8_9

**Worum es geht**
- Sollte der § 218 in seiner bestehenden Form erhalten, abgeschafft oder verändert werden? Diese Frage berührt zentrale ethische Werte menschlichen Lebens: Das Recht auf Leben des Embryos steht dem Bedürfnis nach Wohlergehen der schwangeren Frau und ihrem Recht auf Selbstbestimmung gegenüber. Auf Basis von Fachwissen und Bewertungskompetenz soll ein Urteil gefällt werden.
- Schüler der Oberstufe werden aufgefordert, a) sich in komplexe medizinische, rechtliche und ethische Aspekte zum Thema Schwangerschaftsabbruch einzuarbeiten und b) vorab erstellte Erklärvideos zu vertonen. Abschließend wird ein Urteil gefällt, das Möglichkeiten der gesellschaftlichen Teilhabe simuliert.

## 9.1 Einleitung

Der Schwangerschaftsabbruch und seine gesetzliche Regelung ist eines der meist diskutierten Themen in unserer Gesellschaft (Westermair et al., 2023). Obwohl jede dritte Frau innerhalb ihres Lebens einen Schwangerschaftsabbruch erlebt hat, wird das Thema dennoch weiterhin tabuisiert (Achtelik, 2019). Die Verankerung des Themas im Unterricht ist fester Bestandteil der Kerncurricula aller Bundesländer und verfolgt das Ziel der Enttabuisierung.

Die rechtlichen Regelungen zur Durchführung des Schwangerschaftsabbruches schwanken weltweit zwischen Legalisierung (z. B. Niederlande) und Verbot (z. B. Polen). In Deutschland ist die Debatte um die gesetzliche Regelung 2021 erneut entfacht: Insbesondere Frauen fordern die Aufhebung des § 218. Wie kam es dazu? Im Zuge der Neuregelung des § 219a, der es Ärzten nun erlaubt, Frauen über unterschiedliche Methoden des Schwangerschaftsabbruchs zu informieren und zu beraten, entfachte auch erneut die Debatte um die Aufhebung des § 218. Durch die anhaltende Aktualität und den biologischen Bezug bietet die Thematisierung der Debatte im Unterricht die Möglichkeiten,

- Bewertungskompetenz von Schülern zu fördern,
- Fachwissen zum Schwangerschaftsabbruch aufzubauen,
- digitale Kompetenzen zu vermitteln und damit gleichzeitig
- einen Beitrag zu einer umfassenden Sexualaufklärung zu leisten.

Die Thematisierung des Schwangerschaftsabbruchs ist insbesondere für den Biologieunterricht im Rahmen der Sexualaufklärung essenziell, denn „nicht Zwang, Scham und Kontrolle verhindern ungewollte Schwangerschaften, sondern umfassende Sexualaufklärung, [...] und Selbstbestimmung" (Diehl, 2019, S. 32).

Angesichts der zunehmenden Digitalisierungsprozesse im Bildungsbereich soll an dieser Stelle ein Beispiel dargestellt werden, wie Sexualaufklärung zum

Thema Schwangerschaftsabbruch unter Einbindung des digitalen Mediums Erklärvideo in den Unterricht integriert werden kann, um bei Schülern nicht nur digitale Kompetenzen, sondern die eigenständige Auseinandersetzung mit dem Thema Schwangerschaftsabbruch und gleichzeitig die Bewertungskompetenz zu fördern.

## 9.2 Der Schwangerschaftsabbruch – ein ethisches Dilemma

In den Jahren von 2012 bis 2021 gab es in Deutschland mehr als 1 Mio. Schwangerschaftsabbrüche (BzgA, 2023). Damit endeten 61 % aller ungewollten Schwangerschaften mit einem Abbruch (Bearak et al., 2020). Der Konflikt stellt die Betroffenen vor ein existenzielles ethisches Dilemma, da es die Abwägung zweier zentraler ethischer Werte erzwingt: das Recht auf Leben des Embryos einerseits und das Recht auf Selbstbestimmung und Wohlergehen der Mutter andererseits. Entscheidet sich die Frau für einen Abbruch der Schwangerschaft, da sie ihr persönliches Wohlergehen beeinträchtigt sieht, so verletzt sie gleichzeitig das Recht auf Unversehrtheit des Embryos. Entscheidet sich die Betroffene für den Erhalt der Schwangerschaft, nimmt sie in Kauf, dass ihr Wohlergehen womöglich verletzt wird. Die Abwägung dieser Werte hängt eng mit der Frage nach dem Beginn und der Schutzwürdigkeit des menschlichen Lebens zusammen (Budde, 2015). Kann dem Embryo bzw. Fötus eine Würde zugesprochen werden?

### 9.2.1 Methoden des Schwangerschaftsabbruchs

Für Informationen zu Methoden des Schwangerschaftsabbruchs wird auf die profamilia-Broschüre „Schwangerschaftsabbruch: Was Sie wissen müssen – Was Sie beachten sollten" und vertiefend auf „Der medikamentöse Schwangerschaftsabbruch mit Mifepriston und Misoprostol – Informationen für FrauenärztInnen und BeraterInnen" hingewiesen (pro familia, 2025).

### 9.2.2 Der rechtliche Hintergrund

Die Debatte um die rechtliche Regelung des Schwangerschaftsabbruches stellt nicht nur Deutschland, sondern auch viele andere Länder wiederholt vor große Herausforderungen. Die zuletzt im Jahr 2022 geführten Diskussionen in Polen und Deutschland sind nur ein Beispiel dafür.

Das heute in Deutschland geltende Strafrecht zur Regelung von Schwangerschaftsabbrüchen wurde am 21. August 1995 mit dem Schwangeren- und Familienhilfeänderungsgesetz verabschiedet (Budde, 2015). Dieses legt in Form des abgeänderten § 218 fest, dass der Schwangerschaftsabbruch generell rechtswidrig ist und mit einer Freiheitsstrafe von bis zu drei Jahren oder mit einer Geldstrafe geahndet werden kann. In besonders schweren Fällen, wenn der Abbruch z. B. gegen den Willen der Schwangeren stattfindet oder die Gesundheit der Schwangeren durch den Abbruch gefährdet wird, kann es sogar mit einer Freiheitsstrafe von sechs Monaten bis zu fünf Jahren für den Täter geahndet werden. Damit wird grundsätzlich zunächst jeder Schwangerschaftsabbruch unter Strafe gestellt.

Der § 218a im Strafgesetzbuch (StGB) zeigt jedoch gleichzeitig Umstände auf, unter denen ein Schwangerschaftsabbruch straffrei bleibt. Dies ist der Fall, wenn die Schwangere den Abbruch verlangt und mindestens drei Tage vor dem Eingriff eine Schwangerschaftskonfliktberatung durch eine offiziell anerkannte Beratungsstelle stattgefunden hat (§ 218a Abs 2). Diese wird durch das Ausstellen einer Bescheinigung bestätigt. Anerkannte Beratungsstellen sind zum Beispiel pro familia, das Deutsche Rote Kreuz oder das Diakonische Werk (Siekmann, 2016). Darüber hinaus muss der Eingriff von einem Arzt durchgeführt werden, und es dürfen nicht mehr als zwölf Wochen seit der Empfängnis vergangen sein (§ 218a Abs. 1). Die Beratung erfolgt unter der Zielsetzung, die Frau zur Fortsetzung der Schwangerschaft zu ermutigen und ihr generelle Unterstützung zur Bewältigung der aktuellen Konfliktlage anzubieten (§ 219 Abs. 1).

Nicht rechtswidrig ist zudem der Tatbestand des Abbruchs bei Vorliegen einer kriminologischen oder medizinischen Indikation. Letztere liegt vor, wenn die Gesundheit der Schwangeren nach ärztlicher Erkenntnis in Gefahr steht und der Schwangerschaftsabbruch notwendig ist, um schwerwiegende gesundheitliche Folgen, sowohl seelischer als auch körperlicher Art, abzuwenden (§ 218 Abs. 2). Unter diesen Umständen liegt keine zeitliche Einschränkung vor, sodass auch Spätabbrüche nicht rechtswidrig sind. Eine kriminologische Indikation liegt vor, wenn der Schwangerschaft ein Sexualdelikt zugrunde liegt. In diesem Fall dürfen seit der Empfängnis nicht mehr als zwölf Wochen vergangen sein (§ 219 Abs. 3).

Insgesamt liegt in Deutschland derzeit eine Fristenregelung vor, unter der ein Schwangerschaftsabbruch unter „normalen" Umständen, d. h. ohne kriminologische oder medizinische Indikation, zwar rechtswidrig ist, aber unter Beachtung der Beratungsregel straffrei bleibt. Diese geltende Regelung stellt laut Budde (2015, S. 31) „das Zeugnis eines unmöglichen politischen Spagats" dar, da sie eine „paradoxe Gleichzeitigkeit von Rechtswidrigkeit und Straffreiheit" vorweist.

Es konnte trotz der umfangreichen Verhandlungen zum § 218 bis heute kein Gesetz erlassen werden, welches die Vertreter aller Positionen der Schwangerschaftsabbruchsdebatte zufrieden stellt. Die aktuelle Rechtslage verfolgt in erster Linie das Ziel, das Ungeborene unter Lebensschutz zu stellen, das während der gesamten Dauer der Schwangerschaft grundsätzlich Vorrang vor der Autonomie der Schwangeren hat (Bundesverfassungsgericht, 1975). Frauen beklagen diese Hierarchie und fordern eine Abschaffung des § 218, um sich nicht länger stigmatisiert und zusätzlich über das persönliche Dilemma hinaus „bestraft" zu fühlen, indem ihnen eine strafrechtliche Zuwiderhandlung angelastet wird. Dieser Konflikt wird als Ausgangsszenario für den Unterricht gewählt.

## 9.2.3 Positionen in der Debatte

Innerhalb der aktuellen Debatte um den Schwangerschaftsabbruch treffen diverse unvereinbare Positionen aufeinander. Im Folgenden sollen drei zentrale Argumentationslinien skizziert werden: die konservative Position, die liberale Position und die moderate Position.

**Konservative Position: SKIP-Argumente**

Vertreter der konservativen Position sprechen dem Embryo einen vollen moralischen Status zu, der dieselbe Schutzwürdigkeit und Würde trägt wie ein bereits geborener Mensch. Deshalb wird ein Schwangerschaftsabbruch mit einer Tötung gleichgesetzt. Das Recht auf Autonomie und Selbstbestimmung der Mutter rückt damit in den Hintergrund (Sturma, 2015).

In der Diskussion über den moralischen Status des Embryos wird häufig die Frage nach dem Beginn des Lebens aufgeworfen (Ach, 2012). Die Vertreter der konservativen Position betrachten den Zeitpunkt der Konzeption, an dem Ei- und Samenzelle „verschmelzen" und eine diploide Zygote vorliegt, als Beginn der Schutzwürdigkeit von menschlichem Leben. Dies wird mit den sog. SKIP-Argumenten begründet, welche in Tab. 9.1 näher erläutert werden (Sturma, 2015).

**Tab. 9.1** SKIP-Argumente

| Argumente | Vertreter des Arguments | Kritik |
|---|---|---|
| *Speziesargument* Jedes Individuum der Spezies Mensch hat eine Würde. | Robert Spaemann (2003), deutscher Philosoph | Man kann keine normative Schlussfolgerung aus einer biologischen Eigenschaft ziehen. |
| *Kontinuumsargument* Die Entwicklung des Menschen findet kontinuierlich, d. h. ohne einen relevanten Einschnitt statt. Die Befruchtung stellt somit den einzigen Zeitpunkt dar, der den Beginn des Lebens und damit die Schutzwürdigkeit markieren kann. | Ludger Honnefelder (2003), deutscher Philosoph | Die Entwicklung des Menschen ist nicht kontinuierlich. Es gibt verschiedene Zeitpunkte, an denen die Schutzwürdigkeit zugeschrieben werden kann z. B. -Empfindungsfähigkeit -Ausschluss Mehrlingsbildung -Beginn des Herzschlags |
| *Identitätsargument* Der Embryo und der heranwachsende Mensch teilen dieselbe Identität. Es gibt keine Unterscheidung zwischen einem Präembryo und einem Embryo. Es gibt auch keine Prä-Marie und Marie. Es gibt nur eine Person und Identität. | R. M. Hare, englischer Moralphilosoph des 20. Jahrhunderts, bezieht sich auf die Goldene Regel, die hier lauten würde: Wir würden uns nicht wünschen, abgetrieben worden zu sein, deshalb sollten wir dies auch anderen nicht zufügen (Hügli & Lübcke, 2013). | Die Zuweisung der Identität ist bis zum Ausschluss der Mehrlingsbildung noch nicht eindeutig möglich. |
| *Potenzialitätsargument* Jede Zygote besitzt das Potenzial, sich zu einem ausgewachsenen Menschen zu entwickeln. | Wolfgang Wieland (2003), deutscher Philosoph | Auch eine Eizelle allein hat das Potenzial, sich zu einem Menschen zu entwickeln, wenn in sie ein diploider Kern aus einer Körperzelle übertragen wurde. Die moralische Relevanz der genetischen Potenzialität wird deshalb infrage gestellt. |

Die Tabelle kann im Rahmen der Unterrichtseinheit herangezogen werden, um die komplexen Informationen zu den SKIP-Argumenten parallel zum Erklärvideo zu lesen und zu verstehen.

**Liberale Position**

Zu den Vertretern der liberalen Position zählen vor allem feministische Personen, die eine reproduktive Autonomie fordern (Ach, 2012), die das Recht, über den Verlauf der Schwangerschaft bestimmen zu können, allein der Schwangeren zuschreibt. Im Gegensatz zu den Vertretern der konservativen Position gehen die Liberalen davon aus, dass der volle moralische Status des Embryos nicht zum Zeitpunkt der Konzeption erreicht ist. Das Recht auf Autonomie und Selbstbestimmung der Frau wird demnach stärker gewichtet als die Schutzwürdigkeit des ungeborenen Lebens (Sturma, 2015). Der Embryo wird von Vertretern dieser Position nicht als selbstständiges Lebewesen betrachtet. Aus diesem Grund liegt die Entscheidung über den Verlauf der Schwangerschaft allein bei der Schwangeren (Ach, 2012).

**Moderate Position: Graduelles Schutzkonzept**

Vertreter des graduellen Schutzkonzepts binden die Schutzwürdigkeit des Embryos an den Entwicklungsgrad desselben (Gebhard et al., 2005). Zu Beginn der Schwangerschaft findet das Recht auf Autonomie und Selbstbestimmung der Schwangeren in der Argumentation also eine stärkere Gewichtung als das Lebensrecht des Embryos, da dieser noch keine der vorab festgelegten Entwicklungsschritte aufweist. Mit dem Verlauf der Schwangerschaft rückt die Autonomie der Schwangeren zunehmend in den Hintergrund, und das Lebensrecht des Embryos wird mit jedem Entwicklungsschritt stärker gewichtet.

Das graduelle Schutzkonzept stellt somit eine moderate Position zwischen dem liberalen und dem konservativen Standpunkt dar (Sturma, 2015).

Als ein mögliches Kriterium, das den Beginn der Schutzwürdigkeit markieren könne, formuliert Hans-Martin Sass (1989) das Merkmal der Hirnentwicklung. Sass argumentiert, dass dieser Zeitpunkt sinnvoll sei, da das Ende des menschlichen Lebens auf juristischer Ebene durch das Erlöschen der Hirntätigkeit festgelegt ist und somit eine Analogie hergestellt werden könne. Er schlägt vor, den Anfang des Hirnlebens ab dem 57. Tag nach der Konzeption als Zeitpunkt zu wählen, um dem Embryo einen vollen rechtlichen Schutz zuzusprechen. Zu diesem Zeitpunkt liege zwar noch kein vollständig funktionierendes Hirngewebe vor, jedoch sei das Zellmaterial vorhanden, aus dem ein funktionsfähiges Organ entstehen könne (Sass, 1989). Weitere Vorschläge für Entwicklungsstufen, die über die Schutzwürdigkeit des Embryos bestimmen, sind z. B.

- die Einnistung in die Gebärmutter (5.–9. Tag nach Befruchtung),
- das Ausschließen einer Mehrlingsbildung (etwa um den 14. Tag nach Befruchtung),
- der Beginn der Herztätigkeit (28 Tage nach Befruchtung).

Das graduelle Schutzkonzept hat aufgrund der hier deutlich werdenden mangelnden Präzision durchaus Kritiker. Diese argumentieren, dass der Versuch, Zäsuren in der Entwicklung zu setzen, nicht ohne Willkür erfolgen könne. So kann weder der Beginn der Hirntätigkeit noch der Beginn der Herztätigkeit eindeutig festgelegt werden. Die Befruchtung der Eizelle sei daher der moralisch eindeutigste und relevanteste Zeitpunkt, von dem an Schutzwürdigkeit zugesprochen werden könne (Gebhard et al., 2005).

## 9.3 Digitalisierung der Bildungsprozesse und ihr Nutzen für den Biologieunterricht

Digitale Medien werden „bislang oft nur zur Unterstützung traditioneller Lernformen (z. B. in Form digitaler Texte oder Präsentationen) und weniger für passgenaue, individuelle Förderung oder kooperatives Lernen eingesetzt" (Bildungsbericht, 2020, S. 298). Häufig werden analoge Materialien ohne funktionale Verbesserung durch digitale ersetzt (Substitution, SAMR-Modell). Um jungen Menschen jedoch umfangreiche digitale Kompetenzen zu vermitteln, sollte eine Transformation konventioneller Bildungsangebote stattfinden, die eine Umgestaltung bzw. Neugestaltung von Lernaufgaben unter Einbindung digitaler Tools umfasst.

In diesem Kapitel wird deshalb eine Möglichkeit vorgestellt, das digitale Medium *Erklärvideo* in unvertonter Version in den Biologie- bzw. Philosophieunterricht zu integrieren, um Schüler aktiv einzubinden und ethische Bewertungsprozesse zu fördern.

Erklärvideos sind Filme aus Eigenproduktion, in denen abstrakte Konzepte, Prozesse oder Zusammenhänge anschaulich erklärt werden. Insbesondere bei der Darstellung komplexer Inhalte bieten Erklärvideos Vorteile: Sie ermöglichen die Informationsverarbeitung über verschiedene Sinne und erweisen sich gegenüber monomedialen Medien effektiver und lernwirksamer (Wolf, 2015). Die Integration von Text und Bildinformationen führt zu einer besseren Verarbeitung der Inhalte und resultiert in einem stärkeren Lerneffekt (Mayer, 2014). Erklärvideos können auf zahlreiche Weisen in den Unterricht integriert werden und so zur Gestaltung von differenziertem und innovativem Unterricht beitragen. In der darzustellenden Lerneinheit sind vier Anwendungsmöglichkeiten denkbar, die vom Lernniveau der Schüler sowie der zur Verfügung stehenden Zeit abhängig sind. Schüler können

a. ein Erklärvideo in Anlehnung an die Fachtexte selbst erstellen,
b. ein vorbereitetes Erklärvideo, das nur in den ersten 1–2 min vertont ist, fertig vertonen,
c. ein vorbereitetes Erklärvideo vollständig vertonen,
d. ein vollständig vertontes Erklärvideo zur zusätzlichen Informationsentnahme nutzen, um die komplexen Fachtexte zu verstehen.

Das Erklärvideo stellt damit ein ideales Medium dar, um komplexes Fachwissen zu bioethischen Fragestellungen zu erwerben. Für die Erstellung von Erklärvideos gibt es zahlreiche Möglichkeiten wie beispielsweise die kommentierten Bildschirmaufnahmen, Legetrickfilme oder die Aufnahme eines Realfilmes (Anders et al., 2019).

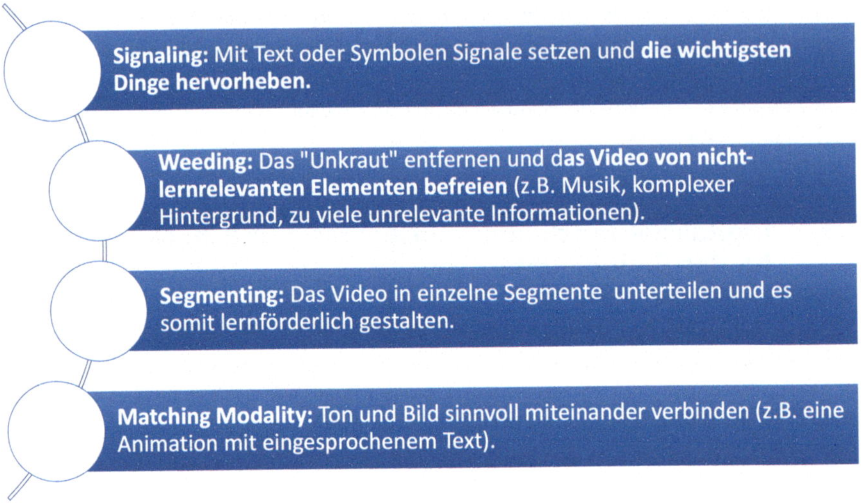

**Signaling:** Mit Text oder Symbolen Signale setzen und **die wichtigsten Dinge hervorheben.**

**Weeding:** Das "Unkraut" entfernen und **das Video von nicht-lernrelevanten Elementen befreien** (z.B. Musik, komplexer Hintergrund, zu viele unrelevante Informationen).

**Segmenting:** Das Video in einzelne Segmente unterteilen und es somit lernförderlich gestalten.

**Matching Modality:** Ton und Bild sinnvoll miteinander verbinden (z.B. eine Animation mit eingesprochenem Text).

**Abb. 9.1** Kriterien zur Gestaltung gelungener Erklärvideos

Was zeichnet ein gutes Erklärvideo aus? Brame (2015) schlägt vier Kriterien vor, die Schüler bei einer kreativen Gestaltung (a) berücksichtigen sollten (Abb. 9.1).

Für die Vertonung bereits vorliegender Erklärvideos (b und c) sollten folgende Kriterien angelegt werden:

- Länge von etwa 2–5 min
- angemessene und ansprechende Visualisierung, bei der Text und Bild zusammenpassen
- fachlich korrekte Darstellung der Inhalte, eine angemessene Videoqualität, die alles gut lesbar darstellt
- Konzentration auf wesentliche Inhalte und Vermeidung von ablenkenden Elementen
- Unterhaltungswert

Die Sprache sollte der Zielgruppe angepasst sein und möglichst einfach gehalten werden. Auch die Deutlichkeit und das Tempo des Sprechens sollten berücksichtigt werden.

**Erstellung von Erklärvideos**

Die von den Autoren erstellten Videos der vorliegenden Unterrichtseinheit, die über im Anhang befindliche QR-Codes abgespielt werden können, stellen eine Mischung aus Legetrick und Stop-Motion-Video dar. Die Entwicklung folgte über mehrere Schritte: Zunächst wurden selbst animierte Figuren, Abbildungen und Texte erstellt. Diese wurden im nächsten Schritt in verschiedenen Anordnungen positioniert und abfotografiert, sodass aus den aneinandergereihten Fotos abschließend ein Stop-Motion-Video geschnitten werden konnte. Die Aufnahme der Fotos erfolgte mit einer Kamera, die jedoch durch jedes Smartphone oder Tablet ersetzt werden kann. Zur Bearbeitung des Videos wurde der einfach zu bedienende Windows Video Editor verwendet. Der Ton kann in Form einer Sprachaufnahme jederzeit hinzugefügt werden. Hierfür eignet sich die Aufnahme von Sprachmemos, die mit jedem Smartphone erfolgen kann. Die gemischte Variante aus Stop-Motion- und Legetricktechnik wurde gewählt, um die Anzeigedauer der einzelnen Bildfrequenzen jederzeit bearbeiten zu können. Auf diese Weise können die Videos nach Probelauf im Unterricht ggf. an die Lernbedingungen und Bedürfnisse der Schüler adaptiert werden.

## 9.4 Sechs Schritte moralischer Urteilsfällung

Zur Förderung der Bewertungskompetenz wird als roter Faden das Oldenburger Modell (Hößle, 2001; Hößle & Alfs, 2014) *Sechs Schritte moralischer Urteilsfindung* für die Unterrichtsplanung zugrunde gelegt (Kap. 15). Die Schritte des Modells können sowohl zur Strukturierung von Unterricht, zur Diagnose von Lernprozessen und als Lernzielhilfe zur Förderung ethischer Bewertungskompetenz im Unterricht verwendet werden. Das Modell sieht die sukzessive Einführung der einzelnen Schritte im Laufe der Sekundarstufe I vor, sodass am Ende der Sekundarstufe I alle Schritte hinreichend bekannt sein sollten.

Der Fokus der darzustellenden Unterrichtseinheit liegt auf folgenden Aspekten:

- Schritt 1: Definieren des geschilderten Dilemmas (Sollte der § 218 aufgehoben werden?)
- Schritt 3: Aufzählen zentraler ethischer Werte
- Schritt 4: Nennung von Argumenten für und gegen das absolute Schutzkonzept und somit für oder gegen einen Schwangerschaftsabbruch
- Schritt 5: Begründete Urteilsfällung hinsichtlich des § 218.

Das Aufzählen möglicher Handlungsoptionen (Schritt 2) und das Aufzählen von Konsequenzen (Schritt 6) werden nicht explizit durchgeführt, kann jedoch zu Beginn der Unterrichtseinheit, wenn es um die Auseinandersetzung mit persönlichen Erfahrungsberichten geht, indirekt aufgegriffen und ggf. vertieft werden.

## 9.5 Unterrichtseinheit

Die Unterrichtseinheit umfasst drei Doppelstunden und beinhaltet die Einführung in die Thematik des Schwangerschaftsabbruchs sowie ausgewählte Schritte der ethischen Bewertung (Tab. 9.2). Das übergeordnete Unterrichtsziel ist die Formulierung eines eigenen, reflektierten, d. h. argumentativ begründeten Urteils zur gesetzlichen Regelung von Schwangerschaftsabbrüchen. Im Rahmen der Lerneinheit sollen der Einsatz von und der Umgang mit Erklärvideos helfen, komplexe naturwissenschaftliche und ethisch-moralische Inhalte des Themas zu erschließen und

**Tab. 9.2** Überblick zur Unterrichtseinheit

| | Thema | |
|---|---|---|
| 1. Doppelstunde | - Einführung in und Sensibilisierung für das ethische Dilemma des Schwangerschaftsabbruchs durch Konfrontation mit – Erfahrungsberichten von real Betroffenen<br>- Einführung in die Erstellung von Erklärvideos<br>- Einführung in das Gruppenpuzzle<br>**Aufgabe** Stammgruppen: Definition des zentralen ethischen Dilemmas<br>**Aufgabe** Expertengruppen: Erarbeitung fachlicher, rechtlicher und ethischer Aspekte zum Schwangerschaftsabbruch | |
| 2. Doppelstunde | **Aufgabe** Expertengruppen: Erstellung eines eigenen Videos bzw. einer Tonspur für ein Erklärvideo zu einem Aspekt des Schwangerschaftsabbruchs | |
| 3. Doppelstunde | **Aufgabe** Stammgruppen: Gegenseitiger Wissenstransfer zu Aspekten des Schwangerschaftsabbruchs anhand vertonter Erklärvideos<br>Abschluss: Individuelle oder gruppenspezifische Urteilsfällung | |

Nutzungsmöglichkeiten digitaler Medien zu erproben. Methodisch wird die Lerneinheit im Rahmen eines Gruppenpuzzles durchgeführt. Da es sich um die Einführung in ein emotional herausforderndes und sehr sensibel zu handhabendes Thema handelt, sollte eine vorherige Ankündigung erfolgen und Raum für einen möglichen persönlichen Kontakt zur Lehrkraft gegeben werden. Wichtig ist, dass ein verantwortungs- und respektvoller Austausch in der Lerngruppe erfolgt.

### 9.5.1 Verlauf der Unterrichtseinheit

#### Sensibilisierung für das Thema Schwangerschaftsabbruch und Vermittlung von Fachwissen – erste Doppelstunde

„Sollte der Schwangerschaftsabbruch in Deutschland in Zukunft nicht nur straffrei, sondern auch rechtlich legal sein und der aktuell kontrovers diskutierte § 218 aufgehoben werden?" Diese Frage sollen die Lernenden am Ende der Unterrichtseinheit beurteilen. Damit dies auf einer fachlich fundierten Basis erfolgen kann, werden die Lernenden zunächst für das Thema sensibilisiert und anschließend im Rahmen eines Gruppenpuzzles in medizinische, rechtliche und ethische Aspekte anhand von Erklärvideos und Fachtexten eingeführt. Im nächsten Schritt wird ein Erklärvideo gedreht bzw. eine fachlich fundierte Vertonung der Erklärvideos vorgenommen; außerdem erfolgt ein Wissenstransfer aus den Expertengruppen in die Stammgruppen. Abschließend erst nehmen die Schüler eine individuelle oder gruppenspezifische Urteilsfällung vor.

Die erste Doppelstunde (Tab. 9.3) dient der Einführung in die Thematik. In Anlehnung an den Zeitungsartikel „Wir haben abgetrieben" (Ritter, 2021), in dem unterschiedliche Positionen betroffener Frauen dargestellt werden, sollen die Schüler für die Hintergründe und leitenden Motive eines Schwangerschaftsabbruchs sensibilisiert werden. Der drei Schritte umfassende Methode *Think-Pair-Share* folgend, notieren die Schüler zunächst einzeln die Motive, das Alter und den Beruf der Betroffenen auf Karteikarten, stellen diese anschließend dem Partner und ab-

**Tab. 9.3** Tabellarischer Unterrichtsverlauf

| Phase | Interaktionsgeschehen | Sozialform/ Methode | Material/ Medien |
|---|---|---|---|
| *Erste Doppelstunde* | | | |
| Einstieg | Schüler lernen Motive und Hintergründe von Frauen kennen, die eine Schwangerschaft beendet haben. Schülervergleichen ihre Notizen und sammeln ihre Eindrücke auf Kärtchen. | Think-Pair-Share-Methode | Erfahrungsberichte Kärtchen und Stift |
| Erarbeitung I | Schüler erstellen Tafelbild: *Beschreibe die Gemeinsamkeiten und Unterschiede der Betroffenen!* | Unterrichtsgespräch (Share) | Tafelbild mit Kärtchen |
| Erarbeitung II | Schüler diskutieren in Kleingruppen: *Erläutert, warum der Schwangerschaftsabbruch Frauen vor ein ethisches Dilemma stellt! Beschreibt die Gefühle der Betroffenen! Benennt die zentralen, gegeneinander abzuwägenden ethischen Werte!* | Murmelphase Kleingruppen | Gegebenenfalls ein Wertepool als Unterstützung, AB 1 |
| Sicherung | Lehrer notiert Überlegungen der Schüler an der Tafel; gemeinsame Schilderung des ethischen Dilemmas und der berührten Werte | Unterrichtsgespräch | Tafel |
| Erarbeitung III und Sicherung | Hintergründe zum Erklärvideo werden erarbeitet. Lehrer bespricht Kriterien für ein gelungenes Erklärvideo | Brainstorming | Handout: Kriterien für ein gelungenes Erklärvideo, Arbeitsblatt 2 |
| Erarbeitung IV oder Hausaufgabe | Einlesen in Informationsmaterial vorbereitend für die Erstellung bzw. Vertonung des Erklärvideos sowie Betrachtung des jeweiligen Erklärvideos | Einzelarbeit | Erklärvideos siehe QR-Codes, Anhang |
| *Zweite Doppelstunde* | | | |
| Einstieg | Klärung von Fragen zu den Informationsmaterialien und Erläuterung des Stundenablaufs | Unterrichtsgespräch | Tafelbild: Ablauf und Gruppen |
| Erarbeitung I | Expertengruppen: Ergebnisse zu den Aufgaben vergleichen und Vertonung der Erklärvideos vornehmen | *Gruppepuzzle*: Expertengruppen | -Regiebuchvorlage, AB 7 Tablet, Smartphone |
| Abschluss und Ausblick | Besprechung des Arbeitsfortschritts | Unterrichtsgespräch | Tafelbild mit Ablauf |

(Fortsetzung)

**Tab. 9.3** (Fortsetzung)

| Phase | Interaktionsgeschehen | Sozialform/ Methode | Material/ Medien |
|---|---|---|---|
| *Dritte Doppelstunde* | | | |
| Einstieg und Erarbeitung I | Bearbeitung der AB 8–10 in Stammgruppen mit besonderer Unterstützung durch jeweilige Experten | Arbeit in Stammgruppen | AB 8–10 |
| Sicherung | Schüler präsentieren ihre Lösungen. Diskussion offener Fragestellungen (mit Fokus auf das Verständnis der Schutzkonzepte) | Unterrichtsgespräch | AB 8–10 Dokumentenkamera |
| Erarbeitung II | Schüler fällen ein Urteil zum Umgang mit dem § 218. | Einzel- oder Gruppenarbeit | |

*AB* = Arbeitsblatt

schließend dem Plenum vor, indem die Karten an der Tafel gesammelt werden. Gemeinsamkeiten und Unterschiede zwischen den Frauen werden benannt. Alle Betroffenen vereint z. B., dass sie den § 218 als wenig hilfreich und vielmehr als persönliche, z. T. unwürdige Schuldzuweisung im Hinblick auf ihren Schwangerschaftsabbruch bewerten und sich dessen Abschaffung wünschen. Alter, Motive und Ausbildung der Betroffenen dagegen variieren sehr breit und zeigen damit, dass die Konfrontation mit dem Thema Schwangerschaftsabbruch jede fruchtbare Frau treffen kann. Vorurteile sollen an dieser Stelle abgebaut werden. Mit diesem Einstieg wird zugleich das zentrale Dilemma fokussiert: „Sollte der § 218 in Deutschland aufgelöst werden?" Sobald das Dilemma definiert wurde, erfolgt die Einteilung der Schüler in ihre Stammgruppen, womit ein Wechsel in die Methode des Gruppenpuzzles erfolgt. Das eigenständige Arbeiten steht im Rahmen aller Phasen im Vordergrund, und die Lehrkraft steht lediglich als Lernbegleiter beratend zur Seite. Die vier folgenden Phasen kennzeichnen das Gruppenpuzzle:

1. Moralisch-ethische Reflexion der Beweggründe eines Schwangerschaftsabbruchs und Einführung in Kriterien zur Vertonung eines Erklärvideos (Stammgruppe)
2. Aneignung von Fachwissen (Expertengruppe)
3. Erstellung eines Erklärvideos bzw. Erarbeitung einer Tonleiste zum bereitgestellten Erklärvideo (Expertengruppe)
4. Transfer des Fachwissens (Stammgruppe)

Die Phasen werden durch Plenumsphasen gerahmt.

Eingangs erhalten die Stammgruppen die Aufgabe, mögliche Gefühle derjenigen Frauen zu beschreiben, die einen Schwangerschaftsabbruch vollzogen haben. „Welches persönliche Dilemma wird von den Frauen beschrieben?" Dabei wird insbesondere die Frage fokussiert, welche ethisch-moralischen Werte und Vorstellungen durch den Konflikt berührt werden. Es können die zentralen ethischen

Werte mithilfe des Wertepools identifiziert werden (Arbeitsblatt: https://link.springer.com/10.1007/978-3-662-69706-1_9; s. „Elektronisches Zusatzmaterial" am Ende des Kapitels). Für diese Phase bieten sich Differenzierungsmöglichkeiten an: Für leistungsstarke Schüler kann ein unvollständiger Wertepool herangezogen werden, aus dem berührte Werte genannt und beschrieben sowie fehlende ethische Werte ergänzt werden. Für Schüler, die weniger Übung im Umgang mit Werten haben, kann ein kleinerer Wertepool angeboten werden, aus dem lediglich vier berührte Werte ausgewählt werden. Fehlt jegliche Übung im Umgang mit ethischen Werten, so kann ein auf lediglich sechs Werte begrenzter Pool herangezogen werden, aus dem die zwei zentralen ethischen Werte „Recht auf Leben" und „persönliches Wohlergehen" herausgesucht werden. Der Wertepool bietet somit viele Modi der Wertebegegnung und -reflexion an, die auf die individuellen Leistungsniveaus der Lerner zugeschnitten werden können.

Abschließend werden die Lernenden auf die kommende Phase vorbereitet, in der die Erstellung eines eigenen Erklärvideos bzw. die Vertonung der vorbereiteten Erklärvideos (QR-Codes im Anhang) im Fokus steht, die sich den medizinischen, rechtlichen und ethischen Aspekten des Schwangerschaftsabbruchs widmen. Zunächst werden die Schüler in Gelingensbedingungen für die Erstellung eines Erklärvideos eingeführt (Arbeitsblatt 2), die den Schüler auch zukünftig den Umgang, die Auswahl und die Bearbeitung dieses digitalen Mediums ermöglichen.

Im Anschluss werden die Lernenden im Rahmen des Gruppenpuzzles in vier Expertengruppen eingeteilt, in denen sie jeweils einen Aspekt des Schwangerschaftsabbruchs anhand von Fachtexten (Arbeitsblatt 3–6: https://link.springer.com/10.1007/978-3-662-69706-1_9) erarbeiten. Die vier Aspekte spiegeln

1. den rechtlichen Hintergrund,
2. den medizinischen Hintergrund,
3. die SKIP-Argumente zum absoluten Schutzkonzept des menschlichen Embryos sowie
4. die Argumente zum graduellen Schutzkonzept menschlichen Lebens

wider und bereiten die Schüler fachlich auf das Drehen bzw. die Vertonung der Erklärvideos vor. Die Beantwortung der Fragen zum Textverständnis findet wiederum in den Expertengruppen zu Beginn der zweiten Doppelstunde statt.

## Erstellung eines Regiebuches und einer Tonspur – zweite Doppelstunde

Sollte der Fokus auf der Vertonung der bereits erstellten Videos liegen, so ist das Ziel der zweiten Doppelstunde (Tab. 9.3), den Schülern Raum und Unterstützung für

- die mehrfache Betrachtung des Erklärvideos,
- die Konzeption eines eigenen Regiebuches auf Basis der Fachtexte und
- die Erstellung einer Tonspur zu geben. Jeder Gruppe sollte ein Tablet zur Verfügung stehen, damit die Erklärvideos betrachtet und vertont werden können.

Erstellen die Schüler eigene Erklärvideos, so können die Ziele adaptiert werden.

Die im Fokus dieser Doppelstunde stehenden Erklärvideos weisen vier unterschiedliche Ausrichtungen auf, die mit den bereits erarbeiteten Fachtexten korrelieren: Die Videos zu den rechtlichen und medizinischen Schwerpunkten fokussieren auf die Vermittlung relevanter Basisinformationen, die aus unterschiedlichen, öffentlich zugängigen Quellen wie z. B. der Bundeszentrale für gesundheitliche Aufklärung (BZgA) oder pro familia zusammengetragen und nur z. T. didaktisch reduziert wurden, die Videos zu den philosophischen Hintergründen wurden didaktisch reduziert und in ihrer Komplexität adressatengerecht vereinfacht.

In einem ersten Schritt betrachten die Lernenden in ihren Expertengruppen zunächst mehrfach die Erklärvideos. Die Videos zum graduellen Schutzkonzept und zu den SKIP-Argumenten fokussieren den ethischen Aspekt des Schwangerschaftsabbruchs und zeigen zwei divergierende Positionen zur Frage nach dem Beginn und der Schutzwürdigkeit des menschlichen Lebens. Diese Materialien sind didaktisch stark reduziert und an das Lernniveau der 10. bis 12. Klasse adaptiert.

In einem zweiten Schritt werden die Schüler nun angeleitet, Schritt für Schritt mithilfe der Kriterien zur Erstellung qualitativ hochwertiger Erklärvideos (Arbeitsblatt 2: https://link.springer.com/10.1007/978-3-662-69706-1_9) sowie einer Regiebuchvorlage (Arbeitsblatt 7) ein inhaltliches Konzept für die Vertonung des jeweiligen Erklärvideos zu erarbeiten und zu verschriftlichen. Die vorbereitete Regiebuchvorlage unterstützt die Schüler bei der Strukturierung der aus den Fachtexten entnommenen Sachinformationen und bei der Zuordnung einzelner Abschnitte zu den Erklärvideos. An dieser Stelle kann die Lehrkraft das Leseverständnis der Schüler über die korrekte Zuordnung von Text und Bild überprüfen.

In einem dritten Schritt soll nun die Vertonung auf Basis des Regiebuches erfolgen. Dieser Prozess kann durch eine einfach strukturierte App unterstützt werden (FilmoraGo). Die Vertonung der Erklärvideos bietet eine geeignete Möglichkeit zur Überprüfung der Lernziele, da sowohl die Anwendung des Fachwissens als auch der Umgang mit digitalen Medien sowie die angemessene Vertonung des Inhalts in Form des Erklärvideos festgehalten und bewertet werden. Darüber hinaus üben sich die Schüler in der Verwendung der für sie neuen Fachbegriffe, dem Zusammenspiel von Sprache und (Be)Ton(ung) sowie in der Präsentation von Erlerntem.

Die Vertonung der Erklärvideos bietet den Vorteil, dass die Schüler an die Arbeit mit Erklärvideos herangeführt werden, sich jedoch zunächst nur mit einem Kriterium, der Vertonung, beschäftigen.

Als Differenzierungsmöglichkeit bietet es sich an, Erklärvideos auf Basis der Fachtexte erstellen zu lassen oder zwischen der Vertonung eines gesamten Erklärvideos und kürzeren Ausschnitten zu wählen.

## Betrachtung der vertonten Erklärvideos und abschließende Urteilsfällung – dritte Doppelstunde

Zu Beginn der dritten Doppelstunde (Tab. 9.3) wird das ethische Dilemma noch einmal im Plenum aufgegriffen und Raum für eine Diskussion gegeben: „Sollte der § 218 in seiner alten Form bestehen bleiben, verändert oder aufgelöst werden?" Damit die Schüler eine begründete und wertebasierte individuelle oder Stammgruppen spezifische Urteilsfällung vornehmen können, erhalten sie nun Einblicke in die gesamte Bandbreite an rechtlichen, medizinischen und ethischen Aspekten, indem die vertonten Erklärvideos in den Stammgruppen betrachtet werden. Zur Sicherung des Fachwissens können anschließend inhaltsspezifische Nachfragen zum Video gestellt werden (Arbeitsblatt 8–10: https://link.springer.com/10.1007/978-3-662-69706-1_9).

Während dieser Arbeitsphase erhalten die jeweiligen Experten in den Stammgruppen die Aufgabe, als Lernbegleiter zu fungieren und lediglich Nachfragen und Unklarheiten zu klären.

Im Anschluss an diese Phase können offen gebliebene Fragen im Plenum geklärt werden. Dabei wird der Fokus sicherlich auf die Diskussion der Tragfähigkeit des absoluten und graduellen Schutzkonzepts fallen, da hierzu erwartungsgemäß Fragen und Unsicherheiten auftreten: „Ab welchem Zeitpunkt a) beginnt menschliches Leben und b) sollte es absolut schutzwürdig sein?" Hierzu kann jeder Schüler Stellung beziehen. Es gelten die freie Meinungsäußerung und die individuelle Stellungnahme im Rahmen des demokratischen Diskurses. Die Lernenden fordern an dieser Stelle häufig ein klares Ergebnis. Allerdings gibt es zu dieser Frage keine einfache Lösung, sondern vielmehr können die vorgestellten Schutzkonzepte gleichberechtigt nebeneinanderstehen, und jede Person ist herausgefordert, sein eigenes Urteil zu fällen und dies zu begründen. Ziel ist es, Unsicherheiten und bestehende Konflikte auszuhalten. Die Schüler erfahren, dass es in moralisch-ethischen Fragen individuelle und sehr persönliche Lösungen geben kann.

Nachdem offene Fragen in Anlehnung an die Erklärvideos geklärt wurden, sind die Lernenden aufgefordert, ein individuelles, schriftlich verfasstes Urteil hinsichtlich des Umgangs mit dem § 218 zu fällen (Arbeitsblatt 11: https://link.springer.com/10.1007/978-3-662-69706-1_9). Alternativ kann auch ein Urteil in der Stammgruppe gefällt und begründet werden. Dabei sind unterschiedliche, argumentativ zu begründende Urteile denkbar:

1. Der § 218 sollte im bestehenden Format beibehalten werden, weil …
2. Der § 218 sollte aufgelöst werden, weil …
3. Der § 218 sollte neu verfasst werden und sollte Folgendes berücksichtigen, weil …

Abschließend können die Schüler ihre Urteile vorlesen (auf Freiwilligkeit ist hier zu achten), und es kann Stellung dazu bezogen werden. Dabei sollte auf einen wertschätzenden und respektvollen Umgang miteinander geachtet werden. Alternativ können die Urteile eingesammelt und individuelle Rückmeldungen gegeben werden.

**Ziele der Lerneinheit**
Die Schüler

- nehmen den moralischen Konflikt und die Emotionen von Frauen wahr, die mit einem Schwangerschaftsabbruch konfrontiert werden,
- nennen ethische Werte, die durch den Konflikt berührt werden,
- wenden vorgebende Regeln bei der Gestaltung eigener Erklärvideos an

- erwerben Fachwissen hinsichtlich rechtlicher, medizinischer und ethischer Aspekte des Schwangerschaftsabbruchs,
- entnehmen Informationen aus Erklärvideos,
- gestalten ein individuelles Regiebuch für die Vertonung des Erklärvideos,
- nutzen die vertonten Erklärvideos als Informationsquelle, auf deren Basis ein gruppenspezifisches bzw. individuelles, argumentativ gestütztes Urteil hinsichtlich der rechtlichen Regelung von Schwangerschaftsabbrüchen gebildet wird,
- wägen im Rahmen der Urteilsbildung SKIP-Argumente und das graduelle Schutzkonzept gegeneinander ab und begründen, unter Einbezug relevanter ethischer Werte, die Wahl eines Schutzkonzepts,
- erfahren, Konflikte auszuhalten,
- bearbeiten in sozialen Kleingruppen ethische Konflikte

## Literatur

Ach, J. S. (2012). Schwangerschaftsabbruch. Einführung. In U. Wiesing (Hrsg.), *Ethik in der Medizin. Ein Studienbuch* (4. Aufl., S. 157–167). Reclam.

Achtelik, K. (2019). Eingeschränkte Entscheidungsfreiheit. *Aus Politik und Zeitgeschichte. Abtreibung, 69*(20), 27–29.

Anders, P., Staiger, M., Albrecht, C., Rüsel, M., & Vorst, C. (2019). *Einführung in die Filmdidaktik. Kino, Fernsehen, Video, Internet.* J.B. Metzler.

Bearak, J., Popinchal, A., Ganatra, B., Moller, A.-B., Tunçalp, Ö., Beavin, C., Kwok, L., & Alkema, L. (2020). *Unintended pregnancy and abortion by income, region, and the legal status of abortion: estimates from a comprehensive model for 1990–2019.* https://www.thelancet.com/action/showPdf?pii=S2214-109X%2820%2930315-6. Zugegriffen am 25.05.2023.

Bildungsbericht: Bildung in Deutschland. (2020). Ein indikatorengestützter Bericht mit einer Analyse zu Bildung in einer digitalisierten Welt. https://www.bildungsbericht.de/de/bildungsberichte-seit-2006/bildungsbericht-2020/pdf-dateien-2020/bildungsbericht-2020-barrierefrei.pdf.

Brame, C. J. (2015). *Effective educational videos.* https://cft.vanderbilt.edu/guides-sub-pages/effective-educational-videos/.

Budde, E. T. (2015). *Abtreibungspolitik in Deutschland. Ein Überblick.* Springer Fachmedien.

Bundesverfassungsgericht. (1975). *Urteil 39,1.* https://www.servat.unibe.ch/dfr/bv039001.html. Zugegriffen am 25.05.2023.

BzgA (Bundeszentrale für gesundheitliche Aufklärung). (2023). https://www.bpb.de/kurz-knapp/zahlen-und-fakten/soziale-situation-in-deutschland/61829/schwangerschaftsabbrueche/

Diehl, S. (2019). Die Paragrafen 219 und 218 im Strafgesetzbuch machen Deutschland zum Entwicklungsland. *Aus Politik und Zeitgeschichte. Abtreibung, 69*(20), 31–33.

Gebhard, U., Hößle, C., & Johannsen, F. (2005). *Eingriff in das vorgeburtliche menschliche Leben. Biologische Grundlagen und ethische Reflexion.* Neukirchener Verlagsgesellschaft.

Honnefelder, L. (2003). Pro Kontinuumsargument: Die Begründung des moralischen Status des menschlichen Embryos aus der Kontinuität der Entwicklung des ungeborenen zum geborenen Menschen. In G. Damschen & D. Schönecker (Hrsg.), *Der moralische Status menschlicher Embryonen* (S. 61–82). De Gruyter.

Hößle, C. (2001). *Moralische Urteilsfähigkeit. Eine Interventionsstudie zur moralischen Urteilsfähigkeit von Schülern zum Thema Gentechnik.* Studienverlag.

Hößle, C., & Alfs, N. (2014). *Doping, Gentechnik, Zirkustiere. Bioethik im Unterricht.* Aulis.

Hügli, A., & Lübcke, P. (Hrsg.). (2013). *Philosophielexikon. Personen und Begriffe der abendländischen Philosophie von der Antike bis zur Gegenwart*. Rowohlt.

Mayer, R. E. (2014). Incorporating motivation into multimedia learning. *Learning and Instruction, 29*, 171–173.

pro familia. (2025). *Schwangerschaftsabbruch. Abtreibung.* https://www.profamilia.de/themen/schwangerschaftsabbruch. Zugegriffen am 01.06.2025.

Ritter, A. (2021). Wir haben abgetrieben. Es ist unsere Entscheidung! Noch immer kriminalisiert das Gesetz ungewollt Schwangere und Ärztinnen – höchste Zeit, dass sich was ändert. *Stern, 23*, 24–34.

Sass, H.-M. (1989). Hirntod und Hirnleben. In H.-M. Sass (Hrsg.), *Medizin und Ethik* (S. 160–183). Reclam.

Siekmann, T. (2016). *Sexualerziehung und gesundheitliche Aufklärung für Mädchen und junge Frauen*. Springer.

Spaemann, R. (2003). *Freiheit der Forschung oder Schutz des Embryos?* https://www.zeit.de/2003/48/Retortenbabies. Zugegriffen am 23.05.2023.

Sturma, D. (2015). *Handbuch Bioethik*. J.B. Metzler.

Westermair, A. L., Wetterauer, C., Schürmann, J., & Trachsel, M. (2023). Kommentar I zum Fall: „Seelische Notlage und später Schwangerschaftsabbruch". *Ethik in der Medizin, 35*, 305–307. https://doi.org/10.1007/s00481-023-00758-6

Wieland, W. (2003). Pro Potentialitätsargument: Moralfähigkeit als Grundlage von Würde und Lebensschutz. In G. Damschen & D. Schönecker (Hrsg.), *Der moralische Status menschlicher Embryonen* (S. 149–168). De Gruyter.

Wolf, K. D. (2015). Bildungspotenziale von Erklärvideos und Tutorials auf YouTube. *merz, 1*(59), 30–36.

# Ethische Urteilsbildung mit der Lernplattform „Genome Editing am Menschen"

**10**

Sophia Gerber

*„Wie du dir ein ethisches Urteil zum Genome Editing bilden kannst: 6 Fragen, die dein Leben verändern."*

**Zusammenfassung**

Die Lernplattform „Genome Editing am Menschen" ermöglicht Schüler:innen ab der 10. Klasse, sich ein bioethisches Urteil über die Veränderung des menschlichen Erbguts durch moderne Biotechnologien wie die Genschere CRISPR/Cas9 zu bilden. Die sechs Fragen der interaktiven und multimedialen Plattform orientieren sich an den Schritten der ethischen Fallanalyse. Das Kapitel zeigt, wie man ausgehend von einem ethischen Fall zu einem Keimbahneingriff durch Genome Editing die digitale Lehr- und Lerngelegenheit im Biologie- und Ethikunterricht sinnvoll einbinden kann. Der Lernzirkel mit Pflicht- und Wahlstationen ist für drei Doppelstunden konzipiert und fördert wichtige Teilkompetenzen des ethischen Bewertens (Wahrnehmen und Bewusstmachen der eigenen Einstellung und der moralischen Relevanz, Perspektivwechsel und Folgenreflexion, Argumentieren und Urteilen).

**Ergänzende Information** Die elektronische Version dieses Kapitels enthält Zusatzmaterial, auf das über folgenden Link zugegriffen werden kann [https://doi.org/10.1007/978-3-662-69707-8_10].

S. Gerber (✉)
Institut für Philosophie, FU Berlin, Berlin, Deutschland
E-Mail: sophia.gerber@fu-berlin.de

© Der/die Autor(en), exklusiv lizenziert an Springer-Verlag GmbH, DE, ein Teil von Springer Nature 2025
C. Hößle, W. Rathje (Hrsg.), *Bioethik unterrichten - Urteilsfähigkeit fördern*,
https://doi.org/10.1007/978-3-662-69707-8_10

> **Worum es geht**
> - Lernplattform mit interaktiven Stationen und Unterrichtsmaterialien zum ethischen Bewerten in den Fächern Biologie und Ethik/Philosophie ab Klasse 10
> - Lernzirkel mit Pflicht- und Wahlstationen
> - Ethischer Fall zur Keimbahntherapie mithilfe des Genome-Editing-Verfahrens (Genschere CRISPR/Cas)
> - Förderung der Teilkompetenzen „Wahrnehmen und Bewusstmachen der eigenen Einstellung und der moralischen Relevanz", „Perspektivwechsel und Folgenreflexion", „Argumentieren und Urteilen"
> - Dauer der Durchführung: 3 × 90 min

## 10.1 Der Fall „Lulu und Nana"

Im November 2018 machte der chinesische Wissenschaftler He Jiankui mit der Geburt der ersten genmanipulierten Babys Schlagzeilen. Mithilfe der Genschere CRISPR/Cas9 entfernte er das CCR5-Gen aus dem Erbgut der Embryonen, um sie gegen den HI-Virus immun zu machen. Die Zwillingsschwestern mit den Pseudonymen Lulu und Nana wurden durch künstliche Befruchtung gezeugt. Der Vater war HIV-positiv, die Mutter war HIV-negativ. Bei einem der Mädchen gelang die Immunisierung jedoch nur teilweise (Mosaikbildung), wodurch einige Zellen anfällig gegenüber dem Aids-Erreger HIV blieben. Ein drittes ebenfalls genverändertes Kind kam einige Wochen später zur Welt (Marx, 2022).

Der Fall erregte weltweites Aufsehen und führte zu einer gesellschaftlichen Debatte über die ethischen und rechtlichen Aspekte von Keimbahneingriffen. He Jiankui wurde vorgeworfen, mit seinen Experimenten gegen chinesisches Recht sowie wissenschaftliche und ethische Standards verstoßen zu haben. Darüber hinaus habe er die Eltern nicht ausreichend über die Risiken und Alternativen aufgeklärt. Neben einem Berufsverbot wurde er zu drei Jahren Gefängnis und einer hohen Geldstrafe verurteilt. Expert:innen bestreiten die medizinische Notwendigkeit der Eingriffe, da eine HIV-Infektion ebenso durch eine medikamentöse Behandlung des Vaters oder ein Abwaschen seines Spermas verhindert hätte werden können (Köppe, 2019). Zudem warnen sie vor den gesundheitlichen Folgen für die Babys, die durch das fehlende CCR5-Gen ein höheres Risiko für Grippeerkrankungen und eine geringere Lebenserwartung haben (Köppe & dpa, 2019).

Im Gegensatz zur somatischen Gentherapie haben Keimbahninterventionen nicht nur Auswirkungen auf das behandelte Individuum, sondern auch auf künftige Generationen. Wenn Lulu und Nana jemals Kinder bekommen, werden sie die Genveränderung an ihre Nachkommen weitergeben. Neben irreversiblen Folgen wie ungewollten Mutationen (Off-Target-Effekten) befürchten Kritiker einen möglichen Missbrauch von CRISPR/Cas zur Optimierung der menschlichen Leistungsfähigkeit (Enhancement). Tatsächlich könnten die Genveränderungen auch die kognitiven Fähigkeiten der Babys beeinflussen. Menschen ohne CCR5-Gen erholen sich laut Studien schneller von einem Schlaganfall und schneiden besser in Tests in den Bereichen Gedächtnis, Aufmerksamkeit und Sprachvermögen ab (Merlot, 2019).

Infolge der Kontroverse um die genmanipulierten Babys forderte eine Reihe renommierter Forscher ein internationales Moratorium für die klinische Anwendung von Genome Editing in der menschlichen Keimbahn (Lander et al., 2019). Auch der Deutsche Ethikrat (2019) beurteilte in einer Stellungnahme Keimbahneingriffe als derzeit zu risikoreich, schloss diese ethisch aber nicht grundsätzlich aus. He Jiankui gab nach seiner Haftentlassung im Februar 2023 bekannt, dass Lulu und Nana rund vier Jahre nach ihrer Geburt ein „normales, friedliches und ungestörtes Leben" führen (dpa, 2023). Es gibt jedoch keine offiziellen Informationen über den Gesundheitszustand der Kinder, deren Identität weiterhin anonym bleibt.

## 10.2 Zur Konzeption der Ethik-Lernplattform „Genome Editing am Menschen"

Die Ethik-Lernplattform „Genome Editing am Menschen" bietet die Möglichkeit, sich mit den biologischen Grundlagen und ethischen Aspekten des Genome Editing am Menschen auseinanderzusetzen. Das multimediale und interaktive Online-Portal wurde u. a. für den Einsatz im Schulunterricht ab Klasse 10 entwickelt. Im Einführungsvideo kommen Expert:innen wie die Vorsitzende des Deutschen Ethikrates Alena Buyx zu Wort und geben einen Überblick darüber, worum es beim Genome Editing geht, was die ethischen Probleme sind und warum es wichtig ist, sich ein eigenes Urteil zu bilden.

In sechs Stationen mit sechs Fragen können sich Schüler:innen und alle Interessierten ein begründetes Urteil zur Veränderung des menschlichen Erbguts durch moderne Biotechnologien wie CRISPR/Cas9 bilden (Abb. 10.1). Für Lehrkräfte stehen zusätzliche Unterrichtsmaterialien, fachdidaktische Konzepte für den Ethik- und Biologieunterricht sowie weiterführende Links bereit.

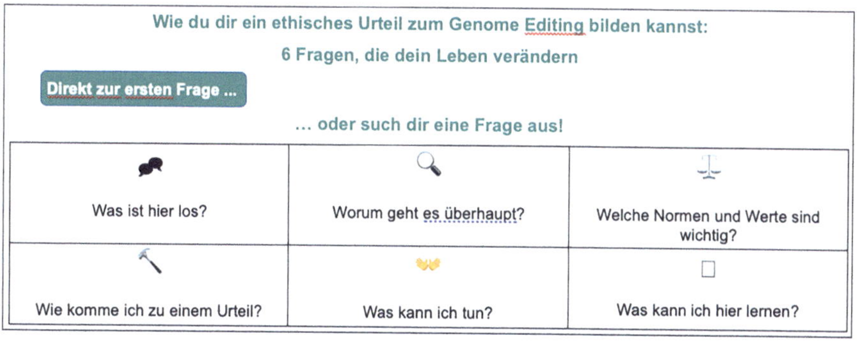

| Wie du dir ein ethisches Urteil zum Genome Editing bilden kannst: 6 Fragen, die dein Leben verändern | | |
|---|---|---|
| **Direkt zur ersten Frage ...** ... oder such dir eine Frage aus! | | |
| Was ist hier los? | Worum geht es überhaupt? | Welche Normen und Werte sind wichtig? |
| Wie komme ich zu einem Urteil? | Was kann ich tun? | Was kann ich hier lernen? |

**Abb. 10.1** In sechs Fragen zum reflektierten Urteil. (Freie Universität Berlin, 2021)

Die Webseite ging aus einem interdisziplinären Projekt der Philosophin Julia Dietrich und des Biochemikers Jens Fürstenberg von der Freien Universität Berlin hervor und wurde vom Bundesministerium für Bildung und Forschung gefördert.

## 10.3 Ethische Fallanalyse als Makromethode der Urteilsbildung

Die Fragen der ersten vier Stationen – „Was ist hier los?", „Worum geht es überhaupt?", „Welche Normen und Werte sind wichtig?", „Wie komme ich zu einem Urteil?" – lehnen sich an die Schritte der ethischen Fallanalyse an. Mithilfe dieser Makromethode lässt sich eine mehrstündige Unterrichtseinheit strukturieren und eine progressive ethische Urteilsbildung anleiten. Das vereinfachte Schema nach Henning Franzen eignet sich bereits für die Sekundarstufe I zur Reflexion von Problemfällen der Angewandten Ethik.[1] Ausgehend von einem realen oder realitätsnahen Fall identifizieren die Lernenden im ersten Schritt das damit verbundene ethische Problem und formulieren eine erste Meinung (Spontanurteil). Im zweiten Schritt bestimmen sie die Interessen der Beteiligten und Betroffenen und erarbeiten den fachlichen Hintergrund (Situationsanalyse). Im dritten Schritt analysieren sie die zugrunde liegenden Werte und Normen sowie mögliche Wertekonflikte (normative Analyse). Zur Begründung von Werten und Normen entwickeln sie eigene Argumente und prüfen fremde Argumentationen oder moralphilosophische und verantwortungsethische Begründungsansätze. Im vierten Schritt nehmen sie begründet Stellung zur eingangs aufgeworfenen ethischen Problemstellung und beziehen dabei die erworbenen Kenntnisse ein (abschließendes Urteil).

Die ethische Fallanalyse aus der Philosophie- und Ethikdidaktik weist Parallelen zur 6-Schritte-Methode moralischer Urteilsfindung aus der Biologiedidaktik (Hößle & Bayrhuber, 2006) auf, geht jedoch in einigen Schritten über diese hinaus. Durch die Interessenanalyse sowie die Abwägung und Begründung von Werten und Normen regt sie zu einer differenzierteren Auseinandersetzung mit ethischen Problemen an. Darüber hinaus werden die Folgen der Handlung oder Entscheidung für die jeweiligen Beteiligten und Betroffenen bereits zu Beginn und nicht erst nach dem Urteil reflektiert. Das methodische Vorgehen anhand der ethischen Fallanalyse bietet eine Orientierungshilfe in dem umfangreichen Online-Kurs und unterstützt einen systematischen Aufbau von Teilkompetenzen der ethischen Bewertungskompetenz (Reitschert & Hößle, 2007) (Tab. 10.1).

---

[1] https://userblogs.fu-berlin.de/genome-editing/wie-du-einen-ethischen-fall-analysieren-kannst/.

**Tab. 10.1** Ethische Fallanalyse als roter Faden durch die Lernplattform

| Schritte der ethischen Fallanalyse | Fragen der Lernplattform | Inhalte der Lernplattform (Auszug) | Teilkompetenzen der Bewertungskompetenz |
|---|---|---|---|
| Problemfall und Spontanurteil | Was ist hier los? | Einführungsvideo („Was ist Genome Editing?", „Was sind die ethischen Probleme?") Fall „Lulu und Nana": Erste Meinung zum Genome Editing formulieren | Wahrnehmen und Bewusstmachen der eigenen Einstellung und moralischer Relevanz |
| Situationsanalyse | Worum geht es überhaupt? | Interessen von Beteiligten Folgen für Betroffene Funktionsweise und Anwendung von CRISPR/Cas9 Metapher „Genschere" Mediale Darstellung von „Designerbabys" Gesetzliche Grundlagen zum Genome Editing | Perspektivwechsel Folgenreflexion |
| Normative Analyse | Welche Normen und Werte sind wichtig? | Ethische Grundbegriffe Moralphilosophische Begründungsansätze Grundschema ethischen Argumentierens Orientierungsmaßstäbe (ethische Prinzipien) | Ethisches Basiswissen Argumentieren Beurteilen |
| Abschließendes Urteil | Wie komme ich zu einem Urteil? | Entscheidungsbaum zu Keimbahneingriffen Urteil zum Genome Editing unter Berücksichtigung ethischer Theorien Handlungsalternativen (z. B. PID) | Folgenreflexion Urteilen |

## 10.4 Lernzirkel zur Förderung der ethischen Bewertungskompetenz

Laut den Verantwortlichen der Webseite können die Selbstlernstationen entweder nacheinander oder in einer individuellen Reihenfolge je nach Vorkenntnissen und Interessen bearbeitet werden. Für Schüler:innen, die mit den biologischen Grundlagen und ethischen Aspekten des Genome Editing noch nicht vertraut sind, bietet sich ein systematisches Vorgehen an. Das Unterrichtsvorhaben für den Biologieunterricht in einer 10. Klasse wurde daher als Lernzirkel mit einer festen Reihenfolge ausgewählter Stationen konzipiert. Ziel ist es, die Ethik-Lernplattform sinnvoll in den Unterricht einzubinden und die Ergebnisse der Selbstlernstationen in der Lerngruppe zu reflektieren. Der Schwerpunkt des Lernzirkels liegt auf dem Argumentieren. Die Schüler:innen sollen Argumente für ihr Spontanurteil entwickeln, prüfen und abwägen sowie sich mit fremden Argumentationen auseinandersetzen, um anschließend ein begründetes Urteil zum Einsatz von Genome Editing am Menschen zu vertreten. Damit sie darüber hinaus deontologische und konsequenzialistische Argumentationen unterscheiden und diese bei der Urteilsfindung berücksichtigen können, empfiehlt sich eine Kooperation mit dem Ethikunterricht.

Für die Durchführung der Pflichtstationen und von mindestens zwei Wahlstationen, inkl. Einweisung und Auswertung, sind je nach Lerntempo und Leistungsniveau der Lerngruppe etwa drei Doppelstunden notwendig.

### Einstieg: Problemfall und Spontanurteil

Der Einstieg erfolgt im Plenum anhand eines Videos, um den Fall „Lulu und Nana" und die Kontroverse um Genome Editing der menschlichen Keimbahn zu präsentieren. Da das Einführungsvideo auf der Startseite der Ethik-Lernplattform die Diskussion über die ersten genmanipulierten Babys in China nur kurz erwähnt und bereits einige Aspekte des Lernzirkels vorwegnimmt, kann alternativ eine Nachrichtenmeldung gezeigt werden[2]. Für Schüler:innen mit guten Englischkenntnissen bietet sich als provokanter Einstieg überdies das YouTube-Video an, in dem der umstrittene chinesische Forscher He Jiankui die Geburt der CRISPR-Zwillinge bekanntgibt und die Hintergründe aus seiner Perspektive schildert.[3] Die Lehrkraft bittet die Lerngruppe, den Fall zu beschreiben und die damit verbundenen ethischen Probleme zu benennen. Scaffolding in Form von Leitfragen (z. B. Worin genau besteht das Problem?, Welche Handlung oder Entscheidung steht zur Diskussion?, Wer ist beteiligt und/oder betroffen?, Welche Folgen hat die Handlung bzw. Entscheidung jeweils für die Beteiligten und Betroffenen?) und Redemitteln (z. B. Das Problem im Fall „Lulu und Nana" ist …, Soll man …/Darf man …/War es richtig …?) unterstützt die Lernenden dabei, die moralisch-ethische Relevanz des Falles zu erfassen. Mögliche Problemfragen könnten lauten: „Soll man mit Genome Editing in das Erbgut des Menschen eingreifen?", „Dürfen wir Menschen gentechnisch für immer verändern?" oder „War es richtig, menschliche Embryonen genetisch zu manipulieren?".

Im Anschluss formulieren die Schüler:innen ein Spontanurteil zur gemeinsam entwickelten Problemfrage. Hierfür gibt die Webseite zwei Anregungen: Zum einen können sich die Schüler:innen in einer Meinungsabfrage im Plenum positionieren, indem sie mit grünen, blauen oder roten Karten ihre befürwortende, zurückhaltende oder ablehnende Grundhaltung zum Genome Editing am Menschen signalisieren (Abb. 10.2).[4]

---

[2] Zum Beispiel Wissenschaftler in China: Zwillinge angeblich mit „Genschere" behandelt, in: tagesschau.de, 26.11.2018, https://www.tagesschau.de/multimedia/video/video-476151.html [1.7.2023].
[3] https://www.youtube.com/watch?v=th0vnOmFltc.
[4] https://userblogs.fu-berlin.de/genome-editing/hoere-auf-dein-bauchgefuehl/.

> **Befürwortung – Zurückhaltung – Ablehnung**
>
> Wofür würdest du dich am ehesten entscheiden?
>
> - Durch Genome Editing kann das Leben von Menschen besser werden.
> - Eingriffe in das menschliche Erbgut mit Genome Editing sind momentan zu risikoreich.
> - Der Mensch sollte prinzipiell nicht in sein Erbgut oder das anderer Menschen eingreifen.

**Abb. 10.2** Erste Meinung zum Genome Editing am Menschen. (Freie Universität Berlin, 2021)

Ausgewählte Schüler:innen begründen ihre Meinung jeweils kurz (z. B. Meine erste Intuition ist, dass man X (nicht) tun sollte, denn …). Diese schüleraktivierende Methode eignet sich, um das Meinungsbild der gesamten Lerngruppe zu visualisieren und später mit dem abschließenden Urteil zu vergleichen.[5]

Zum anderen lädt die Plattform dazu ein, eine Postkarte an die am Fall direkt oder indirekt Beteiligten zu schreiben, beispielsweise an die Zwillinge Lulu und Nana, ihre Eltern Grace und Mark, den Genforscher He Jiankui oder an die Vorsitzende des Deutschen Ethikrates Alena Buyx.[6] Diese Idee stammt aus dem Forschungsprojekt „ZukunftMensch" der Universität Tübingen und des Museums für Naturkunde Berlin, welches sich mit der gesellschaftlichen Wahrnehmung von Keimbahneingriffen beschäftigt. Das kreative Schreiben regt die Schüler:innen dazu an, ihre Erwartungen, Hoffnungen und Befürchtungen in Bezug auf die Veränderung des menschlichen Erbguts zu formulieren und sich ihrer eigenen Einstellung zum Thema bewusst zu werden. Die direkte Ansprache der jeweiligen Adressat:innen hilft ihnen ferner dabei, Empathie für die verschiedenen Personengruppen zu entwickeln und mögliche Folgen von Keimbahneingriffen für die Betroffenen und die Gesellschaft zu antizipieren. Aus Zeitgründen können die Postkarten als Hausaufgabe verfasst und auf einer digitalen Pinnwand geteilt werden.

**Einführung in den Lernzirkel**

Damit alle Schüler:innen den Lernzirkel in Einzelarbeit durchführen können, benötigen sie jeweils einen PC, Laptop, Tablet oder zumindest ein Smartphone mit Internetverbindung sowie Kopfhörer zum Abspielen von Audio- und Videodateien. Die Lehrkraft führt zunächst in die Stationenarbeit und die dazugehörigen Materialien ein. Der Laufzettel dient der Übersicht über die Pflicht- und Wahlthemen mit den jeweiligen Aufgaben und Links (s. Material 1: https://link.springer.com/10.1007/978-3-662-69706-1_10, unter „Elektronisches Zusatzmaterial" am Ende des Kapitels). Bei den Wahlaufgaben ist zur Differenzierung zusätzlich der Schwierigkeitsgrad angegeben. Da die meisten Aufgaben auf der Lernplattform eine Selbstüber-

---

[5] Der Einsatz digitaler Tools zur Meinungsabfrage wie Mentimeter oder Oncoo erleichtert ein späteres Überprüfen auf Meinungsänderung durch eine Wiederholung der Abfrage.
[6] https://userblogs.fu-berlin.de/genome-editing/lernen/argumentieren/erste-meinung/wir-haben-post/.

prüfungsfunktion bieten, sind Lösungsblätter nicht notwendig. Durch das Abhaken der erledigten Stationen wird der Lernfortschritt dokumentiert. Zudem erhalten die Schüler:innen ein Schema zur ethischen Fallanalyse, das sie parallel zum Stationenlernen ausfüllen (s. Material 2: https://link.springer.com/10.1007/978-3-662-69706-1_10). Dieses hilft ihnen dabei, die erworbenen Kenntnisse auf den ethischen Fall „Lulu und Nana" anzuwenden und ihre digitalen Ergebnisse zu bündeln und zu sichern. Mithilfe des Selbstdiagnosebogens können die Schüler:innen am Ende ihren Kompetenzzuwachs reflektieren (s. Material 3: https://link.springer.com/10.1007/978-3-662-69706-1_10).

**Durchführung des Lernzirkels: Situationsanalyse und normative Analyse**
Während die Pflichtstationen sich an den Schritten der Situationsanalyse und der normativen Analyse orientieren und grundlegende Kenntnisse zur Diskussion über Genome Editing am Menschen vermitteln, beinhalten die Wahlstationen vertiefende und weiterführende Aufgaben (Tab. 10.2).

**Tab. 10.2** Pflicht- und Wahlstationen im Überblick

| Nr. | Station | Aufgaben | Kompetenzerwerb |
|---|---|---|---|
| 1 | Was ist Genome Editing, und was können wir damit machen? (Pflichtstation) | Definition für „Genome Editing" formulieren Multiple-Choice-Quiz zu CRISPR/Cas9 Zuordnungsübung zu Anwendungen von Genome Editing in der Humanmedizin Animationsvideo mit Multiple-Choice-Quiz zur Anwendung von Genome Editing zu Enhancement-Zwecken | Die Schüler:innen können die Funktionsweise von CRISPR/Cas9 als *Genome Editing*-Verfahren und damit verbundene Risiken erklären sowie verschiedene Anwendungsmöglichkeiten erläutern. |
| 2 | Hinterfrage die Metaphern des Genome Editing! (Wahlstation anspruchsvoll) | Metaphern in der Genetik identifizieren Multiple-Choice-Quiz zu Metaphern für CRISPR/Cas9 Verwendung von Metaphern des Genome Editing in Erklärvideos analysieren und vergleichen | Die Schüler:innen können die Verwendung von Metaphern des Genome Editing in der Wissenschaftskommunikation analysieren und den Einfluss auf die ethische Urteilsbildung bewerten. |
| | Hinterfrage die Bildsprache! (Wahlstation einfach) | Ethische Probleme und Manipulationstechniken in einem Ausschnitt aus dem Dokumentarfilm *Baby à la Carte* benennen und beurteilen | Die Schüler:innen können die mediale Darstellung von ethischen Problemen der Reproduktionsmedizin und Möglichkeiten medialer Manipulation exemplarisch analysieren und den Einfluss auf die ethische Urteilsbildung bewerten. |

(Fortsetzung)

**Tab. 10.2** (Fortsetzung)

| Nr. | Station | Aufgaben | Kompetenzerwerb |
|---|---|---|---|
| 3 | Nimm verschiedene Perspektiven ein! (Pflichtstation) | Fiktive Briefe an oder aus der Perspektive beteiligter Akteur:innen des Genome Editing schreiben Perspektive von möglichen Betroffenen einnehmen | Die Schüler:innen können die unterschiedlichen Interessen von Beteiligten und Betroffenen des Genome Editing erläutern. |
| 4 | Welche Werte und Normen spielen beim Genome Editing eine Rolle? (Pflichtstation) | Orientierungsmaßstäbe für Keimbahneingriffe analysieren und gewichten | Die Schüler:innen können die Bedeutung einzelner ethischer Prinzipien für die Beurteilung des Genome Editing analysieren und gewichten. |
| 5 | Bau dir ein Argument! (Pflichtstation) | Zuordnungsübung von Prämissen und Konklusionen in Argumenten zum Einsatz von Genome Editing Prämissen in Argumenten zum Einsatz von Genome Editing ergänzen | Die Schüler:innen können eigene Argumente zum Einsatz von Genome Editing in Standardform darstellen. |
| 6 | Hinterfrage deine Argumente! (Wahlstation) | Inhalt der Prämissen (einfach) oder Begründungsbeziehung (anspruchsvoll) in Argumenten zum Einsatz von Genome Editing prüfen | Die Schüler:innen können ihre Argumente zum Einsatz von Genome Editing inhaltlich oder formal prüfen. |
| 7 | Genom-Editing durch CRISPR/Cas9 – ein illegitimer Eingriff in das menschliche Erbgut? (Wahlstation einfach) | Multiple-Choice-Quiz zu verschiedenen gesellschaftlichen Positionen zum Einsatz von Genome Editing am Menschen | Die Schüler:innen können verschiedene gesellschaftliche Positionen zum Einsatz von Genome Editing am Menschen darstellen. |
| 8 | Darf und soll man in die menschliche Keimbahn eingreifen? (Wahlstation anspruchsvoll) | Entscheidungsbaum zu Keimbahneingriffen analysieren | Die Schüler:innen können Argumente für und gegen Keimbahneingriffe im Zusammenhang erläutern, diese durch ethische Prinzipien stützen und mögliche gesellschaftliche Folgen reflektieren. |
| 9 | Präimplantationsdiagnostik als Alternative zur Keimbahntherapie? (Wahlstation anspruchsvoll) | PowerPoint-Präsentation mit Audiokommentar zur PID verstehend zuhören | Die Schüler:innen können beurteilen, ob und inwiefern die PID eine angemessene Alternative zur Keimbahntherapie ist, um die Übertragung genetisch bedingter Erbkrankheiten zu verhindern. |

In *Pflichtstation 1* („Was ist Genome Editing, und was können wir damit machen?") erarbeiten die Schüler:innen die biologischen Grundlagen, die für das Verständnis des Falles wichtig sind. Dazu gehören die Funktionsweise von CRISPR/Cas9 als Genome-Editing-Verfahren zur gezielten Veränderung der DNA von Lebewesen und die damit verbundenen Risiken (z. B. Mosaikbildung, On-Target-Effekte, Off-Target-Effekte). Des Weiteren setzen sich die Lernenden mit den klinischen Anwendungsmöglichkeiten des Genome Editing auseinander, die von der Heilung und Vermeidung genetisch bedingter Krankheiten (z. B. Hämophilie, Mukoviszidose, Sichelzellanämie, Chorea Huntington, Muskeldystrophie, Brustkrebs) bis hin zur Optimierung bestimmter Eigenschaften oder Fähigkeiten (Enhancement) reichen. Schließlich lernen sie, gentechnische Verfahren begrifflich zu unterscheiden (z. B. Gentherapie und Genome Editing, Körperzelltherapie und Keimbahneingriff).

In *Wahlstation 2* („Hinterfrage die Inszenierung!") sollen die Schüler:innen den Einfluss medialer Darstellungen auf die ethische Urteilsbildung untersuchen und bewerten. Die einfache Wahlaufgabe („Hinterfrage die Bildsprache!") umfasst die Analyse einer Szene aus der Dokumentation *Baby à la carte*, in der ein Ehepaar aus Kalifornien dank einer Eizellenspende ein Mädchen erwartet. Die Schüler:innen sollen anhand dieses Beispiels ethische Probleme der modernen Reproduktionsmedizin benennen, wie die vorgeburtliche Auswahl des Kindes nach bestimmten genetischen Merkmalen und die Kommerzialisierung des Kinderwunsches. Zudem sollen sie mögliche Manipulationstechniken der Filmemacher beschreiben, um bei den Zuschauer:innen Empathie für die Eltern zu wecken. Die anspruchsvollere Wahlaufgabe („Hinterfrage die Metaphern des Genome Editing!") beinhaltet eine Analyse der Metaphern des Genome Editing in der öffentlichen Wissenschaftskommunikation. Insbesondere die gängigen Metaphern und Analogien für CRISPR/Cas9 wie „Genschere", „Textverarbeitung im Erbgut" oder „DNA-Skalpell" suggerieren, dass es sich um ein einfaches, präzises und kostengünstiges Werkzeug handelt, und verbergen die Komplexität und potenziellen Risiken des Verfahrens.

*Pflichtstation 3* („Nimm verschiedene Perspektiven ein!") stellt in Form von fiktiven Briefen exemplarisch die Perspektiven beteiligter Akteur:innen des Genome Editing dar, wie von Paaren mit einer genetischen Erkrankung und Kinderwunsch, Eltern eines schwerstbehinderten oder schwerkranken Kindes, Vertreter:innen religiöser Gemeinschaften oder Ärzt:innen. In den Briefen werden die divergierenden Interessen, Ansichten und Wertvorstellungen in Bezug auf die Auswirkungen von Keimbahneingriffen auf Einzelne und die Gesellschaft deutlich, wie z. B. der Wunsch nach einem gesunden Kind, aber auch die Befürchtung gesundheitlicher Schäden, religiöse Bedenken hinsichtlich der Menschenwürde und der Unverfügbarkeit des Lebens, sozialer Druck auf Eltern, solche Eingriffsmöglichkeiten in Anspruch zu nehmen, oder die Warnung vor einer liberalen Eugenik und einer genetischen Zweiklassengesellschaft. Darüber hinaus sollen die Schüler:innen die Perspektive potenziell Betroffener wahrnehmen, die in der Diskussion um Genome Editing oft vernachlässigt wird. Viele Menschen mit Behinderungen und Erkrankungen lehnen den defizitorientierten Blick auf ihr Leben ab. Der Leitsatz „Behindert ist man nicht, behindert wird man" lenkt den Fokus weg von der Betrachtung der Behinderung als individuelles Problem und hin zur Verantwortung der Gesellschaft, Barrieren abzubauen und Inklusion zu fördern.

*Pflichtstation 4* („Welche Werte und Normen spielen beim Genome Editing eine Rolle?") gibt einen Überblick über die ethischen Prinzipien, die bei der Beurteilung von Genome Editing neben der Abwägung von Chancen und Risiken (Technikfolgenabschätzung) zu berücksichtigen sind. Der Deutsche Ethikrat entfaltet in seiner Stellungnahme zu Keimbahneingriffen acht Orientierungsmaßstäbe, deren Bedeutung die Schüler:innen analysieren und gewichten sollen: Menschenwürde, Lebens- und Integritätsschutz, Freiheit, Natürlichkeit, Schädigungsvermeidung und Wohltätigkeit, Gerechtigkeit, Solidarität und Verantwortung.

*Pflichtstation 5* („Bau dir ein Argument!") vermittelt Hintergrundwissen zum Aufbau von ethischen Argumenten nach dem praktischen Syllogismus und zur Unterscheidung von deskriptiven und normativen Aussagen. Auf dieser Grundlage entwickeln die Schüler:innen aus ihrer erst intuitiv formulierten Meinung eigene Argumente für und gegen den Einsatz von Genome Editing am Menschen (Abb. 10.3).

*Wahlstation 6* („Hinterfrage deine Argumente!") regt die Lernenden dazu an, ihre Argumente entweder auf den Wahrheitsgehalt der Prämissen (einfach) oder auf die Begründungsbeziehung zwischen Prämissen und Konklusion (anspruchsvoll) zu prüfen.

Die einfache *Wahlstation 7* („Genom-Editing durch CRISPR/Cas9 – ein illegitimer Eingriff in das menschliche Erbgut?") gibt einen Überblick über die gesell-

---

**Jetzt bist du dran – baue dein Bauchgefühl zu einem vollständigen Argument aus!**

Befürwortung – Zurückhaltung – Ablehnung

**Das Argument zur befürwortenden Meinung**
Ergänze bei diesem praktischen Syllogismus den allgemeinen normativen Obersatz (1. Prämisse). [...]

1. Prämisse:
2. Prämisse: Genome Editing ist eine Biotechnologie, die das Leben von Menschen verbessern kann.
Konklusion: Genome Editing sollte eingesetzt werden. [...]

**Das Argument zur zurückhaltenden Meinung**
Ergänze bei diesem praktischen Syllogismus den allgemeinen normativen Obersatz (1. Prämisse). [...]

1. Prämisse:
2. Prämisse: Genome Editing ist momentan ein risikoreicher Eingriff in das menschliche Erbgut.
Konklusion: Genome Editing sollte momentan vermieden werden. [...]

**Das Argument zur ablehnenden Meinung**
Ergänze bei diesem praktischen Syllogismus den allgemeinen normativen Obersatz (1. Prämisse). [...]

1. Prämisse:
2. Prämisse: Genome Editing greift in das menschliche Erbgut ein.
Konlusion: Genome Editing sollte verboten werden. [...]

**Abb. 10.3** Argumente zum Genome Editing am Menschen entwickeln. (Freie Universität Berlin, 2021)

schaftlichen Positionen in der Debatte um Genome Editing sowie über die Gesetzeslage. Die verschiedenen Parteien und Institutionen lassen sich dem befürwortenden Meinungslager (FDP), dem zurückhaltenden Meinungslager (Deutscher Ethikrat, Bündnis 90/Die Grünen, SPD) sowie dem ablehnenden Meinungslager (CDU/CSU, evangelische Kirche) zuordnen.

Die anspruchsvolle *Wahlstation 8* („Darf/Soll man in die menschliche Keimbahn eingreifen?") lädt dazu ein, den komplexen Entscheidungsbaum des Deutschen Ethikrates zu erkunden. Auf den einzelnen Pfaden können die Schüler:innen sich interaktiv mit den vielfältigen Argumenten für und gegen bestimmte Aspekte von Keimbahneingriffen, den zugrunde liegenden Orientierungsmaßstäben sowie den Konsequenzen ihrer jeweiligen Entscheidung auseinandersetzen. Auf der letzten Ebene geht es um ethische Fragen der klinischen Anwendung von Genome Editing zur Vermeidung erblicher Krankheiten, zur Reduzierung von Krankheitsrisiken und zu Enhancement-Zwecken.

Die anspruchsvolle *Wahlstation 9* („Präimplantationsdiagnostik als Alternative zur Keimbahntherapie?" thematisiert schließlich Alternativen zur Keimbahntherapie, um die Übertragung von Erbkrankheiten auf den Nachwuchs zu verhindern. Neben der risikoärmeren genetischen Untersuchung und Selektion von Embryonen bei der künstlichen Befruchtung sollen die Schüler:innen auch die medizinischen Behandlungsmöglichkeiten für ein Leben mit der Krankheit, die Adoption oder den Verzicht auf Kinder als Handlungsoptionen abwägen. Darüber hinaus können sie sog. Dammbruchargumente bewerten, bei denen man aus der Erlaubnis zum Einsatz von Technologien wie PID oder CRISPR/Cas eine Nutzung für moralisch verwerfliche Zwecke folgert und diese daher ablehnt.

**Sicherung und Reflexion: Abschließendes Urteil**

Zur Auswertung des Stationenlernens gibt es mehrere Möglichkeiten. Erstens können die Schüler:innen mithilfe des Selbstdiagnosebogens feststellen, wo sie noch Schwierigkeiten haben, und diese in Kleingruppen oder in der Klasse klären. Zweitens ist es sinnvoll, das ausgefüllte Analyseschema zum Fall „Lulu und Nana" gemeinsam im Plenum zu vergleichen und zu überprüfen, ob die Kenntnisse zu den biologischen Grundlagen und ethischen Aspekten des Genome Editing korrekt angewendet wurden. Auf dieser Grundlage vertreten die Schüler:innen abschließend ihr begründetes Urteil. Je nach Zeitbudget und Interesse sind auch hier verschiedene Varianten denkbar. Ohne großen Aufwand lässt sich eine erneute Kartenabfrage zur Problemfrage realisieren, bei der die Schüler:innen ihre Entscheidung mit dem für sie wichtigsten Argument und Orientierungsmaßstab begründen sowie mögliche Meinungsänderungen reflektieren. Als Lernprodukt zur Festigung eignet sich eine Standpunktrede, in der die Lernenden ihre Argumentation zum Einsatz von Genome Editing am Menschen darlegen und eine Handlungsaufforderung geben.[7] Alternativ bietet sich eine 4-Ecken-Methode zur Frage an, ob und inwiefern die klinische Anwendung von Keimbahneingriffen bei einer ausgereiften Technik ethisch vertretbar ist (A: nein, B: ja, aber nur zur Vermeidung erblicher Krankheiten, C: ja, auch zur

---

[7] https://unterrichten.zum.de/wiki/Standpunktrede.

Reduzierung von Krankheitsrisiken, D: ja, zusätzlich zu Enhancement-Zwecken). Dabei ordnen sich die Schüler:innen räumlich einer der im Ethikrat vertretenen Positionen zu und begründen ihre Verortung. Im Anschluss kann die Lehrkraft die Klasse entsprechend ihrer Positionierung in vier Gruppen aufteilen und eine fiktive Gremiumssitzung des Deutschen Ethikrates vorbereiten lassen. Die Gruppen sollen Argumente für ihre jeweilige Position sammeln und überlegen, welche ethischen Prinzipien bei diesen eine Rolle spielen und inwiefern diese die Interessen der Beteiligten und Betroffenen berücksichtigen. Anschließend sollen die Gruppen ihre unterschiedlichen Sichtweisen zum Thema diskutieren, wobei sie jeweils von einem oder zwei Hauptsprecher:innen vertreten werden. Ziel der Diskussion ist es, Lösungsvorschläge für einen verantwortungsbewussten Umgang mit der Technologie des Genome Editing zu entwickeln und die möglichen gesellschaftlichen Folgen zu reflektieren.

## Literatur

Deutscher Ethikrat. (2019). *Eingriffe in die menschliche Keimbahn*. Stellungnahme. https://www.ethikrat.org/fileadmin/Publikationen/Stellungnahmen/deutsch/stellungnahme-eingriffe-in-die-menschliche-keimbahn.pdf. Zugegriffen am 01.07.2023.

dpa. (2023). Forscher: Chinesische „Gen-Babys" führen „normales Leben". *Zeit Online*. 08.02.2023. https://www.zeit.de/news/2023-02/08/forscher-chinesische-gen-babys-fuehren-normales-leben. Zugegriffen am 01.07.2023.

Hößle, C., & Bayrhuber, H. (2006). Sechs Schritte moralischer Urteilsfindung. Aktuelle Beispiele aus der Bioethikdebatte. Praxis der. *Naturwissenschaften, 55*(4), 1–6.

Köppe, J. (2019). Studie zu gentechnisch veränderten Babys teilweise veröffentlicht. *Spiegel Online*. 04.12.2019. https://www.spiegel.de/wissenschaft/technik/gentechnisch-veraenderte-babys-in-china-erstmals-teile-der-studie-veroeffentlicht-a-1299666.html. Zugegriffen am 01.07.2023.

Köppe, J., & dpa. (2019). Gen-Manipulation bedroht Gesundheit chinesischer Babys. *Spiegel Online*. 03.06.2019. https://www.spiegel.de/gesundheit/diagnose/china-gen-manipulation-an-crispr-babys-droht-lebenserwartung-zu-verkuerzen-a-1270649.html. Zugegriffen am 01.07.2023.

Lander, E. S., Baylis, F., Zhang, F., Charpentier, E., Berg, P., Bourgain, C., et al. (2019). Adopt a moratorium on heritable genome editing. *Nature, 567*(7747) 14.03.2019, 165-168. doi: 10.1038/d41586-019-00726-5. Zugegriffen am 01.07.2023.

Merlot, J. (2019). Genmanipulation an Babys könnte auch Gehirn verändert haben. *Spiegel Online*. 22.02.2019. https://www.spiegel.de/wissenschaft/mensch/crispr-genveraenderung-an-babys-koennte-ihr-gehirn-beeinflusst-haben-a-1254564.html. Zugegriffen am 01.07.2023.

Reitschert, K., & Hößle, C. (2007). Wie Schüler ethisch bewerten. Eine qualitative Untersuchung zur Strukturierung und Ausdifferenzierung von Bewertungskompetenz in bioethischen Sachverhalten bei Schülern der Sek. I. *Zeitschrift für Didaktik der Naturwissenschaften, 13*, 125–143.

## Vertiefende Literatur

Berres, I. (2019). Wie viel Designer-Baby ist erlaubt? *Spiegel Online*. https://www.spiegel.de/gesundheit/schwangerschaft/deutscher-ethikrat-darf-der-mensch-das-erbgut-von-babys-manipulieren-a-1266383.html. Zugegriffen am 01.07.2023.

Bolt, A. (2019). *Human Nature – Die Crispr Revolution*. USA [Dokumentarfilm].

Deutscher Bundestag. (2022). *Bericht*. Technikfolgenabschätzung (TA) Genome Editing am Menschen. Drucksache 20/1650. https://dserver.bundestag.de/btd/20/016/2001650.pdf. Zugegriffen am 01.07.2023.

Diekämper, J., Domingo, S., & Ranisch, R. (2020). *In anderen Umständen. Geschichten vom Eingriff ins Erbgut*. Ein Comic von ZukunftMensch. https://doi.org/10.7479/hdsm-nr62. Zugegriffen am 01.07.2023.

Dietrich, J. (2017). „Das muss doch jeder*r für dich selber wissen!"? Überlegungen zur Arbeit mit Fallanalysen zu Fragen der Angewandten Ethik. *Ethik & Unterricht, 28*(4), 9–12.

Doudna, J. A., & Sternberg, S. H. (2018). *Eingriff in die Evolution. Die Macht der CRISPR-Technologie und die Frage, wie wir sie nutzen wollen*. Springer.

Franzen, H. (2017). Fallanalysen im Ethik- und Philosophieunterricht. In sechs Schritten zu einem reflektierten Urteil. *Ethik & Unterricht, 28*(4), 4–8.

Franzen, H., Burkard, A., & Löwenstein, D. (Hrsg.). (2023). *Argumentieren lernen: Aufgaben für den Philosophie- und Ethikunterricht*. Wissenschaftliche Buchgesellschaft.

Frei Universität Berlin. (2021). Diskursprojekt GenomEdit. *Genome Editing am Menschen*: Die Ethik-Lernplattform. https://userblogs.fu-berlin.de/genome-editing/. Zugegriffen am 01.07.2023.

Marx, V. (2022). Gentechnik. Die CRISPR-Kinder. Spektrum.de. 04.01.2022. https://www.spektrum.de/news/gentechnik-die-crispr-kinder/1965646. Zugegriffen am 01.07.2023.

Pfeifer, V. (2022). *Ethisch argumentieren. Eine Anleitung anhand von aktuellen Fallanalysen*. Westermann.

Ranisch, R., Müller, A., Hübner, C., & Knoepffler, N. (Hrsg.). (2018). *Genome Editing – Quo vadis? Ethische Fragen zur CRISPR/Cas-Technik. Kritisches Jahrbuch der Philosophie 18*. Verlag Königshausen & Neumann.

# 11 Neue Gentechnik: Chance für eine nachhaltige Landwirtschaft in der Klimakrise oder ökologisches Risiko ohne Nutzen?

Bewerten mit Studierenden

Wiebke Rathje

> „[...] dass man dann irgendwas in die Natur einsetzt, was sich dann wiederum selbst weiterverbreitet und sich dann unserer Kontrolle entzieht, ist ja schon ein bisschen unheimlich"
> (Tomke, Studentin, 22 Jahre).

### Zusammenfassung

Die Debatte um gentechnische Verfahren bei Kulturpflanzen erfolgt häufig äußerst kontrovers und emotional und ist durch einen Vorschlag zur Neuregulierung des EU-Gentechnikgesetzes wieder entfacht. Die jeweiligen Positionen stehen dabei meist weit auseinander und Kompromisse scheinen unmöglich. In diesem Kapitel werden zunächst die Methoden der *alten* und *neuen* Gentechnik gegenübergestellt und die Bewertung der Risiken am Beispiel des Vorsorgeprinzips erörtert. Im Anschluss wird ein erprobtes Konzept zur Förderung der ethischen Bewertungskompetenz für Hochschulseminare vorgestellt, dessen Zielsetzung u. a. eine Auseinandersetzung mit den eigenen intuitiven Bewertungsprozessen sowie das Finden eines gemeinsamen Kompromisses ist. Das Konzept lässt sich auch in reduzierter Form für den Schulunterricht der Sekundarstufe II anwenden.

---

**Ergänzende Information** Die elektronische Version dieses Kapitels enthält Zusatzmaterial, auf das über folgenden Link zugegriffen werden kann [https://doi.org/10.1007/978-3-662-69707-8_11].

---

W. Rathje (✉)
Institut für Biologie und Umweltwissenschaften, Carl von Ossietzky Universität, Oldenburg, Deutschland
E-Mail: wiebke.rathje@uni-oldenburg.de

**Worum es geht**
- Lehrkonzept zur Förderung der Bewertungskompetenz für Hochschulseminare und Schulunterricht der Sekundarstufe II am Beispiel der Neuregulierung des Gentechnikgesetzes
- Nachvollziehen politischer Kompromisse und Fällen mehrheitlicher Entscheidungen
- Einordnung der neuen Gentechnik (*new genomic technique*) und Zielsetzungen der New-Genomic-Technique-Pflanzen
- Bewertung von Risiken am Beispiel des Vorsorgeprinzips in der Gentechnikdebatte
- Wahrnehmung eigener intuitiver Bewertungsprozesse

Seit fast drei Jahrzehnten wird die Nutzung gentechnischer Verfahren in der Pflanzenzüchtung kontrovers in Politik, Gesellschaft und Wissenschaft diskutiert. Während weltweit die Anbaufläche gentechnisch veränderter Pflanzen auf mehr als das Fünffache der Fläche Deutschlands gestiegen ist, bleibt Europa nahezu gentechnikfrei (ISAAA, 2019). Doch mit den Herausforderungen des Klimawandels und der Entwicklung neuer gentechnischer Methoden wie der Genschere CRISPR/Cas9 mehren sich aus Politik und Wissenschaft Stimmen, die in Europa eine Neuregulierung der bisher strengen rechtlichen Einstufung für sog. genomeditierte Pflanzen fordern (Nationale Akademie der Wissenschaften Leopoldina, 2019). Die Befürworter sehen in den neuen gentechnologischen Verfahren ein großes Potenzial für die Züchtung von Nutzpflanzen, die Hitze und Dürre standhalten, weniger Pestizide benötigen und somit eine nachhaltigere Landwirtschaft ermöglichen sollen (Camerlengo et al., 2022; Schwarzbeck & Puchta, 2023). Umwelt- und Verbraucherschützer warnen dagegen vor unvorhersehbare Risiken für Mensch und Umwelt, vor einer Beschneidung der Wahlfreiheit des Konsumenten sowie vor einer Beförderung der industriellen Landwirtschaft (BMUV, 2023; Mertens, 2022; Bauer-Panskus et al., 2019).

Ein im Sommer 2023 unterbreiteter Vorschlag der Europäischen Kommission zur Reform der Gentechnikgesetze hat die Diskussion um die Einschätzung der Risiken sowie die Abgrenzung zwischen Verfahren der *alten* und *neuen* Gentechnik erneut entfacht. Demnach soll es zukünftig keine Risikobewertung für die Zulassung genomeditierter Pflanzen bedürfen, „wenn diese auch natürlich vorkommen oder durch konventionelle Züchtung erzeugt werden könnten" (European Commission et al., 2023). Diesem Vorschlag hat das EU-Parlament (2024) bereits in Teilen zugestimmt. Ein Inkrafttreten der Neuregulierung ist allerdings erst nach Zustimmung der EU-Mitgliedstaaten möglich. Diese gilt als ungewiss, da die Positionen teils auch innerhalb der europäischen Regierungen weit auseinanderliegen.

Die Diskussion um die Verfahren des Genome Editing eignet sich nicht nur aus fachlicher Perspektive für Hochschulseminare oder den Biologieunterricht der Sekundarstufe II, sondern ermöglicht auch die Einbindung ethischer Bewertungsprozesse. Zu beachten ist dabei, dass bei der Betrachtung und Bewertung meist unterschiedliche Interessen, rechtliche Fragestellungen, politische Hintergründe und moralische Grundhaltungen eine zentrale Rolle spielen. Gleichzeitig aktiviert insbesondere die Gentechnik auf emotionaler Ebene eine Fülle von Vorstellungen zu Genetik und Gesundheit, aber auch Fantasien und Intuitionen zu Natur und Leben (Gebhard, 2009) (Kap. 3). Der Kontext Gentechnik bietet somit die Möglichkeit, eben diese intuitiven Bewertungsprozesse exemplarisch anzusprechen.

Für Lehrende kann der häufig kontrovers geführte Diskurs um die Gentechnik, bei dem die Positionen oft unbeweglich gegenüberstehen, herausfordernd sein. Ohne die Herbeiführung von Kompromissen sind aber Mehrheitsentscheidungen in demokratischen Systemen nicht möglich. Gelingen kann dies nur, wenn alle Beteiligten den Eindruck eines fairen Diskurses haben. Voraussetzungen hierfür sind ein grundsätzlich vorhandener gemeinsamer Wertekanon des Umgangs miteinander und eine Vorverständigung des Verhandlungsablaufs. Das vorgestellte Lehrkonzept zielt daher auf die Herbeiführung eines gemeinsamen Urteils ab, für das, insofern unterschiedliche Positionen bestehen, die Kompromissfindung und Absprache der dazu notwendigen Rahmenbedingungen unerlässlich sind (Kap. 5).

In diesem Kapitel wird zunächst eine Einordnung der New Genomic Techniques (NGTs) vorgenommen und die geplante Neuregulierung des Gentechnikgesetzes dargelegt. Um die Argumentationen von Befürwortern und Kritikern nachvollziehen zu können, erfolgen eine Betrachtung des in Debatten häufig angeführten Vorsorgeprinzips sowie eine Zusammenfassung möglicher patentrechtlicher Fragen. Das nachfolgend vorgestellte Lehrkonzept eignet sich für ethische Bewertungsprozesse in Hochschulseminaren sowie in reduzierter Form für die Sekundarstufe II und wurde mit Lehramtsstudierenden erprobt.

## 11.1 Fachlicher Hintergrund

### 11.1.1 Einordnung der *alten* und *neuen* Gentechnik in der Pflanzenzüchtung und deren Verfahren

Grundsätzlich verfolgen gentechnische Verfahren das Ziel, DNA neu zu kombinieren. Hierbei können sowohl gencodierende DNA-Abschnitte eingefügt als auch einzelne Nukleotide, und damit einzelne Basen, innerhalb einer Gensequenz ausgetauscht werden, um so die Eigenschaften von Organismen und Viren zu verändern.

Bekannt ist die Gentechnik vor allem für *transgene* Verfahren, bei denen artfremde Gene in Nutzpflanzen eingebaut werden, wie z. B. beim sog. Bt-Mais, dem ein Gen aus dem *Bacillus thuringiensis* zum Schutz vor Fraßfeinden eingesetzt wurde.

Für das genannte Beispiel wurde ein Verfahren der alten Gentechnik verwendet, bei dem die zu übertragenen DNA-Sequenzen an *zufälliger* Stelle in das Genom der Wirtspflanze transferiert wurden, oft mithilfe des *Agrobacterium tumefaciens*-vermittelten Gentransfers. Verfahren der neuen Gentechnik (NGT) unterscheiden sich grundsätzlich dahingehend, dass innerhalb eines pflanzlichen Genoms *zielgerichtet* an einer ausgewählten und somit bekannten Stelle geschnitten wird. Hierdurch ist es möglich, sowohl artfremde als auch arteigene Gene in die Schnittstelle einzufügen, aber auch gezielte Punktmutationen auszulösen, häufig mit dem Ziel ein bestimmtes Gen „auszuschalten" (Abb. 11.1). Da die Erbinformation wie in einem Textprogramm Buchstabe für Buchstabe bearbeitet wird, bezeichnet man das Verfahren als *Genome Editing* (WGG., 2025). Es ist spätestens seit dem Nobelpreis für seine Entdeckerinnen Emmanuelle Charpentier und Jennifer Doudna im Jahr 2020 durch die Genschere CRISPR/Cas9 auch einer breiten Öffentlichkeit bekannt. CRISPR ist dabei nicht die einzige im Labor entwickelte Genschere. Je nach Zielsetzung können auch Nukleasen wie z. B. *Zinkfingernukleasen* (ZFN) oder *Transcription Activator-like Effector Nucleases* (TALENs) eingesetzt werden.

Gemein ist allen drei Methoden, dass sie an einer zuvor ausgewählten DNA-Sequenz einen Bruch bzw. einen „Schnitt" im DNA-Doppelstrang hervorrufen, um im Anschluss den natürlichen DNA-Doppelstrang-Reparaturmechanismus der Wirtszelle zu nutzen. Meist setzt die Zelle ein schnelles, aber auch fehleranfälliges Reparatursystem ein (*nichthomologe Rekombination*). Während der Zusammenführung der DNA-Bruchstellen können dabei Basen verloren gehen (*Deletionen*), zu viele Basen eingebaut werden (*Insertionen*) oder ein Basenaustausch erfolgen (Abb. 11.1). Dies führt zu Punktmutationen, die i. d. R. den Ausfall des zugehörigen Gens zur Folge haben. In der Forschung wird das System zusammen mit einer Genschere z. B. genutzt, um durch eine gezielte Inaktivierung die Funktion eines Gens zu bestimmen. In der Pflanzenzüchtung findet die Technik Anwendung, um entweder unerwünschte Eigenschaften auszuschalten oder um vormals inaktive Gene (*Pseudogene*) im Genom einer Kulturpflanze durch gezielte Punktmutation wieder zu aktivieren. Da Mutationen in der Natur häufig sind, ist eine in dieser Form gentechnisch veränderte Pflanze phänotypisch und labordiagnostisch nicht von einer Pflanze zu unterscheiden, deren neuen Eigenschaften natürlich entstanden sind oder mit konventionellen Methoden erzeugt wurden.

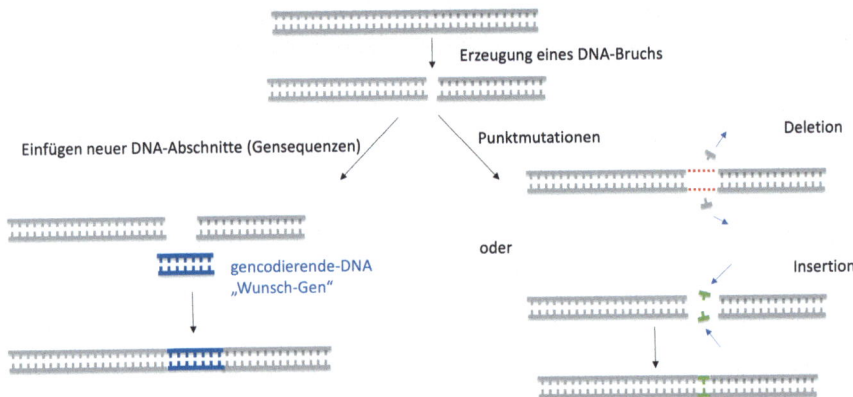

**Abb. 11.1** Gentechnische Methoden verfolgen das Ziel, DNA neu zu kombinieren.: Durch Erzeugung eines DNA-Doppelstrangbruches können Gensequenzen eingefügt werden (links). Es kann aber auch das wirtseigene Reparatursystem zur Erzeugung von Punktmutationen genutzt werden (rechts). (Eigene Darstellung)

## 11.1.2 Mutationsverfahren in der Pflanzenzüchtung

Tatsächlich sind Mutationsverfahren in der Pflanzenzüchtung bereits vor der Entdeckung der Genscheren ein häufig genutztes Verfahren, um Kulturpflanzen mit neuen Eigenschaften zu erhalten. Mit Beginn der Landwirtschaft vor etwa 10.000 Jahren begannen die Menschen, einzelne Wildformen nach vorteilhaften, aufgrund spontaner Mutationen entstandenen Eigenschaften auszuwählen. Durch immer weitere gezielte Mutationsselektionen und die spätere Kreuzungszüchtung nach Mendel'schen Regeln entwickelten sich die heutigen Kulturpflanzen. Auswahlkriterien sind dabei allen voran Merkmale, die zu stabilen Erträgen führen. Im Vergleich zu seinem Vorfahren, dem Wilden Emmer, verfügt z. B. der heutige Hochleistungsweizen über große, schwere Ähren und kurze Halme, die hohe Erträge und eine einfache maschinelle Beerntung ermöglichen (Avni et al., 2017). Doch durch die intensiven, gezielten Kreuzungsprogramme gelten die heutigen Kulturpflanzen als genetisch verarmt. Die meisten Wildpflanzeneigenschaften sind aus ihnen herausgezüchtet und liegen als inaktive Gene (*Pseudogene*) im Genom vor. Gerade diese Eigenschaften können aber züchterisch wieder gefragt sein, wenn sie z. B. zu Resistenzen gegenüber bestimmten Schaderregern oder zu Trockentoleranzen führen. Bereits in den 1930er-Jahren wurde daher begonnen, Mutationen durch Neutronen- oder Röntgenstrahlung in Kulturpflanzensamen auszulösen, um erwünschte Merkmale zu reaktivieren oder unerwünschte Eigenschaften zu eliminieren (Jankowicz-Cieslak et al., 2017). Heute wird davon ausgegangen, dass mehr als 3200 Pflanzensorten durch dieses Verfahren entstanden sind (IAEA, 2023). Dazu zählt z. B. ein Großteil der Hartweizensorten, aus denen Pastanudeln gefertigt werden, oder die rosafleischfarbigen Grapefruitsorten (Oladosu et al., 2016; Rana et al., 2020).

Das Verfahren der klassischen Mutagenese ist aufwendig, da Punktmutationen mit dieser Technologie nicht zielgerichtet ausgelöst werden können. In der Regel müssen bis zu 100.000 Pflanzensamen bestrahlt, ausgesät und auf vorteilhafte Veränderungen durchmustert werden (Kempken & Kempken, 2020). Die auftretenden Mutationen sind zudem nicht vorherbestimmbar und die Züchtungsergebnisse dem Zufall überlassen (s. auch Tab. 11.1). Es kann also nicht vor der Anwendung des Verfahrens festgelegt werden, dass in der Nachkommenschaft beispielsweise Linien mit phänotypischen Besonderheiten wie die Pink Grapefruit entstehen. Durch die Zufälligkeit der Mutagenese können außerdem weitere Veränderungen auch an unerwünschter und verdeckter Stelle im Genom ausgelöst werden. Die Forschung war daher lange Zeit bestrebt, eine Technik zu entwickeln, die Mutationen zielgerichtet an zuvor definierten Stellen des Genoms erzeugen kann. Die Genscheren Zinkfingernukleasen und TALENs sind eine Folge entsprechender Forschungsbemühungen. Allerdings hat erst die Entwicklung der Genschere CRISPR aufgrund ihrer einfachen und kostengünstigen Handhabung zu einer Routineanwendung in zahlreichen Forschungslaboren geführt (Elsner, 2021).

**Tab. 11.1** Gegenüberstellung der Zielsetzungen und Verfahren von Mutationszüchtung sowie alter und neuer Gentechnik. (Die Anwendungsbereiche in Forschung und Züchtung sind vielseitig. Die tabellarische Übersicht erhebt daher keinen Anspruch auf eine vollständige Darstellung aller Zielsetzungen und Techniken. Nicht dargestellt ist die klassische Kreuzungszüchtung, aus der die meisten heutigen Kultursorten entstehen.)

| | Konventionelle Mutationszüchtung | Alte Gentechnik | Neue Gentechnik (Genome Editing) |
|---|---|---|---|
| Ziele | Erzeugung von Mutationen | Insertion arteigener oder artfremder Gene | Erzeugung von Punktmutationen (meist NGT1) oder Insertionen arteigener oder artfremder Gene (meist NGT2) |
| Zielgerichtetheit der Veränderungen | Veränderungen an zufälliger Stelle im Genom (Off-Target-Effekte häufig) | Veränderungen an zufälliger Stelle im Genom | Zielgerichtete Veränderungen an ausgewählter Stelle im Genom (Off-Target-Effekte möglich) |
| Verwendete labortechnische Mittel/ Werkzeuge | Mutagene chemische Substanzen, Röntgen- und Neutronenstrahlung | Vektoren (z. B. *Agrobacterium tumefaciens*), biolistische Verfahren („Genkanone") | Genscheren (CRISPR/Cas, TALEN, Zinkfingernukleasen) |
| Veränderungen im Genom nachweisbar? | In der Regel nicht nachweisbar | Ja (Nachweis des transferierten Zielgens und ggf. Markergens) | NGT1-Kategorie: nein NGT2-Kategorie: i. d. R. ja |
| Regulierung in der EU | Keine besonderen Bestimmungen | Sicherheitsprüfungen und Kennzeichnungspflicht erforderlich | Sicherheitsprüfungen und Kennzeichnungspflicht erforderlich *In Diskussion für NGT1-Pflanzen:* keine Sicherheitsprüfung, weiterhin Kennzeichnungspflicht (Stand März 2024) |

### Zuverlässigkeit der Genscheren (On- und Off-Target-Effekte)

Genscheren wie CRISPR/Cas9 werden im Labor für bestimmte DNA-Sequenzen maßangefertigt und schneiden in der Regel an der adressierten und somit gewünschten Gensequenz zuverlässig (*on target*). Allerdings können im pflanzlichen Genom ähnliche Sequenzen an zuvor nicht bekannten Stellen vorliegen. Auch an diesen kann die Genschere ansetzen, was zu ungeplanten Off-Target-Doppelstrangbrüchen und somit zu ggf. unentdeckten Mutationen führen kann (Hahn & Nekrasov, 2019). Diskutiert wird, ob solche Mutationen unerwünschte Stoffwechselprozesse auslösen können, die in der Pflanze die Bildung von Allergenen oder andere für Mensch und Umwelt schädliche Eigenschaften hervorrufen (Eckerstorfer et al., 2019; Mertens, 2022). In der Gesamtbetrachtung wird von Befürwortern der Anwendung des Genome Editing angeführt, dass unerkannte Mutationen auch natürlicherweise in hoher Anzahl in unseren Nahrungspflanzen vorkommen und schädliche Mutationen entweder durch den Zelltod oder bei der Erprobung im Anbau herausselektiert werden (Nationale Akademie der Wissenschaften Leopoldina, 2019; Kempken & Kempken, 2020, S. 142 f.).

### Eigenschaften neuer gentechnisch veränderter Pflanzen

Ein Großteil der bisher kommerziell angebauten transgenen Pflanzen der alten Gentechnik, insbesondere Soja, Baumwolle, Mais und Raps, verfügen über anbautechnische Vorteile wie Herbizidtoleranzen oder Abwehrmechanismen gegenüber Schadorganismen (ISAAA, 2019). Neuere, mit Genscheren entwickelte New-Genomic-Technique-Pflanzenlinien (NGT-Pflanzen) sollen ebenfalls Resistenzen gegen biotische Stressfaktoren, also pilzliche und bakterielle Schadorganismen sowie Viruserkrankungen, ausbilden. Beispiele hierfür sind mehltauresistente Weizen- und Tomatenlinien oder gegen die Kraut- und Knollenfäule widerstandsfähige Kartoffeln (Kieu et al., 2021; Nekrasov et al., 2017; Wang et al., 2014). Sie sollen – so das Versprechen der Forscher – den Einsatz von Pestiziden verringern und somit einen Beitrag für eine nachhaltige Landwirtschaft bieten (Camerlengo et al., 2022).

Als ein Beitrag für den Klimaschutz wird eine auf den Philippinen zugelassene gentechnisch veränderte Bananensorte angeführt, die weniger schnell braun wird und somit für weniger Lebensmittelabfälle und $CO_2$-Emissionen sorgen soll (EU-Parlament, 2024).

Da die Folgen des Klimawandels auch in Europa für die Landwirtschaft deutlich spürbar sind, werden große Hoffnungen in die Entwicklung von dürre- und salztoleranten Kulturpflanzen gelegt (Massel et al., 2021). Doch die genetische Editierung solcher Merkmale ist schwierig, da sie durch ein komplexes Gennetzwerk gesteuert werden, in dem meist mehrere Stoffwechselprozesse involviert sind (CSS & ENSSER, 2021). Entsprechend lassen marktreife Entwicklungen zumindest für Europa noch auf sich warten.

Weitere Bestrebungen betreffen die Verbesserung der qualitativen Inhaltsstoffe und sind eher einem Lifestyle-Segment zuzuordnen, wie z. B. Soja mit besonders hohem Gehalt an ungesättigten Fettsäuren oder glutenarmer Weizen (Demorest et al., 2016; Sánchez-León et al., 2018). In Japan wurde bereits eine Tomatensorte in den Markt gebracht, die ein Fünffaches seines natürlichen Gehalts des blutdrucksenden Botenstoffs GABA enthält (Nonaka et al., 2017; Waltz, 2022).

## 11.1.3 Neuregulierung des EU-Gentechnikgesetzes für Pflanzen der NGT1-Kategorie

Die eingangs beschriebene Neuregulierung des europäischen Gentechnikgesetzes betrifft Pflanzensorten der sog. NGT1-Kategorie. Hierunter fallen Kulturpflanzen, deren Veränderungen ausschließlich auf Punktmutationen an maximal 20 Basenpaaren beruhen (European Commission, Directorate-General for Health and Food Safety, 2023, Anhang 1). Nicht zulässig sind somit gentechnisch veränderte Pflanzen der NGT2-Kategorie, denen vollständige artfremde oder arteigene Gene inseriert wurden. Des Weiteren sollen Pflanzen der NGT1-Kategorie bestimmte Nachhaltigkeitskriterien erfüllen. Dazu zählen Toleranzen gegenüber abiotischem Stress (z. B. Trocken- und Salztoleranzen) sowie biotischem Stress (Resistenzen gegenüber Krankheitserregern) (European Commission, Directorate-General for Health and Food Safety, 2023, Anhang 3). Nicht unter diese Kategorie fallen Kultursorten mit Herbizidtoleranzen, z. B. gegenüber dem Unkrautvernichtungsmittel Glyphosat. NGT1-Pflanzen würden durch die Neuregulierung gleichgestellt werden mit herkömmlich gezüchteten Pflanzen und müssten vor der Inverkehrbringung keiner Risikobewertung unterzogen werden. Eine Kennzeichnungspflicht soll nach dem Beschluss des EU-Parlaments (2024) auch weiterhin für NGT1-Pflanzen und deren Produkte bestehen bleiben (Tab. 11.1).

## 11.1.4 Das Vorsorgeprinzip in der Debatte um die Neuregulierung des Gentechnikgesetzes

In der gesellschaftlichen Debatte um die neue Gentechnik wird eine Vielzahl von Pro- und Contra-Argumenten genannt, die in diesem Kapitel nicht in ihrer Vollständigkeit aufgeführt werden sollen, aber in den Materialien des vorgestellten Lehrkonzepts Eingang finden. Grundsätzlich können die häufigsten Argumente Kategorien zugeordnet werden wie „Chancen vs. Risiken für die Umwelt", „Beitrag für eine nachhaltige Landwirtschaft vs. Förderung einer industriellen Landwirtschaft mit ihren nachteiligen Umweltauswirkungen", „Förderung mittelständiger Unternehmen vs. großer Agrarkonzerne", „Einschränkung der Wahlfreiheit der Konsumenten" und weitere. Häufig fällt in der Debatte um die Zulassung von NGT-Pflanzen der Begriff des *Vorsorgeprinzips*, der bei der Durchführung des vorgestellten Lehrkonzepts meist einer Erläuterung bedarf:

Klassicherweise erfolgt eine staatliche Regulation für die Verwendung eines Stoffes, eines Herstellungsverfahrens oder eines Produkts erst, wenn eindeutige wissenschaftliche Beweise für deren Schadwirkung vorliegen. Sind aber Schäden bereits für die Umwelt oder Gesundheit eingetreten, besteht nur noch die Möglichkeit, sie durch Nachsorge zu beseitigen. Es gebietet sich also, Gefahren im Voraus zu vermeiden (UBA, 2021). Einen Schritt weiter geht das Vorsorgeprinzip als Grundsatz des Umwelt- und Gesundheitsschutzes. Es besagt, dass präventive Maßnahmen ergriffen werden sollen, um potenzielle Risiken und negative Auswirkungen auf Umwelt und Gesundheit zu vermeiden, auch wenn wissenschaftliche Beweise hierfür noch nicht eindeutig vorliegen (Calliess, 2021; UBA, 2021). Es gilt als Leitprinzip des deutschen, europäischen und internationalen Umweltrechtes (Art. 34 Abs.1 UGB; Art. 191 Abs. 2, 2 AEUV; Earth Charter Center for Education for Sustainable Development, 2000) und ist in Art. 20a des Grundgesetzes verankert. Eine einheitliche Definition des Vorsorgeprinzips gibt es allerdings nicht. Die Standpunkte weichen dahingehend voneinander ab, „bei welchem Grad der wissenschaftlichen Ungewissheit ein Eingreifen der Behörden noch möglich ist" (Bourguignon, 2016). Es bestehen zudem unterschiedliche Expertenauffassungen über die Anwendung des Prinzips und die Methoden zur Bestimmung von Vorsorgemaßnahmen. Die gegenläufigen Standpunkte werden in ihren extremen Ausprägungen von Bourguignon (2016) wie folgt zusammengefasst:

- *Pro:* Gefahren für Umwelt und Gesundheit sind von der Wissenschaft nicht genau vorhersehbar. Da die Umwelt verwundbar ist, sollten weniger riskante Alternativen eingesetzt werden. Oftmals müssen Unternehmen trotz des Verursacherprinzips nicht für alle ökologischen und gesundheitlichen Schäden aufkommen, nehmen aber zugleich Einfluss auf Entscheidungsprozesse (Beispiel Tabakindustrie). Hier kann das Vorsorgeprinzip ermöglichen, wirtschaftliche und gesellschaftliche Interessen aufeinander abzustimmen.
- *Contra:* Das Vorsorgeprinzip beruht auf ideologischen Werten, stellt eine Bedrohung für den menschlichen Fortschritt dar und kann zum Stillstand führen. In seiner Konsequenz würden so nützliche Produkte wie z. B. Impfstoffe oder Antibiotika der Gesellschaft vorenthalten werden. Es ist eine Reaktion auf die Angst

des Menschen vor risikoreichen und ungewissen Situationen. Eine absolute wissenschaftliche Gewissheit gibt es aber nicht. So gesehen könne das Vorsorgeprinzip auf jede Tätigkeit angewendet werden und nicht nur selektiv auf bestimmte Technologien.

In der Debatte um die Neuregulierung des Gentechnikgesetzes sehen Kritiker häufig das Vorsorgeprinzip berührt. So fordert beispielsweise das Bundesministerium für Umwelt, Naturschutz und Verbraucherschutz (BMUV, 2023) auf seiner Internetseite, „dass wissenschaftlich überprüft wird, ob diese Veränderungen negative Auswirkungen auf Natur oder Umwelt, Mensch oder Tier haben, bevor sie in die Umwelt gebracht werden. Damit bleibt das Vorsorgeprinzip gewahrt." Viele Umweltverbände befürchten, dass ohne eine Risikoprüfung das Vorsorgeprinzip faktisch abgeschafft werden würde, da es keine Chancen auf Rückholbarkeit nach Freisetzung gentechnisch veränderter Organismen in die Umwelt geben könne (BUND, 2023). Dagegen sieht die Nationale Akademie der Wissenschaften Leopoldina (2019, S. 31) das Vorsorgeprinzip hier nicht berührt und argumentiert: „Das Vorsorgeprinzip gilt aber nicht im Restrisikobereich, also in demjenigen Bereich, in dem Ungewissheiten jenseits der ‚Schwelle praktischer Vernunft' liegen, weil Risiken ‚nach dem Stand von Wissenschaft und Technik praktisch ausgeschlossen' erscheinen". Weiter sieht die Akademie durch eine zu enge Auslegung des Vorsorgeprinzips die Forschungs- und Berufsfreiheit verletzt, diese müsse „[…] daher durch einen benennbaren, wissenschaftlich zumindest im Ansatz belastbaren Vorsorgeanlass begründet sein und im Weiteren praxisgerecht umgesetzt werden" (ebd).

Die Zitate zeigen, wie weit die Beurteilung und Wahrnehmung von Risiken auseinanderliegen können. Auch in Diskursen mit Studierenden fallen ähnliche, oftmals diametral gegenüberliegende Grundhaltungen auf. Es ist anzunehmen, dass hierbei unbewusst vorweg ablaufende, intuitive Bewertungsprozesse in Bezug auf Vorstellungen zu Sicherheit und Fortschritt in Post-hoc-Begründungen münden (Kap. 3).

### 11.1.5 Offene patentrechtliche Fragen

Grundsätzlich sind nach Art. 53 b des Europäischen Patentübereinkommens und nach dem deutschen Patentgesetz „Pflanzensorten oder Tierrassen sowie im Wesentlichen biologische Verfahren zur Züchtung von Pflanzen oder Tieren" nicht patentierbar. Für Neuzüchtungen herkömmlicher, nicht mit gentechnischen Verfahren entwickelten Pflanzensorten gilt in Deutschland der Sortenschutz. Dieser wird nach Prüfung auf Neuheit, Unterscheidbarkeit, Homogenität und Beständigkeit einer neugezüchteten Sorte durch das Bundessortenamt dem Inhaber, i. d. R. dem Züchter, als ein zeitlich begrenztes Recht über die Nutzung und Erhebung von Lizenzgebühren zugesprochen. Im Gegensatz zum Patentrecht erlaubt der Sortenschutz dem Landwirt einmal gekauftes und angebautes Saatgut im Folgejahr erneut auszusäen (§10 Absatz 1 SortSchG). Allerdings kann ein Patent auf eine technische Neuerung im Arbeitsprozess bei der Entwicklung einer neuen Pflanzensorte erteilt werden. Im Fall der NGT-Pflanzen kann somit z. B. eine bestimmte CRISPR-Methode patentiert werden. Das Patent gilt dann auch für die daraus entstandene neue Sorte. Tatsächlich hat das Europäische Patentamt bis zum Jahr 2022 ca. 3100 Patente für gentechnisch entwickelte Pflanzen vergeben (EPA, 2023). Hierdurch könnten also Kosten und Abhängigkeiten für Landwirte und Züchter entstehen. Eine Mehrheit der Abgeordneten des Europäischen Parlaments fordert daher „ein vollständiges Verbot von Patenten auf jegliche NGT-Pflanzen, jegliches Pflanzenmaterial und Teile davon sowie auf genetische Informationen und die darin enthaltenen Verfahrensmerkmale" (EU-Parlament, 2024). Demnach müsste zugelassenen NGT-Pflanzen ein Sortenschutz, wie konventionell gezüchteten Pflanzen auch, erteilt werden. Ein Gesetzgebungsvorschlag für eine entsprechende Anpassung der EU-Vorschriften über die Rechte des geistigen Eigentums fehlt allerdings noch.

## 11.2 Lehrkonzept: Genome Editing bei Nutzpflanzen

Das folgende Lehrkonzept mit dem Titel „Genome Editing bei Nutzpflanzen – eine Chance für nachhaltige Landwirtschaft in der Klimakrise oder ökologisches Risiko ohne Nutzen?" ist für Seminare mit Biologielehramtsstudierenden entwickelt worden, um grundlegende Methoden der ethischen Bewertungskompetenz für den späteren Schulalltag zu vermitteln. Die in den nächsten Jahren anstehende Neuregulierung des EU-Gentechnikgesetzes bietet für Studierende einen aktuellen und ansprechenden Kontext. Da die Thematik in der Öffentlichkeit meist äußerst kontrovers diskutiert wird, wurde ein Ablaufschema gewählt, welches den Studierenden einen Diskursraum zum Aushandeln eines gemeinsamen Kompromisses bietet und zugleich die Reflexion zuvor gefällter intuitiver Urteile ermöglichen soll (Abb. 11.2). Das Konzept folgt im Ablauf dem Schema des Modells „6-Schritte zur moralischen Urteilsfindung" (Hößle & Bayrhuber, 2006) (Kap. 15), unterscheidet sich aber in den Teilprozessen „Finden eines gemeinsamen Kompromisses" sowie „Reflektieren des eigenen Spontanurteils" und greift somit die Schritte 2 und 6 des Pyramidenmodells nach Pohlmann auf (s. auch Kap. 5). Es kann auch für Studierende anderer Fachrichtungen (z. B. Politik, Ethik, Umweltwissenschaften) angepasst oder für die Sekundarstufe II reduziert werden. Entsprechend abgestufte

**Abb. 11.2** Ablaufschema des Lehrkonzepts

Arbeitsblätter (M1, M2 und M3) werden für den Download zur Verfügung gestellt (https://link.springer.com/10.1007/978-3-662-69706-1_11, unter „Elektronisches Zusatzmaterial" am Ende des Kapitels).

Je nach unterrichtlicher Einbettung oder Seminarablauf kann das Konzept z. B. im Anschluss einer fachlichen Einheit zum Thema Genome Editing eingesetzt werden. Eine Eingliederung in eine fachbiologische Lehrveranstaltung ist aber nicht zwingend notwendig. So konnten die fachlichen Grundlagen innerhalb eines biologiedidaktischen Seminars der Universität Oldenburg durch einen 20-minütigen Dozierendenvortrag zwischen Schritt 2 und 3 des Ablaufschemas gelegt werden. Die in diesem Kapitel vorgestellten fachlichen Hintergrundinformationen erwiesen sich dabei als Bewertungsgrundlage für die Studierenden als hilfreich und ausreichend. Entsprechende Präsentationsfolien können bei der Autorin angefragt werden.

### Schritt 1: Vorstellung des Konflikts und Formulierung der Entscheidungssituation

Aufgrund des aktuellen Bezugs bietet sich für den Einstieg das Vorlegen oder Abspielen einer Nachrichtenmeldung zur Neuregulierung des Gentechnikgesetzes an, in der idealerweise bereits erste Wortmeldungen verschiedener Interessensgruppen gezeigt werden. Für das durchgeführte Seminar wurde ein Beitrag einer bekannten Nachrichtensendung des öffentlich-rechtlichen Fernsehens gewählt. In diesem äußern ein Wissenschaftler und ein Landwirt ihre Hoffnung, zukünftig klimarobuste Pflanzensorten für eine nachhaltige Landwirtschaft entwickeln und anbauen zu können. Diesen Erwartungen werden die kritischen Stimmen eines EU-Parlamentariers und der Bundesumweltministerin gegenübergestellt, die die Wahlfreiheit des Konsumenten gefährdet und das Vorsorgeprinzip verletzt sehen. Im Anschluss wird der gezeigte Konflikt gemeinsam mit dem Plenum definiert, indem die Teilnehmer:innen aufgefordert sind, die anstehende politische Entscheidung und die gezeigten Positionen mit eigenen Worten wiederzugeben.

### Schritt 2: Fällen eines Spontanurteils

Da Fernsehbeiträge oftmals einen dramaturgischen Aufbau beinhalten, der Emotionen beim Zuschauer auslösen soll, bietet es sich direkt im Anschluss an, die Teilnehmer:innen aufzufordern, in Einzelarbeit ihre Gefühle, einschließlich möglicherweise ausgelöste Hoffnungen und/oder Sorgen, in eigenen Worten aufzuschreiben und ein erstes, persönliches Spontanurteil zu fällen. Sowohl das Urteil als auch die empfundenen Sorgen und Erwartungen sollen in diesem Schritt noch nicht geteilt werden.

### Schritt 3: Nennen möglicher Handlungsoptionen

Es werden gemeinsam im Plenum die Möglichkeiten der zur Abstimmung aufgeforderten politischen Organe (EU-Mitgliedstaaten) formuliert. Im Fall der Neuregulierung des Gentechnikgesetzes kann dies die vollständige Ablehnung, die vollständige Zustimmung oder die teilweise Zustimmung des Reformvorschlags mit weiteren Auflagen sein.

**Schritt 4: Pro- und Contra-Argumente zuordnen**
In diesem und dem nachfolgenden Schritt folgt eine intensive Erarbeitungsphase, in der sich die Studierenden ein umfassendes Bild über die Argumente von Befürworter:innen und Kritiker:innen machen sollen. Grundsätzlich bieten sich hierfür verschiedene Möglichkeiten an, wobei eine freie Internetrecherche i. d. R. das Problem birgt, dass die Teilnehmenden meist auf polarisierende Beiträge stoßen, in denen beiderseits selten Argumente in einem ausgewogenen Maß gegenübergestellt sind. Es empfiehlt sich auch aus Zeitgründen, auf zuvor ausgewählte Materialien für das Sammeln und Einordnen von Pro- und Contra-Argumenten zurückzugreifen. In den durchgeführten biologiedidaktischen Seminaren wurde ein Beitrag der *TAZ* vom 02.07.2023 eingesetzt, in dem die Argumente einer sich kritisch äußernden Agrarwissenschaftlerin des Bundes für Umwelt und Naturschutz Deutschland (BUND) den befürwortenden Argumenten eines Pflanzengenetikers und Mitbegründer einer Pro-Gentechnik-Initiative gleichgewichtet gegenübergestellt sind.[1] Um dem Einordnen der Positionen durch die Studierenden eine Struktur zu geben und gleichzeitig einen frühzeitigen diskursiven Austausch zu ermöglichen, hat sich für diesen Schritt eine Variation der Placemat-Methode bewährt (Abb. 11.3). Die Studierenden werden hierfür in Vierergruppen je einem Placemat zugeordnet. Zunächst wird der Zeitungsbeitrag in Einzelarbeit gelesen. Währenddessen kann bereits ein Umschlag (M2) ausgehändigt werden, in dem sich die befürwortenden und kritischen Argumente beider interviewten Wissenschaftler:innen in paraphrasierter Form auf Papierzetteln befinden. Die Zettel werden zunächst innerhalb der Teams aufgeteilt, nach dem Lesen des Zeitungsbeitrags in Partnerarbeit diskutiert und anschließend den Pro- und Contra-Feldern zugeordnet. Dem Umschlag sollten zusätzlich leere Zettel beigefügt sein, auf denen die Teilnehmenden eigene Argumente formulieren können, die ebenfalls auf das Placemat gelegt werden. Nachdem alle Argumente den Feldern zugeteilt sind, wird das Placemat um 180° gedreht, damit die jeweils gegenüberliegenden Pro- und Contra-Argumente von allen Gruppenmitgliedern gelesen werden können. Optional können in einem zweiten Umschlag weitere Aussagen mit einer vertieften Argumentationsstruktur aus den Stellungnahmen des Bundesumweltministeriums und der Nationalen Akademie der Wissenschaften Leopoldina verteilt werden. Die Placemat-Teams entscheiden dann gemeinsam über die Zuordnung in Pro und Contra.

**Schritt 5: Gemeinsame ethische Werte erkennen**
Nachdem alle Argumente zugeteilt sind, handeln die Placemat-Teams untereinander aus, welche acht bis zehn Argumente für sie am bedeutsamsten sind. Es bleibt den Teams selbst überlassen, ob sie eine ausgewogene oder unbalancierte Anzahl an Pro- und Contra-Argumenten wählen. Gemeinsam entscheiden sie dabei, welche ethischen Werte sie hinter den Argumenten berührt sehen, wobei Mehrfachnennungen möglich sind (Abb. 11.3). Ziel ist hierbei, die Positionen und Werte der

---
[1] https://taz.de/Neue-Gentechnik/!5938287/.

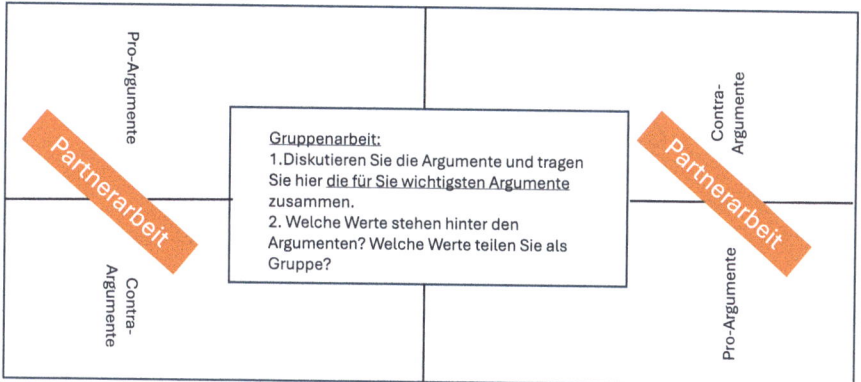

**Abb. 11.3** Schematische Darstellung der Placemat-Methode. Bei dieser Variation werden die Argumente zur Hälfte aufgeteilt und zunächst in Partnerarbeit den Pro- und Contra-Feldern zugeordnet. Anschließend wird das Placemat um 180° gedreht, um die Argumente der gegenüberliegenden Seiten lesen zu können, bevor gemeinsam die bedeutsamsten Argumente in die Mitte gelegt werden

anderen kennenzulernen und zu respektieren. Gleichzeitig soll an dieser Stelle erkannt werden, dass trotz unterschiedlicher Positionen gemeinsame Werte bestehen können, wie z. B. beim Wert „Schutz der Natur", der oftmals von Kritiker:innen als auch Befürworter:innen zugleich angeführt wird, aber durch den Anbau von NGT-Pflanzen entweder gefährdet oder gewahrt gesehen wird.

**Schritt 6: Kompromisse finden und eine Entscheidung fällen**
Im sechsten Schritt fällen die Seminarteilnehmer:innen eine gemeinsame Entscheidung. Bei unterschiedlichen Ansichten sollte hierzu ein Kompromiss ausgehandelt werden. Es ist hilfreich, zunächst das Meinungsbild innerhalb der Gruppe mit einer Positionslinie zu visualisieren. Bei dieser Methode werden von der Seminarleitung an den gegenüberliegenden Wänden des Raumes Schilder mit „Stimme der Neuregulierung vollständig zu" und „Lehne die Neuregulierung vollständig ab" befestigt. Die Studierenden stellen sich nun auf eine gedachte Linie von Wand zu Wand auf, um ihre Meinung von vollständiger Zustimmung oder Ablehnung und dazwischenliegenden Positionen zu verdeutlichen. Die Seminarleitung erklärt im Anschluss die Fish-Bowl-Methode (Abb. 11.4).

Der Kurs bespricht gemeinsam, welche Regeln für die Fish-Bowl-Diskussion gelten sollen, wer im inneren Kreis beginnt, wie lange diskutiert und in welcher Form am Ende abgestimmt werden soll. Idealerweise greift die Kursleitung in diesem Prozess wie auch in die Diskussion allenfalls bei Unklarheiten lenkend ein. Vorgabe ist lediglich, dass am Ende eine gemeinsame Entscheidung getroffen wird. Gegebenenfalls muss diese durch einen Mehrheitsbeschluss gefällt werden.

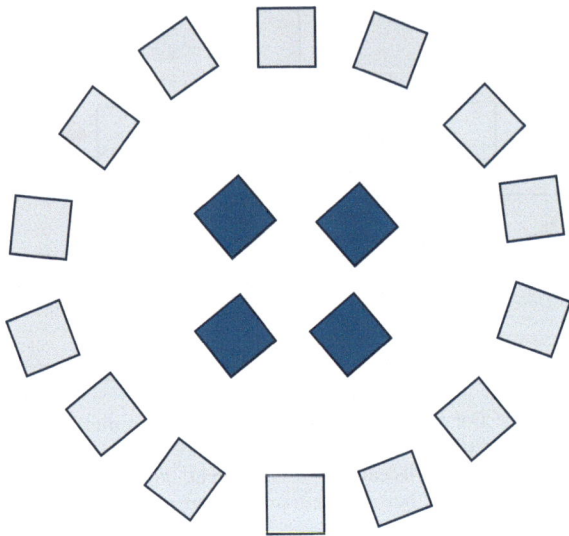

**Abb. 11.4** Bei der Fish-Bowl-Methode diskutiert ein kleiner Teil der Gruppe in einem inneren Kreis, während die übrigen Teilnehmer:innen im Außenkreis der Diskussion folgen. Hierbei sind zwei Varianten möglich. In der ersten Variante können die Zuschauer des äußeren Kreises einen Diskutanten des inneren Kreises „abklopfen" um so seinen Platz zu übernehmen. Bei der zweiten Variante bleibt ein „Gaststuhl" im inneren Kreis frei, auf dem sich ein Zuschauer zeitweise setzen kann, um seine Argumente zu nennen. Auch Mischformen beider Varianten sind möglich

### Schritt 7: Reflexion des eigenen Spontanurteils

Vor Abschluss der Sitzung holen die Kursteilnehmer:innen ihre Notizen mit ihren anfangs formulierten Spontanurteilen hervor. Gemeinsam wird nun im Plenum erörtert, ob es im Verlauf der Sitzung zu Veränderungen des persönlichen Urteils kam, ob die individuellen Positionen in der gefällten Entscheidung Berücksichtigung fanden, ob Hoffnungen oder Befürchtungen durch den Kompromiss bestärkt oder abgeschwächt wurden und ob alle das Ergebnis mittragen können oder einzelne Mitglieder sich einem Mehrheitsbeschluss beugen mussten.

Je nach Zeitplus kann im Anschluss durch die Seminarleitung die *Wag-the-Dog-Theorie* des Moralforschers Jonathan Haidt (2001) (Kap. 3) präsentiert und die Teilnehmenden mit der Frage entlassen werden, ob das anfangs persönliche Urteil tatsächlich auf einer rationalen Ebene gefällt wurde oder durch unbewusste Intuitionen gelenkt worden sein könnte. Für die Folgestunde bietet sich idealerweise eine vertiefende Sitzung des *sozial-intuitionistischen Modells der moralischen Urteilsbildung* nach Haidt (2001) an, um die Bedeutung von Emotionen und Kognition für moralische Urteile zu vertiefen und ggf. angehende Lehrkräfte auf intuitive Bewertungsprozesse ihrer späteren Schülerschaft vorzubereiten.

## Fazit und Ausblick

Die Durchführung des Lehrkonzepts wurde zuletzt mit zwei Hochschulseminaren durchgeführt und fand zeitlich zwischen dem Vorschlag der EU-Kommission und der Abstimmung im EU-Parlament statt. Obwohl die Studierenden beider Kurse sich anfänglich in ihren Positionen unterschieden (Kurs 1 war dem Reformvorschlag mehrheitlich positiv, Kurs 2 mehrheitlich kritisch eingestellt), trafen beide Seminare unabhängig voneinander einen nahezu identischen Beschluss: Sie fällten die Entscheidung, einer Neuregulierung zuzustimmen unter der Auflage, dass die Folgen der Freisetzung weiterhin wissenschaftlich begleitet werden, eine Kennzeichnungspflicht auch für NGT1-Pflanzen bestehen bleibt und die Verbraucher nach einigen Jahren zu ihren Wünschen und ihrem Einkaufsverhalten befragt werden. Diese Entscheidung entspricht in Teilen dem wenige Wochen später gefällten Beschluss des EU-Parlaments am 07.02.2024.

Das Nachvollziehen politischer Entscheidungswege ist bisher selten Bestandteil eines naturwissenschaftsdidaktischen Seminars. Dabei finden in Gesellschaft und Politik oftmals unversöhnliche Diskurse statt, wie z. B. um die zukünftigen Herausforderungen der Klimakatastrophe, denen sich Schule und Hochschulveranstaltungen auch außerhalb des Fachbereichs Politik nicht entziehen sollten. Häufig haben (angehende) Naturwissenschaftler:innen, gleich welche Positionen sie einnehmen, den Eindruck, dass Erkenntnisse aus Wissenschaft und Forschung zu wenig Berücksichtigung in politischen Entscheidungen finden. Diese bilden jedoch meist einen mehrheitsfähigen Kompromiss ab, der im Anschluss für den Einzelnen nicht mehr nachvollziehbar erscheinen mag. Doch diese Prozesse sind Kennzeichen einer wertepluralistischen Gesellschaft, und es bedarf in einer Demokratie deren Akzeptanz, denn „Die Demokratie lebt vom Kompromiss. Wer keine Kompromisse machen kann, ist für die Demokratie nicht zu gebrauchen" (Helmut Schmidt, aus webarchiv.bundestag.de).

## Literatur

Avni, R., Nave, M., Barad, O., Baruch, K., Twardziok, S. O., Gundlach, H., et al. (2017). Wild emmer genome architecture and diversity elucidate wheat evolution and domestication. *Science, 357*(6346), 93–97. https://doi.org/10.1126/science.aan0032

Bauer-Panskus, A., Hamberger, S., Kuttruff, M., Miyazaki, J., Then, C., & Valenzuela, N. (2019). *Gentechnik gefährdet unsere Lebensgrundlagen. Eine Streitschrift zu zehn Jahren Testbiotech. Testbiotech*. Institut für unabhängige Folgenabschätzung in der Biotechnologie. https://www.testbiotech.org/wp-content/uploads/2023/12/Gentechnik_gefaehrdet_unsere_Lebensgrundlagen.pdf. Zugegriffen am 13.03.2024.

BMUV (Bundesministerium für Umwelt, Naturschutz, nukleare Sicherheit und Verbraucherschutz). (2023). BMUV-Informationspapier zu Neuer Gentechnik. In N. Bundesministerium für Umwelt, nukleare Sicherheit und Verbraucherschutz (Hrsg.). https://www.bmuv.de/download/informationspapier-neue-gentechnik. Zugegriffen am 15.03.2024.

Bourguignon, D. (2016). Das Vorsorgeprinzip – Begriffsbestimmungen, Anwendungsbereiche und Steuerung. In *Wissenschaftlicher Dienst des europäischen Parlaments* (Hrsg.). https://doi.org/10.2861/79181

BUND (Bund für Umwelt und Naturschutz Deutschland). (2023). *Keine Deregulierung neuer Gentechnik-Verfahren! Recht auf gentechnikfreie Erzeugung, Wahlfreiheit und Vorsorgeprinzip sichern!* https://www.bund.net/service/publikationen/detail/publication/keine-deregulierung-neuer-gentechnikverfahren/. Zugegriffen am 15.03.2024.

Calliess, C. (2021). Vorsorgeprinzip. In A. Grunwald & R. Hillerbrand (Hrsg.), *Handbuch Technikethik* (S. 437–441). J.B. Metzler.

Camerlengo, F., Frittelli, A., & Pagliarello, R. (2022). CRISPR towards a sustainable agriculture. *Encyclopedia*, 2(1), 538–558. https://www.mdpi.com/2673-8392/2/1/36

CSS & ENSSER (Critical Scientists Switzerland & European Network of Scientists for Social and Environmental Responsibility). (2021). *Scientific critique of Leopoldina and EASAC statements on genome editing plants in the EU*.

Demorest, Z. L., Coffman, A., Baltes, N. J., Stoddard, T. J., Clasen, B. M., Luo, S., et al. (2016). Direct stacking of sequence-specific nuclease-induced mutations to produce high oleic and low linolenic soybean oil. *BMC Plant Biology*, 16(1), 225. https://doi.org/10.1186/s12870-016-0906-1

Eckerstorfer, M. F., Dolezel, M., Heissenberger, A., Miklau, M., Reichenbecher, W., Steinbrecher, R. A., & Waßmann, F. (2019). An EU Perspective on Biosafety Considerations for Plants Developed by Genome Editing and Other New Genetic Modification Techniques (nGMs). *Frontiers in Bioengineering and Biotechnology*, 7. https://doi.org/10.3389/fbioe.2019.00031

Elsner, M. (2021). *Aktueller Stand der CRISPR-Technologie: Potenziale und Herausforderungen* (No. 11-2021). Studien zum deutschen Innovationssystem. https://www.e-fi.de/fileadmin/Assets/Studien/2021/StuDIS_11_2021.pdf. Zugegriffen am 15.03.2024.

EPA (Europäisches Patentamt). (2023). *Fragen und Antworten zu Pflanzenpatenten*. https://www.epo.org/de/news-events/press-centre/fact-sheet/447625#:~:text=Pflanzen%2C%20die%20mit%20technischen%20Verfahren,mit%20technischen%20Mitteln%20hervorgerufen%20wird. Zugegriffen am 15.03.2024.

Earth Charter Center for Education for Sustainable Development (2000). *Die Erd-Charta*. Deutsche Übersetzung vom 08.05.2001 von der Ökumenischen Initiative Eine Welt e.V., unter besonderer Mitwirkung der Hamburger Gruppe, und des BUND, Diemelstadt-Wethen. https://earthcharter.org/wp-content/assets/virtual-library2/images/uploads/Erd-Charta.pdf. Zugegriffen am 14.03.2024.

EU-Parlament. (2024). *Pressemitteilung: Neue genomische Techniken: Parlament befürwortet Regeln für mehr Nachhaltigkeit* [Press release]. https://www.europarl.europa.eu/pdfs/news/expert/2024/2/press_release/20240202IPR17320/20240202IPR17320_de.pdf. Zugegriffen am 15.03.2024.

European Commission, Directorate-General for Health and Food Safety (2023). *Proposal for a Regulation on plants obtained by certain new genomic techniques and their food and feed, and amending Regulation (EU) 2017/625*. European_Commission. https://eur-lex.europa.eu/legal-content/EN/ALL/?uri=COM:2023:411:FIN

Gebhard, U. (2009). Alltagsmythen und Alltagsphantasien. Wie sich durch die Biotechnik das Menschenbild verändert. In S. Dungs, U. Gerber & E. Mührel (Hrsg.), Biotechnologie in Kontexten der Sozial- und Gesund- heitsberufe. Professionelle Praxen – Disziplinäre Nachbarschaften – Gesellschaftliche Leitbilder, 191–220, Frankfurt a.M.: Peter Lang.

Hahn, F., & Nekrasov, V. (2019). CRISPR/Cas precision: Do we need to worry about off-targeting in plants? *Plant Cell Reports*, 38(4), 437–441. https://doi.org/10.1007/s00299-018-2355-9

Haidt, J. (2001). The emotional dog and its rational tail. A social intuitionist approach to moral judgement. *Psychological Review*, 108(4), 814–834.

Hößle, C., & Bayrhuber, H. (2006). Sechs Schritte moralischer Urteilsfindung – Aktuelle Beispiele aus der Bioethikdebatte. *Praxis der Naturwissenschaften*, 4(55), 1–7.

IAEA (International Atomic Energy Agency). (2023). *Mutant Variety Database*. http://mvd.iaea.org/

ISAAA (International Service for the Acquisition of Agri-biotech Applications). (2019). *Global Status of Commercialized Biotech/GM Crops in 2019: Biotech Crops Drive Socio-Economic Development and Sustainable Environment in the New Frontier*. ISAAA. https://www.isaaa.org/resources/publications/briefs/55/executivesummary/default.asp. Zugegriffen am 15.03.2024.

Jankowicz-Cieslak, J., Mba, C., & Till, B. J. (2017). Mutagenesis for crop breeding and functional genomics. In J. Jankowicz-Cieslak, T. H. Tai, J. Kumlehn, & B. J. Till (Hrsg.), *Biotechnologies for plant mutation breeding: Protocols* (S. 3–18). Springer International Publishing.

Kempken, F. V., & Kempken, F. (2020). *Gentechnik bei Pflanzen: Chancen und Risiken* (5. Aufl.). Springer Spektrum.

Kieu, N. P., Lenman, M., Wang, E. S., Petersen, B. L., & Andreasson, E. (2021). Mutations introduced in susceptibility genes through CRISPR/Cas9 genome editing confer increased late blight resistance in potatoes. *Scientific Reports, 11*(1), 4487. https://doi.org/10.1038/s41598-021-83972-w

Massel, K., Lam, Y., Wong, A. C. S., Hickey, L. T., Borrell, A. K., & Godwin, I. D. (2021). Hotter, drier, CRISPR: The latest edit on climate change. *Theoretical and Applied Genetics, 134*(6), 1691–1709. https://doi.org/10.1007/s00122-020-03764-0

Mertens, M. (2022). *Ökologische Risiken der neuen Gentechnikverfahren*. Bund für Umwelt und Naturschutz Deutschland e.V. (BUND), Friends of the Earth Germany. https://www.bund-naturschutz.de/fileadmin/Bilder_und_Dokumente/Themen/Landwirtschaft/Gentechnik/BUND-Hintergrund-Gentechnik-12-2022.pdf. Zugegriffen am 13.03.2024.

Nationale Akademie der Wissenschaften Leopoldina, Deutsche Forschungsgemeinschaft und Union der deutschen Akademien der Wissenschaften. (2019). *Wege zu einer wissenschaftlich begründeten, differenzierten Regulierung genomeditierter Pflanzen in der EU/Towards a scientifically justified, differentiated regulation of genome edited plants in the EU.*

Nekrasov, V., Wang, C., Win, J., Lanz, C., Weigel, D., & Kamoun, S. (2017). Rapid generation of a transgene-free powdery mildew resistant tomato by genome deletion. *Scientific Reports, 7*(1), 482. https://doi.org/10.1038/s41598-017-00578-x

Nonaka, S., Arai, C., Takayama, M., Matsukura, C., & Ezura, H. (2017). Efficient increase of γ-aminobutyric acid (GABA) content in tomato fruits by targeted mutagenesis. *Scientific Reports, 7*(1), 7057. https://doi.org/10.1038/s41598-017-06400-y

Oladosu, Y., Rafii, M. Y., Abdullah, N., Hussin, G., Ramli, A., Rahim, H. A., et al. (2016). Principle and application of plant mutagenesis in crop improvement: A review. *Biotechnology & Biotechnological Equipment, 30*(1), 1–16.

Rana, M., Usman, M., Fatima, B., Fatima, A., Rana, I., Rehman, W., & Shoukat, D. (2020). Prospects of mutation breeding in grapefruit (*Citrus paradisi* Macf.). *Journal of Horticultural Science and Technology, 3*, 31–35.

Sánchez-León, S., Gil-Humanes, J., Ozuna, C. V., Giménez, M. J., Sousa, C., Voytas, D. F., & Barro, F. (2018). Low-gluten, nontransgenic wheat engineered with CRISPR/Cas9. *Plant biotechnology journal, 16*(4), 902–910.

Schwarzbeck, T., & Puchta, H. (2023). „Wir können eine nachhaltigere Landwirtschaft ermöglichen": Der Molekularbiologe Holger Puchta im Kurzporträt. https://doi.org/10.5445/IR/1000160623

UBA (Umweltbundesamt). (2021). https://www.umweltbundesamt.de/vorsorgeprinzip

WGG (Wissenschaftskreis Genomik und Gentechnik) (2025). *Genome Editing und Gentechnik*. https://www.wggev.de/ngt-grund-frage07/. Zugegriffen am 27.05.2025.

Waltz, E. (2022). GABA-enriched tomato is first CRISPR-edited food to enter market. *Nature Biotechnology, 40*(1), 9–11.

Wang, Y., Cheng, X., Shan, Q., Zhang, Y., Liu, J., Gao, C., & Qiu, J.-L. (2014). Simultaneous editing of three homoeoalleles in hexaploid bread wheat confers heritable resistance to powdery mildew. *Nature Biotechnology, 32*(9), 947–951. https://doi.org/10.1038/nbt.2969

## Vertiefende Literatur

Dittmer, A., & Gebhard, U. (2012). Ethik im naturwissenschaftlichen Unterricht aus sozial-intuitionistischer Perspektive. *Zeitschrift für Didaktik der Naturwissenschaften, 18*, 81–98.

Hößle, C. (2007). Theorien zur Entwicklung und Förderung moralischer Urteilsfähigkeit. In: Krüger, D., Vogt, H. (eds) Theorien in der biologiedidaktischen Forschung. Springer-Lehrbuch. Springer, Berlin, Heidelberg. https://doi.org/10.1007/978-3-540-68166-3_18

Miedaner, T. (2014). *Kulturpflanzen: Botanik – Geschichte – Perspektiven*. Springer.

Zanetti, V. (2022). *Spielarten des Kompromisses*. Suhrkamp.

# 12

# Mehrperspektivität und politische Urteilsbildung im Bereich Bildung für nachhaltige Entwicklung: Ein problemorientierter Unterrichtsansatz mit außerschulischen Lerngelegenheiten

Annegret Jansen und Ulrike-Marie Krause

*Wie kann ein reflektierter Umgang mit Komplexität, Mehrperspektivität und Kontroversität im Themenfeld Landwirtschaft und Ernährung in der Sekundarstufe II gefördert werden?*

### Zusammenfassung

Mehrperspektivität und Komplexität sind kennzeichnend für Problemstellungen nachhaltiger Entwicklung und stellen hohe Anforderungen an Urteilsprozesse. Die Förderung einer reflektierten Urteilsbildung ist daher eine zentrale Aufgabe der schulischen Nachhaltigkeitsbildung. Das Kapitel beschreibt eine problemorientierte Unterrichtseinheit zum Thema „Landwirtschaft und Ernährung als Transformations- und Konfliktfelder einer nachhaltigen Entwicklung". Die Unterrichtseinheit wurde für gesellschaftswissenschaftliche Fächer konzipiert, insbesondere für den Politikunterricht der Sekundarstufe II. Ein zentraler Bestandteil der Unterrichtseinheit sind außerschulische Begegnungen mit Landwirt*innen und Umweltaktivist*innen. Die Unterrichtseinheit wurde mehrmals durchgeführt und anhand von Befragungen der Schüler*innen evaluiert. Die Ergebnisse deuten darauf hin, dass eine Reflexion der Thematik mit Blick auf die Mehrperspektivität, politische Relevanz und persönliche Bedeutsamkeit angeregt wurde.

---

A. Jansen (✉) · U.-M. Krause
Fakultät I – Bildungs- und Sozialwissenschaften, Institut für Pädagogik, Carl von Ossietzky Universität Oldenburg, Oldenburg, Deutschland
E-Mail: annegret.jansen@uni-oldenburg.de; ulrike.krause@uni-oldenburg.de

© Der/die Autor(en), exklusiv lizenziert an Springer-Verlag GmbH, DE, ein Teil von Springer Nature 2025
C. Hößle, W. Rathje (Hrsg.), *Bioethik unterrichten - Urteilsfähigkeit fördern*, https://doi.org/10.1007/978-3-662-69707-8_12

> **Worum es geht**
> - Unterrichtseinheit für die Sekundarstufe II zum Thema „Landwirtschaft und Ernährung als Transformations- und Konfliktfelder einer nachhaltigen Entwicklung"
> - Fächer: Politik und fächerübergreifend Erdkunde, Biologie und Ethik
> - Ziel: Anregung der Reflexion von Komplexität, Mehrperspektivität, Kontroversität und politischer Urteilsbildung
> - Unterrichtsansatz: Problemorientiertes Lernen mit außerschulischen Lerngelegenheiten
> - Dauer der Durchführung: Etwa acht Doppelstunden

Landwirtschaft und Ernährung sind zentrale Bereiche einer sozial-ökologischen Transformation von Wirtschaft und Gesellschaft in Richtung Nachhaltigkeit mit dem Ziel, die Lebensgrundlagen langfristig zu sichern. Die hohe Komplexität der Thematik ergibt sich u. a. aus den verschiedenen involvierten Perspektiven und Interessen sowie ökonomischen, politischen und sozialen Bedingungen und Anforderungen eines globalisierten Ernährungssystems. Bezüglich einer sozial-ökologischen Transformation stellen sich für die Landwirtschaft beispielsweise folgende Fragen: Wie kann die Landwirtschaft nachhaltig gestaltet und die Ernährungssicherheit der Weltbevölkerung gewährleistet werden? Welche Anforderungen und Verantwortlichkeiten ergeben sich hieraus für Bürger*innen, landwirtschaftliche Betriebe und weitere Unternehmen entlang der Wertschöpfungskette? Diese und weitere Fragen stehen im Zentrum der hier vorgestellten Unterrichtseinheit zum Thema „Landwirtschaft und Ernährung als Transformations- und Konfliktfelder einer nachhaltigen Entwicklung". Die Unterrichtseinheit wurde erprobt, evaluiert und weiterentwickelt (Abschn. 12.2.2); die hier beschriebene Konzeption ist das Ergebnis der Weiterentwicklung.

## 12.1 Landwirtschaft und Ernährung als Transformations- und Konfliktfelder einer nachhaltigen Entwicklung

Landwirtschaft und Ernährung sind zentrale gesellschaftliche Transformations- und Konfliktfelder einer nachhaltigen Entwicklung (Grunwald & Kopfmüller, 2022; WBGU, 2020). Die Konfliktlinien beruhen auf unterschiedlichen individuellen und gesellschaftlichen Interessen und Perspektiven, und sie gehen mit Diskursen über individuelle und gesellschaftspolitische Verantwortung sowie über verschiedene Wertvorstellungen einher. Die Verantwortungsdiskurse beziehen sich auf die Rolle staatlicher Steuerung einerseits und die Bedeutung individuellen Handelns andererseits. Die langfristig größte Herausforderung in den Bereichen Landwirtschaft und Ernährung besteht darin, die ökologischen Kosten der Lebensmittelproduktion zu minimieren und zugleich die Ernährungssicherheit unter veränderten klimatischen Bedingungen zu gewährleisten (Laschewski, 2017; Mooney & Hunt, 2009).

Die historische Entwicklung des Ernährungssystems hin zu einem hochgradig technisierten, spezialisierten und global agierenden Wirtschaftssektor ermöglichte ab dem 20. Jahrhundert einen weitreichenden gesellschaftlichen Modernisierungsprozess. Im Zuge eines Strukturwandels konnten Lebensmittel zunehmend günstiger produziert und Arbeitskräfte für andere Wirtschaftssektoren freigesetzt werden (Mahlerwein, 2020). Ein*e Landwirt*in kann heute 139 Menschen versorgen (Bundesinformationszentrum Landwirtschaft, 2022).

Die in weiten Teilen intensivierte Landwirtschaft hat ökologische, ökonomische, soziale und politische Folgen, wie z. B. „Artensterben, Boden- und Wasserbelastung, Klimaextreme, Tierhaltungsskandale" einerseits und „hohe Betriebskosten, niedrige Erzeugerpreise und Höfesterben" andererseits (Limmer et al., 2019, S. 8). Angesichts des Klimawandels und des Einflusses der Nahrungsmittelproduktion auf die globale Erderwärmung scheint eine Agrarwende unausweichlich (UN, 2015). Dem Sechsten Sachstandsbericht des Weltklimarats der Vereinten Nationen (IPCC) zufolge sind drastische Reduktionen der $CO_2$- und anderer Treibhausgasemissionen erforderlich (IPCC, 2023). Laut den Berechnungen wird ein Viertel der in Form von $CO_2$-Äquivalenten angegebenen anthropogenen Emissionen der Landwirtschaft zugeordnet (Böttcher, 2019).

Die Agenda 2030 für nachhaltige Entwicklung der Vereinten Nationen (UN, 2015) umfasst 17 Ziele (Sustainable Development Goals, SDGs), die sich u. a. auch auf die Bereiche Landwirtschaft und Ernährung beziehen, z. B.:
• *Ziel 2:* Den Hunger beenden, Ernährungssicherheit und eine bessere Ernährung erreichen und eine nachhaltige Landwirtschaft fördern
• *Ziel 12:* Nachhaltige Konsum- und Produktionsmuster sicherstellen
• *Ziel 15:* Landökosysteme schützen, wiederherstellen und ihre nachhaltige Nutzung fördern, Wälder nachhaltig bewirtschaften, Wüstenbildung bekämpfen, Bodendegradation beenden und umkehren und dem Verlust der biologischen Vielfalt ein Ende setzen

Der Ausbau der ökologischen Landwirtschaft stellt in diesem Zusammenhang eine wichtige Herangehensweise dar, um die Biodiversität sowie die Boden- und Wasserqualität zu fördern und die Ressourcenintensität der Lebensmittelproduktion zu minimieren. Jedoch ist nicht nur eine ressourcenschonende, sondern auch eine effiziente und hochproduktive Landwirtschaft erforderlich (Gottwald, 2019). Um die 800 Mio. Menschen litten im Jahr 2021 an Hunger, und fast 3,1 Mrd. Menschen konnten sich im Jahr 2020 keine gesunde Ernährung leisten (FAO et al., 2022).

Um eine sozial-ökologische Transformation des Ernährungssystems umzusetzen, braucht es sowohl neue Konsumstile als auch eine aktive Gestaltung der politischen und ökonomischen Rahmenbedingungen (Gottwald, 2019; Hudson, 2018; WBGU, 2020). Hieraus ergeben sich Zielkonflikte und Kontroversen, z. B. in Bezug auf Agrarexporte (Jäggi, 2018; Reichert, 2019). Insbesondere für kleinere bis mittelgroße landwirtschaftliche Betriebe ist es angesichts eines hohen globalen Konkurrenzdrucks sehr schwierig, nachhaltig und günstig zu produzieren (Laschewski, 2017). Die komplexen Herausforderungen, vor denen Landwirt*innen stehen, zeigten sich etwa im Kontext der Milchkrise 2015/2016 (Europäische Kommission, 2015): Nachdem der Milchmarkt liberalisiert worden war, stürzten die

Preise und viele Betriebe standen (und stehen) vor der Entscheidung, ihren Betrieb entweder zu vergrößern, um dem Wettbewerb auf den globalen Märkten standzuhalten, oder ihren Betrieb aufzugeben.

Die Kontroversität des Themenfeldes „Landwirtschaft und Ernährung" betrifft Fragen der ökologischen oder konventionellen Produktionsweise, der bäuerlichen oder industriell orientierten Betriebsstruktur, der Regulierung über Eigenverantwortung (z. B. durch Selbstverpflichtung) oder über wirtschaftspolitische Steuerung (z. B. bezüglich der Preisgestaltung), des Umfangs und der Art des Wirtschaftswachstums, des Exports sowie der Ernährungsgewohnheiten der Verbraucher*innen. Diese vielfältigen Perspektiven und Konfliktlinien werden in der hier vorgestellten Unterrichtseinheit analysiert und mit Blick auf die eigene Urteilsbildung reflektiert.

## 12.2 Unterrichtsansatz

Das Ziel der Unterrichtseinheit ist die Anregung zur Reflexion mit Blick auf Komplexität, Mehrperspektivität, Kontroversität und politische Urteilsbildung. Es geht hierbei insbesondere um die Fähigkeit, „[p]olitische Ereignisse, Probleme und Kontroversen sowie Fragen der wirtschaftlichen und gesellschaftlichen Entwicklung unter Sachaspekten und Wertaspekten analysieren und reflektiert beurteilen zu können" (GPJE, 2004, S. 13).

Die Unterrichtseinheit basiert auf einem problemorientierten Ansatz, bei dem ein Lernen anhand authentischer Problemstellungen unter Einbeziehung multipler Perspektiven und Kontexte erfolgt (Reinmann & Mandl, 2006). Aus einer politikdidaktischen Perspektive können problemorientierte Ansätze das „Bearbeiten und Lösen öffentlicher, d. h. politischer Probleme" als Kern von Politik begreifbar machen (Detjen, 2013, S. 329), Sorgen aufgreifen und Interesse erzeugen sowie zur Stellungnahme einladen (Reinhardt, 2022). Politische Urteilsfähigkeit zu fördern, bedeutet u. a. einen reflektierten Umgang mit Komplexität und Mehrperspektivität einzuüben. Im vorliegenden Kontext ergeben sich Komplexität und Mehrperspektivität aus den ökologischen, sozialen, ökonomischen und politischen Dimensionen von Nachhaltigkeitsfragen und diesbezüglich vorliegenden Konfliktlinien. Eine politikdidaktisch versierte Nachhaltigkeitsbildung appelliert darum nicht nur an die Verantwortung der Verbraucher*innen, sondern thematisiert u. a. auch „globale soziale und ökonomische Strukturkonflikte" (Eis, 2022, S. 195). Ein problemorientierter Ansatz, der auch vorhandene Konfliktlinien aufzeigt, wird daher für die hier vorgestellte Unterrichtseinheit als sinnvoll angesehen.

Die Unterrichtseinheit orientiert sich am Aufbau einer Problemstudie (Reinhardt, 2022), die folgende Fragen thematisiert:

- Worin besteht das Problem?
- Wie ist es entstanden?
- Welche Interessen sind involviert?
- Welche Lösungen mit welchen Konsequenzen sind denkbar?

Diese Fragen werden von verschiedenen Akteur*innen- und Interessengruppen in den Bereichen Landwirtschaft und Ernährung unterschiedlich beantwortet, daher wird die Mehrperspektivität der Thematik in allen Phasen der Lerneinheit berücksichtigt.

In der Unterrichtseinheit wird der schulische Unterricht systematisch mit außerschulischen Lerngelegenheiten kombiniert. In der Nachhaltigkeitsbildung hat das außerschulische Lernen eine besondere Bedeutung, da hierdurch Brücken zur Region als Handlungsraum hergestellt werden können (Diersen & Paschold, 2020; Schockemöhle, 2011). Zudem kann das außerschulische Lernen eine interdisziplinäre, mehrperspektivische Betrachtung des Lerngegenstands unterstützen. Der vorliegende Unterrichtsansatz sieht außerschulische Begegnungen mit zwei verschiedenen Interessengruppen vor. Es wird angenommen, dass die persönlichen Begegnungen die Auseinandersetzung mit den unterschiedlichen Standpunkten und eine Weiterentwicklung im Bereich der Urteilsbildung unterstützen (z. B. Perret-Clermont, 2004).

### 12.2.1 Inhalte und Aufbau der Unterrichtseinheit

Die Unterrichtseinheit thematisiert die Landwirtschaft im Spannungsfeld zwischen ökologischen, ökonomischen und sozialen Anforderungen am Beispiel der Milchwirtschaft. Die Region wird in der Unterrichtseinheit als Lernort genutzt; hierbei wird den Lernenden ein Austausch mit regionalen Akteur*innen verschiedener Interessengruppen ermöglicht. Um die Mehrperspektivität und Kontroversität der Thematik regional erfahrbar zu machen, besucht die Lerngruppe einerseits einen konventionellen Milchviehbetrieb und andererseits eine Lokalgruppe einer Umweltschutzorganisation. Die Schüler*innen tauschen sich vor Ort mit den Landwirt*innen bzw. den Umweltschutzaktivist*innen aus und stellen hierbei auch Fragen, die sie im Unterricht vorbereitet haben. Die Unterrichtseinheit umfasst acht Doppelstunden und ist für die Sekundarstufe II konzipiert. Tab. 12.1 gibt einen Überblick über die zugrunde liegenden zentralen Fragen, die auf den Fragen einer Problemstudie (Reinhardt, 2022; s. o.) basieren, und über die Ziele der Unterrichtseinheit.

Die Bearbeitung dieser Fragen in der Unterrichtseinheit wird im Folgenden beschrieben. Die Unterrichtseinheit beginnt mit der Problemanalyse (Frage 1). Hierbei werden u. a. folgende Fragen thematisiert: Welche Treibhausgase stehen mit den Bereichen Landwirtschaft und Ernährung in Zusammenhang, und wie kommen die Emissionen zustande? Welche Herausforderungen und Zielkonflikte ergeben sich für die Weltgesellschaft? Als Bildimpulse zum Einstieg können beispielsweise Satellitenbilder der NASA eingesetzt werden (BMUV, 2019), die den Einfluss der Nahrungsmittelproduktion auf die Umwelt veranschaulichen, z. B. Gewächshäuser in Spanien (NASA, 2011) oder Fischzuchtanlagen im Nildelta (NASA, 2015). Anhand von Statistiken können die steigende Erdtemperatur und der Anteil der Landwirtschaft an den Treibhausgasemissionen thematisiert werden.

**Tab. 12.1** Zentrale Fragen und Ziele der Unterrichtseinheit zum Thema „Landwirtschaft und Ernährung als Transformations- und Konfliktfelder einer nachhaltigen Entwicklung"

| Zentrale Fragen | Ziele |
| --- | --- |
| Worin besteht das Problem? | Problemanalyse und Identifikation von Herausforderungen und Zielkonflikten in der globalen Nahrungsmittelproduktion |
| Wie ist das Problem entstanden, und welche ökologischen Folgen zeigen sich? | Analyse von Indikatoren des landwirtschaftlichen Strukturwandels und Beurteilung der ökologischen Folgen |
| Welche Perspektiven und Argumente liegen vor, und welche Interessen werden berührt? | Auseinandersetzung mit verschiedenen Perspektiven, Argumenten und Interessenlagen |
| Welche ökonomischen Herausforderungen bestehen in der Landwirtschaft? | Analyse der Herausforderungen am Beispiel der Milchkrise 2015/2016; Nachvollziehen marktwirtschaftlicher Mechanismen |
| Außerschulisch: Welche Sichtweisen zeigen sich in der konventionellen Landwirtschaft? | Kennenlernen von Sichtweisen und der Situation konventioneller Landwirt*innen in der Milchwirtschaft |
| Welche Vor- und Nachteile hat Exportorientierung in der Landwirtschaft? | Globale Einordnung mit Blick auf das Für und Wider einer exportorientierten Milchwirtschaft |
| Außerschulisch: Welche Sichtweisen zeigen sich bei Umweltaktivist*innen? | Kennenlernen von Sichtweisen von Aktivist*innen einer Umweltschutzorganisation |
| Wie kann die Landwirtschaft nachhaltig gestaltet und die Ernährungssicherheit der Weltbevölkerung gewährleistet werden? Welche Anforderungen und Verantwortlichkeiten ergeben sich? | Einschätzung möglicher Lösungsansätze und Konsequenzen für verschiedene Akteur*innengruppen; individuelle Stellungnahme und Reflexion der eigenen Urteilsbildung |

In der nächsten Unterrichtsstunde steht die Frage im Mittelpunkt, wie das Problem entstanden ist (Frage 2). Arbeitsteilig in Kleingruppen können Indikatoren des landwirtschaftlichen Strukturwandels wie beispielsweise die Entwicklung der Betriebsgrößen, der Ernteerträge und der Beschäftigungsstruktur sowie Indikatoren der ökologischen Folgen wie die Entwicklung der Artenvielfalt oder der Nitrat- und Stickstoffbelastung datenbasiert analysiert und in einem Zusammenhang beurteilt werden. Entsprechende Längsschnittdaten sind über einschlägige Statistikportale (z. B. Statista) und das Umweltbundesamt zugänglich.

In der darauffolgenden Stunde wird eine vertiefte Auseinandersetzung mit der Mehrperspektivität des Themas angeregt (Frage 3). In einer simulierten Talkshow können die Schüler*innen die Entwicklung und Zukunft der Landwirtschaft aus der Perspektive verschiedener Akteur*innen- und Interessengruppen (z. B. Landwirt*in, Unternehmer*in eines Lebensmittelkonzerns, Vertreter*in einer Umweltschutzorganisation oder einer Klimaschutzbewegung, Konsument*in) diskutieren und beurteilen. Die Rollen werden in Kleingruppen materialbasiert vorbereitet (Achour et al., 2020).

Anschließend werden Marktdynamiken und Herausforderungen in der Landwirtschaft am Beispiel der Milchkrise 2015/2016 thematisiert (Frage 4). Hierzu können Zeitungsartikel und Ausschnitte aus Reportagen (z. B. aus Sendungsarchiven der öffentlich-rechtlichen Sender) eingesetzt werden, und es kann ein Wirkungsdiagramm zum Preisverfall nach Auslauf der Milchquote erstellt werden.

In der darauffolgenden Phase sind die außerschulischen Begegnungen mit den regionalen Akteur*innen vorgesehen (Fragen 5 und 7). Landwirtschaftliche Betriebe, die als Lernorte fungieren, finden sich in vielen Regionen.[1] Lokalgruppen von Umweltschutzorganisationen können für ein Treffen angefragt werden und bieten häufig auch Workshops für den Schulunterricht an. Jede außerschulische Begegnung wird im Unterricht vor- und nachbereitet. In der Vorbereitung der Besuche werden Interviewfragen für die Gespräche mit den Akteur*innen formuliert. In der Nachbereitung wird das außerschulisch Erlebte reflektiert, und es erfolgt eine fachliche Verknüpfung mit den Unterrichtsinhalten. In Kleingruppen tauschen sich die Lernenden zuerst über die außerschulischen Erfahrungen aus. Nachfolgend werden gezielt die Perspektivenübernahme und die Reflexion der Urteilsbildung angeregt. Hierbei werden zunächst folgende Fragen bearbeitet: Worin bestehen Probleme und Herausforderungen aus der Sicht der Landwirt*innen bzw. der Umweltaktivist*innen, und welche Lösungen gibt es aus ihrer Sicht? Anschließend werden die Schüler*innen darum gebeten, zu den Fragen, die im Austausch mit den Landwirt*innen bzw. den Umweltaktivist*innen diskutiert wurden, Stellung zu nehmen und hierbei auch zu reflektieren, auf welcher Basis sie zu ihrer Einschätzung gelangen und inwieweit hierbei die außerschulischen Begegnungen eine Rolle spielen.

Darüber hinaus findet eine fachliche Einbettung statt. In der fachlichen Nachbereitung der außerschulischen Begegnung mit den Landwirt*innen liegt der Schwerpunkt auf der Einordnung in einen globalen ökonomischen Kontext (Frage 6); in der fachlichen Nachbereitung der Begegnung mit den Umweltaktivist*innen erfolgt insbesondere eine Auseinandersetzung mit verschiedenen Ansatzpunkten für eine sozial-ökologische Transformation (Frage 8). Mögliche Lösungen werden hierbei immer auch mit Blick auf die Konsequenzen für die verschiedenen Akteur*innengruppen betrachtet.

Zum Abschluss der Unterrichtseinheit wird (z. B. im Unterrichtsgespräch oder in Essays) diskutiert, wie die Landwirtschaft mit Blick auf Nachhaltigkeit und Ernährungssicherheit gestaltet werden kann, welche Verantwortlichkeiten und Handlungsmöglichkeiten sich hieraus für Bürger*innen, landwirtschaftliche Betriebe und weitere Unternehmen entlang der Wertschöpfungskette ergeben und worauf bei der Gestaltung politischer Rahmenbedingungen zu achten ist.

### 12.2.2 Erprobung der Unterrichtseinheit

Die Unterrichtseinheit wurde in vier Durchgängen erprobt und weiterentwickelt. In zwei Lerngruppen der gymnasialen Oberstufe (43 Schüler*innen, davon 34 vollständige Datensätze bei der Evaluation; durchschnittliches Alter: 16 Jahre) wurde die Lerneinheit im Rahmen einer Interventionsstudie evaluiert (Jansen, 2025). Im

---
[1] Nähere Informationen zu Lernorten in der Landwirtschaft finden sich z. B. bei der Bundesarbeitsgemeinschaft Lernort Bauernhof e. V. (BAGLoB).

Zentrum stand die Forschungsfrage, inwiefern sich die politischen Urteile der Jugendlichen im Kontext des Unterrichtsprojekts weiterentwickeln und inwieweit sich hierbei ein reflektierter Umgang mit Komplexität, Mehrperspektivität und Kontroversität zeigt. Ein besonderer Fokus lag auf der Bedeutung der außerschulischen Begegnungen für die Urteilsbildung der Jugendlichen. Innerhalb eines Prä-Post-Designs wurden anhand eines Fragebogens mit offenen und geschlossenen Items u. a. themenspezifische Vorstellungen und Positionierungen erhoben. Um auch längerfristige Reflexionsprozesse der Jugendlichen im Rahmen des Unterrichtsprojekts zu explorieren, wurden sechs Wochen nach Abschluss der Unterrichtseinheit leitfadengestützte Interviews mit elf Schüler*innen durchgeführt. Die Daten wurden inhaltsanalytisch ausgewertet (Kuckartz & Rädiker, 2022).

Die Ergebnisse deuten darauf hin, dass durch die Unterrichtseinheit eine Reflexion der Thematik mit Blick auf deren Mehrperspektivität und politische Relevanz angeregt wurde. Bei einem Großteil der Antworten im Fragebogen bzw. in den Interviews wurden gegenwärtige Herausforderungen thematisiert, Perspektiven verschiedener Akteur*innengruppen nachvollzogen und Schlussfolgerungen mit Bezug auf politisches Handeln gezogen. Die Interviewergebnisse weisen außerdem auf ein besonderes Potenzial der außerschulischen Begegnungen hinsichtlich der Förderung der Perspektivenübernahme hin. Die Jugendlichen beschreiben die außerschulischen Begegnungen mit den Landwirt*innen und den Umweltaktivist*innen als bedeutsam für ihre persönlichen Lern- und Urteilsprozesse (Jansen, 2023). Eine Schülerin äußerte sich im Interview wie folgt: „Es ist wirklich jemand, der kommt aus der Nähe, man merkt so, ich bin in der Nähe dieser Person, es ist bei mir, und ich muss jetzt auch selbst darüber nachdenken." Zum einen wurde eine persönliche Relevanz erlebt, zum anderen wurde auch die Relevanz für andere erfasst. Eine weitere Schülerin beschrieb die außerschulischen Begegnungen folgendermaßen: „Wenn da halt wirklich 'ne Gruppe vor dir steht oder 'ne Landwirtin, ist das halt für dich als Mensch noch 'n bisschen, geht das noch 'n bisschen über, weil sie ja quasi auf einer Ebene mit dir ist und mit dir auf Augenhöhe so redet, und das kommt halt besser an, als wenn ich mir das durchlese, find ich."

Das Erleben persönlicher Bedeutsamkeit kann die Motivation erhöhen, sich vertiefter mit komplexen Themen zu befassen (z. B. Schiefele & Schaffner, 2020). Die Ergebnisse deuten auch darauf hin, dass die außerschulischen Erfahrungen i. d. R. in Übereinstimmung mit schon vorhandenen politischen Vorstellungen en- und decodiert wurden und dass die Vorstellungen und Positionierungen der Jugendlichen sehr unterschiedlich waren (Jansen, 2025). Insgesamt legen die Ergebnisse nahe, dass ein problemorientierter Unterrichtsansatz mit außerschulischen Lerngelegenheiten für die schulische Bildung für eine nachhaltige Entwicklung wertvoll sein kann und dass für die Anregung einer vertieften Reflexion politischer Urteilsbildungsprozesse insbesondere auch die Vor- und Nachbereitung im Unterricht bedeutsam ist.

## Literatur

Achour, S., Frech, S., Massing, P., & Straßner, V. (Hrsg.). (2020). *Methodentraining für den Politikunterricht*. Wochenschau.

Böttcher, F. (2019). Wechselseitige Einflüsse von Landwirtschaft und Klima. In I. Limmer, I. Hemmer, M. Trappe, S. Mainka, & H. Weiger (Hrsg.), *Zukunftsfähige Landwirtschaft. Herausforderungen und Lösungsansätze* (S. 81–94). oekom.

BMUV (Bundesministerium für Umwelt, Naturschutz, nukleare Sicherheit und Verbraucherschutz). (2019). *Umwelt im Unterricht. Unterrichtsvorschlag: Gemeinsame Wasserressourcen – verschiedene Interessen*. https://www.umwelt-im-unterricht.de/unterrichtsvorschlaege/gemeinsame-wasserressourcen-verschiedene-interessen/. Zugegriffen am 25.03.2023.

Bundesinformationszentrum Landwirtschaft. (2022). *Infografiken*. https://www.landwirtschaft.de/landwirtschaft-verstehen/haetten-sies-gewusst/infografiken. Zugegriffen am 25.03.2023.

Detjen, J. (2013). *Politische Bildung. Geschichte und Gegenwart in Deutschland*. De Gruyter.

Diersen, G., & Paschold, L. (2020). Außerschulisches Lernen – ein Beitrag zur Bildung für nachhaltige Entwicklung und Inklusion. *ZEP – Zeitschrift für internationale Bildungsforschung und Entwicklungspädagogik, 43*(1), 11–19.

Eis, A. (2022). Politische Bildung: Fachliche und fachdidaktische Perspektiven auf BNE und Globales Lernen. In B. Hemkes, K. Rudolf, & B. Zurstrassen (Hrsg.), *Handbuch Nachhaltigkeit in der Berufsbildung. Politische Bildung als Gestaltungsaufgabe* (S. 195–202). Wochenschau.

Europäische Kommission. (2015). *Factsheet. Häufig gestellte Fragen: Ende der Milchquoten*. 26. März 2015. https://ec.europa.eu/commission/presscorner/detail/de/MEMO_15_4697. Zugegriffen am 25.03.2023.

FAO (Food and Agriculture Organization of the United Nations), IFAD, UNICEF, WFP & WHO. (2022). *The State of Food Security and Nutrition in the World 2022. Repurposing food and agricultural policies to make healthy diets more affordable*. FAO. https://www.fao.org/3/cc0639en/cc0639en.pdf. Zugegriffen am 25.03.2023.

GPJE (Gesellschaft für Politikdidaktik und politische Jugend- und Erwachsenenbildung). (Hrsg.). (2004). *Anforderungen an Nationale Bildungsstandards für den Fachunterricht in der politischen Bildung an Schulen*. http://gpje.de/wp-content/uploads/2017/01/Bildungsstandards-1.pdf. Zugegriffen am 25.03.2023.

Gottwald, F.-T. (2019). Grundlagen: Landwirtschaft regional und global. In I. Limmer, I. Hemmer, M. Trappe, S. Mainka, & H. Weiger (Hrsg.), *Zukunftsfähige Landwirtschaft. Herausforderungen und Lösungsansätze* (S. 23–29). oekom.

Grunwald, A., & Kopfmüller, J. (2022). *Nachhaltigkeit* (3. akt. u. erw. Aufl.). Campus.

Hudson, U. (2018). Schlafende Riesen? Über den selbstwirksamen Verbraucher. *Aus Politik und Zeitgeschichte (APuZ), 68*(1–3), 25–31.

IPCC (Intergovernmental Panel on Climate Change). (2023). *Sechster IPCC-Sachstandsbericht (AR6). Beitrag der Arbeitsgruppe III: Minderung des Klimawandels. Hauptaussagen aus der Zusammenfassung für die politische Entscheidungsfindung (SPM)*. Übersetzung der Deutschen IPCC-Koordinierungsstelle. Version vom 20. März 2023. https://www.de-ipcc.de/media/content/Hauptaussagen_AR6-WGIII.pdf. Zugegriffen am 25.03.2023.

Jäggi, C. J. (2018). *Ernährung, Nahrungsmittelmärkte und Landwirtschaft. Ökonomische Fragestellungen vor dem Hintergrund der Globalisierung*. Springer Gabler.

Jansen, A. (2023). Kontroversität um Nachhaltigkeit außerschulisch erfahren? Sinnbildungsprozesse von Jugendlichen im Zuge kontroverser Realbegegnungen. In Gesellschaft für Politikdidaktik und politische Jugend- und Erwachsenenbildung (GPJE) (Hrsg.), *Politische Bildung in der superdiversen Gesellschaft* (S. 127–135). Wochenschau.

Jansen, A. (2025). *Politische Urteilsbildung von Jugendlichen zu komplexen Problemstellungen einer nachhaltigen Entwicklung. Eine Interventions- und Interviewstudie im Kontext schulischen und außerschulischen Lernens*. Springer. https://doi.org/10.1007/978-3-658-46149-2

Kuckartz, U., & Rädiker, S. (2022). *Qualitative Inhaltsanalyse. Methoden, Praxis, Computerunterstützung* (5. Aufl.). Beltz.

Laschewski, L. (2017). Landwirtschaft: Auf dem Weg zu einem nachhaltigen Ernährungssystem? In K.-W. Brand (Hrsg.), *Die sozial-ökologische Transformation der Welt. Ein Handbuch* (S. 267–296). Campus.

Limmer, I., Hemmer, I., Trappe, M., Mainka, S., & Weiger, H. (2019). Herausforderungen und Lösungsansätze einer zukunftsfähigen Landwirtschaft. In I. Limmer, I. Hemmer, M. Trappe, S. Mainka, & H. Weiger (Hrsg.), *Zukunftsfähige Landwirtschaft. Herausforderungen und Lösungsansätze* (S. 8–19). oekom.

Mahlerwein, G. (2020). *Strukturwandel und Agrarentwicklung seit 1880*. Bundeszentrale für politische Bildung. https://www.bpb.de/themen/umwelt/landwirtschaft/316059/strukturwandel-und-agrarentwicklung-seit-1880. Zugegriffen am 25.03.2023.

Mooney, P. H., & Hunt, S. A. (2009). Food security: The elaboration of contested claims to a consensus frame. *Rural Sociology, 74*(4), 469–497.

NASA. (2011). *Image Almeria, Spain*. https://www.jpl.nasa.gov/images/pia14146-almeria-spain. Zugegriffen am 25.03.2023.

NASA. (2015). *Image Nile Delta Fisheries, Egypt*. https://www.jpl.nasa.gov/images/pia20216-nile-delta-fisheries-egypt. Zugegriffen am 25.03.2023.

Perret-Clermont, A.-N. (2004). Thinking spaces of the young. In A.-N. Perret-Clermont, C. Pontecorvo, L. B. Resnick, T. Zittoun, & B. Burge (Hrsg.), *Joining society: Social interaction and learning in adolescence and youth* (S. 3–10). Cambridge University Press.

Reichert, T. (2019). Keine Probleme mehr? Über die Auswirkungen der EU-Agrarpolitik auf die Entwicklungsländer nach dem Ende der EU-Exportsubventionen. In *Der kritische Agrarbericht 2019* (S. 111–114). https://www.kritischer-agrarbericht.de/fileadmin/Daten-KAB/KAB-2019/KAB2019_111_114_Reichert.pdf. Zugegriffen am 25.03.2023.

Reinhardt, S. (2022). *Politik-Didaktik. Handbuch für die Sekundarstufe I und II* (10. überarb. Aufl.). Cornelsen.

Reinmann, G., & Mandl, H. (2006). Unterrichten und Lernumgebungen gestalten. In A. Krapp & B. Weidenmann (Hrsg.), *Pädagogische Psychologie. Ein Lehrbuch* (5. vollst. überarb. Aufl., S. 613–658). Beltz.

Schiefele, U., & Schaffner, E. (2020). Motivation. In E. Wild & J. Möller (Hrsg.), *Pädagogische Psychologie* (S. 163–185). Springer. https://doi.org/10.1007/978-3-662-61403-7_7

Schockemöhle, J. (2011). Regionales Lernen 21+: Konzeption und Evaluation. In K. Messmer, R. von Niederhäusern, A. Rempfler, & M. Wilhelm (Hrsg.), *Ausserschulische Lernorte – Positionen aus Geographie, Geschichte und Naturwissenschaften* (S. 82–108). LIT.

UN (United Nations). (2015). *Transformation unserer Welt: die Agenda 2030 für nachhaltige Entwicklung* (UN-Dokument A/RES/70/1). https://www.un.org/depts/german/gv-70/band1/ar70001.pdf. Zugegriffen am 25.03.2023.

WBGU (Wissenschaftlicher Beirat der Bundesregierung Globale Umweltveränderungen). (2020). *Landwende im Anthropozän: Von der Konkurrenz zur Integration. Hauptgutachten.* https://www.wbgu.de/de/publikationen/publikation/landwende. Zugegriffen am 25.03.2023.

## Vertiefende Literatur

Achour, S., Frech, S., Massing, P., & Straßner, V. (Hrsg.). (2020). *Methodentraining für den Politikunterricht*. Wochenschau.

Besand, A. (2019). Was ist gute politische Bildung in der Schule? *Bildung und Erziehung, 72*, 262–276.

Laschewski, L. (2017). Landwirtschaft: Auf dem Weg zu einem nachhaltigen Ernährungssystem? In K.-W. Brand (Hrsg.), *Die sozial-ökologische Transformation der Welt. Ein Handbuch* (S. 267–296). Campus.

# Die Bewertung des Klimawandels in den Medien als Perspektive für den Physikunterricht

**13**

Frederik Bub, Emily Höger und Thorid Rabe

> *„Der endgültig entfesselte Prometheus, dem die Wissenschaft nie gekannte Kräfte und die Wirtschaft den rastlosen Antrieb gibt, ruft nach einer Ethik, die durch freiwillige Zügel seine Macht davor zurückhält, dem Menschen zum Unheil zu werden"* (Jonas, 1979).

### Zusammenfassung

Das Kapitel skizziert die Relevanz fachlicher und gesellschaftlicher Facetten des Klimawandels für den Physikunterricht, insbesondere unter der Perspektive der Förderung von Bewertungskompetenz. Ausgehend von übergeordneten Konzepten wie Socioscientific Issues (SSIs) und Science Media Literacy (SML) wird der Fokus darauf gelegt, wie Bewertungskompetenz in verschiedenen Ausprägungen im Physikunterricht adressiert werden kann. Dabei werden sowohl innerfachliche Bewertungen (z. B. Modellkritik) als auch überfachliche Ansätze wie eine medienorientierte Bewertung und eine ethische Bewertung von Ursachen und Folgen des Klimawandels diskutiert. Wir stellen eine entwickelte und erprobte Unterrichtssequenz für die 10. Jahrgangsstufe vor, welche Bewertungskompetenzen im Umgang mit Meldungen zum Klimawandel in den Medien fördert.

---

**Ergänzende Information** Die elektronische Version dieses Kapitels enthält Zusatzmaterial, auf das über folgenden Link zugegriffen werden kann [https://doi.org/10.1007/978-3-662-69707-8_13].

F. Bub (✉) · T. Rabe
Institut für Physik, Martin-Luther-Universität Halle-Wittenberg, Halle (Saale), Deutschland
E-Mail: frederik.bub@physik.uni-halle.de; thorid.rabe@physik.uni-halle.de

E. Höger
Hegel-Gymnasium Magdeburg, Magdeburg, Deutschland
E-Mail: e.hoeger@gym-hegel.bildung-lsa.de

**Worum es geht**
- Unterrichtssequenz zur Förderung von Bewertungskompetenz zu Klimawandel in den Medien
- Unterrichtliche Zugänge zu Bewertungskompetenz im Fach Physik
- Charakteristika einer ethischen Perspektive auf den Klimawandel
- Klimawandel als Kontext für Fachinhalte oder als Lerngegenstand sui generis?
- Fake News – Identifikation von Techniken der Klimawandelleugnung

## 13.1 Die ethische Dimension des Klimawandels

Im Eingangszitat beschreibt Hans Jonas Ende der 1970er-Jahre in *Das Prinzip Verantwortung – Versuch einer Ethik für die technologische Zivilisation* die Veränderung der Ethik vor dem Hintergrund der sich abzeichnenden globalen Krisen. Der wissenschaftsbasierte, technologische Fortschritt hat die Wirkmächtigkeit menschlichen Handelns enorm gesteigert, damit einhergehend aber auch die Reichweite unbeabsichtigter Nebenfolgen. Waren diese in der vorindustriellen, nur begrenzt globalisierten Menschheitsgeschichte stets lokal und zeitlich begrenzt, umspannen sie nun den ganzen Globus (Ripple et al., 2017). Dieser Wandel bedingt auch eine veränderte ethische Betrachtung von Wissenschaft und Technik, die in ihrer Ambivalenz gleichzeitig Ursache und Lösung der globalen Krisen sein können (Hubig, 1993). Am Klimawandel zeigen sich einige Charakteristika dieser veränderten Ethik deutlich (z. B. Heidbrink, 2003; Dittmer et al., 2016):

- *Kollektivität:* Während klassische ethische Reflexionen direkte Handlungen zwischen einzelnen Individuen in den Blick nehmen, sind die relevanten Handlungen in Bezug auf den Klimawandel vor allem kollektive Handlungen: So haben beispielsweise eine einzelne Suchanfrage im Internet, ein Rindersteak auf dem Teller und selbst ein Interkontinentalflug für sich genommen einen vernachlässigbaren Einfluss auf das Weltklima. In der Summe sind der Energieverbrauch von Datencentern weltweit, die Emissionen durch die industrielle Landwirtschaft und die Klimawirkung des Flugverkehrs aber relevante Treiber des menschengemachten Klimawandels und damit auch ethisch von Bedeutung. Die Bewertung einer Handlung kann daher nur in einem globalen, kollektiven Kontext geschehen. Außerdem stehen individuelle Entscheidungen immer auch in systemischen Zusammenhängen (u. a. ökonomischer oder politischer Art). Individualistische Ansätze (z. B. der ökologische Fußabdruck) vernachlässigen diese Einbettung und stellen das Individuum allein ins Zentrum der ethischen Debatte um die nachhaltige Nutzung natürlicher Ressourcen. Dies vernachlässigt z. B. die Marktverzerrung durch klimaschädliche Subventionen, den Einfluss fossiler Lobbygruppen und die Pfadabhängigkeiten durch fossile Infrastrukturen (mangelnder ÖPNV in ländlichen Gebieten, unsichere Radinfrastruktur in Städten u. v. m.), welche eine freie Entscheidung des Individuums gegen klimaschädliches Verhalten beeinflussen oder sogar verhindern.

- *Zeitliche und räumliche Distanz zwischen Ursache und Wirkung:* Im Gegensatz zur ethischen Betrachtung von Handlungen zwischen zwei Individuen treten beim Klimawandel die moralisch bedeutsamen Folgen sowohl räumlich als auch zeitlich von der eigentlichen Handlung entfernt auf. Dabei ist vor allem die global stark ungleiche Verteilung der (historischen) Treibhausgasemissionen auf der einen Seite und die Vulnerabilität und Betroffenheit durch Klimafolgen auf der anderen Seite von ethischer Relevanz. So haben Handlungen in wohlhabenden Industrieländern z. B. auch Auswirkungen im globalen Süden. Die zeitliche Reichweite der ethischen Betrachtung wird dadurch deutlich, dass die Folgen des Klimawandels für (entfernte) zukünftige Generationen Gegenstand der Bewertung sind. Der Klimawandel stellt damit ein Problem nicht nachhaltiger Entwicklung dar, welches die Fragen inter- und intragenerationeller Gerechtigkeit in den Mittelpunkt rückt.
- *Klima als nichtlineares System:* Eine Schwierigkeit der (ethischen) Bewertung des Klimawandels liegt in der physikalisch begründeten Dynamik des Klimasystems selbst, das durch Komplexität und nichtlineare Prozesse gekennzeichnet ist. Das heißt, dass nur geringe Störungen eines Gleichgewichtszustands, wie beispielsweise des Strahlungsgleichgewichts der Erde durch den Anstieg anthropogener Treibhausgase in der Atmosphäre, große Auswirkungen auf das gesamte System haben können. Außerdem bestehen komplexe Rückkopplungen im Klimasystem, welche einmal angestoßene Prozesse selbst verstärken (z. B. führt die durch den Klimawandel verursachte Eisschmelze zu einer verringerten Albedo der Erde, welche durch eine erhöhte Absorption von Sonnenstrahlung den Klimawandel und damit die Eisschmelze selbst verstärkt). Auch Kipppunkte und die Irreversibilität von Prozessen sind charakteristisch für das Klimasystem.

Die Perspektive auf die ethischen und teilweise auch juristisch relevanten Folgen des Klimawandels ist dabei in großen Teilen anthropozentristisch. Betrachtet werden z. B. negative Auswirkungen für die Gesundheit und die freie Entfaltung der heutigen und zukünftigen Menschheit sowie finanzielle Aspekte in Form von Klimaschäden oder Kosten für Klimaanpassungsmaßnahmen. Biozentristische Perspektiven nehmen das Ökosystem im Ganzen in den Blick und damit auch Konsequenzen für Tierarten, die u. a. durch Korallenbleiche oder Verlust des Regenwaldes bedroht sind.

Im Hinblick auf die ethische Bewertung des Klimawandels sind die Betrachtung der medialen Darstellung und die veränderte Medienlandschaft von besonderer Bedeutung. Unter anderem durch die fossile Industrie wurden vorsätzlich und wider besseren Wissens Zweifel gesät am Zusammenhang zwischen der Verbrennung fossiler Rohstoffe und dem Klimawandel (Supran et al., 2023). Auch heute ist die Leugnung des menschengemachten Klimawandels, gerade in sozialen Medien, noch präsent (Cook, 2019). Die dabei benutzten Techniken der Wissenschaftsleugnung lassen sich in verschiedenen wissenschaftlich geprägten Bereichen wiederfinden, wie bei den Themen Impfen, Corona oder elektromagnetische Strahlenbelastung (Bub & Rabe, 2021). Die gewachsene Bedeutung sozialer Medien hat die Kommunikationswege zwischen Wissenschaft und Gesellschaft maßgeblich verändert. Gatekeeper klassischer Medien, wie Wissenschaftsredaktionen, sind bei zahlreichen Kommunikationsprozessen weggefallen, und es ist eine direkte Kommunikation von Wissenschaftler:innen, aber auch Wissenschaftsleugner:innen mit großen Personengruppen ermöglicht worden (Höttecke & Allchin, 2020).

## 13.2 Klimawandel im Physikunterricht

### 13.2.1 Klimawandel als Teil naturwissenschaftlicher Grundbildung

Die dargelegte gesellschaftlich-ethische Dimension und die beschriebenen Eigenschaften des Klimasystems machen deutlich, dass der Klimawandel hohe Relevanz für eine naturwissenschaftliche Grundbildung (Scientific Literacy) hat, die eine mündige Teilhabe an Diskursen und Entscheidungen im Kontext naturwissenschaftlicher Themen ermöglichen soll. Der Klimawandel weist, wie z. B. auch die Nutzung von Kernenergie oder Gentechnik, Merkmale von Socioscientific Issues auf. Diese stellen einen Lernanlass dar, der bewusst solche naturwissenschaftlichen Themen in den Unterricht integriert, die aufgrund ihrer Kontroversität Diskussionen zwischen Schüler:innen und damit eine ethische sowie evidenzbasierte Argumentationsfähigkeit und einen kompetenten Umgang mit Informationen fördern können (Zeidler & Nichols, 2009). Neben der Förderung einer naturwissenschaftlichen Grundbildung werden mit der Integration gesellschaftlich bedeutender Kontexte in den naturwissenschaftlichen Unterricht wie dem Klimawandel auch eine höhere Motivation und positivere Einstellung von Schüler:innen gegenüber Naturwissenschaften sowie eine Verringerung genderspezifischer Unterschiede angestrebt (Bennett et al., 2007). Die unterrichtliche Verknüpfung von Naturwissenschaften und gesellschaftlichen Herausforderungen hat eine lange Tradition. Die internationalen Bildungsansätze Science-Technology-Society (STS), Socioscientific Issues (SSIs), Bildung für nachhaltige Entwicklung (BNE) und die (Scientific) Literacy sowie Nature of Science (NOS) und Nature of Technology (NOT) haben die Entwicklung der Schulcurricula und Lehrer:innenbildung maßgeblich beeinflusst. Neben dem Ziel, Fachkenntnisse zu entwickeln, ist auch ein kompetenter Umgang mit Physik als Naturwissenschaft und ein Verständnis der wechselseitigen Beziehung von Naturwissenschaften mit Technik und Gesellschaft in den Fokus gerückt (Vesterinen et al., 2014) und damit auch der Kompetenzbereich Bewertung (Abschn. 13.4).

In Bezug auf den Klimawandel als Inhalt des Physikunterrichts eröffnen die genannten Ansätze vielfältige Perspektiven von einer rein innerwissenschaftlichen Sicht auf die Funktion und Dynamik der Klimawissenschaft über die Verbindung zu technischer Entwicklung bis hin zu einem holistischen Blick auf gesamtgesellschaftliche und ethische Zusammenhänge:

- *Wissenschaftssystem (v. a. Nature of Science):* Schüler:innen können ein Verständnis über die evidenzbasierte Klimawissenschaft aufbauen. Sie lernen die Erkenntnisse und Methoden der Klimawissenschaft kennen, können diese einordnen und bewerten. Hierbei entwickeln Schüler:innen die Fähigkeit, z. B. mit „Unsicherheit" kompetent umzugehen, kennen die historische Entwicklung der Klimawissenschaft und können beschreiben, wie Erkenntnisgewinnung in einer hochvernetzten, internationalen Wissenschaftsgemeinschaft funktioniert.
- *Physik-Technik-Beziehungen (v. a. Science-Technology-Society):* Schüler:innen lernen die wechselseitige Beziehung zwischen der Klimawissenschaft und der technischen Entwicklung (Sensoren, Satellitentechnik, Computer u. a.) kennen. Dabei reflektieren Schüler:innen die Bedeutung der technischen Entwicklung für die Wissenschaft (z. B. benötigte Rechenkapazität für Klimamodelle, Satellitenmessungen von Emissionsspektren der Erde, Isotopenanalysen zur Rekonstruktion des historischen Erdklimas). Sie können darüber hinaus die Rolle der Wissenschaft im Kontext der technischen Entwicklung reflektieren und dabei technische Innovationen zur Bekämpfung des Klimawandels bewerten.
- *Physik-Gesellschafts-Beziehungen (v. a. Socioscientific Issues, BNE):* Schüler:innen können die Einbettung der Klimawissenschaften in gesellschaftliche Zusammenhänge analysieren. Sie sind in der Lage, Rahmenbedingungen der Wissenschaft, wie politische Entscheidungsfindung und Finanzen, zu nennen. Sie bewerten Einflüsse, wie
  – die gezielte Leugnung des menschengemachten Klimawandels,
  – die Rolle von Wissenschaftler:innen,
  – die individuellen und die politischen Handlungsoptionen zum Klimaschutz kritisch.
- *Physik-Medien-Beziehung (v. a. NOSIS):* Ein besonderer Fokus auf die (veränderte) Rolle von Medien im Kontext naturwissenschaftlicher Grundbildung wird im Konzept der Science Media Literacy gelegt (Höttecke & Allchin, 2020). Höttecke und Allchin erweitern darin die naturwissenschaftliche Grundbildung um den Aspekt der Medienkompetenz. Sie arbeiten heraus, dass die Transformation, Rekonstruktion und Rekontextualisierung von naturwissenschaftlichen Erkenntnissen in (sozialen) Medien sowie die Interpretation durch Rezipient:innen zu einem umfassenden Verständnis der Funktionsweise von Naturwissenschaften (Nature of Science in Society, NOSIS) dazu gehören. Der Wegfall kompetenter Gatekeeper in klassischen Medien und die starke Dynamik von Desinformation und Wissenschaftsleugnung durch die Verbreitung sozialer Medien stärken die Bedeutung dieser Kompetenzen. Der Klimawandel als medial stark präsentes Thema bietet hierfür gut geeignete Lernanlässe, an denen über die oben beschriebenen Perspektiven (innerwissenschaftlich, technisch, gesellschaftlich) gerade die Perspektive der Medienbildung gestärkt werden kann. Dabei können einerseits klassische Kommunikationswege analysiert, z. B. auch die Aufbereitung des Sachstands durch den Weltklimarat (Intergovernmental Panel on Climate Change, IPCC), aber gerade auch die Darstellung von Klimawissenschaft in den sozialen Medien untersucht werden und dabei ein kompetenter Umgang mit Wissenschaftsleugnung entwickelt werden (Cook, 2019).

## 13.2.2 Fachliche Anknüpfungspunkte des Klimawandels im Physikunterricht

Nähert man sich aus fachlicher Perspektive der Frage, ob bzw. wie der Klimawandel als ein für den Physikunterricht begründbares und implementierbares Thema erscheint, so zeichnen sich zwei Antwortperspektiven ab: Grundsätzlich kann der Klimawandel im Sinne einer Kontextorientierung zur Anreicherung der tradierten Sachstruktur des Physikcurriculums dienen oder aber selbst als Lerngegenstand den Unterricht strukturieren (Nawrath, 2010). Die derzeit gültigen normativen Vorgaben für den Physikunterricht in Form der bundesweiten Bildungsstandards (KMK, 2004, 2020) und deren länderspezifischen Konkretisierung in Fachlehrplänen, verweisen eher auf ein kontextorientiertes Vorgehen. Klimaphysik ist in den Bildungsstandards lediglich als optionales Wahlthema verankert und in nur wenigen Fachlehrplänen (z. B. Hamburg, Sachsen-Anhalt und Bayern) als eigenständiges Stoffgebiet festgelegt. Allerdings ist zu erwarten, dass sich das mit den neuen Bildungsstandards für den Mittleren Schulabschluss und angepassten Fachlehrplänen ändert als Ausdruck einer aktualisierten Bewertung dessen, welche physikalischen Bildungsinhalte heute bedeutsam sind.

**Klimawandel als Kontext für fachsystematischen Physikunterricht**
Auch in die bestehende Fachsystematik des Physikunterrichts kann Klimaphysik als beispielhafter Kontext u. a. in die Bereiche Thermodynamik, Optik und Mechanik integriert werden (Heinicke & Wackermann, 2021). So lässt sich beispielsweise das elektromagnetische Spektrum, das im Bereich der Optik behandelt wird, dahingehend betrachten, welche Strahlungsbereiche maßgeblich am Treibhauseffekt beteiligt sind. In höheren Klassenstufen kann dann im Bereich der Quantenphysik der Frage nachgegangen werden, weshalb ausgerechnet bestimmte Gase, allen voran $CO_2$, als Treibhausgase wirken, indem sie mit langwelliger Infrarotstrahlung wechselwirken. Auf die Sonne, als die für die Erde entscheidende Energiequelle, lässt sich dann das Planck'sche Strahlungsgesetz anwenden, das den abgestrahlten Wellenlängenbereich auf die Temperatur zurückführt. Im Bereich der Thermodynamik werden typischerweise mit Wärmestrahlung, Wärmeströmung und Konvektion verschiedene Wärmetransportmechanismen betrachtet, die sich im Klimasystem der Erde wiederfinden lassen. Ebenso ließe sich die thermische Ausdehnung von Wasser, also seine Dichteveränderung in Abhängigkeit von der Temperatur, in Beziehung zum Anstieg des Meeresspiegels als Folge der globalen Temperaturerhöhung setzen.

**Klimawandel als eigenständiger Lernbereich des Physikunterrichts**
Wird der Klimawandel im Unterricht als eigenständiges Themenfeld behandelt, lässt sich die Sachstruktur hingegen ausgehend vom Klimawandel als einem Socioscientific Issue (Abschn. 13.2.1) entwickeln. Damit werden andere inhaltliche Schwerpunkte betont (Sadler & Dawson, 2012). So werden für den Climate Concept Inventory (CCI) fünf zentrale Inhaltsbereiche definiert, in denen Lernende Sachkompetenz entwickeln sollten: Atmosphäre der Erde, Unterscheidung von

Wetter und Klima, Klima als System, Treibhauseffekt und Kohlenstoffkreislauf (Schubatzky et al., 2023). Diese Bereiche lassen sich auch in einem verbreiteten Lehrmaterial zum Klimawandel zum sog. Klimakoffer wiederfinden, das dann aber thematisch in Richtung von Klimawandelfolgen und Klimahandeln fortschreitet (Scorza et al., 2022). Aus fachlicher Sicht kann beim Thema Klimawandel besonders gut zu den Basiskonzepten System und Energie gearbeitet werden, weil Wechselwirkungen zwischen Systemteilen, Rückkopplungen im System, Gleichgewichtszustände und Erhaltungssätze thematisiert werden müssen.

Wurde bisher vor allem auf den Kompetenzbereich Sachwissen abgehoben, soll im Folgenden der Blick auch auf die Kompetenzbereiche Erkenntnisgewinnung und Kommunikation geweitet und gleichzeitig die Brücke zur Bewertungskompetenz geschlagen werden, die innerfachliche und überfachliche Anteile besitzt.

## 13.3 Bewertungsperspektiven im Kontext Klimawandel aus physikdidaktischer Sicht

Im Sinne der aktuellen Bildungsstandards für das Fach Physik (KMK, 2020) umfasst Bewertungskompetenz neben fachlichem und überfachlichem Wissen über Perspektiven und Bewertungsverfahren auch die Fähigkeit, diese zur Anwendung zu bringen. Dabei sollen neben innerfachlichen Aspekten und Perspektiven (Abschn. 13.3.1) explizit auch überfachliche Kriterien, Normen und Werte berücksichtigt werden. Es wird explizit als Ziel formuliert, dass Schüler:innen befähigt werden, wissenschaftliche und nichtwissenschaftliche Aussagen zu prüfen, was sich in unserem Zusammenhang auf die mediale Kommunikation zum Klimawandel beziehen lässt (Abschn. 13.3.2). Darüber hinaus sollen Schüler:innen in die Lage versetzt werden, kriterial begründet Urteile zu fällen, sich eine eigene Meinung zu bilden und Entscheidungen unter Berücksichtigung ethischer Fragen (Abschn. 13.3.3) zu treffen.

### 13.3.1 Innerfachliches Bewerten: Erkenntnisgewinnung zum Klimawandel

Im Kompetenzbereich Erkenntnisgewinnung auf den Fachinhalt Klimawandel bezogen, ist mit den Lernenden zu erarbeiten,

- wie in der Klimaphysik bzw. Klimaforschung allgemein mithilfe von Modellen und Experimenten Erkenntnisse gewonnen werden,
- wie mit Messdaten umgegangen wird und
- welche Aufgabe die (globale) Wissenschaftscommunity dabei einnimmt, konsensuelle und abgesicherte Aussagen zum Klimasystem treffen zu können, indem Daten ausgetauscht, abgeglichen und zusammengeführt werden.

Insbesondere Modelle bzw. Modellierungsprozesse werden dabei als zentrale Erkenntnismethode aktueller Forschung sichtbar. Bei den Klimamodellen handelt es sich im Gegensatz zu Modellen zur Wettervorhersage, die Anfangswertprobleme lösen, um numerische Verfahren, die sog. Randwertprobleme lösen. Sie berechnen computerbasiert ausgehend von festen Randbedingungen, wie der Strahlungsleistung der Sonne, der Reflektivität der Erdoberfläche oder dem Gehalt der atmosphärischen Treibhausgase und unter Berücksichtigung von Komponenten des Erdsystems, wie den Ozeanen, den Eisschilden und der Vegetation, eine Wetterstatistik (Bathiany & Egerer, 2021). Kompetenzen, die Lernende hier entwickeln können, liegen sowohl auf der Ebene eines Lernens *über* Modelle als auch auf der Ebene eines Lernens *mit* Modellen. Das allgemeine Wissen über Modelle, dass diese von Subjekten zu einem Ausschnitt der (angenommenen) Realität und für bestimmte Zwecke erstellt und genutzt werden und dass Modelle in Grenzen Gültigkeit besitzen (Mikelskis-Seifert & Leisner, 2004), lässt sich an Klimamodellen nachvollziehen, indem beispielsweise ein einfaches Klimamodell wie das Monash Simple Climate Model[1] charakterisiert und dessen Grenzen reflektiert werden.[2] Damit entsteht bereits ein erster Überlapp zu innerfachlichen Bewertungskompetenzen, weil basierend auf fachlichem Wissen und Wissen über Modelleigenschaften begründete Bewertungen zur Eignung und Verlässlichkeit von Klimamodellen vorgenommen werden können.

Experimentelle Zugänge zu den Grundlagen des Treibhauseffekts spielen zwar in der aktuellen Klimaforschung keine ebenso herausgehobene Rolle, werden aber im Physikunterricht genutzt, um Teile des Klimasystems bzw. die in die Klimamodelle eingehenden physikalischen Gesetzmäßigkeiten für Lernende zugänglich zu machen. Insofern handelt es sich dabei häufig um Modelexperimente, deren Ergebnisse entsprechend auszuwerten und einzuordnen sind. So zeigen beispielsweise Heinicke und Wackermann (2021), dass gängige Versuche zum Treibhauseffekt aus fachlicher bzw. fachdidaktischer Sicht nur begrenzt die realen physikalischen Prozesse, die zur globalen Temperaturerhöhung durch $CO_2$ führen, widerspiegeln bzw. dass konfundierende Effekte hinzukommen. Auch hier zeigen sich Anschlussmöglichkeiten zur Bewertungskompetenz, indem innerfachlich beurteilt wird, für welche Teile des Klimasystems ein Modellexperiment geeignet ist und welche Aspekte mit ihm nicht veranschaulicht werden können.

### 13.3.2 Bewerten von Kommunikation zum Klimawandel

In der Regel begegnen Schüler:innen dem Thema Klimawandel zunächst über (soziale) Medien, vielleicht über familiäre Diskurse oder im Freundeskreis, jedenfalls selten als Erstes im Physikunterricht oder über wissenschaftliche Publikationen. Deshalb sollten Fähigkeiten im Bereich der Kommunikationskompetenz unterstützt

---

[1] https://bildungsserver.hamburg.de/themenschwerpunkte/klimawandel-und-klimafolgen/mscm-klimamodell. Zugegriffen am 12.04.2024.
[2] Zu Klimamodellen vgl. auch https://klimasimulationen.de/modelle/. Zugegriffen am 12.04.2024.

und entwickelt werden, die es den Heranwachsenden erlauben einzuschätzen, wer mit welcher fachlichen Expertise, mit welcher Kommunikationsintention und zu welchen Adressat:innen spricht, um die kommunizierten Inhalte daraufhin zu bewerten.

Der Erwerb solcher Medienkompetenzen wird in den Curricula für das Fach Physik in den Kompetenzbereichen Kommunikation und Bewertung verankert. So heißt es exemplarisch im Fachlehrplan des Landes Sachsen-Anhalt, dass Schüler:innen „wissenschaftliche sowie nicht-wissenschaftliche Aussagen anhand von formalen und inhaltlichen Kriterien prüfen und den Einfluss von Werten, Normen und Interessen auf Bewertungsergebnisse einschätzen" (Ministerium für Bildung Sachsen-Anhalt, 2022, S. 16) können sollen. Es wird betont, dass Lernende sowohl physikalische als auch überfachliche Kriterien bei ihrer Meinungsbildung heranziehen sollen, und es ist vorgesehen, dass Schüler:innen „in digitalen Quellen und Medien zu diskursiven, von naturwissenschaftlichen Erkenntnissen mitbestimmten Themenbereichen, wie z. B. Energieversorgung, Klimaphysik oder Mobilität, recherchieren und deren Inhalte kritisch analysieren und bewerten" (Ministerium für Bildung Sachsen-Anhalt, 2022, S. 18).

Im Sinne eines konventionellen Nature-of-Science-(NOS-)Zugangs (Höttecke & Allchin, 2020) ließe sich beispielsweise am IPCC-Bericht erarbeiten, wie diese wissenschaftsbasierte Publikation für die politische Entscheidungsfindung, ausgehend von den empirischen Daten über deren Interpretation bis hin zur wissenschaftlichen Konsensbildung, erarbeitet wird.[3]

In diesem Zusammenhang wäre dann z. B. auf den in den IPCC-Berichten verwendeten wissenschaftlichen Vertrauens- bzw. (Un-)Sicherheitsbegriff einzugehen, der sich von Alltagsvorstellungen zu Vertrauen (das im alltäglichen Sprachgebrauch auch unbegründet und unhinterfragt geschenkt werden kann) unterscheidet. So wird im IPCC-Bericht zu jeder zentralen Erkenntnis ein *level of confidence* („Vertrauensniveau" oder „Grad der Gewissheit") in fünf Abstufungen gegeben: von *very low* und *low* über *medium* und *high* bis zu *very high* (vgl. IPCC, 2023). Diese Einordnung der Ergebnisse basiert auf der Synthese zweier qualitativer Metriken (Mastrandrea et al., 2011):

1. *Evidenz für wissenschaftliche Aussagen:* Art, Umfang, Qualität und Konsistenz von Belegen werden von den IPCC-Autor:innen von *limited* über *medium* bis *robust* bewertet.
2. *Übereinstimmung der Ergebnisse:* Der Grad der Übereinstimmung von wissenschaftlichen Ergebnissen wird von *low* über *medium* bis *high* bewertet und spiegelt damit den Grad des wissenschaftlichen Konsenses wider.

Zum Beispiel wird bei eingeschränkter Evidenz und divergierenden Studienergebnissen das entsprechende Vertrauensniveau einer Aussage als sehr gering angegeben. Robuste Evidenz und hohe Übereinstimmung führen zur Einordnung in

---

[3] Zur Erstellung der IPCC-Berichte vgl. auch https://www.de-ipcc.de/226.php. Zugegriffen am 12.04.2024.

ein sehr hohes Vertrauensniveau. Mithilfe dieses Bewertungsschemas sowie der Angabe von Ergebnisbereichen (statt exakten Werten) aus Messungen oder der statistischen Zusammenfassung von Simulationen in Abbildungen des IPCC können Schüler:innen Kommunikations- und Bewertungskompetenzen erwerben. Hierzu gehören die Interpretation von fachtypischen, grafischen Darstellungen sowie die Bewertung von Messunsicherheiten, die Bestandteil jeder Messung sind und damit auch zur vollständigen Angabe von Messdaten gehören (Heinicke, 2012).

Um allerdings auch dem Ansatz einer Science Media Literacy (SML) gerecht zu werden, müssten auch solche medialen Dokumente thematisiert werden, die entweder über ein journalistisches Gatekeeping-System in traditionellen Organen veröffentlicht werden oder die beispielsweise in den sozialen Medien ohne eine solche Qualitätssicherung über Gatekeeper zugänglich gemacht und rezipiert werden.

### 13.3.3 Ethisches Bewerten: Ursachen und Folgen des Klimawandels

Eine umfassende Bewertung der Ursachen und der Folgen des Klimawandels geht über die zuvor genannten Analysen von innerwissenschaftlichen (Abschn. 3.1) und medialen Zusammenhängen (Abschn. 3.2) hinaus und bedarf zusätzlich einer ethischen Perspektive. Die in den Bildungsstandards für Physik gesteckten Kompetenzziele im Bereich Bewertungskompetenz werden entsprechend auch von der rein fachlichen Bewertung physikalischer Aussagen (z. B. der Güte eines Modells) abgegrenzt. Als explizite Ziele sind dort die multiperspektivische Beurteilung von Sachverhalten und Informationen, die kriteriengeleitete Meinungsbildung und Entscheidungsfindung sowie die Reflexion von Entscheidungsprozessen und deren Folgen genannt (KMK, 2020). Der Bewertungskompetenz wird explizit eine ethische Dimension zugesprochen, die eine Reflexion von Normen, Werten und Interessen im Physikunterricht verortet. Die Verknüpfung von fachlichen mit persönlichen und gesellschaftlichen Perspektiven wird auch für die Ausgestaltung von Bildung für nachhaltige Entwicklung im Physikfachunterricht als zentral gesehen (Engagement Global, 2016).

Zur Bewertungskompetenz gehört dabei auch, die Grenzen des Beitrags der Physik zu einer ethischen Bewertung zu reflektieren. Zwar können naturwissenschaftliche Kenntnisse helfen, ethische Probleme zu bewerten und zu deren Lösung beizutragen, jedoch sind sie nicht hinreichend. Die Rolle von Fakten und der Naturwissenschaften insgesamt werden beim Lösen von SSIs häufig überschätzt (Sander & Höttecke, 2018). So folgt aus den genauen Kenntnissen der Klimaphysik kein normativ gesetzter Klimaschutz (sog. naturalistischer Fehlschluss). Die Notwendigkeit von Klimaschutzmaßnahmen ergibt sich erst aus normativen Urteilen. Die Implementation von Maßnahmen ist dann Gegenstand politischer oder persönlicher Güterabwägung. Physikalische Kenntnisse z. B. zur Dynamik des Klimasystems (wie die Identifikation von Kipppunkten oder die Bestimmung von Treibhausgasbudgets für unterschiedliche Klimaszenarien) haben aber eine große Bedeutung für einen sachlich begründeten Klimaschutz. Die Unterscheidung der evidenzbasierten

Aussagen und der normativen Urteile ist damit unter Rückgriff auf Aspekte der NOS ein zentrales Element von Bewertungskompetenz (Dittmer et al., 2016).

Ein kompetenter Umgang mit Bewertungen umfasst neben der Multiperspektivität vor allem auch die Analyse der Prozesshaftigkeit von Urteilsbildungen. (Ethische) Bewertungen werden häufig nicht mit analytischer Distanz auf rationaler Basis gefällt, sondern intuitiv auf Grundlage impliziten, habitualisierten Wissens. Diese Grundlagen der Entscheidung können durch geeignete Lernanlässe expliziert werden. Insbesondere Irritationen der ad hoc oder bereits gefestigten gefällten Werturteile können diese der Reflexion zugänglich machen. Bewertungskompetenz besteht demnach nicht in der Aneignung bestimmter Normen und Werte, sondern in der Stärkung der eigenen Urteilsfähigkeit (Dittmer & Gebhard, 2012). So können z. B. Planspiele zur internationalen Klimapolitik sowohl einen Perspektivwechsel zu Ländern des Globalen Südens ermöglichen als auch die Reflexion der eigenen Werturteile im Hinblick auf Klimagerechtigkeit stärken (Rabe & Bub, 2021).

## 13.4 Unterrichtsbeispiel: Klimawandel in den Medien

Für den Physikunterricht wurde ein Unterrichtskonzept zur Förderung der Bewertungs- und Medienkompetenzen der Schüler:innen in Bezug auf Medienbeiträge zum Klimawandel entwickelt, in dem ein reflektierter, zeitgemäßer Umgang mit sozialen und klassischen Medien im Fokus steht. Das Unterrichtskonzept wurde für eine 10. Klasse eines Gymnasiums konzipiert und umfasst vier Unterrichtseinheiten, an deren Ende Schüler:innen authentische Medienaussagen zum Klimawandel bewerten. Dabei stellt sich nicht nur die Frage, ob Schüler:innen Desinformationen erkennen, sondern auch, auf welche Weise sie Fake News und Desinformationen enttarnen: Nutzen Schüler:innen eher ihr physikalisches Fachwissen, um Klimawandelmythen aufzudecken? Orientieren sie sich an der Textsorte, den Autor:innen oder erkennen sie irreführende Argumentationstechniken? Mit dem entwickelten Unterrichtskonzept werden sowohl Kompetenzen im Bereich Sachwissen zur Klimaphysik als auch verstärkt Kompetenzen im Bereich NOS und NOSIS gefördert.

### 13.4.1 Voraussetzung und Ziele der Unterrichtsreihe

**Curriculare Anbindung: Einordnung in den Fachlehrplan**
Die entwickelte Unterrichtsreihe bezieht sich vor allem auf den Kompetenzschwerpunkt der Klimaphysik im Fachlehrplan Physik für Sachsen-Anhalt (Ministerium für Bildung Sachsen-Anhalt, 2022) und soll neben Sachkompetenzen vor allem Kommunikations- und Bewertungskompetenzen fördern. Der Physikunterricht leistet hierbei dem Fachlehrplan entsprechend einen Beitrag zur Bildung in der digitalen Welt, indem Schüler:innen „Inhalte zu gesellschaftlich relevanten naturwissenschaftlichen Themen in digitalen Quellen und Medien recherchieren, diese filtern sowie kritisch analysieren und bewerten können" (Ministerium für Bildung Sachsen-

Anhalt, 2022, S. 18), wobei sie physikalische und überfachliche Kriterien heranziehen. Hauptsächlich orientiert sich die Unterrichtsreihe an der im Fachlehrplan verorteten Bewertungskompetenz, nach der sich die Schüler:innen „mit Argumenten auf der Basis physikalischer Erkenntnisse auseinandersetzen und die Interessenlagen der Autoren erörtern" können (Ministerium für Bildung Sachsen-Anhalt, 2022, S. 52).

**Relevante Ausgangsbedingungen bei Lernenden**
Für die Umsetzung der entwickelten Unterrichtsreihe sind sowohl einige fachliche Grundkenntnisse im Fach Physik als auch grundlegende Medienkompetenzen bei den Schüler:innen notwendig. Die Schüler:innen sollten zuvor das elektromagnetische Spektrum charakterisieren, den (anthropogen beeinflussten) Strahlungshaushalt der Erde darstellen, das Reflexions- und Absorptionsvermögen elektromagnetischer Strahlung an verschiedenfarbigen Oberflächen erläutern sowie Gesetzmäßigkeiten der thermischen Strahlungsleistung anwenden und den Einfluss von Treibhausgasen, insbesondere von $CO_2$, auf den Strahlungshaushalt der Erde erklären können (Ministerium für Bildung Sachsen-Anhalt, 2022). Diese fachlichen Inhalte zur Klimaphysik selbst werden in der Unterrichtsreihe ausschließlich wiederholt.

Die Unterrichtsreihe berücksichtigt gängige Schülervorstellungen zu NOS und zur Klimaphysik. Neben diversen Fehlvorstellungen zum Treibhauseffekt, wie z. B. die Vermischung von Treibhauseffekt und Ozonloch oder die Gleichsetzung von IR- und UV-Strahlung sowie die Verwechslung von Wetter und Klima, sind für die geplante Unterrichtsreihe besonders solche Schülervorstellungen wichtig, die durch mediale Vermittlungen hervorgerufen und verstärkt werden (Niebert, 2008, 2010; Schuler, 2009). Besonders visuell-bildliche Darstellungen können die Wahrnehmung der Schüler:innen verzerren. Beispielsweise wecken Video- und Bildmaterial von fernen Naturkatastrophen und schmelzenden Eisschollen und bedrohten Eisbären in der Arktis die Fehlvorstellung, dass die Folgen und Risiken des Klimawandels in entfernten Gebieten bestehen und der Klimawandel somit nicht den Alltag der Schüler:innen in Mitteleuropa betrifft (Taddicken & Wicke, 2019). Auch medial verbreitete Klimamythen (z. B. $CO_2$ könne als Spurengas nur einen geringen Einfluss auf das Klima haben) können typische Schülervorstellungen bei Lernenden sein und sind Gegenstand der Lerneinheit.

**Lernziele**
Das übergeordnete Lernziel für die gesamte Unterrichtsreihe besteht darin, dass die Schüler:innen Medienaussagen zum Klimawandel hinsichtlich ihrer Zuverlässigkeit bewerten, indem sie Fake News, Desinformationen und Verschwörungsmythen erkennen, die Intention und Expertise der Autor:innen erörtern, gängige Techniken der Wissenschaftsleugnung analysieren und die Funktionen von sozialen und klassischen Medien erläutern.

Im Detail werden in den einzelnen Einheiten insbesondere folgende Kompetenzbereiche adressiert:

- *Sachkompetenz im Bereich Klimaphysik:* Beispielsweise den natürlichen und anthropogenen Klimawandel abgrenzen sowie zentrale Zusammenhänge des Klimasystems qualitativ erläutern können
- *Erkenntnisgewinnungskompetenz im Bereich NOS zur Klimaphysik:* Beispielsweise die Rolle von Modellen, Theorien und Unsicherheit in der Klimawissenschaft erläutern sowie die Arbeitsweise des IPCC beschreiben können
- *Bewertungs- und Kommunikationskompetenz im Bereich (NOSIS) zu Klimawandel in den Medien:* Beispielsweise die Rolle der (sozialen) Medien bei der Kommunikation von Erkenntnissen der Klimawissenschaften erläutern sowie medial verbreitete Aussagen bewerten können, indem sie die Interessenlagen der Autor:innen erörtern und Techniken der Wissenschaftsleugnung identifizieren

## 13.4.2 Aufbau der Unterrichtsreihe

Da in dieser Unterrichtsreihe der Umgang mit digitalen Medien im Fokus steht, sind diese sowohl Inhalt als auch Methode in der Unterrichtsreihe. Diese setzt sich aus vier 45-minütigen Untereinheiten mit folgenden inhaltlichen Schwerpunkten zusammen:

- Wiederholung der Grundlagen des Klimawandels
- Das Wissenschaftssystem am Beispiel des IPCC
- Fake News zum Klimawandel
- Identifikation von Techniken der Klimawandelleugnung

Die Struktur, Methoden und Inhalte dieser Unterrichtseinheiten werden im Folgenden dargestellt. Die Unterrichtsmaterialien stehen als Online-Material zum Download zur Verfügung.

### Unterrichtseinheit: Wiederholung der Grundlagen des Klimawandels

Die Schüler:innen setzen sich wiederholend mit physikalischen Grundlagen zum Klimawandel auseinander. Hinführend bietet sich eine Thematisierung der *warming stripes* an einer entsprechenden Abbildung in einem offenen Plenumsgespräch an. Mit diesem Klimastrichcode, den Ed Hawkins entwickelte, wird die Erderwärmung ab 1881 visuell erfassbar auf einen Blick dargestellt, indem für jedes Jahr die globale oder regionale Jahresdurchschnittstemperatur farblich codiert abgetragen wird.[4] Dabei werden Jahre mit einer im Mittel vergleichsweise niedrigen Temperatur durch blaue Streifen und höhere Jahresdurchschnittstemperaturen durch rote Streifen dargestellt. In einer anschließenden Erarbeitungsphase anhand des Videos „7 Fakten zum menschengemachten Klimawandel" von *Terra X*[5] erarbeiten die Schüler:innen die wichtigsten fachlichen Grundlagen zum Klimawandel. Die Lernenden erhalten die Aufgabe, die zentralen Inhalte des Videos zu notieren. Dazu lie-

---

[4] Vgl. https://www.klimafakten.de/kommunikation/showyourstripes-die-erwaermungsstreifen-jetzt-ganz-einfach-zum-selbstmachen. Zugegriffen am 12.04.2024.

[5] https://schule.zdf.de/video/sieben-fakten-zum-menschengemachten-klimawandel-100, zuletzt abgerufen am 02.06.2025.

gen den Schüler:innen Leitfragen vor, an denen sie sich orientieren können. Zum Ende der ersten oder zu Beginn der zweiten Unterrichtseinheit werden die Erkenntnisse aus dem Video unter Verwendung eines digitalen Quiz gesichert. Für das Quiz wurde eine Basisversion als leichte Version erstellt, mit der die geforderten Lernziele zu erreichen sind. Die Basisversion kann bei leistungsstärkeren Lerngruppen um drei schwierigere Fragen erweitert werden.

### Unterrichtseinheit: Das Wissenschaftssystem am Beispiel des IPCC

In einer Erarbeitungsphase wird unter Verwendung eines digitalen, interaktiven Tools, das die Lerninhalte in Form eines simulierten Chats mit Fragen und Quizzen präsentiert, die Rolle des IPCC in der Klimakommunikation thematisiert. Konkret wurde die Lernplattform Learning Snack verwendet. Möglich wäre auch der Einsatz von GPTs mit entsprechenden Systemprompts, die z. B. einen Chat mit Autor:innen des IPCC-Berichts simulieren. Dabei könnte Schüler:innen ein (scheinbar) authentischer Zugang zur Arbeitsweise des IPCC ermöglicht werden, wobei wesentliche Fakten jedoch kritisch geprüft werden müssten und die Interaktionen wesentlich weniger steuerbar sind wie bei der Plattform Learning Snack. Die Schüler:innen erhalten im Learning Snack „portionierte" Inputs, können anschließende Aufgaben wie Multiple-Choice-Fragen lösen und erhalten ein direktes Feedback zu ihrer Antwort (Abb. 13.1). Der Vorteil des Learning-Snack-Formats besteht vor allem in dem für die Schüler:innen lebensweltnahen Chat-Format. Die integrierten Multiple-Choice-Aufgaben ermöglichen eine zeitnahe Sicherung und Selbstüberprüfung. Die selbstgesteuerte Durchführung ermöglicht außerdem eine Binnendifferenzierung, da alle Schüler:innen die Lerneinheit in ihrem eigenen Lerntempo absolvieren können (eine Vertiefungsaufgabe für schnellere Schüler:innen ist am Ende der Einheit integriert). In dieser Unterrichtseinheit ist eine Erarbeitung erkenntnistheoretischer Grundlagen und Prozesse, wie der epistemischen Abhängigkeit und dem Peer-Review-Prozess am Beispiel des IPCC, zentral. In einem Plenumsgespräch wird die Rolle der sozialen Medien in der Wissenschaftskommunikation erläutert. Unter Verwendung eines Schemas (Abb. 13.2) wird die Rolle der (sozialen) Medien und der Konsument:innen in der Wissenschaftskommunikation dargestellt. Ausgehend von den bisher in der Unterrichtseinheit thematisierten Inhalten und verwendeten Medienformen (z. B. das Video auf YouTube) wird exemplarisch der Weg „Vom Reagenzglas zu YouTube" (Höttecke & Allchin, 2020) verdeutlicht. Schüler:innen sollen hier im Besonderen die Verlagerung des Gatekeeping-Prozesses, nämlich das Setzen von Relevanz, das Schaffen von Verständlichkeit und insbesondere das Prüfen der Quellen auf Verlässlichkeit, was zuvor traditionelle Medien übernommen haben, in sozialen Medien auf die Konsument:innen erklären. In diesem Zusammenhang soll am Beispiel der klimawandelleugnenden Lobbyorganisation Europäisches Institut für Energie und Klima e.V. (EIKE e.V.) die Rolle von Pseudoexpert:innen thematisiert werden.

### Unterrichtseinheit: Fake News zum Klimawandel

In einem Brainstorming wird das Vorwissen zum Begriff „Fake News" aktiviert, indem die Schüler:innen jeweils drei Merkmale sammeln und das Brainstorming z. B. in Form einer digitalen Wortwolke (Mentimeter) visualisiert wird. Es schließt sich ein Plenumsgespräch an, in dem auf einzelne Merkmale genauer eingegangen wird. Die

# 13 Die Bewertung des Klimawandels in den Medien als Perspektive für den …

> Herzlich Willkommen zur Lerneinheit über den IPCC. Schön, dass du da bist. Los geht's!

> IPCC ist die Kurzform von "Intergovernmental Panel on Climate Change" und wird in den deutschen Medien oft als "Weltklimarat" bezeichnet.

> Der IPCC hat die Aufgabe, wissenschaftliche Erkenntnisse zum Klimawandel in regelmäßig erscheinenden Berichten zusammenzufassen. Dabei forscht der IPCC nicht selbst, sondern interpretiert die Erkenntnisse unterschiedlicher Studien aus der Klimaforschung. Die Mitarbeitenden des IPCC vertrauen einerseits auf die Erkenntnisse der WissenschaftlerInnen, lesen jedoch auch andererseits die einzelnen Studien kritisch.

> Dieses Vertrauen auf vorherige Erkenntnisse, die etablierte WissenschaftlerInnen erzeugt haben, wird epistemische Abhängigkeit genannt.

> Jetzt bist du dran! ☺ Welche Aufgabe hat der IPCC?

> A) Der IPCC erforscht Ursachen, Folgen und Risiken des Klimawandels.
> **B) Der IPCC fasst in Berichten die wissenschaftlichen Erkenntnisse zum aktuellen Stand des Klimawandels zusammen.**

> Diese Berichte dienen vor allem als Grundlage für politische Entscheidungsfindungen. Jedoch gibt der IPCC keine konkreten Handlungsempfehlungen, sondern stellt lediglich den wissenschaftlichen Konsens über den Klimawandel zusammenfassend dar.

**Abb. 13.1** Schematische Darstellung des interaktiven Chat-Formats zur Erarbeitung der Funktionsweise des IPCC

## „Vom Reagenzglas zu YouTube"

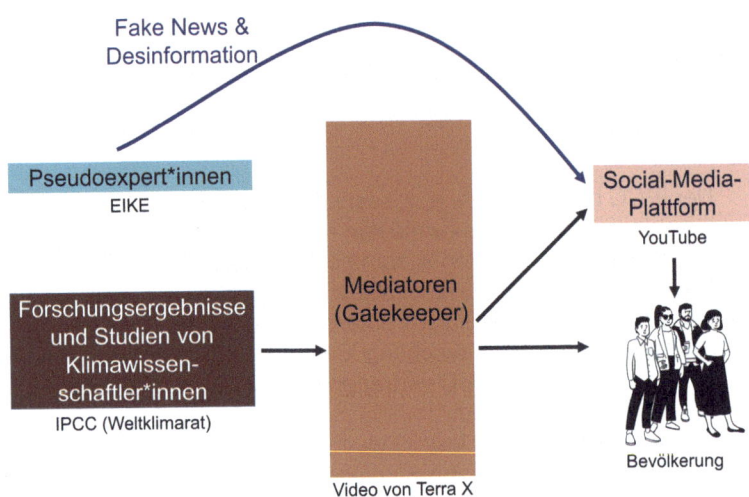

**Abb. 13.2** Ausschnitt aus der Präsentation zu den veränderten Kommunikationswegen wissenschaftlicher Erkenntnisse. (Nach Höttecke & Allchin, 2020)

Lehrkraft kann hier essenzielle Ergänzungen vornehmen und Schülervorstellungen adressieren. Anschließend formulieren die Lernenden selbstständig eine Definition von Fake News. Die Lehrperson gibt wesentliche Punkte vor, die in der Definition enthalten sein sollen, wie die Täuschungsabsicht und die Vorsätzlichkeit der verbreiteten Fehlinformation. Anschließend werden die Definitionen im Plenum verglichen.

### Unterrichtseinheit: Identifikation von Techniken der Klimawandelleugnung

In der vierten Einheit wird inhaltlich auf die Strategien der Wissenschaftsleugnung nach der PLURV-Taxonomie (engl. FLICC) eingegangen. Diese Taxonomie wurde vom Kognitionspsychologen John Cook entwickelt und gliedert sich in folgende fünf Hauptkategorien, die auch für die Unterrichtsreihe relevant sind (Cook, 2021):

1. **P**seudoexpert:innen (engl. **F**ake experts)
2. **L**ogische Trugschlüsse (engl. **L**ogical fallacies)
3. **U**nerfüllbare Erwartungen (engl. **I**mpossible expectations)
4. **R**osinenpickerei (engl. **C**herry picking)
5. **V**erschwörungsmythen (engl. **C**onspiracy theories)

Unter Verwendung des digitalen Lernspiels *Cranky Uncle* erarbeiten die Schüler:innen im Gruppenpuzzle die unterschiedlichen Leugnungsstrategien (Cook et al., 2023). Alternativ können die Leugnungsstrategien auch über Texte, Comics oder Videos erarbeitet werden, die online zur Verfügung stehen.[6] Bei der Erarbeitung

---

[6] https://www.crankyuncle.com/. Zugegriffen am 30.06.2024.

können fünf Expert:innengruppen gebildet werden, jeweils eine je Leugnungsstrategie, die eine Definition und ein Beispiel erarbeiten. Anschließend kommen die Schüler:innen in den Stammgruppen zusammen, in denen mindestens ein:e Schüler:in pro Leugnungsstrategie vertreten ist, und stellen sich die Strategien gegenseitig vor. Dabei erstellen die Lernenden eine digitale oder analoge Übersicht zu den Strategien. Die anschließende Sicherungsphase erfolgt durch einen Gallery Walk, bei dem die erstellten Übersichten den anderen Gruppen präsentiert werden. In einer nachfolgenden Festigungsphase wird die Identifikation von Leugnungsstrategien an Beispielen geübt. Hierzu werden den Schüler:innen verschiedene Medienbeiträge oder Aussagen aus diesen vorgestellt, die sie hinsichtlich ihrer Zuverlässigkeit einschätzen sollen. Perspektivisch können die Schüler:innen im weiteren Verlauf diverse Medienberichte zum Klimawandel selbst recherchieren und deren Zuverlässigkeit begründend einschätzen.

### 13.4.3 Einblick in die Bewertungsschemata von Schüler:innen

Wie zuvor beschrieben, bildet die Bewertung authentischer Medienberichte zum Klimawandel den Abschluss der Lerneinheit. Das hierfür entwickelte Aufgabenformat ist in Abb. 13.3 zu sehen. Die zu bewertenden Medienaussagen wurden ausgewählt im Hinblick auf eine große Vielfalt bezüglich der veröffentlichenden Plattform

In der folgenden Tabelle sind Zitate unterschiedlicher medialer Quellen abgebildet. Entscheide, inwiefern du diese Aussagen für zuverlässig hältst, indem du ein Kreuz in der Bewertungsspalte setzt. Dabei bedeutet
1) Halte ich **gar nicht** für zuverlässig
2) Halte ich **eher nicht** für zuverlässig
3) Halte ich **eher** für zuverlässig
4) Halte ich **vollkommen** für zuverlässig

Begründe deine Entscheidung. Du hast dabei die Möglichkeit, dich an den Leitfragen zu orientieren und im Internet zu recherchieren. Solltest du für deine Bewertung und Begründung weitere Quellen verwenden, so gib diese mit an.

| Nr. | Aussage | Bewertung | | | | Begründung |
|---|---|---|---|---|---|---|
| | | 1 | 2 | 3 | 4 | |
| 1 | „Die CO$_2$-Theorie ist nur geniale Propaganda. Auf die Idee eines menschengemacht Klimawandels baut die Politik eine preistreibende Energiepolitik auf. Dabei sind die Treibhausthesen längst widerlegt." Autor: Günter Ederer, Online-Artikel aus „Welt" https://www.welt.de/debatte/kommentare/article13466483/Die-CO2-Theorie-ist-nur-geniale-Propaganda.html, zuletzt abgerufen am 19.04.2023 | | | | | |

**Abb. 13.3** Aufgabenbeispiel zur Bewertung von Medienberichten zum Klimawandel

bzw. Medien (z. B. Beiträge auf X, vormals Twitter, Zeitungsbeiträge, Internetseiten), der Zuverlässigkeit der Aussagen (also sowohl Aussagen, die dem wissenschaftlichen Konsens widersprechen und keine robuste Evidenz aufweisen, als auch Aussagen, die dem aktuellen wissenschaftlichen Sachstand entsprechen) und der Autor:innen (verschiedene Wissenschaftler:innen und Institutionen). Außerdem sollten alle Aussagen relativ reichweitenstark sein, was z. B. persönliche Blogeinträge von Privatpersonen ausschloss. Beispielsweise wurde ein Beitrag des renommierten Klimawissenschaftlers Prof. Stefan Rahmstorf (Potsdam-Institut für Klimafolgenforschung) auf der Social-Media-Plattform X als zuverlässiger Medienbeitrag ausgewählt, um zu verdeutlichen, dass zuverlässige Klimakommunikation auch auf sozialen Medien stattfinden kann. Des Weiteren wurden Aussagen aus Beiträgen des IPCC entnommen. Als Beispiele für unzuverlässige Medienberichte wurden u. a. Aussagen von der Lobbyorganisation EIKE e. V. verwendet sowie Auszüge aus dem Grundsatzprogramm der Partei Alternative für Deutschland (AfD) und ein Artikel der Zeitung *Die Welt*.

Die Schüler:innen sollten die Zuverlässigkeit der Aussagen auf einer vierstufigen Skala einschätzen und eine Begründung für ihre Einschätzung geben. Die Bezeichnung „zuverlässig" wurde gewählt, da hiermit ein hoher Grad an Genauigkeit und Sorgfalt verbunden wird und Aussagen als (wissenschaftlich) gesichert eingeordnet werden. Die im Zusammenhang von Medienberichten häufig ebenfalls benutzten Begriffe „Vertrauenswürdigkeit" und „Glaubwürdigkeit" wurden vermieden, da diese im alltäglichen Sprachgebrauch auch eine Leichtfertigkeit (Hallensleben et al., 2020) oder Leichtgläubigkeit[7] implizieren können.

Die Begründungen der Schüler:innen aus der Erprobung der Lernsequenz können folgendermaßen kategorisiert werden:

- *Institution/Autor:in:* Eine Aussage wird aufgrund der angenommenen Expertise der verfassenden Person oder Institution bewertet.
  *Beispielbegründung: „guter Experte, auf richtigem Gebiet unterwegs (Klimaforschung)"*
- *Stil des Beitrags:* Die Zuverlässigkeit eines Beitrags wird im Hinblick auf die sprachliche und formale Gestaltung bewertet. Merkmale einer wissenschaftlichen Studie (z. B. Quellen) werden positiv, Umgangssprache oder Meinungsbeiträge negativ bewertet.
  *Beispielbegründung: „Der Artikel und die Überschrift sind reißerisch vormuliert [sic], was ein Indiz dafür ist, dass es sich hier um Fake-News handelt."*
- *Plattform/Medium:* Einem bestimmten Medium oder einer Plattform wird eine generelle Zuverlässigkeit und Qualität zugeschrieben und entsprechend auch der einzelne Beitrag bewertet.
  *Beispielbegründung: „Jeder hat die Möglichkeit, etwas bei Twitter zu veröffentlichen und Aussagen zu tätigen, ohne Belege oder nötiges Fachwissen."*

---

[7] Vgl. „Glaube", bereitgestellt durch das *Digitale Wörterbuch der deutschen Sprache*, https://www.dwds.de/wb/Glaube. Zugegriffen am 14.04.2024.

- *Fachwissen:* Es wird eigenes Fach- bzw. Faktenwissen (z. B. aus der Unterrichtseinheit) zur Bewertung eines Medienbeitrags herangezogen. Dem eigenen Wissen widersprechende Beiträge werden als unzuverlässig bewertet.
  *Beispielbegründung:* „Wirbelstürme haben sichtbar von der Stärke her zugenommen."
- *Techniken der Wissenschaftsleugnung:* Es werden die Techniken der Wissenschaftsleugnung nach Cook identifiziert und die Aussagen entsprechend unzuverlässig bewertet.
  *Beispielbegründung:* „EIKE ist eine Plattform von Pseudoexperten."
- *Aktualität:* Beiträge werden nach dem Veröffentlichungsdatum bewertet. Älteren Beiträgen wird dabei eine geringere Zuverlässigkeit zugeschrieben, da diese auf veralteten Annahmen beruhen.
  *Beispielbegründung:* „relativ aktuell (vor ~ 1 monat)"

Aufgrund der kleinen Stichprobe wird hier auf eine quantitative Darstellung verzichtet, und die Kategorien werden lediglich qualitativ im Hinblick auf die Unterrichtseinheit diskutiert: Es zeigt sich, dass sich Schüler:innen bei der Bewertung von Medienaussagen an der Institution und der Expertise der Autor:innen des Medienberichts, an der Textsorte und dem Stil des Textes, an der Art des Mediums, aber auch an ihrem eigenen Fakten- und Vorwissen orientierten. Der Kompetenzerwerb fachlich-physikalischer Grundlagen spielt also eine wichtige Rolle für die Beurteilung von Medienberichten. Aufgrund der fachlichen Komplexität des Klimawandels ist aber auch ein Heranziehen von allgemeinen Kriterien sinnvoll, um Klimawandelleugnung zu erkennen. So haben die Lernenden bei der Bewertung der Aussagen auch die in der Unterrichtsreihe behandelte PLURV-Taxonomie nach Cook angewendet. Aussagen auf Social-Media-Plattformen standen Schüler:innen generell kritisch gegenüber, auch wenn diese dort von etablierten Wissenschaftler:innen oder Institutionen getätigt wurden. Die Begründungen aus den Kategorien „Stil des Beitrags" und „Plattform/Medium" sind teilweise starr und formalistisch. Zum Beispiel wird das bloße Vorhandensein von Quellenangaben als ein Kriterium für Zuverlässigkeit gewertet, und – wie bereits beschrieben – Aussagen, die auf Social Media getätigt werden, werden generell skeptisch gesehen, unabhängig von den Urheber:innen einer Aussage.

### 13.4.4 Erprobung der Lernsequenz

Das Unterrichtskonzept wurde in zwei Lerngruppen mit insgesamt 31 Schüler:innen der 11. Jahrgangsstufe einer Gesamtschule über vier Unterrichtsstunden hinweg erprobt. Zu den Lerninhalten und -methoden wurden Stimmungsbilder bei den Schüler:innen abgefragt und Beobachtungsprotokolle angefertigt. Die Kombination aus Erklärvideo mit entsprechenden Beobachtungsaufträgen und anschließender Sicherung in Form eines digitalen Quiz stellt sich als sinnvoll heraus, und insbesondere die Wettbewerbssituation empfanden die Schüler:innen als motivierend. Das interaktive, chatbasiertes Tool wurde von den Schüler:innen positiv bewertet. Das Lernspiel *Cranky Uncle* empfanden die Schüler:innen anfangs als überfordernd. Die

App ist demnach nicht intuitiv zu bedienen und es wird entsprechend Zeit für eine Einführung benötigt. Das Gruppenpuzzle stellte sich als zeiteffiziente Methode dar, die auch Kommunikationskompetenzen der Schüler:innen adressiert. Die Lerneinheit zur Klimakommunikation, insbesondere „Vom Reagenzglas zu YouTube", weckte bei den Schüler:innen den Wunsch nach Diskussion und Austausch, da hier direkt an die alltägliche Mediennutzung der Schüler:innen angeknüpft wurde.

## Fazit und Ausblick

Die Bewertung des Klimawandels zeichnet sich, so wie die Bewertung vieler aktueller globaler Krisen, durch Volatilität, Unsicherheit, Komplexität und Mehrdeutigkeit aus (VUCA: volatility, uncertainty, complexity, ambiguity; vgl. Taskan et al., 2022). Physikunterricht steht damit vor der Herausforderung, keine starren Bewertungsschemata anbieten zu können, wie dies z. B. bei innerfachlichen Bewertungen von Messunsicherheiten oder Modellgrenzen der Fall ist. Kriterien für die Bewertung der Zuverlässigkeit von Medienaussagen sind einem ständigen Wandel unterworfen, und auch soziale Medien verändern sich, sodass auch Unterrichtskonzepte stetig fortentwickelt werden müssen. Die Interdisziplinarität und Komplexität des Themas Klimawandel bringen den Fachunterricht zudem an die Grenzen, sodass eine fächerübergreifende Behandlung weitergehende Möglichkeiten zur Stärkung von Bewertungskompetenz schaffen kann. Wenn Physikunterricht einen Fokus auf die Förderung von Reflexionskompetenz legt und Schüler:innen befähigt, sich der (eigenen) Werte beim Beurteilen von Wissenschaft und gesellschaftlichen Zusammenhängen bewusst zu werden, kann er auch in einer sich dynamisch entwickelnden Welt die Partizipation mündiger Bürger:innen fördern.

## Literatur

Bathiany, S., & Egerer, S. (2021). Die Berechnung der Welt: Wie Klimawissenschaftler und -wissenschaftlerinnen arbeiten und woher sie wissen, dass der Mensch das Klima verändert. In S. Heinicke, D. Höttecke, T. Rabe, & M. Sach (Hrsg.), *Naturwissenschaften im Unterricht Physik: 183–184. Klimawandel – im Spannungsfeld zwischen Wissenschaft und Gesellschaft* (S. 13–17). Friedrich Verlag.

Bennett, J., Lubben, F., & Hogarth, S. (2007). Bringing science to life: A synthesis of the research evidence on the effects of context-based and STS approaches to science teaching. *Science Education, 91*(3), 347–370.

Bub, F., & Rabe, T. (2021). Klimafakten statt Klimamythen: It's real. It's us. It's bad: Scheinargumente von Klimawandel- und Wissenschaftsleugnerinnen und -leugnern entkräften lernen. In S. Heinicke, D. Höttecke, T. Rabe, & M. Sach (Hrsg.), *Klimawandel – im Spannungsfeld zwischen Wissenschaft und Gesellschaft*. Friedrich Verlag.

Cook, J. (2019). Turning climate misinformation into an educational opportunity. In J. C. Fessmann (Hrsg.), *Strategic climate change communications: Effective approaches to fighting climate denial* (S. 27–44). Vernon Press.

Cook, J. (2021). Cranky Uncle: A game building resilience against climate misinformation. *Plus Lucis, 3*(21), 13–16.

Cook, J., Ecker, U. K. H., Trecek-King, M., Schade, G., Jeffers-Tracy, K., Fessmann, J., et al. (2023). The cranky uncle game – Combining humor and gamification to build student resilience against climate misinformation. *Environmental Education Research, 29*(4), 607–623. https://doi.org/10.1080/13504622.2022.2085671

Dittmer, A., & Gebhard, U. (2012). Stichwort Bewertungskompetenz: Ethik im naturwissenschaftlichen Unterricht aus sozial-intuitionistischer Perspektive. *Zeitschrift für Didaktik der Naturwissenschaften, 18*(1), 81–98.

Dittmer, A., Gebhard, U., Höttecke, D., & Menthe, J. (2016). Ethisches Bewerten im naturwissenschaftlichen Unterricht: Theoretische Bezugspunkte. *Zeitschrift für Didaktik der Naturwissenschaften, 22*(1), 97–108. https://doi.org/10.1007/s40573-016-0044-1

Engagement Global. (Hrsg.). (2016). *Orientierungsrahmen für den Lernbereich globale Entwicklung im Rahmen einer Bildung für nachhaltige Entwicklung.*

Hallensleben, S., Scholz, R. W., Kaminski, A., & Lambing, J. (2020). *Vertrauenswürdigkeit und Zuverlässigkeit digitaler Daten und Informationen. DiDaT Grobplanung zum Vulnerabilitätsraum (VR) 06.* DiDaT.

Heidbrink, L. (2003). *Kritik der Verantwortung: Zu den Grenzen verantwortlichen Handelns in komplexen Kontexten* (Ethische Anthropologie, 1. Aufl.). Velbrück Wissenschaft.

Heinicke, S. (2012). *Aus Fehlern wird man klug: Eine genetisch-didaktische Rekonstruktion des Messfehlers.* Logos GmbH.

Heinicke, S., & Wackermann, R. (2021). Modelle des Treibhauseffekts: Kritische Betrachtung von Visualisierungen und Modellexperimenten zum Treibhauseffekt. In S. Heinicke, D. Höttecke, T. Rabe, & M. Sach (Hrsg.), *Klimawandel – im Spannungsfeld zwischen Wissenschaft und Gesellschaft* (S. 28–32). Friedrich Verlag.

Höttecke, D., & Allchin, D. (2020). Reconceptualizing nature-of-science education in the age of social media. *Science Education, 104*(4), 641–666. https://doi.org/10.1002/sce.21575

Hubig, C. (1993). *Technik- und Wissenschaftsethik: Ein Leitfaden.* Springer.

IPCC (Intergovernmental Panel on Climate Change). (2023). *Climate Change 2023: Synthesis Report. Contribution of Working Groups I, II and III to the Sixth Assessment Report of the Intergovernmental Panel on Climate Change* [Core Writing Team, H. Lee and J. Romero (Hrsg.)]. IPCC, Geneva, Switzerland, 184 pp. https://doi.org/10.59327/IPCC/AR6-9789291691647.

Jonas, H. (1979). *Das Prinzip Verantwortung. Versuch einer Ethik für die technologische Zivilisation.* Suhrkamp.

KMK (Sekretariat der Ständigen Konferenz der Kultusminister der Länder in der Bundesrepublik Deutschland). (2004). *Bildungsstandards im Fach Physik für den mittleren Schulabschluss.*

KMK (Sekretariat der Ständigen Konferenz der Kultusminister der Länder in der Bundesrepublik Deutschland). (2020). *Bildungsstandards im Fach Physik für die Allgemeine Hochschulreife.*

Mastrandrea, M. D., Mach, K. J., Plattner, G. K., et al. (2011). The IPCC AR5 guidance note on consistent treatment of uncertainties: A common approach across the working groups. *Climatic Change, 108*, 675. https://doi.org/10.1007/s10584-011-0178-6

Mikelskis-Seifert, S., & Leisner, A. (2004). Systematisches und bewusstes Lernen über Modelle. In C. Hössle, D. Höttecke, & E. Kircher (Hrsg.), *Lehren und Lernen über die Natur der Naturwissenschaften* (S. 130–147). Schneider Verlag Hohengehren.

Ministerium für Bildung Sachsen-Anhalt (Hrsg.). (2022). *Fachlehrplan Gymnasium. Physik.* Ministerium für Bildung.

Nawrath, D. (2010). *Kontextorientierung: Rekonstruktion einer fachdidaktischen Konzeption für den Physikunterricht.* Carl-von-Ossietzky Universität Oldenburg/Fakultät für Mathematik und Naturwissenschaften.

Niebert, K. (2008). Ich finde es gut, wenn es bei uns ein bisschen wärmer wird. Die Folgen der globalen Erwärmung in den Vorstellungen von Wissenschaftlern und Lernern. In D. Kruger, A. Upmeier zu Belzen, T. Riemeier, & K. Niebert (Hrsg.), *Erkenntnisweg Biologiedidaktik* (Bd. 7, S. 23–38). VBIO Verband Biologie, Biowissenschaften & Biomedizin in Deutschland.

Niebert, K. (2010). Den Klimawandel verstehen. Eine didaktische Rekonstruktion der globalen Erwärmung. In M. Komorek & B. Moschner (Hrsg.), *Beiträge zur didaktischen Forschung* (Bd. 31). Didaktisches Zentrum.

Rabe, T., & Bub, F. (2021). Planspiele zum Klimawandel: Klimahandeln multiperspektivisch erleben und reflektieren. In S. Heinicke, D. Höttecke, T. Rabe, & M. Sach (Hrsg.), *Klimawandel – im Spannungsfeld zwischen Wissenschaft und Gesellschaft*. Friedrich Verlag.

Ripple, W. J., Wolf, C., Newsome, T. M., Galetti, M., Alamgir, M., Crist, E., Mahmoud, M. I., & Laurance, W. F. (2017). World scientists' warning to humanity: A second notice. *BioScience, 67*(12), 1026–1028.

Sadler, T. D., & Dawson, V. (2012). Socio-scientific issues in science education: Contexts for the promotion of key learning outcomes. In B. J. Fraser, K. Tobin, & C. J. McRobbie (Hrsg.), *Second international handbook of science education*. Springer Science+Business Media B.V.

Sander, H., & Höttecke, D. (2018). Orientierungen von Jugendlichen beim Urteilen und Entscheiden in Kontexten nachhaltiger Entwicklung. *Zeitschrift für Didaktik der Naturwissenschaften, 24*(1), 83–98. https://doi.org/10.1007/s40573-018-0076-9

Schubatzky, T., Wackermann, R., Wöhlke, C., Haagen-Schützenhöfer, C., Jedamski, M., Lindemann, H., & Cardinal, K. (2023). Entwicklung des concept-inventory CCCI-422 zu den naturwissenschaftlichen Grundlagen des Klimawandels. *Zeitschrift für Didaktik der Naturwissenschaften, 29*(1). https://doi.org/10.1007/s40573-023-00159-8

Schuler, S. (2009). Schülervorstellungen zu Bedrohung und Verwundbarkeit durch den globalen Klimawandel. *Zeitschrift für Geographiedidaktik – ZGD, 37*(1), 1–28.

Scorza, C., Lesch, H., Strähle, M., & Sörgel, D. (Hrsg.). (2022). *Der Klimawandel: verstehen und handeln: Ein Bildungsprogramm für Schulen der Fakultät für Physik der LMU München*. Ludwig-Maximilians-Universität.

Supran, G., Rahmstorf, S., & Oreskes, N. (2023). Assessing ExxonMobil's global warming projections. *Science, 379*(6628), eabk0063. https://doi.org/10.1126/science.abk0063

Taddicken, M., & Wicke, N. (2019). Erwartungen an und Bewertungen der medialen Berichterstattung über den Klimawandel aus Rezipierendenperspektive. In I. Neverla, M. Taddicken, I. Lörcher, & I. Hoppe (Hrsg.), *Klimawandel im Kopf. Studien zur Wirkung, Aneignung und Online-Kommunikation* (S. 144–172). Springer.

Taskan, B., Junça-Silva, A., & Caetano, A. (2022). Clarifying the conceptual map of VUCA: A systematic review. *International Journal of Organizational Analysis, 30*(7), 196–217.

Vesterinen, V.-M., Manassero-Mas, M.-A., & Vázquez-Alonso, Á. (2014). History, philosophy, and sociology of science and science-technology-society traditions in science education: Continuities and discontinuities. In M. R. Matthews (Hrsg.), *International handbook of research in history, philosophy and science teaching* (S. 1895–1925). Springer.

Zeidler, D. L., & Nichols, B. H. (2009). Socioscientific issues: Theory and practice. *Journal of Elementary Science Education, 21*(2), 49–58. https://doi.org/10.1007/BF03173684

# 14 Bewertungs- und Informationskompetenz im digitalen Zeitalter im Biologieunterricht fördern? Am Beispiel Impflicht Desinformation erkennen und Informationsqualität beurteilen

Lara Halbrock, Anke Meisert und Jürgen Menthe

> *„Impfen verändert das Erbgut" war ein Slogan, mit dem Impfstoffe in der Corona-Pandemie diskreditiert wurden. Wie können Schülerinnen und Schüler entscheiden, ob ein solcher Satz wissenschaftlich fundiert oder bloß dahergeredet ist? Wie können sie zwischen „seriösen" und „unseriösen" internetbasierten Informationen unterscheiden?*

### Zusammenfassung

Durch offene Verbreitungswege wie Social Media hat sich der öffentliche Diskursraum erweitert und die Bedeutung entsprechender Kontrollinstanzen (sog. Gatekeeper) reduziert. Dies hat zu einem deutlichen Anstieg unreflektierter oder auch gezielt verbreiteter Desinformationen geführt. Ein kompetenter Umgang mit dieser wenig gesicherten Informationsqualität (= Informationskompetenz) ist insbesondere für den naturwissenschaftlichen Unterricht von hoher Relevanz,

---

**Ergänzende Information** Die elektronische Version dieses Kapitels enthält Zusatzmaterial, auf das über folgenden Link zugegriffen werden kann [https://doi.org/10.1007/978-3-662-69707-8_14].

---

L. Halbrock (✉)
Humanwissenschaftliche Fakultät, Bildungs-/Erziehungswissenschaft, Digitale Bildung, Universität Potsdam, Potsdam, Deutschland
E-Mail: halbrock@uni-potsdam.de

A. Meisert · J. Menthe
Insitut für Biologie und Chemie, Universität Hildesheim, Hildesheim, Deutschland
E-Mail: meisert@uni-hildesheim.de; menthe@uni-hildesheim.de

da eine Bewertung gesellschaftspolitischer Themen wie Klimawandel oder Impfen naturwissenschaftlich fundierte Informationen erfordert, deren Gültigkeit bzw. Zuverlässigkeit entsprechend überprüft werden muss. Das hier vorgestellte Unterrichtskonzept verbindet die Förderung von Bewertungs- und Informationskompetenz und bietet einen mehrschrittigen Lernweg, der die verfügbaren Kriterien der Lernenden aktiviert, reflektiert und erweitert. Eine graduell angelegte Anwendung der Kriterien sowie strukturierendes Unterrichtsmaterial helfen dabei, der realen Vielfalt von Informationsqualität gerecht zu werden.

---

**Worum es geht**
Rahmen:

- 180-minütige Unterrichtssequenz zur Förderung von Bewertungs- und Informationskompetenz im Kontext Immunbiologie/(Corona-)Impfpflicht
- Unterrichtsfach Biologie, 8. Jahrgangsstufe

Ziele:

- Aktivierung des Vorwissens von Schülerinnen und Schülern durch hohe Alltagsrelevanz- und -präsenz eines aktuell kontrovers diskutierten Themas
- Beurteilung von internetbasierten Informationen durch Klärung der Relevanz des verhandelten Inhalts in Bezug auf die Fragestellung (Prüfung der Relevanz) und unter Rückgriff auf zuvor erworbenes immunologisches Fachwissen (Prüfung der Glaubwürdigkeit)

---

Die Themen Impfung und Impfpflicht werden in verschiedenen gesellschaftlichen und politischen Lagern unterschiedlich diskutiert. Das Internet ermöglicht es, dass sich sehr viele Menschen an diesem Diskurs beteiligen. Online-Quellen und Kommentare in den sozialen Medien variieren aber in ihrer Qualität und beziehen sich oft auf fragwürdige Studien oder anekdotische Evidenz. Journalistisch geprüfte Informationen drohen dabei in den Hintergrund zu geraten. Eine Partizipation an gesellschaftlich kontrovers diskutierten Themen mit naturwissenschaftlichen Bezügen erfordert somit zunehmend die Fähigkeit, internetbasierte Informationen hinsichtlich ihrer Relevanz und fachlichen Richtigkeit beurteilen zu können.

## 14.1 Bewertungskompetenz und digitale Informationsquellen

Seit fast zwei Jahrzehnten ist die Förderung der Bewertungskompetenz als eigener Kompetenzbereich ausgewiesen und bildet seither ein zentrales Anliegen des naturwissenschaftlichen Unterrichts (KMK, 2005). Kommunikationstechnologische

Entwicklungen wie Smartphones, Tablets, Social Media haben zu einem veränderten gesellschaftlichen Diskurs geführt, sodass Bewertungskompetenz heute weiter gefasst werden muss. Dabei ist das Phänomen tendenziöser oder interessengeleiteter Informationen und Berichterstattungen nicht neu. Was sich mit dem Aufkommen des Internets jedoch verändert hat, ist der Wegfall der sog. *Gatekeeper-Funktion* (Shoemaker & Vos, 2009), durch die Informationen von Redakteurinnen und Redakteuren auf ihre Qualität überprüft und selektiert werden (Weingart et al., 2017). Während dies eine starke Konzentration von Medienmacht bedeutet (ebd.), tragen umgekehrt der derzeitige vereinfachte Zugang zu Informationen und die potenzielle Reichweite sozialer Medien zu einer Demokratisierung des öffentlichen Diskurses bei (McGrew et al., 2017). Eine Konsequenz hiervon sind jedoch die Verbreitung ungeprüfter oder gezielt desinformierender Informationen und das vermehrte Zirkulieren von Halb- und Unwahrheiten (Theunert, 2011). Gesicherte Fakten büßen somit an Bedeutung ein (Götz-Votteler & Hespers, 2019), und der Einfluss auch gezielter Fehlinformationen (Fake News) auf gesellschaftliche Entscheidungsprozesse steigt (Himmelrath & Egbers, 2018; Zywietz, 2018).

Die Auswirkungen hiervon zeigen sich u. a. bei politischen Großereignissen wie beispielsweise den US-Wahlen 2016 und 2024 oder dem Austritt Großbritanniens aus der Europäischen Union, die von massiven Social-Media-Kampagnen begleitet wurden. Das gesamtgesellschaftliche Phänomen der Desinformation betrifft unterschiedliche Bevölkerungsgruppen in unterschiedlichem Maße: So besagt die These des *knowledge gap*, dass Personen mit höherem sozioökonomischem Status schneller und gezielter an Informationen gelangen, wodurch die Kluft zwischen gut informierten und weniger gut informierten Personengruppen durch die Digitalisierung weiterwächst (Tichenor et al., 1970). Ein anderer wichtiger Aspekt ist als *digital divide* bekannt: Ursprünglich wurde damit im Anschluss an die These vom *knowledge gap* der Sachverhalt bezeichnet, dass bestimmte Bevölkerungsschichten weniger oder keinen Zugang zu Computern bzw. dem Internet besitzen und daher von wichtigen Informations- und Partizipations- sowie Bildungsmöglichkeiten abgeschnitten sind. Seit der enormen Verbreitung von Smartphones ist dieser Aspekt in den Hintergrund getreten (Hicks-Goldston, 2019), jedoch deutet vieles darauf hin, dass nicht mehr die Verfügbarkeit, sondern der kritisch-reflektierte Umgang mit internetbasierten Informationen die entscheidende Ressource darstellt (ebd.). Hierzu zeigen sich vor allem Unterschiede hinsichtlich des Alters: Obwohl junge Menschen häufig besser mit digitalen Geräten umgehen können, wenn es um die inhaltsbezogene Arbeit mit internetbasierten Informationen geht, so sind sie leicht zu täuschen (McGrew et al., 2017; Eickelmann et al., 2018).

Das Beurteilen der Qualität von internetbasierten Informationen ist damit zu einer zentralen Bildungsaufgabe geworden, die in den Kompetenzbereichen Bewertung und Kommunikation angesiedelt ist. Das zeigt ein Blick in das Strategiepapier „Bildung in der digitalen Welt", in dem ein Kompetenzbereich *Analysieren und Reflektieren* ausgewiesen ist, der klassische Inhalte von Kommunikations- und Bewertungskompetenz umfasst (KMK, 2016). Auch in den neuen Bildungsstandards für die allgemeine Hochschulreife findet sich dieser Aspekt von Bewertungskompetenz:

„Um mit Informationen kritisch umgehen zu können, werden Quellen hinsichtlich ihrer Qualität beurteilt. Hierfür ist Wissen über den Bewertungsprozess notwendig. Die Unterscheidung von wissenschaftlichen und nicht-wissenschaftlichen Aussagen erfordert Kenntnisse formaler und inhaltlicher Kriterien zur Prüfung der Glaubwürdigkeit und zur Beurteilung des Einflusses von Werten, Normen und Interessen." (KMK, 2021, S. 17).

## 14.2 Die Kontroverse um verpflichtende Schutzimpfungen als Socioscientific Issue

Die Auseinandersetzung mit aktuell diskutierten, naturwissenschaftsbasierten Fragestellungen, sog. Socioscientific Issues (SSIs; Ratcliffe & Grace, 2003), eignet sich in besonderer Weise, um den Umgang mit internetbasierten Informationen, als Facette der Informationskompetenz (auch: Information Literacy, IL), zu fördern (Dauer et al., 2022; American Library Association, 2000). Die besondere gesellschaftliche Relevanz eines Themas ist nämlich typischerweise auch mit unterschiedlichen Interessen verbunden, die zu divergierenden Quellen und Medienauftritten führen (Vosoughi et al., 2018; Kozyreva et al., 2020; Nichols, 2017). Schon die Einführung einer Impfpflicht im Zuge des erhöhten Aufkommens an Masernerkrankungen – im Jahr 2020 – war in Deutschland ein kontrovers diskutiertes Thema.[1] Mit der Verfügbarkeit der ersten Coronaimpfstoffe wurde die Debatte rund um das Impfen deutlich verschärft und polarisiert. Die Diskussion um (verpflichtende) Schutzimpfungen in der Covid-19-Pandemie erfüllt fast paradigmatisch die Kriterien eines SSI und ist – neben dem Klimawandel – die wichtigste Zielscheibe desinformierender oder gezielt manipulativer Informationsverbreitung in der Gegenwart sowie jüngeren Vergangenheit. In der Beurteilung von Maßnahmen zur Eindämmung der Covid-19-Pandemie kommen gesellschaftliche, ökonomische, politische und ethische Aspekte zum Tragen. Zugleich spielen der Stand der wissenschaftlichen Forschung und dessen Kommunikation eine wichtige Rolle (Hahn & Langenohl, 2022).

Ein typisches Problem bei der Bewertung von Informationen ist die Vermischung der in einer Quelle bezogenen Position mit der Bewertung der reinen Quellenqualität (McGrew et al., 2017). Diese Vermischung geschieht nicht zufällig, sondern hängt damit zusammen, dass häufig eine bestimmte Position mit größerer Wahrscheinlichkeit auch mit der Quellenqualität korreliert. Das soll an einem Beispiel illustriert werden: Quellen, in denen der menschliche Einfluss auf den Klimawandel geleugnet wird, sind häufiger unwissenschaftlich als solche, die über Folgen des von Menschen verursachten Klimawandels berichten (Rahmstorf, 2004; Washington, 2013). Dass junge Menschen einen großen Teil ihrer Nachrichten online über soziale Medien abrufen (Mitchell et al., 2016), macht die Fähigkeit, glaubwürdige Informationen zu identifizieren, umso wichtiger.

---

[1] Das Masernschutzgesetz ist seit dem 1. März 2020 in Kraft und zielt auf einen effektiven Schutz vor Masern im Schul- und Kindergartenalter (BMG, 2022).

### 14.2.1 Im „Online-Dschungel": Divergierende Strategien zur Bewertung von Internetquellen

In den letzten Jahren wurde eine Reihe von Ansätzen entwickelt, um die Kompetenz zur Bewertung von Online-Informationen zu verbessern. Eine Strategie, die auf den Fähigkeiten professioneller „Faktenchecker" basiert, setzt auf laterales Lesen[2] und umfasst drei Ebenen (Breakstone et al., 2018):

1. Wer steckt hinter dieser Information?
2. Was sind die Belege?
3. Was sagen andere Quellen?

Andere Ansätze konzentrieren sich vor allem auf die Einschätzung des Expertenstatus der Autorinnen und Autoren (Höttecke & Allchin, 2020). Studien zeigen auch, dass das Öffnen mehrerer Tabs und die Suche nach dem Ursprung der Behauptung deutlich bessere Ergebnisse liefern als die detaillierte Betrachtung einer einzelnen Website (Ziv & Wineburg, 2020; Graves, 2017) und deren Überprüfung allein anhand externer Kriterien (z. B. URL) (Guess et al., 2020). Weitere Beispiele für einfache Strategien zur Förderung einer besseren Analyse und Beurteilung der Zuverlässigkeit von internetbasierten Informationen sind kriterienbasierte Strukturbäume (Luan et al., 2011; Martignon et al., 2008). Obwohl Strukturbäume eine umfassende Orientierungshilfe für die alltägliche Entscheidungsfindung bieten (Hafenbrädl et al., 2016), wurden sie bisher vor allem in außerschulischen Kontexten angewandt und nicht für internetbasierte Informationen in Bildungskontexten (Banerjee et al., 2017; Kozyreva et al., 2020). Weit verbreitet sind dagegen sog. Checklistenansätze. Der bekannteste ist der CRAAP-Ansatz, wobei das *C* für *Currency* (Aktualität der Information), das *R* für *Relevance* (Eignung/Relevanz für die gestellte Frage), das *A* für *Authority* (Autorität/Glaubwürdigkeit des Quellenverfassers bzw. -verfasserin), *A* für *Accuracy* (Genauigkeit/Korrektheit der Informationen) und das *P* für *Purpose* (Zwecke oder Interessen der Autorin, des Autors oder der Organisation) steht. Das Abarbeiten solcher Checklisten birgt aber neue Probleme: Ihre Kriterien sind häufig überfachlich und vergleichsweise allgemein, zudem wird das Problem in gewisser Weise nur verlagert, da z. B. die Beurteilung, ob eine Quelle glaubwürdig ist (*Authority*) selbst wiederum umfangreiche Kenntnisse bzw. Analysen voraussetzt. Außerdem können sie den Umfang an formalen (z. B. Impressum, Aktualität der Informationen) wie auch inhaltlichen Aspekten (z. B. Gültigkeit fachlicher Aussagen, Einseitigkeit der Darstellung ggf. auch bzgl. ausschließlich fachlicher oder normativer Aussagen), die für eine sichere Beurteilung betrachtet werden müssen, nur schwer abbilden (Breakstone et al., 2018). Die Kritik an Checklisten kennzeichnet daher einfache Pauschallösungen zur Beurteilung der Qualität und Verlässlichkeit von Online-Informationen als grundsätzlich unzureichend. Neben dieser generellen Kritik an oberflächlichen Checklistenana-

---

[2] Unter dem Begriff „laterales Lesen" versteht man seitwärts stattfindendes Lesen mit mehreren parallel geöffneten Tabs im Browser.

lysen besteht weiter die Gefahr, dass anhand von Checklisten gerade solche Quellen als verlässlich eingeschätzt werden, die gezielt die in den Checklisten aufgeführten Merkmale nachahmen (Wissenschafts-Mimikry): So trifft dies beispielsweise auf Veröffentlichungen von vermeintlichen Wissenschaftlerinnen und Wissenschaftlern zu, die bzgl. Sprachduktus, Form (Literaturverweise auf „Fachjournale") und der eigenen Expertise (Arzt, akademischer Titel) von Schülerinnen und Schülern als zuverlässig eingeschätzt werden könnten. Breakstone et al. (2018, S. 30) kritisieren daher zu Recht: „By focusing on features of websites that are easy to manipulate, checklists are not just ineffective but misleading."

Die Anpassung dieser Strategien zur Informationsbeurteilung für den Bildungskontext und die Evaluierung ihrer Auswirkungen auf die Fähigkeit von Schülerinnen und Schülern sind daher das zentrale Ziel der nachfolgend dargestellten Unterrichtssequenz,[3] die an eine Unterrichtseinheit zum Thema Immunbiologie anschließt. Das Unterrichtskonzept berücksichtigt folgende fachdidaktische und pädagogisch-psychologische Ansätze:

I. Ein Thema an der Schnittstelle von Naturwissenschaften und Gesellschaft (Ratcliffe & Grace, 2003; Sadler et al., 2007), das
   - eine hohe Alltags- und Gesellschaftsrelevanz für Schülerinnen und Schüler besitzt,
   - den Bedarf an zuverlässigen Informationen berücksichtigt,
   - eine quellenkritische Perspektive initiiert.
II. Ein Unterrichtssetting, das
   - das Aktivieren und das systematische Verknüpfen von bereits vorhandenem naturwissenschaftlichem (Fach-)Wissen zur realen, naturwissenschaftsbasierten Fragestellung (SSI) mit individuellen und gesellschaftlich relevanten Werten und Normen (Jiménez-Aleixandre, 2007; Ratcliffe & Grace, 2003; Bögeholz et al., 2004) ermöglicht,
   - zum Umgang mit multidimensionalen Informationen (Fakten, Normen und Präferenzen) (Abd-El-Khalik, 2003) anregt.
   - zur Entwicklung einer effektiven Argumentation (basierend auf Fakten und Normen) vor dem Hintergrund kontroverser Interaktionen (Kuhn, 2015; Fang et al., 2019) ermutigt,
   - den kollaborativen Diskurs durch den Einsatz von Visualisierungs- und Strukturierungswerkzeugen (Gresch et al., 2017; Grace, 2009; Evagorou et al., 2012; Vygotsky, 1978; Wertsch, 1985) gewährleistet,
   - Wissensstrukturierung in unterschiedlichen Kontexten als Grundlage für die Argumentation sowie Entscheidungsfindung (Eggert & Bögeholz, 2006) ermöglicht,

---

[3] Das Material wurde im Rahmen des vom Bundesministeriums für Bildung und Forschung (BMBF) geförderten Projekts „Curricular und kumulativ vernetzter Aufbau digitalisierungsbezogener Kompetenzen" ($Cu_2RVE$) entwickelt. Wir danken Christof Wecker und Nicoletta Bürger für konstruktive Hinweise während der Entwicklung und Erprobung.

- eine schülerinnen- und schülerbasierte soziale Interaktion fördert, um einen sinnvollen Diskurs mit authentischen Verhandlungsprozessen zu ermöglichen (Jafari & Meisert, 2021),
- die Verknüpfung von Problemanalysen mit der Entwicklung von Argumenten sowie deren mündlicher und schriftlicher Begründung und Gewichtung fördert (Böttcher et al., 2016),
- eine mehrschrittige und kriteriengeleitete Beurteilung internetbasierter Informationen, die Ad-hoc-Begründungen (alltagssprachliche Kriterien) (Vorphase) und erschlossene Expertinnen- und Expertenkriterien zur Beurteilung von Online-Quellen sowie deren Revision (Postphase) beinhaltet, berücksichtigt,
- die erschlossenen Expertinnen- und Expertenkriterien wiederholt anwenden lässt,
- Zusammenhänge zwischen der Quellenqualität und der vertretenen Position internetbasierter Information sichtbar macht,
- Grenzen einer kriteriengeleiteten Beurteilung internetbasierter Informationen erfahrbar macht.

## 14.3 Die Unterrichtssequenz

### 14.3.1 Doppelstunde 1: Impfen gegen Corona. Ja oder nein? Eine datenbasierte Entscheidungsfindung mithilfe des Instruments Zielmat

Ziel der ersten Unterrichtsstunde ist es, dass die Schülerinnen und Schüler auf Basis von zur Verfügung gestellten Informationen Pro- und Contra-Argumente zum Thema (Corona-)Impfpflicht entwickeln und diese im Rahmen eines gruppenbasierten Aushandlungsprozesses begründen und gewichten (Meisert & Böttcher, 2025).

**Schritt 1: Kontroverse Bilder**
Den Einstieg hierzu bieten kontroverse Bilder von Protestdemonstrationen gegen die Einführung einer propagierten (Corona-)Impfpflicht. Diese stellen einen unmittelbaren Lebensweltbezug her und werden als Ausgangspunkt zur Entwicklung einer Fragestellung für die Stunde („Sollte es eine (Corona-)Impfpflicht für Schülerinnen und Schüler geben?") sowie einer ersten Positionierung genutzt.

**Schritt 2: Intuitive Argumente**
In der nachfolgenden Erarbeitung sammeln die Schülerinnen und Schüler in Partnerarbeit zunächst intuitiv Pro- und Contra-Argumente für oder gegen eine (Corona-)Impfpflicht.

## Schritt 3: Was sagen internetbasierte Quellen?

Nach einem kurzen Abgleich der Argumente im Plenum werden den Schülerinnen und Schülern kontroverse Meinungen von unterschiedlichen Interessengruppen in Form von internetbasierten Quellenausschnitten präsentiert. Zur kognitiven Entlastung bearbeiten die Schülerinnen und Schüler lediglich zwei der sechs (folgenden) quellenbezogenen Positionen, in Partnerarbeit:

1. Herdenimmunität
2. Kinderimmunschutz
3. Sicherheit bei der Impfstoffzulassung (keine hormonelle Unfruchtbarkeit)
4. Impfungen bewirken Immunflucht (Gefahr der Mutation)
5. Recht auf körperliche Unversehrtheit
6. Risiko bei Impfstoffzulassung (hormonelle Unfruchtbarkeit)

## Schritt 4: Quellenbezogene Argumente und Begründungen identifizieren

Hierdurch entwickeln die Schülerinnen und Schüler Argumente und Begründungen (Jafari & Meisert, 2021; Meisert & Böttcher, 2019; Meisert, 2018) für und gegen die (Corona-)Impfpflicht auf Grundlage der gegebenen internetbasierten Informationen und des mitgebrachten bzw. in den Unterrichtsstunden zur Immunbiologie erworbenen Vorwissens.

Schritt 5, 6 und 7 werden unter Zuhilfenahme des vorbereiteten Strukturierungsinstruments Zielmat (**M1**) in Kleingruppen durchgeführt.

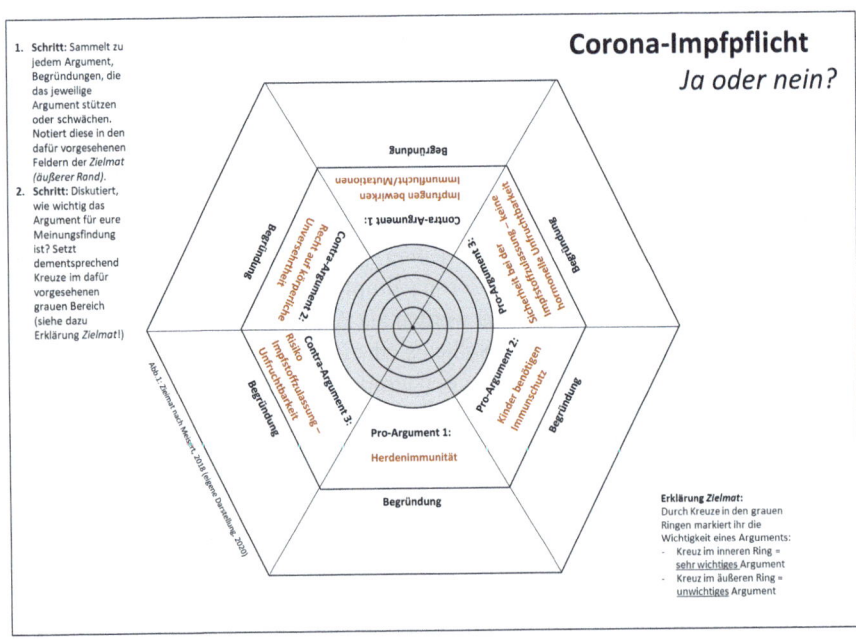

**Schritt 5: Übertragung der identifizierten Begründungen pro Argument**
Zunächst übertragen die Schülerinnen und Schüler ihre Begründungen für jedes Argument einzeln auf die Zielmat (Vorphase).

**Schritt 6: Gewichtung der Argumente**
Anschließend diskutieren sie die Gewichtung der jeweiligen Argumente in ihrer jeweiligen Kleingruppe (Postphase) mit dem Ziel, einen Konsens zu erreichen. Die Gewichtung der Argumente erfolgt durch das Setzen einer Markierung im mittleren Bereich der Zielmat. Je weiter die Gewichtungsmarkierung inmitten der Zielmat platziert wird, desto wichtiger wird das Argument eingestuft.

**Schritt 7: Gruppenbasierte Aushandlung**
Unter Berücksichtigung der verhandelten Argumente treffen die jeweiligen Kleingruppen eine finale Entscheidung zur Stundenfrage (s. Schritt 1). Als Überleitung in die nächste Unterrichtsstunde verweist die Lehrkraft auf die folgende Hausaufgabe (eigene Darstellung):
„Lest alle sechs internetbasierten Quellenausschnitte, um euch einen breiten Überblick zum Thema zu verschaffen. Entscheidet nur für Quelle 1/3/4/6, ob es sich um eine „seriöse" oder „unseriöse" Quelle handelt. Markiert die seriösen Quellen mit einem Plus (+) und die weniger seriösen Quellen mit einem Minus (−)."

### 14.3.2 Doppelstunde 2: Prüfung der Relevanz, fachlichen Richtigkeit und „äußeren" Merkmale von Online-Quellen

Die zweite Unterrichtsstunde hat das Ziel, internetbasierte Informationen auf ihre fragestellungsbezogene Relevanz, fachliche Richtigkeit sowie „äußeren" Merkmale hin beurteilen zu können.

**Schritt 1: Kontroverse Zitate**
Zur Förderung dieses Ziels werden den Schülerinnen und Schülern zunächst zwei kontrastive Zitate präsentiert (Abb. 14.1).

**Schritt 2: Was sagt mein Bauchgefühl?**
Nach einem kurzen Austausch über die Zitate im Plenum werden die Schülerinnen und Schüler in Gruppen (à vier Schülerinnen und Schüler) aufgefordert, diejenigen Quellen der vorherigen Unterrichtsstunde, die auf „Fakten" beruhen, einzuschätzen.

**Abb. 14.1** Kontroverse Zitate. (Eigene Darstellung)

„Geplante Impfungen verändern uns genetisch" (W. Wodarg (2020)).

„Die mRNA wird nicht in die zelleigene DNA, ins Chromosom, integriert. Die wird nur genutzt, um das Protein herzustellen" (C. Drosten (2020)).

Hierbei ordnen sie Quelle 1, 2, 4 und 6 intuitiv (ad hoc) entlang einer Quellenqualitätsskala (**M2**) (https://link.springer.com/10.1007/978-3-662-69706-1_14; s. unter „Elektronisches Zusatzmaterial" am Ende des Kapitels) (sog. Kompass erster Ordnung) ein. Diese Einordnung reicht von „seriös" bis „unseriös" und wird durch schriftliche Begründungen ergänzt.

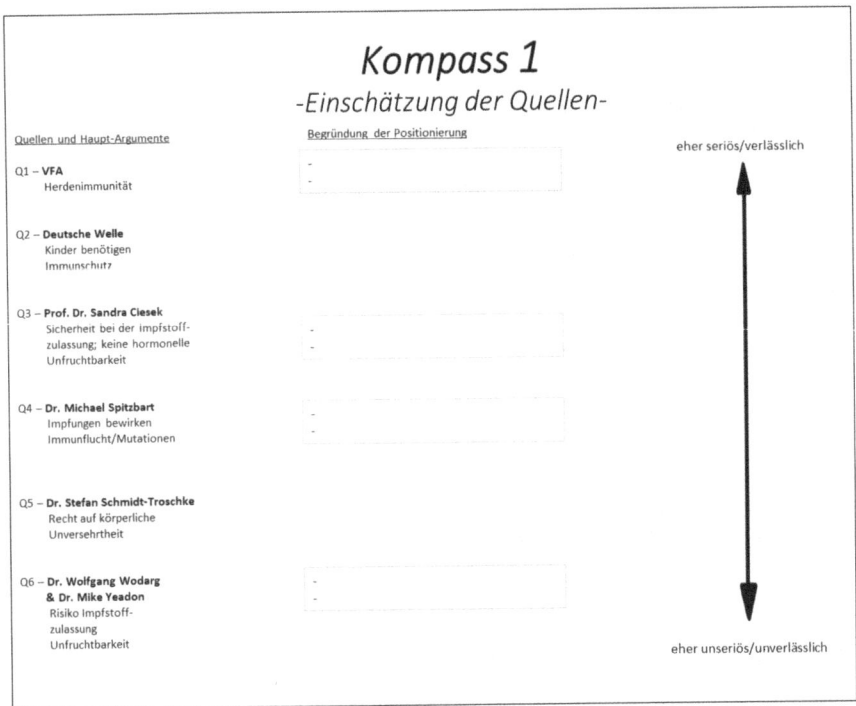

**Schritt 3: Weiterer Abstimmungsbedarf notwendig!**
Nach einem kurzen Abgleich der Einordnungen und dem Sammeln möglicher Gründe (intuitives Kriterienwissen) im Plenum erkennen die Schülerinnen und Schüler ggf. ähnliche Einordnungen sowie Kriterien, die für die Beurteilung angelegt werden. Abweichende Einordnungen verdeutlichen hingegen transparent den weiteren Abstimmungsbedarf.

**Schritt 4: Wie gehen eigentlich Expertinnen und Experten vor?**
In Schritt 4 erhalten die Schülerinnen und Schüler einen dreistufigen Kriterienkatalog (**M3**) (https://link.springer.com/10.1007/978-3-662-69706-1_14), mit dem sie in Kleingruppen (sog. Expertinnen- und Expertenteams, 2er-Gruppen) jeweils zwei der vier zuvor intuitiv beurteilten Online-Quellen tiefergehend überprüfen sollen. Nachdem das zuvor entwickelte intuitive Kriterienwissen der Schülerinnen und Schüler mit den Kriterien des Kriterienkatalogs im Plenum abgeglichen wurde, kann dieses zur Beurteilung der Quellenqualität in den Expertinnen- und Expertenteams vertieft werden:

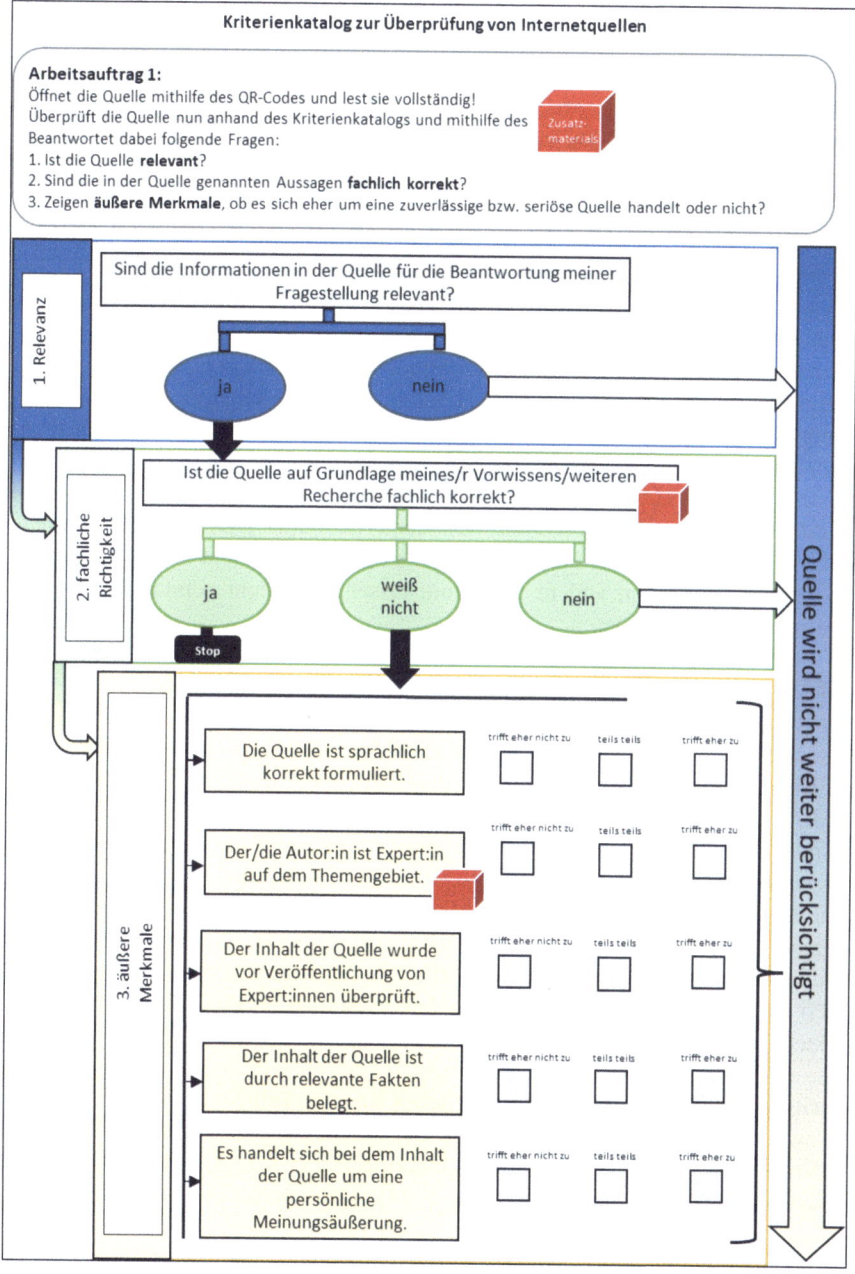

sam sein? (Relevanz)
Das Kriterium zielt auf die Einschätzung der Relevanz der internetbasierten Quelle. Die Schülerinnen und Schüler sollen einschätzen, ob die in der Quelle dargestellten Informationen tatsächlich relevant für die weitere Klärung der Bewertungsfrage sind (Vosoughi et al., 2018; Kozyreva et al., 2020; Nichols, 2017).

**Stufe 2: Faktisch korrekt? (Glaubwürdigkeit)**
Der nächste Schritt besteht in einer fachlichen Beurteilung der internetbasierten Informationen, indem die Schülerinnen und Schüler unter Rückgriff auf ihr bereits vorhandenes Wissen beurteilen, ob die in der Online-Quelle genannten fachlichen Aussagen zutreffend sind (McComas et al., o. J.). Zusätzlich stehen den Schülerinnen und Schülern Informationsboxen in Form von enzyklopädischem Wissen zur Verfügung. Dieser Schritt ist von besonderer Bedeutung, weil ein Bezug zum Fachunterricht hergestellt wird, der einerseits die Bedeutung fachlicher Klärung aufzeigt und andererseits ein Kompetenzerleben im Sinne eines eigenen fachlichen Urteils ermöglicht, sodass die Schülerinnen und Schüler nicht darauf zurückgeworfen sind, bloß den Expertisestatus anderer anzuerkennen. Natürlich lassen sich viele der Aussagen von Schülerinnen und Schülern fachlich nur bedingt beurteilen, andere wiederum lassen sich recht „einfach" als Fehlinformationen identifizieren.

**Stufe 3: Welchen Eindruck hinterlässt die Quelle auf Basis „äußerer" Merkmale? (Oberflächenmerkmale)**
Der dritte und letzte Schritt besteht im Anwenden einer Reihe bekannter Kriterien, mit denen auf Basis formaler Merkmale die Beurteilung der Quellenqualität ergänzt werden kann (Allchin, 2012; Pearce et al., 2020; Osborne & Pimentel, 2022). Die Ausprägung eines Merkmals soll dabei jeweils auf einer Skala (trifft eher nicht zu, teils/teils, trifft eher zu) eingeschätzt werden, sodass sich insgesamt ein Bild von der Qualität der Quelle ergibt. Das Anwenden des Kriterienkatalogs erfolgt in den Expertinnen- und Expertenteams (s. hierzu Schritt 4), sodass kommunikative Aushandlungsprozesse stattfinden, die mithilfe des Kriterienkatalogs inhaltlich unterfüttert und visualisiert werden. Die Ergebnisse werden im Plenum geteilt und zur Diskussion gestellt.

**Schritt 5: Revidiert sich mein anfängliches Bauchgefühl?**
Die zweite Doppelstunde schließt mit einer Sicherungsphase. Mithilfe einer weiteren Visualisierungshilfe nehmen die Schülerinnen und Schüler (**M4**) (https://link.springer.com/10.1007/978-3-662-69706-1_14) (Quellenqualitätsskala; sog. Kompass zweiter Ordnung) die gemeinsame Einordnung der vier zuvor in 4er-Gruppen überprüften Online-Quellen erneut vor. Auch hier erfolgt eine schriftliche Begründung der vorgenommenen Einordnung. Als Neuerung werden die Quellen jetzt zusätzlich zur vertikalen Skala von „seriös" bis „unseriös" auf einer horizontalen Skala als „Pro" oder „Contra" eingeordnet.

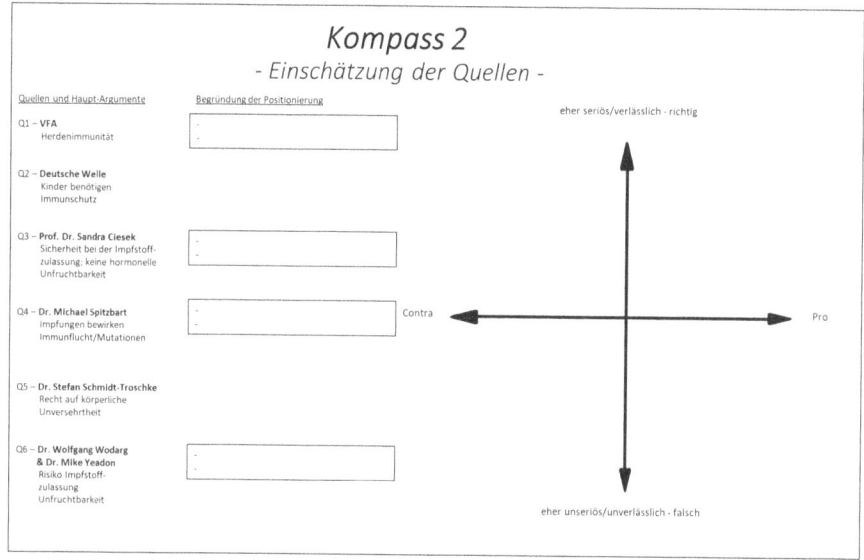

**Schritt 6: Abschließende Reflexion**

Das visualisierte Ergebnis kann zugleich den Ausgangspunkt für die gemeinsame Reflexion bilden, wobei im konkreten Fall vor allem auffallen wird, dass tendenziell eine Korrelation zwischen den Quellen, die Argumente für eine (verpflichtende) (Corona-)Impfempfehlung nennen, und den Quellen, die als „seriös" eingeschätzt wurden, vorliegt. In der Reflexion können so Gemeinsamkeiten und Unterschiede zwischen den anfänglichen Ad-hoc-Entscheidungen (s. hierzu Schritt 2) und der späteren kriteriengeleiteten Einordnung (s. hierzu Schritt 4) diskutiert werden. Hierbei wird einerseits vorhandenes Vorwissen gewürdigt, zugleich aber auch der eingetretene Lernzuwachs (in Form klarer Kriterien) sichtbar gemacht. An dieser Stelle sollten auch Einschränkungen des gelernten Vorgehens zur Beurteilung der Quellenqualität diskutiert werden. Hierzu gehören z. B. Grenzen des eigenen Fachwissens bei komplexen Sachfragen, Gefahr der bewussten Tarnung von „unseriösen" Beiträgen durch den formalen Anschein der Wissenschaftlichkeit (s. Stufe 3) oder auch der Umgang mit gezielten und kaum mehr durchschaubaren Manipulationen, sog. Deep Fakes[4].

---

[4] Deep Fakes umfassen Texte, Bilder, Audios oder Videos, die automatisch von maschinellen Lernsystemen synthetisiert wurden. Es handelt sich hierbei um die neueste Generation von Techniken zur Manipulation der Realität (Farid, 2022).

## 14.4 Resümee

Das Potenzial des hier vorgestellten Ansatzes wurde im Rahmen einer Interventionsstudie inkl. Audiografie der Bearbeitungsphasen analysiert. Erste Analysen schülerinnen- und schülerbasierter Diskussionen zur *eigenen Kriterienentwicklung und -anwendung* zwecks Quellenbeurteilung verdeutlichen, dass Schülerinnen und Schüler bereits auf Grundlage ihres Vorwissens in der Lage sind, sehr unterschiedliche Ebenen zur Beurteilung der Quellenqualität einzunehmen. Hierbei stehen häufig die inhaltliche Schlüssigkeit bzw. Widerspruchsfreiheit sowie die sprachliche Verständlichkeit im Vordergrund, wie die folgende Äußerung veranschaulicht:

> „Also ich finde es alles sehr seriös, weil, es ist schlüssig erklärt. Ich finde es auch einfach geschrieben, also dass es auch jeder verstehen kann."[5]

Äußerungen zur sprachlichen Angemessenheit weisen darauf hin, dass Fachbegriffe einerseits als Ausdruck von Expertise

> „[…] und die schreiben auch sehr klar mit Fachbegriffen."

als auch als fragwürdige Unverständlichkeit

> „[…] aber ich fand, da waren zu viele Fachbegriffe, die aber auch nicht erklärt wurden."

eingeordnet werden.

Dies unterstreicht die Problematik der Ambivalenz von Kriterien und damit ebenso die Grenzen von Kriterienkatalogen, die ausschließlich auf der Beurteilung von Oberflächenmerkmalen basieren. Jenseits der Entwicklung und Anwendung von Kriterien ist daher deren kritische Reflexion ein zentraler Bestandteil des zuvor skizzierten Unterrichtskonzepts. Hierbei bietet insbesondere das Kriterium der sprachlichen Angemessenheit einen gewinnbringenden Reflexionsanlass für den naturwissenschaftlichen Unterricht (Fachbegriffe als Instrumente konziser Kommunikation vs. Fachübergriffe als Verschleierung fehlender Fundiertheit) sowie weitere „äußere" Merkmale, beispielsweise die Aufmachung einer Website als vermeintlicher Garant „seriöser" Informationen, wie das folgende Zitat verdeutlicht:

> „Die finde ich auch relativ verlässlich, weil das ist ja eine anerkannte Akademie."

Quantitative Auswertungen von fragebogenbasierten Likert-Skalen zeigen, dass der hier vorgestellte Ansatz geeignet ist, die Selbsteinschätzung der Schülerinnen und Schüler zur Beurteilung der Verlässlichkeit von Online-Quellen zu steigern (Halbrock et al., 2022). Jedoch darf hierbei nicht übersehen werden, dass niedrigschwellige Verfahren zur Quellenprüfung (Checklisten) zu überhöhten Selbstein-

---

[5] Diese und folgende Zitate entstammen Gruppendiskussionen mit Schülerinnen und Schülern der 9. Klasse eines Gymnasiums in Niedersachsen. Die Gruppendiskussionen wurden transkribiert und die Schülerinnen und Schüler anonymisiert.

schätzungen führen können. Diese vermeintliche Sicherheit könnte Schülerinnen und Schüler sogar noch anfälliger für Desinformationen machen, indem die grundsätzlich angezeigte Vorsicht bei der Betrachtung von Online-Quellen außer Kraft gesetzt wird.

Aus obigen Zitaten wird deutlich, dass über die Beurteilung mittels aus solchen Checklisten gewonnener Kriterien hinaus ausgewählte Kriterien vertieft und reflektiert werden sollten. Jenseits der Förderung des Bewusstseins, dass vielfältige Kriterien relevant sein können, sollte daher für den jeweiligen Kontext ein exemplarischer Vertiefungsaspekt eingeplant werden, auf den dann explizit eingegangen werden kann, z. B. Expertise der Autorinnen und Autoren (Höttecke & Allchin, 2020).

Eine gute Möglichkeit, die Oberflächlichkeit kriterienbasierter Einschätzungen zu problematisieren, besteht darin, diese und andere Grenzen der Arbeit mit Kriterienlisten explizit zum Gegenstand der Reflexion zu machen, wie in Schritt 6 der zweiten Doppelstunde vorgeschlagen:

„[…] es ging ja bei der Seriosität gar nicht mal darum, was die gesagt haben, sondern eher die Umstände haben das gemacht. Bei dem Einen war es ein Facebook-Eintrag, der eher unseriös wirkt, bei dem Anderen war es die Tatsache, dass sie in der Pharmaindustrie tätig sind und ja, die Virologin hat halt dadurch den Vorteil, dass sie Virologin ist, sie ist Expertin auf ihrem Fachgebiet und da war es der Inhalt, der uns einfach überzeugt hat. Bei den anderen, da fanden wir den Inhalt gar nicht mal so unseriös, aber es waren halt die Umstände, die das ins Unseriöse gezogen haben."

Eine wichtige Einschränkung des vorgestellten Kriterienkatalogs besteht darin, dass keine Analyse der Absichten und Interessen, die mit der Verbreitung bestimmter Informationen einhergehen, geleistet wird (McGrew et al., 2017; Oreskes & Conway, 2011). Die Frage nach den Interessen von Autorinnen und Autoren, Firmen oder Institutionen ist zwar von zentraler Bedeutung, allerdings häufig komplex und jenseits dessen, was im Rahmen des naturwissenschaftlichen Unterrichts geleistet werden kann: „Determining who's behind information and whether it's worthy of our trust is more complex than a true/false dichotomy" (McGrew et al., 2017, S. 5). Eine Möglichkeit, diese Facette zu vertiefen, könnte in einem fächerverbindenden Unterricht liegen, bei dem gezielt der Politik- oder Geschichtsunterricht einbezogen wird.

## Literatur

Abd-El-Khalik, F. (2003). Socioscientific issues in pre-college science classrooms. In D. L. Zeidler (Hrsg.), *The role of moral reasoning on socioscientific issues and discourse in science education* (S. 41–61). Springer.
Allchin, D. (2012). Science Con-Artist. *The American Biology Teacher, 74*(9), 661–666.
American Library Association. (2000). *Information literacy competency standards for higher education.*
Banerjee, S., Chua, A. Y. K., & Kim, J.-J. (2017). Don't be deceived: Using linguistic analysis to learn how to discern online review authenticity. *Journal of the Association for Information Science and Technology, 68,* 1525–1538.
BMG (Bundesministerium für Gesundheit). (2022). *Impfpflicht soll Kinder von Masern schützen.* https://www.bundesgesundheitsministerium.de/impfpflicht.html. Zugegriffen am 09.02.2023.

Bögeholz, S., Hößle, C., Langlet, J., Sander, E., & Schlüter, K. (2004). Bewerten – Urteilen – Entscheiden im biologischen Kontext: Modelle in der Biologiedidaktik. *Zeitschrift für Didaktik der Naturwissenschaften, 10*, 89–115.

Böttcher, F., Hackmann, A., & Meisert, A. (2016). Argumente entwickeln, prüfen und gewichten. Bewertungskompetenz im Biologieunterricht kontextübergreifend fördern – Konzeptentwicklung („develop-ing, justifying and weighting arguments". Promoting decision-making competence in biology classes in all contexts – concept development). *MNU Journal, 69*(3), 150–157.

Breakstone, J., McGrew, S., Smith, M., Ortega, T., & Wineburg, S. (2018). Why we need a new approach to teaching digital literacy. *Phi Delta Kappan, 99*(6), 27–32.

Dauer, J. M., Sorensen, A. E., & Jimenez, P. C. (2022). Using structured decision-making in the classroom to promote information literacy in the context of decision-making breadcrumb. *Journal of College Science Teaching, 51*(6).

Drosten, C. (2020). Coronavirus-Update. In *NDR-Info Podcast. Coronavirus-Update Folge 66*.

Eggert, S., & Bögeholz, S. (2006). Göttinger Modell der Bewertungskompetenz – Teilkompetenz „Bewerten, Entscheiden und Reflektieren" für Gestaltungsaufgaben Nachhaltiger Entwicklung. *Zeitschrift für Didaktik der Naturwissenschaften, 2006*(12), 177–197.

Eickelmann, B., Bos, W., Gerick, J., Goldhammer, F., Schaumburg, H., Schwippert, K., & Vahrenhold, J. (Hrsg.). (2018). *ICILS 2018 #Deutschland: Computer- und informationsbezogene Kompetenzen von Schülerinnen und Schülern im zweiten internationalen Vergleich und Kompetenzen im Bereich Computational Thinking*. Waxmann Verlag.

Evagorou, M., Jimenez-Aleixandre, M. P., & Osborne, J. (2012). 'Should we kill the grey squirrels?' A study exploring students' justifications and decision-making. *International Journal of Science Education, 34*(3), 401–428.

Fang, S. C., Hsu, Y. S., & Lin, S. S. (2019). Conceptualizing socioscientific decision making from a review of research in science education. *International Journal of Science and Mathematics Education, 17*(3), 427–448.

Farid, H. (2022). Creating, using, misusing, and detecting deep fakes. *Journal of Online Trust and Sagety, 1*(4).

Götz-Votteler, K., & Hespers, S. (2019). *Alternative Wirklichkeiten? – Wie Fake News und Verschwörungstheorien funktionieren und warum sie Aktualität haben*. Transcript.

Grace, M. (2009). Developing high quality decision-making discussions about biological conservation in a normal classroom setting. *International Journal of Science Education, 31*(4), 551–570.

Graves, L. (2017). Anatomy of a fact check: Objective practice and the contested epistemology of fact checking. *Communication, Culture & Critique, 10*(3), 518–537.

Gresch, H., Hasselhorn, M., & Bögeholz, S. (2017). Training in decision-making strategies: An approach to enhance students' competence to deal with socio-scientific issues. *International Journal of Science Education, 35*(15), 2587–2607.

Guess, A. M., Lerner, M., Lyons, B., Montgomery, J. M., Nyhan, B., Reifler, J., & Sircar, N. (2020). A digital media literacy intervention increases discernment between mainstream and false news in the United States and India. *Proceedings of the National Academy of Sciences, 117*(27), 15536–15545.

Hafenbrädl, S., Waeger, D., Marewski, J. N., & Gigerenzer, G. (2016). Applied decision making with fast-and-frugal heuristics. *Journal of Applied Research in Memory and Cognition, 5*, 215–231.

Hahn, K., & Langenohl, A. (2022). ‚Öffentliches Leben': Gesellschaftsdiagnose Covid-19. In *‚Öffentliches Leben': Gesellschaftsdiagnose Covid-19* (S. 1–12). Springer VS.

Halbrock, L., Meisert, A., & Menthe, J. (2022). *Förderung von Informationskompetenz im naturwissenschaftlichen Unterricht durch Relevanz-, Gültigkeits- und Verlässlichkeitsbeurteilung internetbasierter Informationsquellen. Eine quasi-experimentelle Interventionsstudie* [Poster]. Gemeinsame Fachtagung der Deutschen Gesellschaft für Fachdidaktik (GFD)/der Österreichischen Gesellschaft für Fachdidaktik (ÖGFD).

Hicks-Goldston, C. (2019). The new digital divide: Disinformation and media literacy in the US. *Media Literacy and Academic Research, 2*(1), 49–60.

Himmelrath, A., & Egbers, J. (2018). *Fake News – Ein Handbuch für Schule und Unterricht*. Hep Verlag.

Höttecke, D., & Allchin, D. (2020). Reconceptualizing nature-of-science education in the age of social media. *Science Education, 104*(4), 641–666.

Jafari, M., & Meisert, A. (2021). Activating students' argumentative resources on socioscientific issues by indirectly instructed reasoning and negotiation processes. *Research in Science Education, 51,* 913–934.

Jiménez-Aleixandre, M. P. (2007). Designing argumentation learning environments. In *Argumentation in science education* (S. 91–115). Springer.

KMK (Sekretariat der Ständigen Konferenz der Kultusminister der Länder in der Bundesrepublik Deutschland). (2005). *Bildungsstandards im Fach Physik (Chemie/Biologie) für den Mittleren Schulabschluss.* Luchterhand.

KMK (Sekretariat der Ständigen Konferenz der Kultusminister der Länder in der Bundesrepublik Deutschland). (2016). *Strategie der Kultusministerkonferenz „Bildung in der digitalen Welt". Beschluss der Kultusministerkonferenz vom 08.12.2016.*

KMK (Sekretariat der Ständigen Konferenz der Kultusminister der Länder in der Bundesrepublik Deutschland). (2021). *Bildungsstandards im Fach Chemie für die Allgemeine Hochschulreife.*

Kozyreva, A., Lewandowsky, S., & Hertwig, R. (2020). Citizens versus the internet: Confronting digital challenges with cognitive tools. *Psychological Science in the Public Interest, 21*(3), 103–156.

Kuhn, D. (2015). Thinking together and alone. *Educational Researcher, 44*(1), 46–53.

Luan, S., Schooler, L. J., & Gigerenzer, G. (2011). A signal-detection analysis of fast-and-frugal trees. *Psychological Review, 118,* 316–338.

Martignon, L., Katsikopoulos, K. V., & Woike, J. K. (2008). Categorization with limited resources: A family of simple heuristics. *Journal of Mathematical Psychology, 52,* 352–361.

McComas, W. F., Clough, M. P., & Almazroa, H. (o.J.). The role and character of the nature of science in science education. In *The Nature of Science Education* (S. 3–39). Kluwer Academic Publisher.

McGrew, S., Ortega, T., Breakstone, J., & Wineburg, S. (2017). The challenge that's bigger than fake news: Civic reasoning in a social media environment. *American Educator, 41*(3), 4.

Meisert, A. (2018). Mit der Zielmat bewerten (use a target matt o evaluate). In U. Spörhase & W. Ruppert (Hrsg.), *Biologie Methodik* (S. 236–240). Cornelsen.

Meisert, A., & Böttcher, F. (2019). Towards a discourse-based understanding of sustainability education and decision making. *Substainability, 11*(21), 5902ff.

Meisert, A., & Böttcher, F. (2025). Wie kann Bewertungskompetenz im BU gefördert werden? In A. Meisert & U. Spörhase (Hrsg.), *Biologiedidaktik. Cornelsen.*

Mitchell, A., Gottfried, J., Barthel, M., & Shearer, E. (2016). *The modern news consumer: News attitudes and practices in the digital era.*

Nichols, T. (2017). *The death of expertise: The campaign against established knowledge and why it matters.* Oxford University Press.

Oreskes, N., & Conway, E. M. (2011). *Merchants of doubt: How a handful of scientists obscured the truth on issues from tobacco smoke to global warming.* Bloomsbury Publishing USA.

Osborne, J., & Pimentel, D. (2022). Science, misinformation, and the role of education. *Science, 378*(6617), 246–248.

Rahmstorf, S. (2004). *Die Thesen der Klimaskeptiker – was ist dran? Eine Antwort auf Alvo von Alvensleben.* (www.pik-Potsdam.de/~stefan/alvensleben_kommentar.html).

Ratcliffe, M., & Grace, M. (2003). *Science education for citizenship: Teaching socio-scientific issues.* McGraw-Hill Education.

Sadler, T. D., Barab, S. A., & Scott, B. (2007). What do students gain by engaging in socioscientific inquiry? *Research in Science Education, 37,* 371–391.

Shoemaker, P. J., & Vos, T. (2009). *Gatekeeping theory.* Routledge.

Theunert, H. (Hrsg.). (2011). *Alles auf dem Schirm? Jugendliche in vernetzten Informationswelten.* Kopaed (Interdisziplinäre Diskurse, 6).

Tichenor, P. J., Donohue, G. A., & Olien, C. N. (1970). Mass media flow and differential growth in knowledge. *Public Opinion Quarterly, 34*(2), 159–170.

Vosoughi, S., Roy, D., & Aral, S. (2018). The spread of true and false news online. *Science, 359*(6380), 1146–1151.
Vygotsky, L. S. (1978). *Mind in society: The development of higher psychological processes*. Harvard University Press.
Washington, H. (2013). *Climate change denial: Heads in the sand*. Routledge.
Weingart, P., Wormer, H., Wenninger, A., & Hüttl, R. F. (Hrsg.). (2017). *Perspektiven der Wissenschaftskommunikation im digitalen Zeitalter*. Velbrück Wissenschaft.
Wertsch, J. V. (1985). *Vygotsky and the social formation of mind*. Harvard University Press.
Wodarg, W. (2020). *Gentechnik am Menschen unter falscher Flagge*. https://www.wodarg.com/impfen/. Zugegriffen am 09.02.2023.
Ziv, N., & Wineburg, S. (2020). How to spot coronavirus misinformation. *TIME Magazine*.
Zywietz, B. (2018). F wie Fake News – Phatische Falschmeldungen zwischen Propaganda und Parodie. In Klaus Sachs-Hombach, Bernd Zywietz (Hrsg.), *Fake News, Hashtags & Social Bots – Neue Methoden populistischer Propaganda* (S. 97–131). Springer Fachmedien.

## Vertiefende Literatur

Caulfield, M. (2017). *How "news literacy" gets the web wrong*. HAPGOOD. Zugegriffen am 03.01.2020.
Gasser, U., Cortesi, S., Malik, M., & Lee, A. (2012). *Youth and digital media: From credibility to information quality*. Berkman Center for Internet and Society.
Hargittai, E., Fullerton, L., Menchen-Trevino, E., & Thomas, K. Y. (2010). Trust online: Young adults' evaluation of web content. *International Journal of Communication, 4*, 27.
Kim, K.-S., Sin, S.-C. J., & Yoo-Lee, E. Y. (2014). Undergraduates' use of social media as information sources. *College and Research Libraries, 75*(4), 442–457.
Leeder, C. (2019). How college students evaluate and share "fake news" stories. *Library and Information Science Research, 41*(3), 100967.
Pearce, W., Özkula, S. M., Greene, A. K., Teeling, L., Bansard, J. S., Omena, J. J., & Rabello, E. T. (2020). Visual cross-platform analysis: Digital methods to research social media images. *Information Communication and Society, 23*(2), 161–180.
Wineburg, S., McGrew, S. (2016a). Evaluating information: The cornerstone of civic online reasoning.
Wineburg, S., & McGrew, S. (2016b). What students don't know about fact-checking. *Education Week, 36*(11), 22–28.

# Von der Qualzucht bis zur Eizellspende

## Bioethische Kontexte von Klasse 5–13 anhand von TaskCards und Padlets bewerten

Corinna Hößle

### Zusammenfassung

Die Förderung ethischer Bewertungskompetenz beginnt in den weiterführenden Schulen in Jahrgang 5 und endet mit Erlangen des Schulabschlusses. Wie kann eine Verstetigung von Bewertungsprozessen im naturwissenschaftlichen Unterricht gelingen? In Anlehnung an die Schulcurricula und Bildungsstandards werden in diesem Kapitel jahrgangsspezifische und aktuelle, alltagsrelevante ethische Kontexte vorgestellt und hinsichtlich ihrer fachlichen, rechtlichen und ethischen Implikationen beleuchtet. Im Anschluss wird anhand einer digitalen Pinnwand veranschaulicht, wie eine einfache und digital gestützte unterrichtliche Bearbeitung der Themen gelingen kann. Dieses Angebot soll Lehrkräfte bei einer kontinuierlichen Implementation von Bewertungsprozessen im Unterricht unterstützen und den Zugriff auf notwendiges Hintergrundwissen und fachdidaktische Methoden erleichtern.

**Ergänzende Information** Die elektronische Version dieses Kapitels enthält Zusatzmaterial, auf das über folgenden Link zugegriffen werden kann [https://doi.org/10.1007/978-3-662-69707-8_15].

C. Hößle (✉)
Institut für Biologie und Umweltwissenschaften, Carl von Ossietzky Universität Oldenburg, Oldenburg, Deutschland
E-Mail: corinna.hoessle@uni-oldenburg.de

> **Worum es geht**
> - Können ethische Bewertungsprozesse anhand digitaler Medien gefördert werden? Wie dies gelingen kann, zeigt der Einsatz von digitalen Pinnwänden.
> - Dabei werden die ethischen Kontexte Qualzucht, Aquakultur, Eizellspende und Triagieren im Gesundheitswesen angesprochen und hinsichtlich fachlicher und ethischer Aspekte reflektiert.
> - Neben der Präsentation der digitalen Pinnwände zu den bioethischen Kontexten wird insbesondere das Argumentieren in den unterschiedlichen Jahrgangsstufen 5–13 fokussiert, und es werden zunehmend komplexere Argumentationsstrukturen aufgezeigt

## 15.1 Sechs Schritte moralischer Urteilsfähigkeit

Wie kann es gelingen, Schüler im Biologieunterricht zu einem verantwortungsbewussten und reflektierten Urteil hinsichtlich bioethischer Konflikte zu führen? Die Methode „Sechs Schritte moralischer Urteilsfähigkeit" hat seit einigen Jahren Eingang in den Fachunterricht gefunden und kann Lehrkräften helfen, Unterricht zur Förderung von Bewertungskompetenz zu strukturieren und Schülerkompetenzen zu fördern (Hößle & Alfs, 2014). Gleichzeitig können die einzelnen Teilkompetenzen in unterschiedliche Niveaus unterteilt werden und als Diagnosemaßstab sowohl zur Entwicklung von Aufgaben (Kap. 7) als auch zur Diagnose von Lernprozessen eingesetzt werden (Hößle, 2016; Visser & Hößle, 2010). Sukzessiv können Schüler von Klasse 5 bis 13 differenziertere Kompetenzen erwerben und zunehmend selbstständig zur Bewertung ethisch kontrovers diskutierter Konflikte angeleitet werden. Anhand von digitalen Pinnwänden wie Padlet und TaskCard können die Schüler nahezu selbstständig die einzelnen Schritte bis zum reflektierten Urteil durchlaufen. Zusammenfassend dargestellt werden die Schritte im folgenden Padlet.

## 15.2 Digitale Tools – TaskCards und Padlets

Padlet und TaskCard sind digitale Plattformen, die es Lehrkräften ermöglichen, Inhalte kollaborativ zu erstellen, zu organisieren und mit Kollegen und Schülern zu teilen. Dabei funktionieren beide Tools wie eine virtuelle Pinnwand oder ein digitales Whiteboard, auf dem Benutzer verschiedene Medieninhalte wie Texte, Bilder, Videos, Links und Dokumente anordnen können.

Lehrkräfte können diese Medien zur Förderung der Bewertungskompetenz nutzen und individuelle „Pads oder Cards" erstellen, die Schülern als Oberfläche dienen, um Bewertungsprozesse zu durchlaufen (Abb. 15.3). So können die „Sechs Schritte moralischer Urteilsfähigkeit" nach Hößle und Alfs (2014) als Rahmen vorgestaltet werden und Schüler auffordern, die einzelnen Schritte zu bearbeiten.

Die Schüler können gleichzeitig Hintergrundinformationen entnehmen, ihre Beiträge hinzufügen oder vorbereitete Beiträge und Argumentationen kommentieren, je nach den Berechtigungen, die die Lehrkraft für die Padlets bzw. TaskCards festgelegt hat. Anschließend können die Schüler das von der Lehrkraft ausgefüllte Padlet bzw. TaskCard als Lernzielkontrolle einsehen und ihre Ergebnisse vergleichen und Unterschiede diskutieren.

Die Plattformen sind webbasiert und können über verschiedene Geräte wie Computer, Tablets oder Smartphones genutzt werden. Es gibt sowohl kostenlose als auch kostenpflichtige Versionen mit unterschiedlichen Funktionen und Speicheroptionen.

## 15.3 Kontext Klasse 5/6: Qualzucht – der schmerzhaft niedliche Mops

Der Hund erfreut sich als verlässliches und anhängliches Heimtier großer Beliebtheit in unserer Gesellschaft. Jedoch wird die Wahl der für die Familie geeigneten Hunderasse immer häufiger dem aktuellen Modetrend unterworfen. War es vor einigen Jahren noch der Golden Retriever, der gern als Familienhund gehalten wurde, so ist es momentan der kurzhaarige und kompakte Mops. Den Wünschen und Ansprüchen der Käufer folgend, werden diese Modetiere entsprechend gezüchtet und mit hohem Gewinn verkauft.

Der Mops wird als Beispiel für die Qualzucht ausgewählt und kann in das Rahmenthema „Haustiere" gut in die Klasse 5/6 integriert werden, um Bewertungsprozesse zu üben. Beispielhaft wird dazu ein Dilemma vorgestellt, in dessen Fokus sich die beiden Schüler Jakob und Marie befinden. Sie stehen vor der Wahl eines geeigneten Haustieres (Abb. 15.1).

### 15.3.1 Sachanalyse Qualzucht am Beispiel Mops

Dem Kindchenschema folgend, wurde in der Mopszucht jahrzehntelang auf die Verkürzung der Schnauze und Vergrößerung der dunklen Augen fokussiert. Große Augen und Stupsnase in einem runden Gesicht, tollpatschige Tendenzen durch einen eher bullig wirkenden, kleinen Körper mit Ringelschwanz und eine hilfesuchende Art stimulieren bei Menschen fürsorgliche Gefühle.

**Abb. 15.1** QR-Code für die TaskCard „Qualzucht – der schmerzlich niedliche Mops"

Doch wie verändert sich das Wohl des Hundes durch diese Zuchtziele? Die zurückgebildete Nase kann ihre Funktion nur noch rudimentär erfüllen. Die Hunde leiden unter lebenslanger Atemnot und können nicht selten nur mit hochgelegtem Kopf schlafen. Permanentes Röcheln und Schnarchen sind das lebenslange qualvolle Ergebnis dieser Zucht. Das niedlich anmutende Erscheinungsbild, das durch den rundlich-dicken Kopf angestrebt wird, ist nur durch einen verformten Schädel zu erreichen. Man spricht von einem brachyzephalen Aussehen. Dies hat zur Folge, dass die hervorstehenden großen Augen in den viel zu flachen Augenhöhlen kaum Halt finden und leicht beim Toben herausspringen können. Außerdem werden die Augen von den durch die verkürzte Nase entstehenden Falten schmerzhaft gereizt. Als Folge erblinden diese Hunde leichter und leiden an Hornhautentzündungen. Die Schädelverformung wirkt sich zusätzlich auf das Gehirn aus, das unter ständigem Druck steht und neurologische Ausfälle verursachen kann. In vielen Fällen liegt darüber hinaus eine gezielte Verkrüppelung des Schwanzes, der sog. Korkenzieherschwanz, vor.

### 15.3.2 Gesetzliche Regelungen

Sind derartige Zuchtformen in Deutschland erlaubt? Ein Blick in die gesetzlichen Regelungen zeigt, dass der Tierschutz in Deutschland als Staatsziel im Grundgesetz (GG) verankert und im Tierschutzgesetz (TSchG) grundsätzlich geregelt ist. In Art. 20a des GG wird dazu Folgendes formuliert:

> „Der Staat schützt auch in Verantwortung für die künftigen Generationen die natürlichen Lebensgrundlagen [der Menschen] und die Tiere im Rahmen der verfassungsmäßigen Ordnung durch die Gesetzgebung und nach Maßgabe von Gesetz und Recht durch die vollziehende Gewalt und die Rechtsprechung." (Art. 20a TSchG)

Tiere sind damit allerdings weder dem Menschen gleichgestellt, noch ist deren Nutzung verboten. Vielmehr soll durch dieses Gesetz der Umgang mit Tieren in ethisch verträglichem und tierschutzgerechtem Maße stattfinden. Diese Formulierung bietet allerdings einen großen Spielraum, der durch das TSchG näher eingegrenzt wird:

„Zweck dieses Gesetzes ist es, aus der Verantwortung des Menschen für das Tier als Mitgeschöpf dessen Leben und Wohlbefinden zu schützen. Niemand darf einem Tier ohne vernünftigen Grund Schmerzen, Leiden oder Schäden zufügen." (§ 1 TSchG).

Obwohl der Mensch ausdrücklich aufgefordert wird, das Wohlergehen der ihm verantworteten Tiere zu schützen, werden diesen in Deutschland durch Zucht lebenslange Qualen zugemutet. Es entfacht sich nicht nur im Zusammenhang mit der Qualzucht eine breite Diskussion um die Interpretation der Wortwahl „ohne vernünftigen Grund". So wird die Frage laut, ob der Wunsch des Menschen, eine vermeintlich niedliche und dem Modetrend folgende Hunderasse besitzen zu wollen, als vernünftiger Grund für lebenslange Qual zu bewerten ist. Konkretisiert wird diese offene Formulierung in Bezug auf Tierzüchtung in § 11b des TSchG in der

Fassung der Bekanntmachung vom 25. Mai 1998 (BGBl. I S. 1105,1818). Demnach ist es verboten, „Wirbeltiere zu züchten oder durch bio- oder gentechnische Maßnahmen zu verändern, wenn damit gerechnet werden muss, dass bei der Nachzucht, den bio- oder gentechnisch veränderten Tieren selbst oder deren Nachkommen erblich bedingt Körperteile oder Organe für den artgemäßen Gebrauch fehlen oder untauglich oder umgestaltet sind und hierdurch Schmerzen, Leiden oder Schäden auftreten". Folgt man dieser Konkretisierung, so sollte die Zucht von Möpsen in Deutschland eindeutig untersagt sein.

Auch in der Tierschutz-Hundeverordnung, die am 12. April 2001 in Kraft getreten ist und 2022 überarbeitet wurde, sind Regelungen in Bezug auf das Halten und Züchten von Hunden festgelegt, die jedoch ausschließlich ein Ausstellungsverbot derjenigen Hunde ausspricht, die Merkmale einer Qualzucht aufweisen.

Über diese rechtlichen Regelungen hinaus liegt ein Qualzuchtgutachten des Bundesministeriums für Ernährung, Landwirtschaft und Forsten von 1999 vor, an dem der Deutsche Tierschutzbund mitgearbeitet hat.

Obwohl die dargestellten Gesetze zum Wohle der Tiere erlassen wurden, finden in Deutschland weiterhin die Qualzucht und der freie Verkauf von Möpsen statt. Ein Blick auf die Rassestandards eines deutschen Mopszüchters zeigt folgende Zuchtziele, die nur durch Qualzucht realisierbar sind: Nase sollte kurz, breit, schwarz sein, Hals sollte kurz und dick sein, reichlich lose Kehlhaut sollte vorliegen, die einen starken Unterwulst bilden sollte. Die Haut muss lose hängen, da sonst die Stirnfalten fehlen. Die Rute muss stark und doppelt geringelt über den Rücken hängen, sodass ein Posthorn oder Schweineschwanz erkennbar ist. Als Fehler gilt ein bürstenförmig behaarter, abwärts oder gestreckt getragener oder zu schwach geringelter dünner Schwanz (in Anlehnung an Mopszucht Wilhelmshöhe Rassestandard, o. J.).

> „Vor dem Hintergrund dieser Probleme fordert der Deutsche Tierschutzbund eine rechtlich verbindliche Verordnung, die klar definiert, was als Qualzucht gilt. Nicht nur die Zucht, sondern auch die Haltung und der Verkauf von Qualzuchten sollten verboten werden." (Deutscher Tierschutzbund, o. J.)

Die Niederlande hat bereits 2014 ein Verbot für die Züchtung von extrem kurznasigen Rassen ausgesprochen, das sich auf die Tiere beschränkt, die eine gewisse Mindestlänge der Nase unterschreiten. Dabei betrifft dieses Verbot nicht nur den Mops, sondern auch andere kurzköpfige Rassen wie Bulldoggen und Pekinesen. Das Gesetz sieht dabei vor, dass die Schnauze von Hunden künftig mindestens ein Drittel der Länge des Kopfes haben muss.

### 15.3.3 Ethische Reflexion

Aus ethischer Perspektive lässt sich resümieren, dass das *lebenslange Wohl* und die *Gesundheit* der Tiere zugunsten der *Konsumwünsche* potenzieller Käufer und dem *finanziellen Wohlergehen* der Züchter vernachlässigt werden. Gleichzeitig kann ein

Modehund auch als *Prestigeobjekt* betrachtet werden, das zur Stärkung des Selbstbewusstseins des Besitzers eingesetzt wird. In diesem Zusammenhang entfacht sich die Diskussion um die Frage, ob der Hund als Objekt/Sache oder als Mitgeschöpf betrachtet wird. Als Mitgeschöpf ruft der Hund den Menschen zur *Verantwortungsübernahme* auf, die dessen *artgerechten Schutz* und umfassende (gesundheitliche) *Versorgung* beinhaltet.

Es leitet sich für den Unterricht in Klasse 5/6 die zentrale moralisch-ethische Frage ab, ob sich die beiden Kinder Marie und Jakob für einen Labrador oder Mops als Haustier entscheiden sollten. Als Alternative kann in höheren Jahrgängen diskutiert werden, ob die Züchtung, der Verkauf und die Haltung des Mopses in Deutschland gesetzlich strikt verboten werden sollten.

### 15.3.4 Argumentieren in Klasse 5/6

Schüler der Klassenstufe 5 können aufgefordert werden, Pro- und Contra-Argumente für den Kauf des jeweiligen Hundes in einer Liste zu sammeln und abzuwägen. In Klasse 6 kann darüber hinaus eine Einführung in die folgenden vier Argumentationstypen erfolgen:

1. *Tierschutzargumentation:* Es kann das Argument angeführt werden, dass das Züchten von Möpsen mit flachen Gesichtern, die Atemprobleme und andere gesundheitliche Probleme aufweisen, grausam und unmoralisch ist. Schüler können sich auf den umfassenden Schutz und das Recht von Tieren auf eine artgerechte Haltung beziehen.
2. *Gesundheitsargumentation:* Schüler der Klasse 6 können auch argumentieren, dass die Qualzucht von Möpsen Leid verursacht, das durch Gesundheitsprobleme ausgelöst wird. Sie können auf die Tatsache hinweisen, dass flache Gesichter und veränderte Körperstrukturen bei Möpsen zu Problemen hinsichtlich Atmung und Verdauung sowie Entzündungen in Hautfalten führen können.
3. *Würdeargumentation:* Es kann das Argument angeführt werden, dass die Qualzucht von Möpsen die Würde und das Wohlbefinden von Tieren verletzt. Dabei können sich Schüler auf ethische Prinzipien beziehen, die den respektvollen Umgang mit Tieren fordern.
4. *Wissenschaftliche Argumentation:* In ihrer Argumentation können sich Schüler auch auf wissenschaftliche Fakten und Beweise beziehen. Sie können auf deskriptive Studien und Forschungsergebnisse verweisen, die zeigen, dass flache Gesichter bei Möpsen zu Atemproblemen führen.

## 15.4 Kontext Klasse 7/8: Frischer Fisch auf den Tisch – aus Aquakultur?

Eine stetig wachsende Weltbevölkerung und der parallel ansteigende Bedarf an natürlichen Nahrungsmitteln belasten das System Erde und führen u. a. zu einer Überfischung der Ozeane. Mehr als ein Drittel der weltweiten Fischbestände gilt

**Abb. 15.2** QR-Code zum Padlet, das von Lernenden zum Thema „Sechs Schritte moralischer Urteilsfindung – Frischer Fisch auf den Tisch-aus Aquakultur?" erstellt wurde

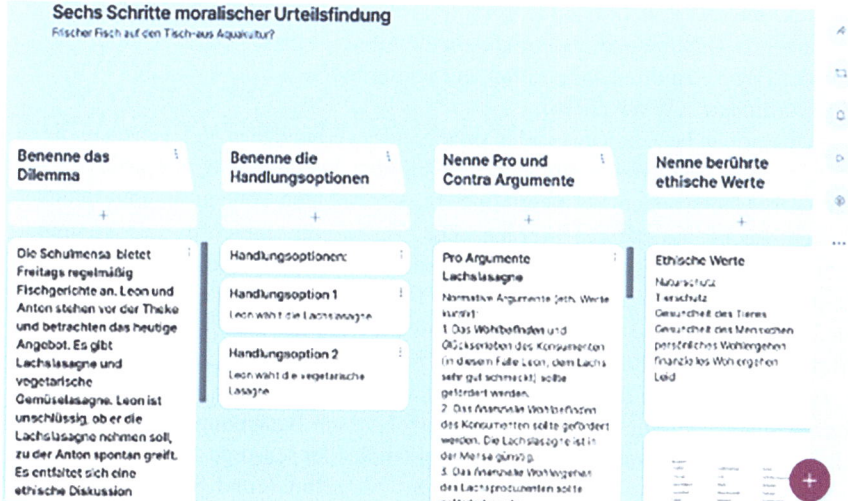

**Abb. 15.3** Ausschnitt des Padlets „Sechs Schritte moralischer Urteilsfindung – Frischer Fisch auf den Tisch-aus Aquakultur?"

mittlerweile als kritisch überfischt. Die Food and Agriculture Organization (FAO) geht in ihrem Statusbericht 2018 zur weltweiten Entwicklung der Fischerei und Aquakultur davon aus, dass sich diese Entwicklung ungebrochen fortsetzen wird. Produkte aus Aquakulturen könnten eine attraktive Alternative zu Wildfisch sein und einer Überfischung der Meere entgegenwirken. Aber ist diese Nahrungsgrundlage ethisch verantwortbar? Am Beispiel des Lachses, der sich in unserer Gesellschaft großer Beliebtheit erfreut, kann eine ethische Bewertung der Erzeugung und Nutzung von Meerestieren aus Aquakultur gelingen (Abb. 15.2 und 15.3).

### 15.4.1 Sachanalyse Aquakultur

Die Aquakultur ist mit Steigerungsraten von durchschnittlich 9 % seit 1970 der am schnellsten wachsende Zweig in der globalen Ernährungswirtschaft und stellt damit einen attraktiven Wachstumsmarkt dar (Aquakulturinfo, 2022). „Die Bevölkerung wächst, der Fischhunger steigt, die Fischfangflotten werden größer, die Fischschwärme in den Meeren kleiner – das sorgt für einen beständigen Boom der Fischzucht. Die großen Produzenten sitzen in China und Indien" (von Aster, 2021).

Rund 50 Mio. t Fisch und Meeresfrüchte werden weltweit in Süßwasser- und Meereszuchten erzeugt. Lachse sind mit einer Produktion von weltweit über 2,7 Mio. t pro Jahr unter den beliebtesten Fischen vertreten (Aquakulturinfo Lachs, 2023). Den größten Anteil an der Produktionsmenge haben dabei Atlantische Lachse. Hauptsächlich in großen Mastfarmen werden diese Tiere bis zur Schlachtreife aufgezogen.

Ursprünglich war der Lachs auch in Deutschland zu Hause und in vielen Flüssen anzutreffen. „Zum Aussterben des Lachses in unseren Gewässern hat einerseits die Überfischung der Laichbestände geführt. Andererseits wurden zu Beginn des 20. Jahrhunderts Dämme und andere Querbauten in die Flüsse gesetzt. Damit war der Weg der Lachse zu ihren angestammten Laichgründen versperrt und ihre Fortpflanzung verhindert" (WWF, 2016).

Lachsfarmen bestehen aus vielen miteinander verbundenen Netzgehegen, die im Meer oder in geschützten Buchten und Fjorden insbesondere in Norwegen und Chile am Meeresboden verankert sind. In den Anlagen können mehrere Hundert Tonnen Lachs aufgezogen werden. Die Versorgung findet mittels computergesteuerter Fütterungsmaschinen statt, die das Futter an aktuelle Gegebenheiten anpassen, z. B. an die Wassertemperatur, die Futtermenge sowie das aktuelle Gewicht der Lachse. Auf diese Weise soll die Umweltbelastung reduziert werden. Für die Produktion von 1 kg Lachs werden dennoch durchschnittlich 1,2 kg Futter benötigt.

Haben die Lachse ihr Schlachtgewicht von 3–6 kg erreicht, so werden sie mit Netzen abgefischt. Die Tötung der Tiere erfolgt nach Betäubung mit Kohlendioxid oder in 0 °C kaltem Wasser durch einen Kehlstich oder sensorgesteuert mittels eines pneumatischen Schlages auf den Kopf. Das Ausnehmen und Säubern finden zumeist maschinell statt, sodass die Lachse anschließend direkt weiterverarbeitet oder in Käuferländer transportiert werden können.

### 15.4.2 Ethische Reflexion

Die Erzeugung von Nahrungsmitteln steht kontinuierlich in Wechselwirkungen mit der Umwelt, da aus dieser Produkte entnommen und in anderer Form wieder an sie abgegeben werden. Dies gilt insbesondere für die Erzeugung von Tieren in Aquakultur. Die attraktiv erscheinende Alternative zum Wildfang bringt viele Herausforderungen mit sich:

- Bei der Aufzucht von Lachsen stellt der *Befall durch die Lachslaus* ein großes Problem dar. Es handelt sich dabei um einen Parasitenbefall, der sich in den eng besetzten Zuchtanlagen schnell verbreitet und zahlreiche Lachse „bewohnt". Die Infektion der Tiere berührt das Tierwohl und die Gesundheit der Fische stark und führt zu finanziellen Verlusten von mehreren Hundert Millionen Euro pro Jahr (Aquakulturinfo Lachs, 2023).
- Die *Netzgehege*, in denen die Lachse gezüchtet werden, stellen aufgrund ihrer hohen Anzahl an Fischen (bis zu 100.000 Lachse pro Anlage) große Infektions-

herde dar, von denen sich die Lachslaus, die zur Gruppe der Ruderfußkrebse gehört, auch auf die benachbarten Wildbestände ausbreiten kann. Die Ruderfußkrebse ernähren sich von Gewebe, Schleim und Blut der Fische und verursachen dadurch Wunden, die sich infizieren und so zum Tod der Fische führen können. Der Lachslausbefall einer Zuchtanlage muss deshalb von den Farmern aufwendig behandelt werden, wobei die bisher eingesetzten Methoden zu hohem Stress bei den Fischen führen. Neben der thermischen Behandlung, bei der die Lachse aus den Netzkäfigen heraus- und in ca. 30 °C warmes Wasser hineingepumpt werden, kommen nicht selten Chemikalien zur Abtötung der Lachslaus zum Einsatz. Auf eine kontrollierte Dosierung dieser Stoffe ist dabei zu achten, um den Behandlungseffekt zu erhalten und eine Resistenzbildung der Parasiten gegenüber dem Wirkstoff zu unterbinden. Die Medikamente, die in hoher Konzentration giftig für den Menschen sind, sollen vom Lachs in der Regel schnell und vollständig verstoffwechselt werden (Aquakulturinfo Lachslaus, 2023). Dennoch stellt die Behandlung eine ökologische Belastung für alle Betroffenen dar; das gesamte Ökosystem Ozean, der Wildlachs sowie der gezüchtete Lachs und Konsumenten sind gleichermaßen betroffen. Insbesondere das Tierwohl sollte kritisch hinterfragt werden, da die Lachse in der Masthaltung lebenslangem Stress ausgesetzt sind.
- Ein weiteres Problem stellt die *Versorgung der Lachse* dar. Die Herkunft der eingesetzten Futtermittel stammt zu einem Viertel aus Wildfisch, was die Nachhaltigkeit dieser Versorgungsart infrage stellt. Eine Fütterung, die sich weniger schädlich auf die wilden Fischbestände auswirkt, enthält nur Fisch aus Nebenprodukten, die bei der Verarbeitung von nachhaltig gefangenen oder gezüchteten Speisefischen anfallen. Auch diese Alternative ist allerdings wenig nachhaltig, da die Fischer den Beifang gewinnbringend an Aquafarmer verkaufen, anstatt den Beifang zu vermeiden. Der Beifang fehlt als wichtige Futterquelle für andere Meerestiere.
- Zusätzliche Herausforderungen stellen die enormen *Ausscheidungsprodukte* der Lachse, die *medikamentöse* und die *chemische Behandlung* sowie das *Futter* dar, da sich all diese Stoffe innerhalb der Wassersäule verteilen und in der Nahrungskette vom Phytoplankton bis hin zu den Fischen anreichern, die der Konsument dann letztendlich wieder verzehrt und seine Gesundheit sowie diejenige der Zwischenkonsumenten gefährdet.

Lachse aus Aquakultur haben i. d. R. Strecken über mehrere Tausend Kilometer zurückgelegt, bevor sie als Ware in deutschen Supermärkten landen. Weder der Lachs noch die meisten anderen Meerestiere sind deutscher Herkunft oder zumindest in Deutschland weiterverarbeitet. So gelangt selbst der als Bioprodukt angebotene norwegische Zuchtlachs über Polen oder Litauen nach Deutschland und ist weniger nachhaltig als durch das Biosiegel versprochen.

Aber, und das ist die gute Nachricht, „Es gibt verschiedene Möglichkeiten, Fisch in Aquakultur zu züchten. Nicht alle Methoden haben schädliche Auswirkungen und sind ökologisch bedenklich: Es gibt auch umweltfreundliche Fisch-Zuchten. Helfen kann dem Verbraucher ein Blick auf spezielle Bio-Siegel von ‚Naturland' und ‚Bioland', die es inzwischen auch für Zuchtfisch gibt" (WWF, 2016). Tatsächlich tragen Produkte aus Aquakultur in der Regel ein zusätzliches Qualitäts- oder Gütesiegel (z. B. ASC, GGN, Naturland oder EU-Bio), das strengere Vorgaben als die gesetzliche Regelung macht, etwa zur maximalen Haltungsdichte, zum Einsatz von Medikamenten oder den verwendeten Futtermitteln.

Es leitet sich für den Unterricht die zentrale ethische Frage ab, ob der Kauf von Lachs aus Aquakultur ethisch vertretbar ist.

### 15.4.3 Vom regionalen zum globalen Handeln

Wendet man seinen Blick vom regionalen Kaufverhalten auf das globale Verhalten hinsichtlich der Produkte aus Aquakultur, so weist China den weltweit größten Anteil an der Fischzucht in Aquakultur seit 1991 auf: In China werden mehr Fische in Aquakultur aufgezogen als in allen übrigen Ländern der Erde zusammen. Weitere wichtige Erzeugerländer sind daneben Indien, Indonesien, Vietnam, Bangladesch, Ägypten und Norwegen. Nordamerika und Europa hingegen importieren den überwiegenden Teil des dort verzehrten Fisches. In Europa werden gerade einmal 3,7 % der weltweiten Aquakulturproduktion erzeugt, aber es werden mit einem Handelswert von etwas mehr als 60 Mrd. US-Dollar weltweit am meisten Fischprodukte importiert.

### 15.4.4 Argumentieren in Klasse 7/8

In den 7. und 8. Jahrgangsstufen kann am Beispiel des Themas „Lachs aus Aquakultur" die Unterscheidung zwischen deskriptiven und normativen Aussagen eingeführt werden.

Aussagen auf der Sachebene werden als deskriptive Argumente bezeichnet. Es handelt sich dabei um die Beschreibung von Tatsachen (Beispiel: „In Aquakulturen werden Fische gezüchtet").

Aussagen, die einen Wert- oder Normbezug aufweisen, werden hingegen als normativ bezeichnet und beschreiben einen Sollzustand. Es handelt sich dabei um Handlungsnormen (Beispiel: „Die Umwelt sollte durch Aquakulturen nicht belastet werden"). Normative Aussagen sind an moralische Überlegungen (z. B. Naturschutz/Umweltschutz) gebunden und beziehen sich auf einen ethischen Wert, während deskriptive Aussagen frei davon sind.

*Normative Argumente* sind beispielsweise

- *Tierschutzargumente:* Lachse aus Aquakultur werden oft in engen Netzkäfigen gehalten, was zu Stress und Krankheiten führen kann. Normative Argumente können sich auf den Schutz und das Recht von Tieren auf eine artgerechte Haltung beziehen. Ein solches Argument kann lauten: „Es ist falsch, Lachse in engen Netzkäfigen zu halten, weil der Schutz von Tieren gefährdet und das Wohlbefinden der Tiere beeinträchtigt wird."

- *Umweltargument:* Aquakulturen können die Umwelt schädigen, indem sie Abfälle und Chemikalien ins Wasser abgeben und Auswirkungen auf die lokale Tier- und Pflanzenwelt haben. Normative Argumente können sich auf den Schutz der Umwelt und der Artenvielfalt beziehen. Ein solches Argument könnte lauten: „Es ist falsch, Lachse aus Aquakultur zu essen, weil dies die Umwelt schädigt und die Artenvielfalt gefährdet."

Ein *deskriptives Argument* ist beispielsweise ein auf Fakten basierendes Argument: Lachse aus Aquakultur können aufgrund ihrer Ernährung und der Bedingungen, unter denen sie gehalten werden, höhere Mengen an Schwermetallen, Antibiotika und anderen schädlichen Substanzen enthalten. Es kann darauf verweisen, dass Lachse aus Aquakultur eine höhere Schwermetallbelastung aufweisen.

## 15.5 Kontext 9/10: Wer erhält das Bett? – triagebasierte Prozesse im Gesundheitswesen

Pandemien, wie sie durch das Covid-19-Virus weltweit hervorgerufen wurden, können Engpässe und Fragen der Verteilungsgerechtigkeit (Allokationsfragen) in medizinischen Einrichtungen aufwerfen und triagebasierte Prozesse verlangen.

„Bei der Triage in der Notaufnahme eines Krankenhauses handelt es sich um ein System des Risikomanagements, mit dem der Patientenfluss gesteuert werden soll, wenn die klinischen Anforderungen die vorhandenen Kapazitäten übersteigen. Um die Triage in der Kriegs- und Katastrophenmedizin von der strukturierten Priorisierung der Behandlungsnotwendigkeit in Notaufnahmen der Krankenhäuser abzugrenzen, wird in Deutschland anstelle des Begriffs Triage oft von einer Ersteinschätzung gesprochen. Dabei bezeichnet die Ersteinschätzung bzw. Triage in der Notaufnahme die Methodik, um den Schweregrad der Erkrankung bzw. der Verletzung von Notfallpatientinnen und Notfallpatienten innerhalb kurzer Zeit zu identifizieren, eine Kategorisierung und Priorisierung vorzunehmen und die Patientinnen und Patienten dem geeigneten Behandlungsort zuzuweisen" (Deutscher Bundestag, 2023, S. 7).

Eine ethische Herausforderung besteht für Ärzte in der Entscheidung darüber, welcher Patient z. B. das Intensivbett erhält, auf das mehrere Patienten angewiesen sind, um zu überleben (Abb. 15.4)

**Abb. 15.4** QR-Code zu einer exemplarischen TaskCard zum Thema „Wer erhält das Bett? – Triagebasierte Prozesse in der Intensivmedizin"

> „Zu entscheiden, wer behandelt werden soll, heißt immer auch zu sagen, wer nicht oder vielleicht erst später behandelt werden kann. Man nimmt notgedrungen in Kauf, dass Menschen sterben, die hätten gerettet werden können. ‚Notgedrungen' ist hier ein gutes Wort – von der Not gedrängt, gezwungen.
> In dieser Situation, so müssen wir zugeben, kann man nicht gerecht sein, weil man nicht jedem Menschen gerecht werden kann. Gerecht wäre es ja, jedem Menschen, der in Not ist, das zu geben, was er braucht. […] Triage ist ein Verfahren, um in der Situation des erzwungenen Unrechts möglichst klug zu handeln. Es ist also eigentlich ein Verfahren der Schadensbegrenzung. Die Triage-Situation ist als Ganze betrachtet immer konflikthaltig und lässt sich deshalb kaum ‚richtig' oder gerecht lösen. Es handelt sich um eine Notsituation, die deshalb schwierig und herausfordernd ist, weil darin die gerechte Antwort nicht möglich ist." (Rehmann-Sutter, 2021, S. 6 f.).

Im Folgenden werden Kriterien nach Taupitz (2011) aufgelistet und erläutert, an denen sich die Ärzte bei ihrer Urteilsfindung orientieren können (Kriterium 8 ergänzt von Marckmann, 2022). Die Kriterien dienen als Orientierungsrahmen und können mit Schülern kontrovers diskutiert werden.

**Kriterium 1: Medizinische Dringlichkeit**
Patienten, die eine höhere Dringlichkeit für eine Intensivbehandlung haben, sollten bevorzugt behandelt werden. Dies kann anhand der Schwere der Erkrankung, der Prognose und den Erfolgsaussichten einer Behandlung beurteilt werden.

**Kriterium 2: Behandlungserfolg**
Die Einschätzung der individuellen Erfolgsaussicht des Patienten, also der Wahrscheinlichkeit, die aktuelle Erkrankungssituation durch Intensivtherapie zu überleben, kann ebenfalls ein wichtiges Kriterium für die Vergabe eines intensivmedizinischen Bettes sein. In einer Gesamtschau werden dafür alle wesentlichen, die Erfolgsaussicht beeinflussenden Faktoren (aktuelle Erkrankung, Komorbiditäten, allgemeiner Gesundheitsstatus) geprüft. Vorerkrankungen wie z. B. Diabetes oder Bluthochdruck sind nur dann relevant, wenn sie die Überlebenswahrscheinlichkeit hinsichtlich der aktuellen Erkrankung beeinflussen.

**Kriterium 3: Überlebensdauer und Lebensqualität**
Personen mit höherer Überlebensdauer oder Lebensqualität könnten bevorzugt ein Intensivbett erhalten. Jedoch besteht die Schwierigkeit, Lebensqualität und Überlebensdauer objektiv zu bewerten. Personen, die in der aktuellen Situation latent schlecht bewertet werden und deren Lebensqualität daher nur geringfügig verbessert werden kann, würden vermutlich benachteiligt werden.

**Kriterium 4: Alter und Gesundheitszustand**
Taupitz (2011) weist darauf hin, dass auch das Alter nach Art. 3 Abs. 3 GG ein zulässiges Kriterium ist, wenn es als Differenzierungsmerkmal in verschiedenen rechtlichen Bereichen, wie z. B. beim Wahlrecht, eingesetzt wird. Auch Ärzte könnten in Erwägung ziehen, jüngeren Menschen bevorzugt ein Intensivbett zukommen

zu lassen. Laut Taupitz (ebd.) würde dafürsprechen, dass jüngere Menschen noch ein längeres Leben vor sich haben als ältere Menschen. Auch sind die Behandlungskosten für ältere Menschen besonders hoch. Darüber hinaus würde eine Berücksichtigung des Lebensalters auf die gesamte Lebensspanne bezogen alle Menschen betreffen, sodass jeder Mensch des entsprechenden Lebensabschnitts gleich behandelt wird. Hinzu kommt, dass ältere Menschen bereits mehr Möglichkeiten hatten, ihre Lebenspläne zu verwirklichen als jüngere Menschen. Gegen eine Priorisierung von jüngeren Menschen spricht allerdings, dass es juristisch nicht zulässig ist, die Verteilung knapper medizinischer Güter von einem bestimmten Alter abhängig zu machen. Den älteren Menschen würde dadurch eine geringere Wertigkeit zugesprochen werden. Dies würde gemäß Art. 1 GG massiv gegen die Menschenwürde verstoßen (Taupitz, 2011).

**Kriterium 5: Soziale Wertigkeit**
Nach Taupitz (2011) ist mit der sozialen Wertigkeit der Wert eines Menschen für die Gesellschaft gemeint. Ärzte könnten in Erwägung ziehen, einem Menschen bevorzugt ein Intensivbett zukommen zu lassen, wenn dieser wertvoll für die Gesellschaft ist oder war. Dies können nach Taupitz z. B. Menschen sein, die im Pandemiefall Leben retten (z. B. Ärzte oder Krankenschwestern) oder wichtige Sozialfunktionen aufrechterhalten (systemrelevante Personengruppen). Jedoch verbieten es die Menschenwürdegarantie des Art. 1 GG und der Gleichheitssatz, bestimmte Leben als wertvoller zu betrachten. Wenn jedoch durch die Rettung eines sozial wertvollen Menschen die Überlebendenzahl maximiert werden kann, tritt das Grundgesetz außer Kraft. „Je mehr die Rettung eines Menschen zur Rettung vieler weiterer Menschen beiträgt, desto mehr ist seine Rettung gerechtfertigt" (Taupitz, 2011).

**Kriterium 6: Aufwand und Kosten der Behandlung**
Ärzte könnten in Erwägung ziehen, Behandlungskosten als Kriterium heranzuziehen. Allerdings widerspräche dies dem ethischen Grundsatz, dass menschliches Leben nicht in Geld aufgewogen werden darf. Hier greift allerdings gleichzeitig der in der Rechtsordnung allgemein herrschende Verhältnismäßigkeitsgrundsatz: Da in Krisensituationen die Bereitstellung knapper Ressourcen unverhältnismäßig erscheint, ist es zulässig, Kosten-Nutzen-Erwägungen in Betracht zu ziehen, um die maximale Anzahl von Menschen retten zu können (Taupitz, 2011).

**Kriterium 7: Behandlungsdauer**
Ein weiteres Kriterium kann die Behandlungsdauer darstellen. Benötigt ein Patient ein Intensivbett lediglich für einen kurzen Zeitraum, so kann das Bett sowohl zur schnellen Genesung als auch für zukünftige Nutzung bereitgestellt werden. In der Gesamtsumme kann damit mehreren Patienten im gleichen Zeitraum geholfen werden.

**Kriterium 8: Losverfahren**
Es sollte auch diskutiert werden (Marckmann, 2022), ob eine Regelung zu bevorzugen wäre, die eine höhere Sterblichkeit von Menschen mit Vorerkrankungen in Kauf nimmt, um beispielsweise mit einem Losverfahren eine formale Gleichbehandlung zu gewährleisten. Doch was ist zu tun, wenn zwei Menschen gleich alt sind und sich

somit im selben Lebensabschnitt befinden, gleiche Erfolgsaussichten und Dringlichkeit mitbringen? Oder wenn zwei systemrelevante Personen gleich dringend ein Intensivbett benötigen, aber nur noch eines vorhanden ist und auch hier die Erfolgsaussichten identisch sind?

Es ist wichtig zu beachten, dass die triagebasierte Entscheidung ethisch und moralisch komplex sein kann und es keine einfache Antwort gibt.

### 15.5.1 Argumentieren in Klasse 9/10

Das bereitgestellte Dilemma fordert Schüler auf, Kriterien zu priorisieren und rechtfertigende Argumente zu entwickeln bzw. vorgegebene Stellungnahmen zu analysieren. Für die Analyse kann ein Modell zugrunde gelegt werden, das Argumente in zwei Kategorien unterteilt: in konditionale und funktionale Argumente (Visser & Hößle, 2010; verändert nach Kuhn et al., 1997). Die Einführung in diese Unterscheidung ist für die Klassenstufen 9 und 10 geeignet und kann anhand des dargestellten, aktuellen Kontexts geübt werden.

Was zeichnet *konditionale* und *funktionale Argumente* aus? Die Grundlage eines jeden reflektierten Urteils ist zunächst eine ausformulierte Stellungnahme. Zur Formulierung dieser Stellungnahme sollten (1) rechtfertigende Argumente angeführt werden, die sich nicht unreflektiert auf Autoritäten beziehen (z. B. „Die katholische Kirche ist gegen den Schwangerschaftsabbruch, dann ist das wohl richtig").

Rechtfertigende Argumente lassen sich in das direkt stützende funktionale Argument (2) („X sollte getan/unterlassen werden, *weil* …") und das konditionale Argument (3) einteilen, das einschränkende Bedingungen/Konditionen anführt („X sollte getan/unterlassen werden, *wenn* …").

Dazu kommen die Nennung von Gegenargumenten (4) sowie die Abwägung der Argumente (5) (Tab. 15.1).

## 15.6 Klasse 11/12: Der (un)erfüllte Kinderwunsch – Ist die Eizellspende eine gute Lösung?

Die Erfüllung des Kinderwunsches stellt ein Grundbedürfnis des Menschen dar und ist für viele eine wesentliche Bedingung für ein glückliches und sinnvolles Leben.

**Tab. 15.1** Argumentationsmerkmale

| Argumentationsmerkmale | Merkmale einer unzulänglichen Argumentation |
|---|---|
| Formulierung einer Stellungnahme | Formulierung widersprüchlicher oder unklarer Stellungnahme |
| Nennung funktionaler Argumente | Formulierung höchst fragwürdiger oder fachlich falscher Argumente |
| Nennung konditionaler Argumente | Verwendung des Sein-Sollens-Fehlschlusses (Kap. 3) |
| Nennung von Gegenargumenten | – |
| Abwägung der Argumente | – |

**Abb. 15.5** QR-Code zum Padlet „Eizellspende – Sechs schritte moralische Urteilsfällung"

Das Ausbleiben der Schwangerschaft wird folglich als eine mit großem persönlichen Leid verbundene Belastung empfunden. Sollte nicht alles medizinisch Mögliche geleistet werden, um dieses Leid zu verhindern? Die Eizellspende stellt eine ausgereifte medizinische Möglichkeit dar, den Kinderwunsch bei einem Verlust oder einer Fehlfunktion der Eierstöcke zu erfüllen und ist dennoch in Deutschland untersagt: „Der deutsche Gesetzgeber ist der Auffassung, dass er so manches verbieten sollte: zwar nicht die Samenspende, und auch die Embryoadoption ist rechtlich denkbar, aber Leihmutterschaft und Eizellspende verbietet er" (Dabrock, 2017, S. 2). Ist es gerecht und nachvollziehbar, dass Samen- und Embryospende einerseits erlaubt sind und die Eizellspende andererseits verboten ist? Sollte die Eizellspende in Deutschland enttabuisiert und legalisiert werden? Diese zentrale Frage sollen Schüler der Oberstufe ethisch bewerten (Abb. 15.5).

### 15.6.1 Sachanalyse Eizellspende

**Motive und medizinische Voraussetzungen**

Eine Eizellspende bietet Frauen und Paaren die Chance, bei Fehlen oder Vorliegen funktionseingeschränkter Eierstöcke oder bei hohem Risiko für die Vererbung genetischer Erkrankungen, auf Eizellen anderer Frauen zurückzugreifen und den Wunsch nach einem eigenen Kind zu erfüllen. Ein breites Spektrum an Motiven begleitet den Kinderwunsch:

- „Zur Vervollständigung des eigenen Lebensentwurfes gehören Kinder."
- „Zur finanziellen Absicherung im Alter sind Kinder nötig."
- „Nur mit leiblichen Kindern empfinden sich viele Wunscheltern vollständig und in der Gesellschaft anerkannt."
- „Ein Kind um des Kindes willen, um sich am Lebensglück dieses neuen Menschen zu erfreuen."

Die Familiengründung mit Eizellspende wird häufig als Ultima Ratio gewählt, wenn eine lange, von großem Leid geprägte Phase des unerfüllten Kinderwunsches vorausgeht. Diese ist nicht selten geprägt durch die psychische Verarbeitung der Fertilitätseinschränkungen, die als persönliches Versagen erlebt wird, durch Abschied von der sozial geprägten Vorstellung einer genetischen Verwandtschaft mit dem Wunschkind und durch lange Phasen der Reflexion sowie den erfolglosen Umgang mit möglichen alternativen Handlungsoptionen.

Eine Eizellspende kann aus medizinischer Sicht in folgenden Fällen in Betracht gezogen werden (Leopoldina, 2019):

5. *Eingeschränkte Eizellreserve:* Frauen mit einer niedrigen Anzahl an Eizellen oder vorzeitiger Ovarialinsuffizienz können Schwierigkeiten haben, eigene Eizellen zu produzieren.
6. *Fortgeschrittenes Alter:* Mit zunehmendem Alter nehmen die Qualität und Quantität der Eizellen ab.
7. *Genetische Erkrankungen:* Wenn eine Frau Trägerin einer genetischen Disposition ist, die sie nicht an ihr Kind weitergeben möchte, kann eine Eizellspende von einer unauffälligen Spenderin in Betracht gezogen werden.
8. *Vorherige erfolglose IVF-Versuche:* Nach mehreren erfolglosen In-vitro-Fertilisationsversuchen (IVF) mit eigenen Eizellen kann eine Spende die Chancen auf eine erfolgreiche Schwangerschaft erhöhen.

**Durchführung der Eizellspende**

Dem Prozess der Eizellspende liegt häufig ein mehrere Schritte umfassendes medizinisches Verfahren zugrunde (Amrani & Seufert, 2023):

- *Spenderauswahl:* Die Klinik im Ausland wählt potenzielle Eizellspenderinnen aus, die bestimmte Kriterien erfüllen, wie z. B. Alter, Gesundheitszustand und genetische Verträglichkeit mit der Empfängerin. Die Empfängerin kann weitere Wünsche äußern, wie z. B. Ausbildungsgrad, äußeres Erscheinungsbild der Spenderin.
- *Stimulation der Eierstöcke der Spenderin:* Die ausgewählte Spenderin wird hormonell stimuliert, um die Produktion mehrerer Eizellen zu fördern. Während dieses Prozesses werden regelmäßige Ultraschalluntersuchungen und Bluttests durchgeführt, um den Fortschritt der Eizellreifung zu überwachen.
- *Entnahme der Eizellen:* Sobald die Eizellen herangereift sind, erfolgt ihre Entnahme durch einen minimalinvasiven Eingriff, wie z. B. die transvaginale Eizellentnahme oder Follikelpunktion. Dabei wird eine dünne Nadel durch die Vaginalwand eingeführt, um die Eizellen aus den Eierstöcken abzusaugen.
- *Befruchtung der Eizellen:* Die entnommenen Eizellen werden im Labor mit dem Sperma des Partners der Empfängerin oder eines Spenders befruchtet. Dies kann entweder durch konventionelle In-vitro-Fertilisation (IVF) oder intrazytoplasmatische Spermieninjektion (ICSI) erfolgen, bei der ein einzelnes Spermium in die Eizelle injiziert wird.
- *Embryotransfer:* Nach der Befruchtung entwickeln sich Embryonen in der Petrischale. Anschließend werden ein oder mehrere gesunde Embryo/nen in die Gebärmutter der Empfängerin übertragen.
- *Unterstützende Medikation:* Nach dem Embryotransfer kann die Empfängerin zur Unterstützung der Einnistung der Embryonen Medikamente einnehmen.
- *Schwangerschaftstest:* Etwa zwei Wochen nach dem Embryotransfer wird ein Schwangerschaftstest durchgeführt, um festzustellen, ob die Behandlung erfolgreich war. Die eigentliche Erfolgsquote, die in der Baby-Take-Home-Rate ange-

geben wird, variiert zwischen 11,7 und 12,8 % und wird von den werbenden ausländischen Kliniken gern sehr viel höher angegeben.

Die Kosten von durchschnittlich 4000–9000 €, die je nach Klinik und Land variieren, werden i. d. R. von der Wunschmutter bzw. den Wunscheltern übernommen.

**Rechtlicher Rahmen**
Obwohl die Eizellspende ein in Europa gängiges Verfahren darstellt, ist es in Deutschland verboten weiterhin. Jedoch wird dieses Verbot aktuell im Bundestag kritisch diskutiert, und eine Aufhebung scheint in Sicht zu sein. Was ist der Hintergrund dieses Verbots? Die Eizellspende ist in Deutschland durch das Embryonenschutzgesetz (ESchG) geregelt und für reproduktionsmedizinische Zwecke (noch) nicht erlaubt. Das ESchG zielt darauf ab, den Schutz von Embryonen zu gewährleisten und die Würde des Menschen zu schützen. Es verbietet den Handel mit menschlichen Keimzellen (wie Eizellen und Spermien) sowie die gezielte Herstellung von Embryonen für nichtmedizinische Zwecke. Infolgedessen reisen viele Paare, die eine Eizellspende in Anspruch nehmen möchten, ins Ausland, wo die Eizellspende gesetzlich erlaubt ist. Länder wie Spanien, Griechenland, Tschechien und die USA sind beliebte Reiseziele für reproduktionsmedizinische Behandlungen, einschließlich der Eizellspende. Schätzungsweise nehmen jährlich mehrere Tausend deutsche Frauen Eizellspenden im Ausland in Anspruch (Thorn, 2014) und man spricht von einem zunehmenden Reproduktionstourismus, der auf das Verbot der Eizellspende in Deutschland zurückzuführen ist.

## 15.6.2 Ethische Reflektion – ethische Werte

Die Entscheidung darüber, welche Methoden der assistierten Fortpflanzung in Anspruch genommen werden, ob z. B. eine Eizellspende zur Erfüllung des Kinderwunsches gewählt wird, obliegt ausschließlich den Eltern und wird als *reproduktive Autonomie* bezeichnet. Da die Eizellspende jedoch in Deutschland verboten ist, nehmen zunehmend Paare Angebote von Kliniken im Ausland wahr, um ihren Kinderwunsch zu erfüllen. Dies kann jedoch aufgrund der häufig hinter den deutschen medizinischen Standards zurückbleibenden mangelhaften Versorgung mit gesundheitlichen Nachteilen für die Wunschmutter und die Eizellspenderin einhergehen.

In vielen Ländern sind die Eizellspender anonym. Somit wird den in diesen Ländern gezeugten Kindern das *Recht auf Wissen um die eigene Herkunft* verwehrt. Die Elternkönnen ihr Kind über die Art seiner Entstehung aufklären, aber die Anonymität bleibt bestehen, was zu psychischen Problemen in der biografischen Entwicklung führen kann.

„Das Verbot der Eizellspende war bei der Verabschiedung des Embryonenschutzgesetzes im Jahre 1990 auch dem Umstand geschuldet, eine sogenannte ‚gespaltene Mutterschaft' zwischen biologisch-genetischer und sozialer Mutter um des Kindeswohles willen zu vermeiden. Diese Vorbehalte haben dagegen nicht dazu geführt, die Samenspende zu verbieten und darüber auch eine ‚gespaltene Vaterschaft' auszuschließen. [...] Es haben sich die befürchteten negativen Auswirkungen ‚gespaltener Elternschaften' auf die Entwicklung und damit das Wohl der Kinder allerdings nicht bestätigt" (Lob-Hüdepohl, 2021, S. 1). Somit wird heute infrage gestellt, ob die Eizellspende in Deutschland nicht legalisiert werden sollte.

Aus Gründen der *Gerechtigkeit*, so könnte man schlussfolgern, sollte die Eizellspende auch rechtlich der Samenspende gleichgestellt werden. Allerdings bestehen hinsichtlich der Gewinnung der Spermien und Eizellen gravierende Unterschiede, die ebenfalls bei einer Bewertung berücksichtigt werden sollten: Während die Gewinnung der Samenspende mit keinen nennenswerten Risiken für den Spender verbunden ist, erfordert die Gewinnung der Eizellspende neben der hormonellen Stimulation einen invasiven Eingriff zur Entnahme der Eizellen und setzt damit die Spenderin einem erheblichen gesundheitlichen Risiko aus.

Zwar entscheidet eine Spenderin stets auf Grundlage ihres freien Willens darüber, Eizellen zu spenden, jedoch ist auf die Gefahr einer sog. *prekären Selbstbestimmung* hinzuweisen. Diese liegt vor, wenn eine potenzielle Spenderin zwar formal eine selbstbestimmte Entscheidung trifft, sie sich aber materiell zu dieser Entscheidung durch die eigene finanziell benachteiligte Lebenssituation oder die Erwartungshaltung der Wunscheltern gedrängt fühlt. Wie sieht es aus, wenn irgendwann die Harmonie mit der spendenden Schwester oder der spendenden besten Freundin zerbricht? Mit der Spende „hoch begehrter Güter" könnten zwar monetäre Probleme kompensiert werden, indem eine Aufwandsentschädigung zugesagt wird, psychosoziale Unstimmigkeiten hingegen können lebenslang bestehen bleiben.

Für ausländische Kliniken und Behandlungszentren kann die Eizellspende fern von alledem eine attraktive Einnahmequelle sein. So werden diverse medizinische Dienstleistungen im Zusammenhang mit der Eizellspende angeboten und Gebühren für die dargestellten Verfahren erhoben. Diese Gebühren tragen zum finanziellen Gewinn der Einrichtung bei und spiegeln das Interesse am finanziellen Wohlergehen des Unternehmens wider.

Der dargestellte aktuelle Diskurs lässt die ethische Frage aufkommen, ob die Eizellspende in Zukunft in Deutschland erlaubt werden sollte, um dem Reproduktionstourismus entgegenzuwirken und Frauen eine verantwortungsvolle gesundheitliche Versorgung zu ermöglichen.

### 15.6.3 Argumentieren in Klasse 11/12

**Anwendung des praktischen Syllogismus als Grundlage des Argumentierens und Urteilens in der Oberstufe**
Der ethische Kontext Eizellspende bietet sich an, um das Argumentieren im Sinne des praktischen Syllogismus zu üben. Ethische Argumentationen folgen, wenn sie formal zulässig sein sollen, dieser allgemein üblichen Grundstruktur (Visser, 2014). Ethische Argumente enthalten dabei immer (mindestens) eine normative Prämisse (ethische Wertung) und eine deskriptive Prämisse (eine empirische Beobachtung). Die Einführung in diese beiden Prämissen erfolgt idealerweise bereits in Klasse 7/8 und wird an dieser Stelle erneut aufgegriffen sowie weiter ausdifferenziert, indem aus den beiden Prämissen eine Schlussfolgerung (Konklusion) gezogen wird, die

**Tab. 15.2** Schritte des Praktischen Syllopgismus

| | |
|---|---|
| Deskriptive Prämisse | Bei der Entnahme von Eizellen können gesundheitliche Probleme der Spenderin auftreten. |
| Normative Prämisse | Die Spenderin sollte unversehrt bleiben. |
| Konklusion | Die Eizellspende sollte verboten werden, da sie die Gesundheit der Spenderin gefährdet. |

die zur Diskussion stehende Handlungsoption bewertet und Anleitung für das als moralisch richtig erkannte Handeln angibt (Tab. 15.2).

Es bietet sich an, mit Schülern die Grundstruktur des praktischen Syllogismus zu üben, indem fehlende Prämissen ergänzt bzw. aus vorgegebenen Prämissen eine Konklusion geschlossen wird. Treten Schwierigkeiten bei der Formulierung der normativen Prämisse auf, so kann der Wertepool zuhilfe genommen werden (Tab. 15.2).

Auch bieten sich Differenzierungsmöglichkeiten an:

- *Einfaches Anforderungsniveau:* Lege die ausgeschnittenen Sätze in die richtige Reihenfolge, um eine logische Argumentation aufzubauen.
- *Mittleres Anforderungsniveau:* Ergänze die normative bzw. deskriptive Prämisse. Nimm den Wertepool ggf. zuhilfe.
- *Mittleres Anforderungsniveau:* Ergänze die fehlende Konklusion.
- *Erhöhtes Anforderungsniveau:* Erstelle eine Argumentation im Sinne des praktischen Syllogismus. Greife dabei auf die drei Schritte umfassende Struktur zurück und benenne die einzelnen Schritte.

**Fazit**

In einer sich schnell wandelnden Welt stellt der Unterricht zur Bioethik Lehrende immer wieder vor neue Herausforderungen: Es gilt, aktuelle und komplexe bioethische Kontexte zu erschließen und geeignete Methoden auszuwählen, die Schüler in ihrer Bewertungskompetenz fördern. Digitale Pinnwände eröffnen eine Vielzahl an Möglichkeiten, um Schüler sowohl hinsichtlich des ethischen Bewertens als auch in der Entwicklung digitaler Kompetenzen, wie der Informationsentnahme und Gestaltung digitaler Pinnwände, zu fördern. Gleichzeitig entlasten digitale Pinnwände Lehrkräfte, indem Schülern Raum für selbstständiges Lernen gegeben wird und bereits vorbereitete Pinnwände schnell an die aktuellen ethischen Kontexte angepasst werden können.

## Literatur

Amrani, M., & Seufert, R. (2023). *Gynäkologische Endokrinologie und Kinderwunschtherapie: Prinzipien und Praxis*. Springer.

Aquakulturinfo. (2022). https://www.aquakulturinfo.de/aquakultur-zahlen. Zugegriffen am 04.05.2024.

Aquakulturinfo Lachs. (2023). https://www.aquakulturinfo.de/lachs. Zugegriffen am 25.07.2023.

Aquakulturinfo Lachslaus. (2023). https://www.aquakulturinfo.de/lachslaus. Zugegriffen am 25.07.2023.

von Aster, E.-L. (2021). *Jeder zweite Fisch ist ein Zuchttier*. Deutschlandfunk. https://www.deutschlandfunkkultur.de/tierwohl-in-der-aquakultur-jeder-zweite-fisch-ist-ein-100.html. Zugegriffen am 25.07.2023.

Dabrock, P. (2017). Eizellspende im Ausland – Konsequenzen im Inland. *Forum Bioethik des Deutschen Ethikrates*. https://www.ethikrat.org/fileadmin/PDF-Dateien/Veranstaltungen/fb-22-03-2017-dabrock.pdf. Zugegriffen am 25.07.2023.

Deutscher Bundestag. (2023). *Zur Ersteinschätzung in Notaufnahmen von Krankenhäusern. Triage-Systeme zur Feststellung der Behandlungsdringlichkeit*. https://www.bundestag.de/resource/blob/979814/b2edd90c533e20f852d3c4d4af7efca5/WD-9-068-23-pdf.pdf. Zugegriffen am 04.05.2024.

Deutscher Tierschutzbund. (o.J.) Qualzucht bedeutet lebenslanges Leid für Tiere. https://www.tierschutzbund.de/information/hintergrund/heimtiere/qualzucht/. Zugegriffen am 25.07.2023.

FAO. (2018). *SOFIA (The State of World Fisheries and Aquaculture)*. https://www.fao.org/3/CA0191EN/CA0191EN.pdf. Zugegriffen am 25.07.2023.

Hößle, C. (2016). Aufgaben zur Förderung und Diagnose von Bewertungskompetenz. *Transfer Forschung – Schule. Annual Journal der Pädagogischen Hochschule Tirol, 2*, 189–201.

Hößle, C., & Alfs, N. (2014). *Doping, Gentechnik, Zirkustiere. Bioethik in der Schule*. Aulis.

Kuhn, D., Shaw, V., & Felton, M. (1997). Effects of Dyadic Interaction on Argumentative Reasoning. *Cognition and Instruction, 3*, 287–315.

Leopoldina. (2019). *Fortpflanzungsmedizin in Deutschland – für eine zeitgemäße Gesetzgebung*. https://www.leopoldina.org/uploads/tx_leopublication/2019_Stellungnahme_Fortpflanzungsmedizin_web_01.pdf. Zugegriffen am 04.05.2024.

Lob-Hüdepohl, A. (2021). *Legalisierung der Eizellspende aus theologisch-ethischer Sicht. Stellungnahme anlässlich der öffentlichen Anhörung im Ausschuss für Gesundheit des Deutschen Bundestages zum Entwurf eines Gesetzes zur Änderung des Embryonenschutzgesetzes ‚Kinderwünsche erfüllen, Eizellspenden legalisieren'*. https://www.bundestag.de/resource/blob/818622/34cebda676f0ad48fc374fcabde4bd98/19_14_0268-10-_ESV-Prof-Dr-Andreas-Lob-Huedepohl_Embryonenschutzgesetz-data.pdf. Zugegriffen am 28.5.2025.

Marckmann, M. (2022). Zuteilung knapper Intensivkapazitäten in der Pandemie: Weiter Diskussionsbedarf in Wissenschaft, Politik und Gesellschaft. *Ethik in der Medizin, 34*, 477–480. https://link.springer.com/article/10.1007/s00481-022-00733-7. Zugegriffen am 25.07.2023.

Mopszucht Wilhelmshöhe Rassestandard. (o.J.). https://mopszucht-wilhelmshoehe.de/fci-rassestandard/. Zugegriffen am 25.07.2023.

Rehmann-Sutter, C. (2021). Ethik der Triage bei überforderter Intensivmedizinpflege. In *Triage – Priorisierung intensivmedizinischer Ressourcen unter Pandemiebedingungen. Bioethik-Forum des Deutschen Ethikrates*, 6–12. https://www.ethikrat.org/fileadmin/PDF-Dateien/Veranstaltungen/fb-2021-03-24-transkription.pdf. Zugegriffen am 25.07.2023.

Taupitz, J. (2011). Infektionsschutzrechtliche „Triage" – Wer darf überleben? Zur Verteilung knapper medizinischer Güter aus juristischer Sicht. In M. Kloepfer (Hrsg.), *Pandemien als Herausforderung für die Rechtsordnung* (Schriften zum Katastrophenrecht, Bd. 4, S. 103–125). Nomos.

Thorn, P. (2014). Die Eizellspende aus der Sicht des gezeugten Menschen. *Gynäkologische Endokrinologie, 12*, 21–26.

Visser, E. (2014). *Die Diagnose von Bewertungskompetenz durch schriftliche Aufgaben im Biologieunterricht*. Kovac.

Visser, E., & Hößle, C. (2010). Bewerten bewerten – Diagnoseaufgaben für die Bewertungskompetenz im Biologieunterricht. *MNU, 5/10*, 286–291.

WWF (World Wide Fund for Nature). (2016). *Der Atlantische Lachs im Steckbrief*. https://www.wwf.de/themen-projekte/artenlexikon/atlantischer-lachs. Zugegriffen am 25.07.2023.

# 16 Leben mit Tieren: Förderung des Verstehens tierethischer Herausforderungen für den Bereich Verantwortung, Tierhaltung und Fleischkonsum

Nadine Tramowsky

> *„Aber der Mensch ist schon an der Spitze von der Welt und er kann auch über alles bestimmen und er hat sich auch weiterentwickelt und ich glaube, das stellt ihn über die Tiere. […] Der Mensch hält sich Tiere, um sie dann zu essen und dann ist er sozusagen der Herr über die Tiere"* (Eva, 15 Jahre, Schülerin an einem Gymnasium).

### Zusammenfassung

Dieses Kapitel hat zum Ziel, Lehrkräfte bei der Förderung ethischer Bewertungskompetenzen im Bereich der Tierethik und Nachhaltigkeit zu unterstützen. Hierbei wird fachdidaktische Forschung mit praktischen Unterrichtsansätzen kombiniert, um Schüler:innen der Sekundarstufen für die moralische Relevanz von Fleischkonsum und Tierhaltung zu sensibilisieren. Die angewandten Methoden zur ethischen Urteilsfindung ermöglichen es, Alltagsvorstellungen kritisch zu reflektieren und in einen wissenschaftlich fundierten sowie multiperspektivischen Diskurs zu integrieren. Ein konkreter Unterrichtsvorschlag greift die aktuelle Diskussion um Fleischkonsum auf und bietet Lehrkräften einen praktischen Ansatz für die Unterrichtsgestaltung. Es wird diskutiert, ob Fleischgerichte in Schulmensen verboten werden sollten, um eine vertiefte Auseinandersetzung mit multiperspektivischen Aspekten zu fördern.

---

**Ergänzende Information** Die elektronische Version dieses Kapitels enthält Zusatzmaterial, auf das über folgenden Link zugegriffen werden kann [https://doi.org/10.1007/978-3-662-69707-8_16].

---

N. Tramowsky (✉)
Institut für Biologie und ihre Didaktik, Pädagogische Hochschule Freiburg, Freiburg, Deutschland
E-Mail: nadine.tramowsky@ph-freiburg.de

**Worum es geht**
- Unterrichtsmaterial zum ethischen Bewerten für Schüler und Schülerinnen in der 9. bzw. 10. Jahrgangsstufe
- Sechs-Schritte-Methode zur ethischen Urteilsfindung
- Unterricht zum verantwortungsvollen Umgang mit Tieren, Tierhaltung und Fleischkonsum
- Kontextthema Tierethik in den Fächern Biologie, Ethik, Religion
- Förderung der Teilkompetenzen Wahrnehmen und Bewusstmachen der moralischen Relevanz, Perspektivwechsel und Reflexion
- Dauer der Durchführung: 90 min

## 16.1 Tierethik im Unterricht: Alltagsperspektiven auf Verantwortung und Moral

Ein Einblick in die Gedanken von Schüler:innen zum verantwortungsbewussten Umgang mit Tieren wird durch die Aussage der 15-jährigen Eva vermittelt. Beim Umgang mit Tieren stellen sich Fragen der Tierethik und im Zusammenhang mit der Tierhaltung und dem Fleischkonsum auch Fragen der Nachhaltigkeit. Die Alltagsvorstellungen sind ebenso komplex wie die ethisch vertretenen Moralvorstellungen. Solche Vorstellungen beruhen oft auf einer einseitigen und moralisch wenig reflektierten Perspektive, die nicht die diversen Standpunkte berücksichtigt. Die Alltagsvorstellung einer „Sonderstellung des Menschen" ist weit verbreitet, obwohl der Mensch physisch gesehen nicht über den Tieren steht. Derartige Aussagen sind nicht selten metaphorisch und prägen individuelle moralische Vorstellungen.

Metaphern sind nützliche Werkzeuge, um Verständnis aufzubauen und werden auch bei der Bewertung von Tierhaltung und Fleischkonsum eingesetzt (Tramowsky, 2019). Da diese metaphorischen Vorstellungen weit verbreitet sind, können sie auch unreflektiert in den Biologie-, Ethik- und Religionsunterricht einfließen. Aus diesem Grund wird in diesem Kapitel besonderes Augenmerk auf Verständnisprozesse gelegt. Es kommt unterrichtlich darauf an, die verschiedenen Haltungsformen und Konsumentscheidungen bewusst zu machen und zu reflektieren.

Mit der Einführung und Konkretisierung der Bildungsstandards (KMK, 2004, 2020) und der damit verbundenen Stärkung des Kompetenzbereichs Bewertung hat die Untersuchung von Alltagsvorstellungen in der Tierethik an Bedeutung gewonnen (z. B. Folsche & Fiebelkorn, 2022; Hamann, 2004; Tramowsky et al., 2022). Ziel dieses Kapitels ist es, basierend auf fachdidaktischer Forschung, ein Lernbuch vorzustellen, das Schüler:innen hilft, ihre Bewertungskompetenzen hinsichtlich eines reflektierten und multiperspektivischen Handelns zu stärken. Die Themen Tierhaltung und Fleischkonsum sind hinsichtlich der Förderung von Bewertungskompetenz besonders zu empfehlen, da sie im fächerübergreifenden Unterricht von großer Bedeutung sind und für Schüler:innen eine lebensnahe Herausforderung mit hoher gesellschaftlicher Relevanz darstellen.

Laut der Bundesanstalt für Landwirtschaft und Ernährung betrug der durchschnittliche Fleischkonsum in Deutschland nach vorläufigen Zahlen im Jahr 2022 etwa 52 kg Rinder-, Schweine und Geflügelfleisch pro Person, was im Vergleich zum Vorjahr einen Rückgang um über 4 kg/Kopf bedeutet (BLE, 2023).

Nach Aussagen der Heinrich-Böll-Stiftung et al. (2021, S. 34 f.) ernähren sich junge Menschen im Alter von 15 bis 29 Jahren doppelt so oft vegetarisch oder vegan wie die Gesamtbevölkerung. Der Verzicht auf Fleisch ist für viele Schüler:innen nicht nur eine Frage des Lifestyles, sondern auch ein politisches Statement (ebd.).

Der schulische Unterricht kann einen Rahmen bieten, um wissenschaftlich fundiert und multiperspektivisch über Herausforderungen und Handlungsalternativen nachzudenken. Auch aus fachlicher Sicht sind die Beispiele Tierhaltung und Fleischkonsum geeignet, da ihre Bewertung und Beurteilung ein multiperspektivisches Vorgehen erfordern, das Fachwissen und ethische Überlegungen berücksichtigt (Tramowsky, 2019). Im Rahmen der fachlichen Klärung sollen in der darzustellenden Lerneinheit zentrale Konzepte und Sachverhalte zur Tier-Mensch-Beziehung, zur Beurteilung der Nutztierhaltung und zum Fleischkonsum multiperspektivisch und im Kontext einer Bildung für nachhaltige Entwicklung (BNE) präsentiert werden. Anschließend werden die Alltagsvorstellungen von Schüler:innen zu diesen Aspekten vorgestellt; außerdem wird ein Praxisbeispiel in Form eines Lernbuches zur Tierethik abgeleitet. Es wird gezeigt, wie Alltagsvorstellungen in den Unterricht integriert und Bewertungskompetenzen gefördert werden können.

## 16.2 Fachliche Klärung: Massentierhaltung und Fleischkonsum – zwei kontroverse Themen

Tierhaltung und Fleischkonsum sind komplexe, kontrovers diskutierte Themen. Der vorliegende Text gibt einen Einblick in die multiperspektivische Analyse fachlicher Vorstellungen. Basierend auf den von Garrecht et al. (2021) vorgeschlagenen sechs Dimensionen (politisch, ökologisch, sozial, wirtschaftlich, wissenschaftlich und ethisch) wird eine religiöse Dimension hinzugefügt. Diese Perspektiven bieten Orientierung für eine umfassende Analyse der Themen. Eine ausführliche Behandlung der einzelnen Aspekte und Perspektiven ist jedoch nicht möglich, weshalb auf weiterführende Literatur verwiesen wird. Die von Tramowsky (2019) zur Vermittlung geklärten Perspektiven werden im Folgenden vorgestellt.

### 16.2.1 Politische Perspektiven: Tierhaltung unterliegt gesetzlichen Vorgaben

Die Nutztierhaltung ist in Deutschland durch verschiedene politische Bestimmungen, wie das Tierschutzgesetz (TierSchG), die Tierschutz-Nutztierhaltungsverordnung (TierSchNutztV) und die Nachhaltigkeitsziele (Sustainable Development Goals, SDGs) der Vereinten Nationen geregelt. Bestandsgröße, Haltungspraxis und Fütterung sind beispielsweise zentrale Parameter für die Beschreibung und Klassifizierung von Tierhaltungssystemen und stellen wichtige Indikatoren für die Bewertung der Nachhaltigkeit von landwirtschaftlichen Betrieben dar. Diese Rahmenbedingungen beeinflussen die Tierhaltung und den Fleischkonsum und sollen sicherstellen, dass ethische, ökologische, ökonomische, wissenschaftliche und soziale Anforderungen erfüllt werden.

### 16.2.2 Ökologische Perspektiven: Hoher Fleischkonsum hat schwerwiegende Folgen für die Umwelt

Die Erzeugung sowie der Konsum von Fleisch führen zu vier sich teilweise untereinander bedingende ökologische Konsequenzen (Koerber et al., 2012, S. 310 f.):

1. *Erhöhter Einsatz von Primärenergie:* z. B. durch hohen Energie- und Rohstoffverbrauch sowie Schadstoffemissionen durch Lagerung, Kühlung, Transport, Verpackung, Flächenbedarf, Handel und Lebensmittelverarbeitung sowie durch die Herstellung und Reparatur von Maschinen und Treibstoff- und Stromverbrauch (Trauschke, 2016)
2. *Beeinträchtigung des Weltklimas:* z. B. durch Verbrennungsprozesse und die in der Tierhaltung entstehenden klimabelastenden Treibhausgase, insbesondere durch das im Verdauungstrakt von Wiederkäuern und bei der Lagerung von Tierexkrementen entstandene Methan sowie durch Abholzung des Regenwaldes für Weideflächen oder den Anbau von Futterpflanzen
3. *Negative Auswirkungen auf die Artenvielfalt durch die intensivierte Boden- und Gewässerbelastung:* z. B. durch vermehrten Eintrag von Stickstoffverbindungen wie Ammoniak und Nitrat aufgrund von Düngung sowie von Antibiotika in Böden und Gewässer aufgrund von tierischen Ausscheidungen
4. *Erhöhter Bedarf an Nutzland- und Wasserressourcen:* z. B. durch die Haltung von Weidetieren und den Anbau von Futtermitteln

Unsere derzeitigen Ernährungsgewohnheiten und die Lebensmittelproduktion stehen damit im Widerspruch zu den 17 Nachhaltigkeitszielen der Vereinten Nationen (UN, 2015) und tragen signifikant zum Klimawandel und zum globalen Verlust der Biodiversität bei (Steffen et al., 2015). Insbesondere die Haltung von Schweinen und Rindern zur Fleisch- und Milchproduktion spielt eine wesentliche Rolle bei der Überschreitung der planetaren Grenzen des Systems Erde (Campbell et al., 2017).

### 16.2.3 Soziale Perspektiven: Unser Fleischkonsum gefährdet unsere Gesundheit und verstärkt das Welternährungsproblem

Die Beliebtheit von Fleischprodukten ist hauptsächlich auf Geschmack und Prestige zurückzuführen (Koerber et al., 2012, S. 57–59, 298). Fleisch hat für viele Menschen Genuss- und soziokulturellen Wert, und der Verzehr kann das Wohlergehen und die

Lebensqualität fördern. Für die Erzeugung und den Konsum von Fleisch ergeben sich jedoch drei soziale Problemfelder (ebd.):

1. Gesundheitliche Risiken: Fleisch hat zwar einen hohen ernährungsphysiologischen Wert für die menschliche Ernährung, ist aber für eine vollwertige Ernährung von Erwachsenen nicht unbedingt nötig. Der menschliche Organismus ist nicht auf einen übermäßigen Fleischkonsum eingestellt, was mit ernährungsbedingten Krankheiten wie Diabetes mellitus Typ 2 verbunden sein kann (ebd.).
2. Verstärkung des Welternährungsproblems
3. Erzeugung arbeitsrechtlicher Missstände in großen Schlachthöfen: z. B. Niedriglohnjobs, schlechte Arbeits- und Wohnbedingungen für Migranten.

Während die Lebensmittelproduktion in Deutschland bis zum Beginn des 20. Jahrhunderts überwiegend selbstversorgend war, werden die Verbraucher:innen heute zudem zunehmend von der Lebensmittelproduktion entfremdet (Winterberg & Hirschfelder, 2020).

### 16.2.4 Wirtschaftliche Perspektiven: Unser Fleischkonsum muss nachhaltiger werden

Die Ernährungsbranche und der Fleischkonsum stellen aufgrund der Bereitstellung vieler Arbeitsplätze und des volkswirtschaftlichen Produktionswertes einen wichtigen Wirtschaftsfaktor in Deutschland dar (Gralher, 2015, S. 114). Jedoch führen bestehende Machtverhältnisse und Hierarchien dazu, dass Entwicklungsländer von Industrieländern häufig dominiert werden (Koerber et al., 2012, S. 172). Die vorherrschenden Handelsbeziehungen können kleine Erzeuger in Entwicklungsländern benachteiligen und stützen häufig ungerechte Entlohnungs- und Arbeitsbedingungen (Gralher, 2015, S. 111). Kosten entstehen durch Umweltschäden (z. B. durch Nitratbelastung des Grundwassers), ernährungsbedingte Krankheiten (z. B. Herz-Kreislauf-Erkrankungen und Adipositas) und EU-Subventionen (z. B. für den Anbau von Futtermitteln und große landwirtschaftliche Betriebe), die Massentierhaltungen indirekt fördern (Koerber et al., 2012, S. 172; Gralher, 2015, S. 104). Trotz der wirtschaftlichen Vorteile für Deutschland zeigen Koerber et al. (2012) Unverträglichkeiten (z. B. Wettbewerbsdruck und Importanhängigkeiten) für kleine und mittelständische Betriebe sowie außereuropäische Handelspartner auf.

### 16.2.5 Wissenschaftliche Perspektiven: Artgerechte Tierhaltung berücksichtigt artspezifisches Verhalten, Emotion und Kognition von Tieren

Im Agrarbereich werden oft die Begriffe „artgerechte" und „artgemäße" Tierhaltung synonym verwendet. *Artgemäße* Tierhaltung konzentriert sich auf physische Bedürfnisse und Gesundheitsaspekte, mit Fokus auf messbare Kriterien wie Platzangebot und Gesundheitsparameter. *Artgerechte* Tierhaltung hingegen bezieht ein breiteres Spektrum ethischer Überlegungen wie in § 1 TierSchG ein. Allerdings werden in beiden Ansätzen emotionale und kognitive Aspekte oft vernachlässigt, obwohl sie essenziell für das Tierwohl sind (von Gall, 2015). Die Verhaltensforschung zeigt, dass landwirtschaftlich genutzte Tiere wie Schweine hohe kognitive Fähigkeiten und soziale Intelligenz besitzen (Marino & Colvin, 2015), und widerlegt das Klischee des „dummen Schweins" durch Kognitionsforschung an Kunekune-Schweinen im Projekt Clever Pig Lab (Veit et al., 2017). Auch Hühner können Empathie empfinden und individuelle Persönlichkeiten entwickeln (Marino, 2017). Dawkins (2023) weist darauf hin, dass Tierschutzmaßnahmen oft auf direkte Nachweise für das Wohlergehen der Tiere angewiesen sind. Dies betont die Bedeutung, Tierschutz auf wissenschaftlichen Erkenntnissen zu gründen. Aus ethischer Perspektive stellt die gegenwärtige Kognitionsforschung traditionelle Ansichten im Umgang mit Tieren infrage, insbesondere ihre Nutzung als Ressourcen, sei es in der Nahrungsmittelproduktion oder in der Forschung. Mit dem zunehmenden Verständnis über die kognitiven und emotionalen Fähigkeiten von Tieren zeichnen sich bedeutende Veränderungen in der Nutzung und Haltung von Tieren ab (Huber, 2021).

### 16.2.6 Ethische Perspektiven: Tierethik behandelt die menschliche Verantwortung für Tiere

Die Tierethik, die aus verschiedenen philosophischen Perspektiven den moralisch richtigen Umgang mit Tieren beleuchtet, umfasst mehrere Ansätze. *Anthropozentrische* Sichtweisen, repräsentiert durch Immanuel Kant, betonen menschliche Interessen und sehen tierische Belange als Teil menschlicher Verantwortung (Tuider, 2015). In Deutschland markiert die rechtliche Änderung von 1990, die Tiere nicht mehr als Sachobjekt einstuft (§ 90a BGB),[1] einen bedeutenden Wandel der kantianischen Perspektive. *Pathozentrische* Ansätze konzentrieren sich auf Gemeinsamkeiten zwischen Menschen und Tieren, insbesondere die Schmerzempfindung (ebd.), während *biozentrische* Ansätze, wie die von Albert Schweitzer, alle Lebewesen einbeziehen.

Die weit verbreitete Anerkennung des inhärenten Wertes von Tieren spiegelt sich in modernen philosophischen Forderungen wider (Engels, 2021). Tom Regan (2008) plädiert für Tierrechte, die auf einer Gleichheit zwischen Menschen und Tieren basieren. Peter Singer (2013) argumentiert gegen Diskriminierung von Tieren aufgrund ihrer Art und setzt sich für die Anerkennung aller Lebewesen als gleichwertig ein. Singer betont, dass es moralisch ungerechtfertigt ist, das Leiden

---

[1] In Deutschland gelten Tiere aber rechtlich teilweise als Sachen, was Besitz und Handel erlaubt. Das Tierschutzgesetz verbietet jedoch absichtliche Quälerei oder grundloses Töten. Unbeabsichtigte Schäden an Tieren werden als Sachbeschädigung behandelt.

von Tieren weniger zu berücksichtigen als das von Menschen. In der Tierethik stehe der Eigenwert von Lebewesen im Mittelpunkt, der unabhängig von ihrer Ähnlichkeit zu Menschen oder ihrer Nützlichkeit ist. Dieser Wert basiere auf der Existenz des Individuums selbst, was bedeutet, dass jedes lebende Wesen über materielle, instrumentelle oder ästhetische Werte hinaus einen eigenen moralischen Wert besitzt.

### 16.2.7 Religiöse Perspektiven: Theologie bedenkt den richtigen Umgang mit der Schöpfung

Die Theologie analysiert den moralischen Umgang mit Tieren durch biblische und theologische Perspektiven (Eichler & Tramowsky, 2021). *Biblische* Texte wie Hiob 38,41 unterstreichen Gottes Fürsorge für Tiere, und *eschatologische* Texte wie Jesaja 11, 6–8 befürworten Frieden und Vegetarismus (Schroer, 2004). *Theologische* Interpretationen von Herrschaft (Genesis 1, 26–28) haben sich von einer gewaltgeprägten zu einer verantwortungsbewussten Sichtweise entwickelt, die Tiere als schutzbedürftige Geschöpfe ansieht (Schroer, 2004).

Historisch war die christliche Tierethik jedoch lange von *anthropozentrischen* Ansichten geprägt. Dennoch gab es immer wieder Persönlichkeiten wie Franz von Assisi, die mit dieser Tradition brachen (Remele, 2016). Papst Franziskus griff diese Ansichten auf und hebte in seiner *Enzyklika LAUDATO SI'* den Eigenwert der Tiere hervor (Deutsche Bischofskonferenz, 2015). Auch veröffentlichte die evangelische Kirche Schriften, die Tierwohl und Schöpfungsverantwortung hervorheben (EKD, 1991). *Christliche* Praktiken wie Tiersegnungen zeigen ebenso die wachsende Bedeutung von Tierethik in der Theologie.

Im Religionsunterricht begreifen Schüler:innen, wie sich die menschliche Verantwortung für Tiere und Umwelt entwickelt hat. Die Auseinandersetzung mit Herrschaftsaufträgen und Nächstenliebe, verbunden mit der Einbeziehung von religiösen und naturwissenschaftlichen Perspektiven, fördert bei ihnen einen Perspektivwechsel und die Reflexion über die Folgen ihres Handelns (z. B. LKÖZ, 2022).

Abschließend soll noch gesagt werden, dass im Gegensatz zu ethischen oder religiösen Ansichten der Mensch in biologischer Perspektive aufgrund seiner Artzugehörigkeit keine übergeordnete Position in der Natur einnimmt. Aus evolutionärer Sicht stehen alle heutigen Arten auf einer Stufe (Mayr, 2000). Menschen sind nicht höher entwickelt, und Tiere sind nicht primitiver als wir – sie sind nur anders. Ebenso problematisch ist biologisch die Gegenüberstellung von Mensch und Tier, da Menschen selbst Tiere und Teil der Primaten sind. Da das Tierreich aus vielen verschiedenen Arten besteht, ist es fachlich unangemessen, eine Art (Mensch) mit allen anderen Tieren zu vergleichen. Deswegen wird im Weiteren von nichtmenschlichen Tieren gesprochen.

## 16.3 Alltagsvorstellungen zur Moral

Im Zusammenhang mit der Tierethik sind die Vorstellungen[2] von Schüler:innen über die Beziehung zwischen Menschen und nichtmenschlichen Tieren von besonderer Bedeutung (Tramowsky et al., 2022). Sowohl in den Aussagen von Lernenden wie Eva (Eingangszitat) als auch in der Fachliteratur werden Ausdrücke wie „mindere Tiere" oder „höherwertige Menschen" verwendet (Tab. 16.1), um die Beziehung zwischen Menschen und anderen Lebewesen zu strukturieren. Diese Ausdrücke beziehen sich auf komplexe Beziehungsgeflechte, bei denen Lebewesen aufgrund ihrer Artzugehörigkeit, Merkmale oder zugeschriebenen Funktionen einen

**Tab. 16.1** Ankerzitate, Konzepte und Moralmetaphern zur Mensch-Tier-Beziehung und Tierhaltung. (Tramowsky, 2019)

| Ankerzitat | Konzept | Moralmetapher |
|---|---|---|
| *Schüler:innenaussagen zur Mensch-Tier-Beziehung* | | |
| „Aber der Mensch ist schon an der Spitze von der Welt und er kann auch über alles bestimmen und er hat sich auch weiterentwickelt und ich glaube, das stellt ihn über die Tiere. […] Der Mensch hält sich Tiere, um sie dann zu essen und dann ist er sozusagen der Herr über die Tiere" (Eva, Z. 32–45). | Der Mensch hat eine Sonderstellung. | Herrscher-Metapher |
| „Der Mensch hat sich über die anderen Tiere gestellt, weil er durch sein Gehirn mehr Fähigkeiten entwickelt hat und auch andere Sachen bauen kann, um sich gegen die Tiere wehren zu können. [Auf Nachfrage] Ich wüsste nicht, dass es noch jemanden gibt, der über dem Menschen steht, aber vielleicht bei religiösen Leuten, da sagt man Gott" (Milan, Z. 25–30). | Der Mensch steht über Tieren. | Herrscher-Metapher |
| „Ich finde, dass der Mensch eigentlich so eine Art Herrscher ist. Wie Milan (anonymisierter Name) gerade schon gesagt hat, hat sich der Mensch einfach über alles gestellt und das können wir eigentlich auch nur durch die Evolution machen" (Paul, Z. 12–17). | Der Mensch ist ein Herrscher/eine Herrscherin. | Herrscher-Metapher |
| „Ich denke, Viele [Menschen] denken, dass man Tiere so behandeln darf, weil Tiere den Menschen untergeordnet sind. Das gibt uns das Recht, Tiere so zu behandeln, weil sie meinetwegen nicht den gleichen IQ und keine oder nicht so viele Gefühle haben wie wir." (Luisa, Z. 74–78). „Ich finde, Tiere sollten schon gleichberechtigt [zum Mensch] sein. Wenn Tiere getötet werden, weil sie Seuchen verbreiten, dann finde ich es okay, Tiere zu töten, aber nicht einfach zum Essen" (Z. 96–98). | Tiere sind gleichberechtigt. | Herrscher-Metapher |
| *Schüler:innenaussagen zur Tierhaltung* | | |

(Fortsetzung)

---

[2] Zu den oben beschriebenen Perspektiven gibt es eine Vielzahl an Alltagsvorstellungen, die nachgelesen werden können (vgl. Tramowsky, 2019). An dieser Stelle konzentriere ich mich auf die Moralvorstellungen von Schüler:innen, da solche Vorstellungen häufig von Lernenden als Ausgangspunkt verwendet werden.

**Tab. 16.1** (Fortsetzung)

| Ankerzitat | Konzept | Moralmetapher |
|---|---|---|
| „Ich denke, Tiere sind auch Lebewesen und wir haben kein Recht darauf, Tiere abzuschlachten nur damit wir sie essen können. Ich meine, wir könnten uns schließlich auch von pflanzlichen Produkten wie Getreide oder Weizen ernähren" (Luisa, Z. 91–94). | Ein Tier ist ein Lebewesen. | Einfühl-Metapher |
| „Wenn man in die Rolle des Schweines schlüpft, dann erlebt man alles was passiert ist mit […]. Der Manfred hatte zwar ein gutes Leben, aber das kann man so nicht sagen. Ein Leben ist bis man stirbt, auch wenn man auf eine grauenhafte Weise stirbt." (Peter, Z. 481–492). | Ein Tier ist eine Person. | Einfühl-Metapher |
| „Es ist eigentlich klar, dass sich die Biotiere wohler fühlen. Wenn so viele Tiere in einem engen Raum sind, dann [fühlen sie sich nicht wohl]. Ich mag es auch nicht, wenn ich mit irgendwelchen Leuten, total gestopft, in irgendeinem engen Raum bin. Deswegen denke ich, dass es den Tieren nicht so gut dabei geht. Ich überlege mir, wie es mir gehen würde. Ich komme darauf, dass sich die Tiere [in Massentierhaltung] schlecht fühlen, weil ich mich auch schlecht fühlen würde, wenn ich in so einem engen Raum mit ganz vielen anderen sein würde. Es ist einfach den Tieren gegenüber nicht fair, sie so zu behandeln, uns selber würden wir ja auch nicht so behandeln" (Nora, Z. 98–111). | Artgemäße Tierhaltung steht für Wohlergehen. | Einfühl-Metapher |
| „Mir ist das wichtig, weil Tiere auch Gefühle haben, so wie wir Menschen. […] Tiere können leiden, wenn sie z. B. in engen Käfigen sind. Sie können sich am Draht verletzen, weil die Drähte nicht gut verarbeitet sind. Man kennt das selbst, es brennt sogar, wenn man nur einen kleinen Kratzer hat. Wenn sich Tiere irgendwas brechen oder so, wird das meistens nicht behandelt. Das ist wie bei uns, wir gehen auch zum Arzt, damit uns geholfen wird und wir keine Schmerzen haben müssen. Bei den Tieren wird das meistens vernachlässigt" (Lisa, Z. 18–31). | Artgemäße Tierhaltung berücksichtigt Empfindungen. | Einfühl-Metapher |

moralischen Wert zugewiesen oder abgesprochen bekommen und Machtgefälle entstehen oder sogar ein willkürlicher Umgang mit Tieren gerechtfertigt wird. Die grundsätzliche Einstellung zu Tieren wird dabei vom Menschenbild bestimmt (Tab. 16.2).

Aus fachdidaktischer Sicht ist es entscheidend zu erkennen, dass der moralische Wert von Lebewesen unseren direkten Erfahrungen oft entgeht. Moral und der inhärente Wert des Lebens sind nicht sichtbar, riechbar oder schmeckbar. Dennoch leitet uns ein moralisches Empfinden, ein Gewissen, in unserem Handeln.

Wie können wir solche abstrakten und interpretativen Ansichten verstehen und in der Schule im Kontext der Tierethik vermitteln?

Um Aspekte der Tierethik lernförderlich zu vermitteln, können Vorstellungen von Schüler:innen in den Mittelpunkt des Unterrichts gestellt werden, da diese eine tragende Rolle beim Bewertungsprozess spielen. Im unten vorgestellten Unter-

**Tab. 16.2** Formen der Tierethik und korrespondierende Alltagsvorstellungen. (Tramowsky et al., 2019; Kattmann, 2022)

| Ethischer Begriff | Definition und Begründung | Alltagsvorstellung/Beispiel |
|---|---|---|
| *Mit Rangordnung* | | |
| Hierarchismus | Einige Lebewesen haben aufgrund ihrer Art, Eigenschaften oder Funktionen moralischen Vorrang. Dieser Ansatz betont Unterschiede in der moralischen Berücksichtigung auf Basis spezifischer Kriterien. | „Menschen stehen über anderen Lebewesen. Sie haben moralische Priorität vor anderen Lebewesen." |
| Arten-Hierarchismus | Menschen haben Vorrang aufgrund ihrer Spezieszugehörigkeit. | „Als Mensch habe ich eine besondere moralische Stellung im Vergleich zu anderen Lebewesen." |
| Merkmals-Hierarchismus | Der moralische Wert wird anhand bestimmter Eigenschaften wie Vernunft, Sprachfähigkeit, Bewusstsein oder Kultur festgemacht. | „Lebewesen mit höherer Intelligenz oder kulturellen Leistungen verdienen eine besondere moralische Berücksichtigung." |
| Funktions-Hierarchismus | Bestimmte Tiere erhalten aufgrund ihrer Funktionen oder Beziehungen zu Menschen einen höheren moralischen Status. | „Haustiere, die eng mit Menschen zusammenleben, sind mir wichtiger als andere Tiere und sind höherwertig." |
| *Ohne Rangordnung* | | |
| Egalitarismus | Alle Lebewesen verdienen eine gleiche moralische Berücksichtigung, basierend auf dem Prinzip der Gleichheit. | „Jedes Lebewesen, unabhängig von seiner Art, besitzt einen intrinsischen moralischen Wert. Alle Lebewesen sind gleichwertig." |
| Eigenwert | Jedes Lebewesen hat einen inhärenten Wert, der unabhängig von seinem Nutzen für den Menschen anerkannt wird. | „Jedes Tier, auch wenn es dem Menschen nicht direkt nützlich ist, hat seinen eigenen Wert." |

richtskonzept werden verschiedene Metaphern genutzt, wie die Herrscher-Metapher zur Thematisierung von Herrschaft über Tiere oder die Einfühl- und Freiheits-Metapher zur Stärkung der Einfühlungsvermögensfähigkeit und des Perspektivwechsels. Die Wesens-Metapher eignet sich zur Thematisierung des Eigenwertes und der Würde von Tieren, während die Ausgleichs-Metapher zur Reflexion über Gerechtigkeit eingesetzt werden kann (Tab. 16.1).

## 16.4 Didaktische Strukturierung

Die vorliegende 90-minütige Unterrichtseinheit „Fleischkonsum in der Diskussion" wurde basierend auf den zuvor identifizierten Alltagsvorstellungen entwickelt und ist für den Einsatz in der 9. oder 10. Jahrgangsstufe vorgesehen. Im Modell der didaktischen Rekonstruktion (Kattmann et al., 1997) wurde der Stundeninhalt rekonstruiert. Dabei wurden fachlich geklärte Perspektiven und Alltagsvorstellungen untersucht, um Lernhürden und -chancen zu identifizieren. Die Beschäftigung mit metaphorischen Denkstrukturen soll bestehende Perspektiven reflektieren, erweitern und ein multiperspektivisches Vorgehen unterstützen. Die Stunde verbindet Fachwissen mit Alltagsvorstellungen und fördert so das klare Hervorbringen dieser Vorstellungen. Der Unterricht beginnt mit Alltagserfahrungen und ungeklärten Informationen aus der Lebenswelt. Zentrale Aussagen der Schüler:innen sowie verschiedene Sichtweisen werden durch ein Concept Cartoon präsentiert, um zur Reflexion anzuregen. Moralmetaphern werden als Konzeptualisierungsmittel eingesetzt, um neue Denkmuster zu konstruieren und Vielperspektivität anzubieten. Wesentliche Begriffe zur Tierethik und deren Synonyme werden in Bezug zu alltagsweltlichen Ansichten multiperspektivisch betrachtet (Tab. 16.2). Im Unterricht werden Vorstellungen über Moral explizit gemacht. Die Texte sind übersichtlich gegliedert und stellen fachlich geklärte Konzepte in Beziehung zu alltagsweltlichen Vorstellungen dar. Die Unterrichtsstunde wird mit Aufgaben vertieft, die auf mehrperspektivisches Denken abzielen.

### 16.4.1 Didaktisch-methodischer Kommentar zur Unterrichtseinheit

Das Konzept integriert speziell konzipierte Arbeitsblätter und Aufgabenstellungen, die den Ergebnissen der Vorstellungsforschung entsprechen. Weitere vertiefende Materialien können auch Tramowsky et al. (2019) entnommen werden. Die Unterrichtseinheit vermittelt Kenntnisse über multiperspektivische Zusammenhänge im Kontext von Nutztierhaltung und Fleischkonsum. Die Arbeitsblätter und andere Materialien werden als digitales Material zur Verfügung gestellt.

Das Lernziel lautet: *Die Schüler:innen bewerten den Fleischkonsum vielperspektivisch.*

Die Schüler:innen bekommen anhand eines Concept Cartoons Einblicke in verschiedene Sichtweisen, reflektieren alltagsweltliche Vorstellungen und beziehen Stellung zur Massentierhaltung und zum Fleischkonsum. Auf diese Weise erlangen die Schüler:innen eine fachlich fundierte und reflektierte Meinung über das Thema und entwickeln Bewertungskompetenz.

Die Unterrichtseinheit orientiert sich am Kompetenzbereich Bewertung und greift normative Fragestellungen auf, um Werte und sachliche Meinungsbildung zu vermitteln.

Die Unterrichtseinheit basiert auf dem Modell der sechs Schritte moralischer Urteilsfähigkeit (Hößle, 2001) und wird in Anlehnung an Kattmann (2022, S. 19–20) folgendermaßen strukturiert:

- *Erfassung der Alltags- und Moralvorstellungen der Schüler:innen:* Zu Beginn des Unterrichts werden die Schüler:innen mithilfe eines Concept Cartoons dazu angeregt, ihre persönlichen Ansichten und Urteile über die Beziehung zwischen Menschen und Tieren explizit zum Gegenstand des Unterrichts zu machen (Tab. 16.3). Dabei setzen sich die Schüler:innen mit ihrer moralischen Denkweise

**Tab. 16.3** Übersicht über den geplanten Unterrichtsverlauf

| | | | | |
|---|---|---|---|---|
| 10 min | Einstieg/ Problematisierung I | L fordert SuS auf, den Concept Cartoon (M1) zum Verhältnis von Menschen und Tieren zu betrachten, und gibt den SuS folgende Aufgabe: Erkläre, welche Probleme dieser Concept Cartoon thematisiert, und entscheide, welche Meinungsäußerung deiner eigenen Meinung am nächsten steht. Positioniere dich der Abbildung entsprechend im Raum. | SuS positionieren sich mittels der 4-Ecken-Methode in den entsprechenden Ecken des Klassenraumes. | EA | M1; B |
| 10 min | Erarbeitung I | Lies die wissenschaftliche Bezeichnung deiner Position (M2) genau und präge sie dir ein. Kehre an deinen Platz zurück, schreibe sie in deinen eigenen Worten in dein Heft und notiere zudem in einem Satz, warum du diese Position bezogen hast. | In jeder Ecke des Raumes befindet sich ein DIN-A4-Blatt mit entsprechenden Definitionen. | EA | M2; Heft, Stift |
| 10 min | Sicherung I | L verteilt das Tierethik-Puzzle und erklärt die Aufgabe. Vier Freiwillige stellen nacheinander die vier unterschiedlichen Positionen vor. L vergleicht das Lösungswort und klärt Verständnisfragen. | SuS lösen das Tierethik-Puzzle zum begrifflichen Umlernen und Aufbau von Fachsprache. SuS nennen das korrekte Lösungswort und stellen ggf. Fragen. | UG | AB 1 |
| 5 min | Problematisierung II | L zeigt Impulsbild (M3) und stellt die Frage: „In welchen Situationen in eurem Alltag stellt sich die Frage nach dem Verhältnis von Mensch und Tier besonders?" L schreibt nach entsprechender SuS-Antwort an die Tafel: „Sollten Fleischgerichte nicht mehr in Schulmensen angeboten werden?" L bittet um Abstimmung bei der Frage: „Wer würde ein Fleischgericht in der Mensa wählen?" L leitet zur Aufgabe über: „Um die Entscheidung fundiert treffen zu können, benötigen wir weitere Informationen." | Die SuS stehen vor der Frage, wie sie eine reflektierte Entscheidung zum Fleischkonsum treffen können. Drei Optionen werden genannt: 1. Ja, Fleischgerichte nicht mehr anbieten. 2. Nein, Fleischgerichte weiterhin anbieten. 3. Nein, Fleischgerichte weiterhin anbieten, aber strengere Vorgaben einführen. SuS stimmen ab. L hält Abstimmungsergebnis fest. | UG | M3 Tafel: Frage und Handlungsoptionen anschreiben |

| | | | | |
|---|---|---|---|---|
| 20 min | Erarbeitung II | L teilt SuS in fünf Gruppen auf, verteilt AB 2 und erklärt den Arbeitsauftrag: (soziale Perspektive, Tierperspektive, Gesundheitsperspektive, Umweltperspektive, Welternährungsperspektive) und gibt den Arbeitsauftrag: „Erkläre, welche Auswirkungen Fleischkonsum auf den von dir untersuchten Bereich hat." | SuS bearbeiten das AB. Im optimalen Fall arbeiten die SuS fachliche und ethische Aspekte heraus, die den Fleischkonsum betreffen. | GA | AB 2 |
| 20 min | Sicherung II | Gruppen stellen ihre Ergebnisse vor. L sichert die Gruppenergebnisse in Form einer Tabelle an Tafel/Projektionsfläche. | SuS schreiben mit. | UG | AB 3, B |
| 15 min | Diskussion | Diskutiert die Frage: „Sollten Fleischgerichte nicht mehr in Schulmensen angeboten werden? Begründe deine Meinung und ordne sie einen oder mehreren der vorn projektierten ethischen Werte zu." Zum Abschluss wiederholt L die Abstimmung und ordnet die Ergebnisse ein. | SuS fassen ein begründetes Urteil, ordnen sie nach Werten zu und vergleichen die gelernten Konzepte mit den erfassten Alltagsvorstellungen im Concept Cartoon der ersten Erarbeitungsphase. | UG | M4; B |

*AB* = Arbeitsblatt, B = Beamer, *EA* = Einzelarbeit, *GA* = Gruppenarbeit, *L* = Lehrperson, *M* = Material, *PA* = Partner:innenarbeit, *SuS* = Schüler:innen, *TPS* = Think-Pair-Share, *UG* = Gruppenarbeit

(mit oder ohne Rangordnung) sowie anderen Denkweisen auseinander. Die Lernenden sammeln diese alltagsnahen Vorstellungen schriftlich. Die in Tab. 16.2 dargestellten Moralmetaphern lassen sich systematisieren und können somit zum zentralen Thema der Stunde gemacht werden. Um das Phänomen des Fleischkonsums fachlich korrekt erklären zu können, sollten Alltagsvorstellungen mit fachlichen Konzepten und Fachsprache verknüpft werden. Die unterschiedlichen fachlichen Aspekte werden zusammengetragen, mit Werten in Beziehung gesetzt und bei der Bewertung herangezogen. In der Gruppenarbeit werden fünf Perspektiven zu den Auswirkungen des Fleischkonsums im Kontext der SDGs mit Blick auf den Biologieunterricht behandelt. Falls erforderlich, können weitere ethische und theologische Perspektiven hinzugefügt werden. Im Unterrichtsverlauf sollten Metaphern, wie z. B. die Sonderstellung des Menschen, kritisch reflektiert werden. Es sollten Argumente für und gegen den Fleischkonsum in Beziehung zu Werten gesetzt werden (Alfs & Hößle, 2009).

- *Vergleich der erlernten Konzepte mit den erfassten Alltagsvorstellungen, um den Lernerfolg der Schüler:innen zu überprüfen und ein Bewusstsein für die Problematik des Fleischkonsums zu entwickeln:* Am Ende der Stunde werden die Schüler:innen dazu angeregt, ihre anfänglichen Urteile und Vorstellungen kritisch zu hinterfragen. Ein unkritischer oder instrumentalisierender Gebrauch von Metaphern, insbesondere solchen mit hierarchischem Charakter wie der Herrscher-Metapher, kann Folgen haben. Daher vergleichen die Schülerinnen und Schüler in der ersten Erarbeitungsphase die erlernten Konzepte mit den erfassten metaphorischen Alltagsvorstellungen im Concept Cartoon und setzen sie am Stundenende mit den fachlichen Konzepten in Verbindung (z. B. Vergleich zwischen anfänglicher Alltagsvorstellung und späterer begründeter Entscheidung für oder gegen eine fleischfreie Mensa).

Verschiedene Lernstrategien werden in der Unterrichtseinheit eingesetzt, wie z. B. der Perspektivwechsel, Einzel- und Partnerarbeit sowie eine Meinungsumfrage und Diskussion im Plenum.

## Literatur

Alfs, N., & Hößle, C. (2009). Kartoffeln nach Maß – Gentechnisch verändert für die Industrie. *Praxis der Naturwissenschaften – Biologie in der Schule, 58*(4), 22–27.

BLE (Bundesanstalt für Landwirtschaft und Ernährung). (Hrsg.). (2023). *Bericht zur Markt- und Versorgungslage mit Fleisch 2023.* https://www.bzl-datenzentrum.de/fileadmin/SITE_MASTER/content/Downloads/Fleisch/2023BerichtFleisch.pdf. Zugegriffen am 29.06.2025.

Campbell, B. M., Beare, D. J., & Bennett, E.M., Hall-Spencer, J.M. (2017). Agriculture production as a major driver of the Earth system exceeding planetary boundaries. *Ecology and Society, 22.* https://doi.org/10.5751/es-09595-220408

Dawkins, M. S. (2023). Farm animal welfare: Beyond "natural" behavior. An animal-centered view guided by what animals value could improve welfare on farms. *Science, 379*(6630), 326–328.

Deutsche Bischofskonferenz. (2015). *Enzyklika LAUDATO SI' von Papst Franziskus über die Sorge für das gemeinsame Haus.* Libreria Editrice Vaticana.

Eichler, J., & Tramowsky, N. (2021). Art. Tierethik/Tiere. In M. Zimmermann & H. Lindner (Hrsg.), *WiReLex – Das wissenschaftlich-religionspädagogische Lexikon im Internet* (S. 1–14).

EKD (Evangelische Kirche in Deutschland) (1991). EKD-Texte 41. Zur Verantwortung des Menschen für das Tier als Mitgeschöpf. : Vandenhoeck & Ruprecht.

Engels, E. (2021). Alternativen zur Massentierhaltung! Tierethische Anforderungen und Ethik der Ernährung. In W. Zager (Hrsg.), *Albert Schweitzers Ethik der Ehrfurcht vor dem Leben* (S. 121–138).

Folsche, E., & Fiebelkorn, F. (2022). Students' conceptions of keeping fattening pigs and dairy cows. *Journal of Biological Education, 1–22*. https://doi.org/10.1080/00219266.2022.2108104

von Gall, P. (2015). Artgerechte/artgemäße Tierhaltung. In A. Ferrari & K. Petrus (Hrsg.), *Lexikon der Mensch-Tier-Beziehungen* (S. 48–50). Transcript.

Garrecht, C., Reiss, M. J., & Harms, U. (2021). Role of issue familiarity in students' argumentation. *International Journal of Science Education, 43*(12). https://doi.org/10.1080/09500693.2021.1950944

Gralher, M. (2015). *Nachhaltige Ernährung verstehen: Ein Beitrag zur Didaktischen Rekonstruktion der Bildung für nachhaltige Entwicklung*. Didaktisches Zentrum der Carl von Ossietzky Universität.

Hamann, S. (2004). *Schülervorstellungen zur Landwirtschaft im Kontext einer Bildung für nachhaltige Entwicklung*. Dissertation. https://phbl-opus.phlb.de/files/7/hamann_diss.pdf. Zugegriffen am 29.06.2025.

Heinrich-Böll-Stiftung, Bund für Umwelt- und Naturschutz Deutschland, & Le Monde diplomatique. (Hrsg.). (2021). *Fleischatlas 2021. Daten und Fakten über Tiere als Nahrungsmittel: Jugend, Klima und Ernährung*. Heinrich-Böll-Stiftung. https://www.boell.de/sites/default/files/2022-01/Boell_Fleischatlas2021_V01_kommentierbar.pdf. Zugegriffen am 29.06.2025.

Hößle, C. (2001). *Moralische Urteilsfähigkeit. Eine Interventionsstudie zur moralischen Urteilsfähigkeit von Schülern zum Thema Gentechnik*. Studienverlag.

Huber, L. (2021). *Das rationale Tier: Eine kognitionsbiologische Spurensuche*. Suhrkamp.

Kattmann, U. (2022). *Schüler besser verstehen: Alltagsvorstellungen im Biologieunterricht* (2. akt. Aufl.). Aulis.

Kattmann, U., Duit, R., Gropengießer, H., & Komorek, M. (1997). Das Modell der Didaktischen Rekonstruktion – Ein Rahmen für naturwissenschaftsdidaktische Forschung und Entwicklung. *Zeitschrift für Didaktik der Naturwissenschaften, 3*(3), 3–18.

KMK (Sekretariat der Ständigen Konferenz der Kultusminister der Länder in der Bundesrepublik Deutschland). (2004). *Bildungsstandards im Fach Biologie für den Mittleren Bildungsabschluss*. https://www.kmk.org/fileadmin/Dateien/veroeffentlichungen_beschluesse/2004/2004_12_16-Bildungsstandards-Biologie.pdf. Zugegriffen am 29.06.2025.

KMK (Sekretariat der Ständigen Konferenz der Kultusminister der Länder in der Bundesrepublik Deutschland). (2020). *Bildungsstandards im Fach Biologie für die Allgemeine Hochschulreife*. https://www.kmk.org/fileadmin/Dateien/veroeffentlichungen_beschluesse/2020/2020_06_18-BildungsstandardsAHR_Biologie.pdf. Zugegriffen am 29.06.2025.

Koerber, K., Männle, T., & Leitzmann, C. (2012). *Vollwert-Ernährung: Konzeption einer zeitgemäßen und nachhaltigen Ernährung*. Haug.

LKÖZ (Lothar-Kreyssig-Ökumenezentrum). (2022). *Mitgeschöpf Tier: Materialsammlung für die Arbeit in Gemeinde und Schule*. https://www.oekumenezentrum-ekm.de/asset/3fx-9ud9TIu6pl2azsVFJw/lkoez-tierethik-a4-30.pdf. Zugegriffen am 29.06.2025.

Marino, L. (2017). Thinking chickens: a review of cognition, emotion, and behavior in the domestic chicken. *Animal Cognition, 20*(2), 127–147.

Marino, L., & Colvin, C. M. (2015). Thinking pigs: A comparative review of cognition, emotion, and personality in *Sus domesticus*. *International Journal of Comparative Psychology, 28*(1).

Mayr, E. (2000). *Das ist Biologie. Die Wissenschaft des Lebens*. Spektrum.

Regan, T. (2008). Wie man Rechte für Tiere begründet. In U. Wolf (Hg.), *Texte zur Tierethik* (S. 33 -46). Reclam.

Remele, K. (2016). *Die Würde des Tieres ist unantastbar: Eine neue christliche Tierethik*. Kevalaer.

Schroer, S. (2004). Einspruch gegen die Tiervergessenheit der christlichen Theologie. Der Christ liebt die Tiere nicht mehr. *Unipress, 122*, 22 f.

Singer, P. (2013). *Praktische Ethik* (3. Aufl.). Reclam.

Steffen, W., Richardson, K., Rockström, J., Cornell, S. E., Fetzer, I., Bennett, E. M., Biggs, R., Carpenter, S. R., De Vries, W., & De Wit, C. A. (2015). Planetary boundaries: Guiding human development on a changing planet. *Science, 347*. https://doi.org/10.1126/science.1259855

Tramowsky, N. (2019). *Moralvorstellungen zum Umgang mit Tieren: Die Entwicklung didaktisch rekonstruierter Lernangebote unter Anwendung der Metapherntheorie*. Carl-Auer-Systeme.

Tramowsky, N., Groß, J., & Paul, J. (2019). *Leben mit Tieren: Verantwortung – Tierhaltung – Fleischkonsum*. Friedrich.

Tramowsky, N., Messig, D., & Groß, J. (2022). Students' conceptions about animal ethics: The benefit of moral metaphors for fostering decision-making competence. *International Journal of Science Education, 44*(3), 355–378. https://doi.org/10.1080/09500693.2022.2028924

Trauschke, M. (2016). *Biologie verstehen: Energie in anthropogenen Ökosystemen*. Logos.

Tuider, J. (2015). Mitleid. In A. Ferrari & K. Petrus (Hrsg.), *Lexikon der Mensch-Tier-Beziehungen* (S. 243–246). Transcript.

UN (United Nations). (2015). *Global sustainable development report, 2015 edition*https://www.un.org/en/development/desa/publications/global-sustainable-development-report-2015-edition.html. Zugegriffen am 29.06.2025.

Veit, A., Wondrak, M., & Huber, L. (2017). Object movement re-enactment in free-ranging Kune Kune piglets. *Animal Behaviour, 132*, 49–59.

Winterberg, D. L., & Hirschfelder, D. G. (2020). Fleisch als Kulturgut: Traditionen und Dynamiken. *Ernährung im Fokus, 01*, 28–33.

## Vertiefende Literatur

Deutscher Ethikrat. (2020). *Tierwohlachtung – Zum verantwortlichen Umgang mit Nutztieren*. Stellungnahme.

Krebs, A. (2014). Naturethik im Überblick. In A. Krebs (Hrsg.), *Naturethik* (S. 337–379). Suhrkamp.

Tramowsky, N., Groß, J., & Paul, J. (2019). *Leben mit Tieren: Verantwortung – Tierhaltung – Fleischkonsum*. Friedrich.

# Bioethische Fragen in der Zeitung wahrnehmen und vertiefen – am Beispiel von Xenotransplantation zwischen Medizin- und Tierethik

**17**

Eva Marie Ulrich-Riedhammer und Jochen Laub

> *„Der Mensch ist vielleicht halb Geist und halb Materie, so wie der Polype halb Pflanze und halb Tier. Auf der Grenze liegen immer die seltsamsten Geschöpfe"* (Lichtenberg (1773–1775, D 161).

### Zusammenfassung

Medizinische Verfahren wie die Xenotransplantation sind mit unterschiedlichen ethischen Fragen verbunden und werden ähnlich wie andere ethische Themen in der Zeitung thematisiert. Doch diese Fragen müssen erst einmal von den Schüler:innen als solche identifiziert werden können. Da in diesem Thema sowohl medizinethische wie auch tierethische Aspekte zum Tragen kommen, eignet es sich für das Auffinden und Formulieren von ethischen Fragen. Indem dabei faktische, d. h. Analyse der Sachlage, und ethische Analyse verbunden werden, wird der doppelten Komplexität Rechnung getragen, wobei der Begriff der ethischen Komplexität näher beleuchtet wird. Das vorliegende Kapitel beschäftigt sich zusammenfassend mit den Fragen, was unter dem Begriff „Xenotransplantation" zu verstehen ist, warum sich Xenotransplantation als Thema anbietet und wie es mit Blick auf die ethischen Fragestellungen didaktisch bearbeitet werden kann. Die letzte Frage wird anhand der Methode des ethischen Zeitungslesens konkretisiert.

---

E. M. Ulrich-Riedhammer (✉)
Landshut, Deutschland

J. Laub
Geographie und ihre Didaktik, Universität Trier – FB VI, Trier, Deutschland
E-Mail: laub@uni-trier.de

> **Worum es geht**
> - Faktische und ethische Aspekte, die mit Xenotransplantationen (Sachanalyse und ethische Analyse) verbunden werden
> - Frage, was ethische Komplexität bedeutet
> - Ansatz des ethischen Zeitungslesens im Allgemeinen und am Beispiel
> - Beispielhafte Vertiefung eines ethischen Verstehens

## 17.1 Überblick

Medizinische Verfahren der Xenotransplantation sind mit sehr verschiedenen ethischen Fragen verbunden. Eine dieser Fragen lautet mit Blick auf das Eingangszitat: „Ist der Mensch nicht halb Tier, wenn er z. B. eine Herzklappe von einem Schwein bekommt?" Dieses Kapitel möchte zunächst genauer herausstellen,

- was unter dem Begriff „Xenotransplantation" zu verstehen ist,
- warum sich dieses als Thema für ethische Fragen im Fach Biologie anbietet und
- wie es mit Blick auf die ethischen Fragestellungen didaktisch bearbeitet werden kann. Konkretisiert wird dies für die Methode des ethischen Zeitungslesens und am Beispiel erläutert.

## 17.2 Sachanalyse der Xenotransplantation

Das Verfahren der Xenotransplantation hat jüngst weltweit öffentliches Interesse geweckt, nachdem ein Team von XenoHeart an der Universität Maryland am 7. Januar 2022 erstmals die Transplantation eines Herzens von einem Schwein in einen Menschen durchführte (Hawthorne, 2022). Der 57-jährige David Bennett erhielt das transplantierte Organ. Auch wenn Bennett danach nur noch 60 Tage überlebte, gilt die Transplantation als Erfolg. Doch warum überhaupt wurde ihm ein Herz von einem Schwein verpflanzt? Ein zentraler Grund dafür ist der derzeitige Mangel an Spenderorganen von Menschen an Menschen (vgl. Ahmed & Dubey, 2019), der sog. *Allotransplantation*, dem ein sehr hoher Bedarf an Spendenorganen entgegensteht. Im Januar 2023 veröffentlichte die Deutsche Stiftung Organtransplantation die neuesten Zahlen, die im Deutschen Ärzteblatt als „Einbruch" bezeichnet wurden (DSO, 2023; Deutsches Ärzteblatt, 2023). Um 8,4 % sei die Entnahme postmortaler Organe im Vergleich zu 2021 gesunken. Die Differenz zwischen Bedarf und Angebot von Organen ist dabei immens. Um ein Spenderherz zu erhalten, müssen Patient:innen meist lange warten. Im Jahr 2021 standen 8500 Patient:innen auf der Transplantationsliste. Dem gegenüber erfolgten 933 Organspenden (vgl. https://www.organspende-info.de/zahlen-und-fakten/statistiken). Neben der oft diskutierten Frage, ob Deutschland nicht angesichts seiner niedrigen Transplantationszahlen die gesetzlichen Bestimmungen von der derzeit geltenden Zustimmungsregelung zur

Widerspruchslösung ändert, sieht die Wissenschaft in der Weiterentwicklung der Xenotransplantation einen ergänzenden Ansatz.

Allgemein wird unter dem Begriff *Xenotransplantation* „die Verwendung von tierischen Organen, Geweben und Zellen für die Transplantation beim Menschen" verstanden (Schlitt & Manns, 1999; vgl. Ahmed & Dubey, 2019). Im Folgenden wird vor allem die Transplantation von Organen betrachtet. Aufgrund ihrer Größe und physiologischen Eigenschaften sind insbesondere die Organe des Hausschweines gut für die Übertragung in den menschlichen Körper geeignet (ebd.). Die Xenotransplantation birgt allerdings auch hohe Risiken. Zu den wichtigsten Herausforderungen zählen das hohe Abstoßungspotenzial des transplantierten Organs, verursacht durch die humorale, antikörpervermittelte Immunantwort des Organempfängers sowie die Übertragung tierischer Pathogene (sog. porcine, endogene Retroviren) auf den Menschen (ebd.). Die Folgen des Überspringens einer tierischen Infektionskrankheit auf den Menschen (Zoonosen) sind jüngst nach der COVID-19-Pandemie noch allgegenwärtig. Diese Risiken scheinen nun mit den gentechnologischen Entwicklungen zur CRISPR/Cas-Methode (umgangssprachlich auch unter dem Begriff „Genschere" bekannt) beherrschbar (vgl. RBB, 2022). Durch das gentechnische Entfernen bestimmter Zelloberflächenproteine am Spenderschwein, soll die lang erhoffte Xenotransplantation nun möglich werden (ebd.). Bis zur Etablierung der Xenotransplantation müssen aber noch weitere Fragen geklärt werden. So liegt die Lebenserwartung des Hausschweines, insofern ihm nach wenigen Lebensmonaten das Schlachthaus erspart bleibt, bei 15 bis 20 Jahren. Bisher ist noch unklar, wie lange ein Schweineherz aufgrund seiner natürlichen Lebenszeit tatsächlich im Menschen verbleiben kann (Bogner, 2018). Dennoch – die neuesten Veröffentlichungen zur Anwendung der Xenotransplantation beginnen die ethische Debatte in der Öffentlichkeit zu entfachen (Süddeutsche Zeitung, 2022).

## 17.3 Ethische Analyse – ethische Fragestellungen des Themas

Für eine angemessene ethische Auseinandersetzung bedarf es einer Mitbetrachtung des kulturhistorischen Hintergrunds aktueller Debatten, um den Blick über den „Tellerrand" der eigenen Sichtweise zu ermöglich. Dieser Hintergrund ethischer Diskurse eröffnet Perspektiven auf fundamentale Begriffe, Argumente und Positionen in Kernfragen unseres Selbstverständnisses. Die Thematik der Xenotransplantation wirft konkrete Fragen nach der Bedeutung des Körpers für den Menschen und Fragen der Verbindung von Leib und Seele auf, die das Wesen des Menschen auszeichnet und bereits in der Antike durch Aristoteles aufgeworfen wurden (Hofmeister, 1997, S. 364). Heute bezieht sich die Debatte um den Leib-Seele-Dualismus häufig auf die Unterscheidung von René Descartes, der zwischen Geist (*res cogitans*) und Materie (*res extensa*) unterscheidet (Descartes, 1977). Zentral wird bei dieser Unterscheidung die Frage nach der Verbindung des Körpers mit unserer geistigen Existenz. Die Eingangsfrage zielt dabei auf die Konsequenzen einer Verpflanzung für den empfangenden Menschen ab: „Ist der Mensch nicht halb Tier, wenn er z. B. eine Herzklappe von einem Schwein bekommt?" Wird der Mensch ein hybrides Wesen, das mit den neu dazu gewonnenen Organen auch die tierischen Gene empfängt, die in jeder Zelle eines Organismus vorliegen?

Aus ethischer Perspektive zeigen sich somit verschiedene grundlegende Fragen, die mit dem Thema verbunden werden können. Viele dieser Fragen beziehen sich entweder auf die empfangende Person und ihre Körperlichkeit (Medizinethik) oder die Rechte der beforschten und spendenden Tiere (Tierethik).

In der *Medizinethik* steht die Perspektive des Patienten, also der organempfangenden Person, im Mittelpunkt: Zentral ist hier das Recht auf medizinische Versorgung und die Frage nach Gleichbehandlung. Auch Gefahren, die mit Xenotransplantationen verbunden sind, insbesondere solange die Verfahren nicht ausgereift sind, müssen betrachtet werden. Dies gilt auch für Risiken und Nebenwirkungen, die bisher oder derzeit nicht im Blick sind oder nur unter bestimmten Prämissen relevant werden (z. B. aus bestimmten religiösen Gründen).

Anders stellt sich die Betrachtung der Xenotransplantation aus *tierethischer Perspektive* dar. Zentral sind hierbei vor allem Fragen nach dem Umgang mit Tieren als Organlieferanten oder als Forschungsobjekt, aber auch nach den ethischen Implikationen genetischer Veränderungen von Tieren, die ja nicht nur einzelne Tiere, sondern gar die gesamte Spezies betreffen. Generell stellt sich die Frage nach dem Umgang mit Tieren als lebende und schmerzempfindende Wesen und führt letztendlich zur Frage nach dem ethischen Status von Tieren und deren Rechten. Die ethische Reflexion ist damit deutlich komplizierter, als eine einfache Gegenüberstellung der Rechte von Menschen und Tieren erlaubt.

Die wichtigsten ethischen Implikationen, die durch die Xenotransplantation berührt werden, sind somit Tierwohl, Tierleid, Risikoabwägung, Patientenwohl, Therapieaussicht, menschliche Identität, Überschreitung der Speziesgrenze, Organspende, Verteilungsgerechtigkeit und Verantwortung (vgl. Schlitt & Manns, 1999; Bogner, 2018).

Mögliche ethische Fragen, die sich aus diesen Themen ergeben bzw. die an diese Themen gestellt werden können, sind die folgenden (vgl. Bogner, 2018, S. 35 f.):

- Darf ich Tiere als Ersatzteillager (als Mittel zum Zweck) für die Organspende an Menschen halten?
- Inwiefern wird das Tierwohl hier gefährdet, und inwiefern ist dies vertretbar?
- Darf ich Tiere zum Zweck der Therapie von Menschen gentechnisch verändern?
- Darf ich einen Menschen operieren, auch wenn die Erfolgsaussichten momentan noch gering sind? Zählt hier der Patientenwille? Wer darf das entscheiden? Wie können die absehbaren Folgen bewertet werden?
- Ein Schweineherz in menschlicher Brust – darf das sein? Ist der Mensch noch Mensch?
- Rechtfertigt ein Mangel an Spenderorganen die Forschung zur Xenotransplantation?
- Wie muss das Risiko einer Zoonose bewertet werden?

- Wie werden menschliche und tierische Organe gerecht verteilt (Allokationsproblem)?
- Wer trägt die Kosten für eine Xenotransplantation?

Grundsätzlich wirft das Thema Xenotransplantationen also eine Vielzahl an ethischen Fragen auf und ist zugleich hochkomplex, da verschiedene ethische Facetten umfasst und berührt werden. Der Lehrkraft stellt sich dabei die Frage, wie hier eine Reduktion oder ein Zulassen der Komplexität ermöglicht werden kann.

## 17.4 Ethische Komplexität und Eignung für den Unterricht

Die zentrale didaktische Ausrichtung im Umgang mit ethischen Phänomenen kann nur mit fachlich ausgewählten Fällen geschehen. Dabei geht es nicht um eine Rekonstruktion ethischer Theorien und Argumentationen, sondern darum, die damit verbundenen ethischen Fragen zu diskutieren (Ulrich-Riedhammer, 2017). Ethik sollte dabei eher als Methode denn als inhaltliche Struktur verstanden werden. Hierbei kann die Perspektive einzelner ethischer Ansätze eingenommen oder kontrastiert werden (etwa *Folgenethik* oder *Nützlichkeitsethik*). Noch mehr als bei anderen Unterrichtszusammenhängen ist es dabei zentral, den ethischen Fragen der Schüler:innen Raum zu geben und mit diesen zu arbeiten. Dies wird eher durch einen Diskurs erreicht, der die ethischen Fragen von fachlichen Inhalten ausgehend auch begrifflich genau in den Blick nimmt, als über die Auseinandersetzung mit Werten oder Pro- und Contra-Diskussionen (Ulrich-Riedhammer, 2018). Solche Formen verkürzen die ethische Tiefe allzu häufig. Es ist gerade die Vielzahl an Themen, die die ethische Auseinandersetzung bereichern.

An der oben skizzierten Frageliste wird deutlich, wie sehr die verschiedenen ethischen Argumentationslinien mit der Thematik verbunden werden können. Innerhalb verschiedener Naturwissenschaftsdidaktiken hat sich somit auch der Begriff der *ethischen Komplexität* etabliert, um die Unübersichtlichkeit ethischer Thematiken zu beschreiben (Bögeholz & Barkmann, 2005). Als Analogie zur faktischen Komplexität gedacht, soll ethische Komplexität die hohe „Kompliziertheit" von Themen auf der ethischen Ebene verdeutlichen. Der Terminus klingt sehr einleuchtend und wurde nach der Beschreibung durch Bögeholz und Barkmann (2005) auch in andere Fachdidaktiken übertragen, beispielsweise in die Geographiedidaktik (Mehren et al., 2015). Bei näherer Betrachtung zeigt es sich aber als nicht unproblematisch, von „ethischer Komplexität" zu sprechen. Auf eine fundamentale Auseinandersetzung muss in dem hier gegebenen Rahmen verzichtet werden.

Wichtig ist allerdings, dass es sich bei *Ethik* nicht um ein einheitliches Feld handelt. Allein die Unterschiedlichkeit der einzelnen Bereichsethiken deutet darauf hin, dass sehr unterschiedliche Argumentationen, Begriffe und Logiken bestehen, die es sehr fraglich machen, von einem zusammenhängenden System auszugehen, welches im Fachunterricht abgebildet werden könnte (Nida-Rümelin, 2005; Gordon, 2019). Dies würde das Ziel ethischer Auseinandersetzungen im Fachunterricht verfehlen. Hier soll es vielmehr darum gehen, das ethische Fragen von Schüler:innen mit ethischen Begriffen und Argumentationen zu orientieren. Der Frageprozess der Schüler:innen, von dem wir dabei ausgehen, verläuft nicht im völligen Ungewissen, sondern entlang von Begriffen (z. B. Gerechtigkeit), die bereits reflektiert wurden und in der Auseinandersetzung mit neuen Fragen zwar erneut befragt werden, doch als Bezugspunkte gelten können. Für die didaktische Betrachtung folgt daraus, dass der Bereich keine einfach als gegeben zu betrachtenden Inhalte und Regeln bereitstellt, von denen einfach deduziert werden kann (wie etwa bei der Besprechung des Wasserkreislaufs). Noch mehr als naturwissenschaftliche Zusammenhänge verschließt sich der Bereich ethischer Argumentation durch seine Eigenschaften einer Abbilddidaktik.

## 17.5 Didaktische Herangehensweise – ethisches Zeitungslesen

Bei der hier vorgestellten Methode handelt es sich um das *ethische Zeitungslesen*. Dieser Zugang ermöglicht es, von einem fachlichen Fallbeispiel auszugehen, welches eine moralisch-ethische Fragestellung aufwirft, und gleichzeitig an die Lebenswelt der Schüler:innen anzubinden (Müller, 2017). Das Ziel der Methode ist, ein Verständnis für ethische Fragen und den Umgang mit ihren Hintergründen zu erreichen. Komplexität wird damit bewusst aus fachdidaktischer Sicht zugelassen.

Die Methode wurde mit Schüler:innen der Sekundarstufe 2 eines Gymnasiums erprobt. Nach einem vorangegangenen Training konnten die Schüler:innen eigenständig ethische Fragestellungen in der Zeitung identifizieren und für unterschiedliche Themen (u. a. für das Thema Xenotransplantation) formulieren (ebd.).

Zum Verstehen der ethisch komplexen Problematik am Beispiel der Xenotransplantation wird das im Folgenden dargestellte Vorgehen vorgeschlagen. Dabei schaffen Schritt 1–3 eine Grundlage zum Verstehen des ethischen Problems, Schritt 4–6 dienen dem vertiefenden Verstehen mit Blick auf ethische Theorien:

**Erstes Verstehen der ethischen Problematik**
1. Die Schüler:innen (möglich für Gymnasium, ab 10. Klasse) lesen zu Beginn eine Pressemitteilung zum Fall der Schweineherztransplantation in Maryland/USA (z. B. https://www.sueddeutsche.de/gesundheit/medizin-erstmals-schweineherz-transplantation-fuer-einen-menschen-dpa.urn-newsml-dpa-com-20090101-220 111-99-664445). → Mit Blick auf den Artikel können (z. B. mithilfe von M1; Kap. 6) erste ethische Fragen formuliert werden (z. B. „Darf man Tiere für die Rettung von Menschen genetisch verändern und töten?").
2. Die Schüler:innen recherchieren zum Thema Xenotransplantation und zu den fachlichen Hintergründen und tragen diese zusammen (Sachanalyse). Alternativ kann ihnen auch die obige Sachanalyse vorgelegt werden. → Je nach Schwerpunktsetzung kann hier auf biologische Details eingegangen werden.
3. Auf Basis der Sachanalyse werden weitere ethische Fragen (z. B. „Inwiefern ist es ethisch vertretbar, das Risiko einer Zoonose einzugehen, um ein Menschenleben

damit zumindest für eine Zeit zu retten?"; vgl. Fragen in der ethischen Analyse) gesammelt und nach den in der ethischen Analyse genannten Oberthemen geordnet (z. B. Risikoabwägung, Verantwortung). Ziel ist es, ein vertieftes Verstehen der Komplexität des ethischen Problems zu erreichen: eine ethische Analyse des Problems.

**Vertieftes Verstehen der ethischen Problematik**
4. Nun kann ein wertender Artikel (z. B. Süddeutsche Zeitung, 2022) hinsichtlich der darin vorkommenden ethischen Fragen (1. „Wie lautet die ethische Frage des Artikels zum Thema?") und ihrer Bewertung (2. „Wie wird diese Frage entschieden?") betrachtet werden. Das Verstehen der Bewertung in dem Artikel kann dabei mit Blick auf die Hauptmodelle ethischer Theorien erfolgen. Es geht darum, die Richtung der Argumentation zu verstehen, ohne dabei auf konkrete ethische Theorien eingehen zu müssen. So ist festzustellen, dass die meisten ethischen Diskussionen im öffentlichen Diskurs in Deutschland, etwa zum Thema Sterbehilfe, sich in zwei verschiedene Argumentationslager aufteilen: die Prinzipienethik und die Folgenethik. Schüler:innen können lernen, diese zwei Muster zu enttarnen. Tab. 17.1 kann hierfür hilfreich sein, indem gefragt wird: „Nach welchem Modell bewertet der Artikel diese ethische Frage?"

Die *Prinzipienethik* leitet die Richtigkeit einer Handlung aus der Frage her, ob das Prinzip der Handlung eingehalten wird (z. B. Recht auf körperliche Unversehrtheit). Die *Folgenethik* wertet die Richtigkeit einer Handlung nach den Folgen: Inwiefern sind diese für die Gesellschaft bzw. den Einzelnen gut oder schlecht, wobei dies je nach konkreter ethischer Theorie dann unterschiedlich bestimmt wird.

5. In einem weiteren Schritt kann eine ethische Frage aus dem Komplex von Schritt 3 im Klassenverband diskutiert werden. Auch in der Diskussion soll es nicht darum gehen, sich verschiedene Meinungen mitzuteilen, sondern darum, zu verstehen, warum unterschiedliche Meinungen existieren und worin das ethische Problem besteht. Auch für diesen Schritt kann Tab. 17.1 hilfreich sein, indem sich die Schüler:innen mit ihrer Meinung hier einordnen. Möglich ist es aber auch, die Prinzipien selbst etwas genauer zu diskutieren: Was heißt Recht auf Leben gemäß Artikel 2 im Grundgesetz? Was bedeutet Leiden beim Tier?

**Tab. 17.1** Zwei Hauptmodelle ethischer Theorien 8. (Modifiziert und auf zwei Modelle gekürzt nach Marckmann, 2015, S. 6)

| Theorie | Deontologische Ethik/ Gesinnungsethik/Pflichtethik | Konsequentialistische Ethik/Folgenethik |
|---|---|---|
| Fokus | Pflichten (Gebote, Regeln) | Absehbare Folgen, Nutzen/Schaden |
| Beispiel | Menschenwürde, Recht auf Leben und körperliche Unversehrtheit, Selbstbestimmung, Schutz vor Leid (Tiere) | Mehr Nutzen als Schaden für Tier und Mensch? Wem wird geholfen (ggf. einem Menschen), wem wird Schaden (ggf. Tieren, vielen Menschen) zugefügt? |

6. In einem letzten Schritt ist es immer möglich, ergänzend konkrete ethische Theorien heranzuziehen, wie etwa bestimmte utilitaristische Positionen (z. B. P. Singer, 1994). Möglich wäre aber auch Hans Jonas' Verantwortungsethik (1984) und seine Heuristik der Furcht mit der daraus abzuleitenden und für das Thema Xenotransplantation besonders interessanten Frage: Ob der schlechten Prognose (z. B. Risiko einer Zoonose, Versterben des Patienten nach wenigen Monaten) vor der optimistischen der Vorzug gegeben werden muss, denn welches Risiko ist ethisch vertretbar?

## Ausblick

Ethisches Zeitungslesen als Entdecken von ethischen Fragen in faktischen Problemen, die in der Zeitung betrachtet und bewertet werden, kann nach und nach trainiert werden, indem das Auffinden und Formulieren von ethischen Fragen immer wieder eingeübt werden. Wie weit dabei in die Tiefe gegangen wird, d. h., wie viele der genannten Einzelschritte genutzt werden, ist für verschiedene Klassenstufen bzw. Themen unterschiedlich variabel. Die Methode des ethischen Zeitungslesens eignet sich für alle medial aufgegriffenen tier-, bio- oder medizinethischen und umweltethischen Fragen.

Grundsätzliches Ziel ist es, zu verstehen, worin das ethische Problem besteht, und nicht, die eigene Meinung zu vertreten oder verschiedene Meinungen von Experten zu sammeln und zu gewichten.

## Literatur

Ahmed, S. . T., & Dubey, V. (2019). Xenotransplantation. *International Journal of Contemporary Medical Research, 6*(2), B11–B14. https://doi.org/10.21276/ijcmr.2019.6.2.38

Bögeholz, S., & Barkmann, J. (2005). Rational choice and beyond: Handlungsorientierende Kompetenzen für den Umgang mit faktischer und ethischer Komplexität. In R. Klee, A. Sandmann, & H. Vogt (Hrsg.). Lehr- und Lernforschung in der Biologiedidaktik. Forschungen zur Fachdidaktik (Bd. 7, S. 211–224). Studienverlag.

Bogner, V. (2018). *Xenotransplantation als Herausforderung für Identität und Lebensführung. Theologische, ethische und praktische Aspekte.* UB München.

Descartes, R. (1977). *Meditationen über die Grundlagen der Philosophie.* Meiner Verlag.

DSO (Deutsche Stiftung Organtransplantation) (2023). *Jahresbericht Organspende und Organtransplantation 2022.*

Deutsches Ärzteblatt. (2023). Organspende: Zahlen rückläufig, neue Debatte. https://www.aerzteblatt.de/nachrichten/140252/Organspende-Zahlen-ruecklaeufig-neue-Debatte-ueber-Reform. Zugegriffen im 16. Januar

Gordon, J.-S. (2019). *Ethik als Methode. Zwischen Universalismus und Partikularismus.* Karl Alber.

Hawthorne, W. J. (2022). World first pig-to-human cardiac xenotransplantation. https://doi.org/10.1111/xen.12733

Hofmeister, H. (1997). *Philosophisch denken.* Vandenhoeck und Ruprecht.

Jonas, H. (1984). *Das Prinzip Verantwortung. Versuch einer Ethik für die technologische Zivilisation.* Insel.

Lichtenberg, G. C. (1773–1775). https://www.aphorismen.de/zitat/122367

Marckmann, G. (Hrsg.). (2015). *Praxisbuch Ethik in der Medizin*. Medizinisch Wissenschaftliche Verlagsgesellschaft.

Mehren, M., Mehren, R., Ohl, U., & Resenberger, C. (2015). Die doppelte Komplexität geographischer Themen – Eine lohnenswerte Herausforderung für Schüler und Lehrer. *Geographie aktuell & Schule, 37*, 4–11.

Müller, E. (2017). Ethisches Zeitungslesen. Lesen mit der Toulmin-Brille. *Ethik und Unterricht, 4*, 19–25.

Nida-Rümelin, J. (2005). Tierethik I. Zu den philosophischen und ethischen Grundlagen des Tierschutzes. In J. Nida-Rümelin (Hrsg.), *Angewandte Ethik. Die Bereichsethiken und ihre theoretische Fundierung* (S. 514–538). Kröner.

RBB (Rundfunk Berlin-Brandenburg). (2022). Xenotransplantation: Rettung durch ein Schweineherz. Prof. Dr. Christoph Knosalla (Herzchirurg am Deutschen Herzzentrum Berlin) im Interview mit Ursula Stamm. https://www.rbb-online.de/rbbpraxis/rbb_praxis_service/herz-kreislauf-lunge/herz-kreislauf-transplantation-usa-baltimore-schwein-herz-mensch-genetisch-angepasst-organe-mangel-organspende-herzmuskel-op.html. Zugegriffen im 9. Januar.

Schlitt, H. J., & Manns, M. P. (1999). Ethische und rechtliche Aspekte der Xenotransplantation: Klausurtagung des Sonderforschungsbereichs „Immunreaktionen und Pathomechanismen bei Organtransplantationen". *Deutsches Ärzteblatt, 96*(27), A-1839/B-1580/C-1465.

Singer, P. (1994). *Praktische Ethik*. Neuausgabe (2., rev. u. erw. Aufl.). Reclam.

Süddeutsche Zeitung. (2022). Herztransplantation – ein kalkulierter Tabubruch. Kommentar von W. Bartens. https://www.sueddeutsche.de/meinung/transplantation-schweineherz-xenotransplantation-medizin-1.5505082. Zugegriffen im 11.Januar.

Ulrich-Riedhammer, E. M. (2017). *Ethisches Urteilen im Geographieunterricht. Theoretische Reflexionen und empirisch-rekonstruktive Unterrichtsbetrachtung zum Thema „Globalisierung"*. readbox.

Ulrich-Riedhammer, E. M. (2018). Die ethische Brille aufsetzen – zur Frage der Förderung ethischen Urteilens im Geographieunterricht. *Zeitschrift für Geographiedidaktik, 46*(4), 7–32.

## Vertiefende Literatur

Dickel, M., & Richter, N. (2023). Beispiel-Verstehen. Zum doppelseitigen Bildungsprozess von Gegenstand und Selbst. In J. Laub & M. Dickel (Hrsg.), *Die Pädagogik der Geographiedidaktik. Pädagogische Grundlagen, Bezüge und Perspektiven der geographiedidaktischen Forschung und des Geographieunterrichts*. Transcript.

# Ethische Argumentation mithilfe von Fallanalysen

## Ein Beispiel zur Organspende

Sarah Huck

**Zusammenfassung**

Um den Bildungsauftrag der Schule zu erfüllen, bedarf es auch in nichtphilosophischen Unterrichtsfächern der ethischen Argumentation und kritischen Urteilsfähigkeit. Sie sind das beste Zeichen der Aufklärung, der Demokratiebildung und der Mündigkeit. In diesem Kapitel soll gezeigt werden, wie die ethische Argumentation anhand einer Fallanalyse zur Organspende in Deutschland geschult werden kann. Im Fallbeispiel erleidet Mats eine schwere Kopfverletzung bei einem Autounfall, die zum Hirntod führt. Er hat keinen Organspendeausweis, daher tritt ein Arzt an die Eltern heran und fragt sie, ob sie einer Organspende zustimmen würden. Doch wie sollen diese sich entscheiden? Um diese Frage kritisch beurteilen zu können, bedarf es entsprechender Kriterien. Als Kriterien für die Güte der Argumentation haben sich Relevanz, Akzeptanz und Beweiskraft sowie ein Schema zur Fallanalyse bewährt, welches ein sinnvolles Instrument zur didaktischen Transformation des Falles liefert.

S. Huck (✉)
Institut für Philosophie, Universität Oldenburg, Oldenburg, Deutschland
E-Mail: sarah.huck@uni-oldenburg.de

© Der/die Autor(en), exklusiv lizenziert an Springer-Verlag GmbH, DE, ein Teil von Springer Nature 2025
C. Hößle, W. Rathje (Hrsg.), *Bioethik unterrichten - Urteilsfähigkeit fördern*, https://doi.org/10.1007/978-3-662-69707-8_18

> **Worum es geht**
> - Unterrichtsmaterial zur ethischen Argumentation ausgehend von einem Fallbeispiel für den Biologieunterricht
> - Ethisches Fallbeispiel zur postmortalen Organspende und zur Regelung der Organspende in Deutschland
> - Methode zur Arbeit mit ethischen Fallbeispielen in nichtphilosophischen Unterrichtsfächern
> - Förderung der Teilkompetenzen Wahrnehmen, Diskutieren und Urteilen sowie der Empathiefähigkeit und (Folgen-)Reflexion
> - Dauer der Durchführung: 2 × 90 min

## 18.1 Organspende

Zur Organspende kommt es, wenn infolge einer schweren Krankheit oder eines Unfalls schwere Hirnschädigungen zum Tod einer Patientin oder eines Patienten führen. Ist dies der Fall, müssen zwei Ärzt:innen unabhängig voneinander den unwiderruflichen Ausfall der Gesamtfunktion des Großhirns, des Kleinhirns und des Hirnstamms feststellen. Bezeichnet wird dies als *Hirntod* (vgl. DSO, 2022b). Diese Ärzt:innen dürfen dabei im weiteren Verlauf weder an der Entnahme noch an der Übertragung der Organe beteiligt sein. Nach der Feststellung des Hirntods wird die Deutsche Stiftung Organtransplantation (DSO) informiert und ein Angehörigengespräch geführt. In Deutschland ist eine Organspende nur mit Einwilligung möglich (s. unten). Hat der Verstorbene zu Lebzeiten keine eigene Entscheidung getroffen, sollen die nächsten Angehörigen eine Entscheidung für den Verstorbenen treffen. Kommt es zu einer Einwilligung, werden diverse medizinische Daten erhoben, welche dann an Eurotransplant weitervermittelt werden. Die Stiftung Eurotransplant ist verantwortlich für die Zuteilung von Spenderorganen in acht europäischen Ländern (Belgien, Deutschland, Kroatien, Luxemburg, Niederlande, Österreich, Ungarn und Slowenien) und arbeitet hierzu eng mit den Organspende-Organisationen, Transplantationszentren, Laboratorien und Krankenhäusern zusammen (vgl. Eurotransplant, o. J.).

Eurotransplant speichert die Daten der Patient:innen auf den Wartelisten aller beteiligten Staaten des Eurotransplant-Verbunds und gleicht sie mit den Daten der gemeldeten Spender:innen ab. Die Zuweisung von Organen (Allokation) erfolgt ausschließlich auf Grundlage medizinischer und ethischer Gesichtspunkte. Kriterien wie Dringlichkeit und Erfolgsaussicht sind hier entscheidend (vgl. DSO, 2022b). Passen die Merkmale zusammen, leitet Eurotransplant den weiteren Transplantationsprozess ein. Anschließend werden die Organe entnommen, transportiert und dem Empfänger transplantiert. Nach der Organentnahme wird die Operationswunde vernäht, um den Angehörigen des Verstorbenen einen möglichst würdevollen Abschied (z. B. im Fall einer Aufbahrung) zu ermöglichen.

Im Jahr 2022 wurden insgesamt 2294 Organe über eine postmortale Organspende transplantiert (vgl. DSO, 2022a). Die Zahl der Organspenden ist damit rückläufig.

## 18.2 Zur rechtlichen Situation der Organspende in Deutschland

In Deutschland werden Organ- und Gewebespenden im Transplantationsgesetz geregelt. Dieses trat 1997 in Kraft und wurde 2007 durch das Gewebegesetz erweitert (vgl. BZgA, o. J.-a). Als Regelung ist hier die sog. *Entscheidungslösung* verankert. Das bedeutet, dass eine Organ- oder Gewebeentnahme nur dann erlaubt ist, wenn die verstorbene Person der Entnahme zu Lebzeiten zugestimmt hat. Wurde keine Entscheidung getroffen, müssen nach dem Versterben einer Person, die als Organ- bzw. Gewebespender:in infrage kommt, stellvertretend die nächsten Angehörigen eine Zustimmung erteilen. Nur bei entsprechender Entscheidung ist die Organ- und Gewebeentnahme in Deutschland zulässig. Es ist jedoch niemand verpflichtet, eine Entscheidung zu treffen (vgl. ebd.).

Bei der Entscheidungslösung müssen die Bürger:innen regelmäßig *über die Möglichkeit der Organ- und Gewebespende informiert und aufgeklärt* werden. Dies geschieht u. a. durch Informationen vonseiten der Krankenkassen, Kampagnen und Infowebseiten. Wichtig ist hierbei, dass die Unterlagen nicht in eine bestimmte Richtung beeinflussen dürfen, sondern neutral und ergebnisoffen verfasst sein müssen, um die gesamte Tragweite der Entscheidung abzubilden. Zum 01.03.2022 änderte sich das Gesetz, um die Entscheidungsbereitschaft bei der Organspende zu stärken. Durch die Änderung des Transplantationsgesetzes soll eine bessere Umsetzung des Patientenwillens ermöglicht und auch digital abgebildet werden. Es soll ein zentrales elektronisches Register der Entscheidungen für oder gegen eine Organspende beim Bundesinstitut für Arzneimittel und Medizinprodukte eingerichtet werden[1] (vgl. BZgA, o. J.-b).

Da die Anzahl an postmortalen Organspenden in Deutschland rückläufig ist, stehen auch andere Lösungen als die Entscheidungslösung zur Diskussion, beispielsweise die Widerspruchslösung, die in anderen Ländern Europas zielführend umgesetzt wird. Bei der *Widerspruchslösung* findet eine Organ- oder Gewebespende statt, außer die verstorbene Person hat zu Lebzeiten ausdrücklich widersprochen (z. B. in einer Patientenverfügung). Dies gilt in den meisten europäischen Ländern, wie beispielsweise in Frankreich, Spanien, Schweden, Norwegen oder Polen (vgl. ebd.). Neben der Widerspruchslösung gibt es außerdem die Zustimmungslösung. Bei der Zustimmungslösung kommt es nur dann zu einer Organ- oder Gewebe-

---

[1] Organspendeausweis und Patientenverfügung bleiben aber dennoch weiterhin gültig; es soll lediglich eine weitere Möglichkeit der Festhaltung des Patientenwillens geschaffen werden.

spende, wenn zu Lebzeiten einer Spende zugestimmt wurde. Diese Lösung gibt es in wenigen europäischen Ländern, beispielsweise in der Schweiz, Irland oder Dänemark (vgl. BZgA, o. J.-c).

## 18.3 Zur Relevanz ethischen Argumentierens in nichtphilosophischen Unterrichtsfächern

Das niedersächsische Schulgesetz formuliert als Bildungsauftrag der Schule, dass diese „die Persönlichkeit der Schülerinnen und Schüler auf der Grundlage des Christentums, des europäischen Humanismus und der Ideen der liberalen, demokratischen und sozialen Freiheitsbewegungen weiterentwickeln" soll (NschG § 2 Abs. 1). Schüler:innen sollen Wertvorstellungen des Grundgesetzes verstehen und teilen, Grundrechte für sich und jeden anderen wirksam werden lassen und zur demokratischen Gestaltung der Gesellschaft beitragen. Zudem sollen sie nach ethischen Grundsätzen handeln sowie religiöse und kulturelle Werte erkennen und achten (vgl. NschG § 2 Abs. 1).

Um diesen (verkürzt dargestellten) Bildungsauftrag der Schule zu erfüllen, bedarf es eines wachen Geistes und kritischer Urteilsfähigkeit, die über alle Unterrichtsfächer hinweg geschult, gefördert und geübt wird. Diese ist das beste Zeichen der Aufklärung, der Demokratiebildung und der Mündigkeit. Urteilsfähigkeit sorgt dafür, Hass und Hetze zu erkennen, dagegen eintreten zu können sowie unsere Werte und Demokratie zu verteidigen.

Im kantischen Sinne ist Urteilskraft eng verbunden mit der Aufklärung. „Sapere aude – Habe Mut, dich deines eigenen Verstandes zu bedienen" (Kant, 1999, S. 20), kann als Wahlspruch der Aufklärung gelten. Aufklärung ist hierbei nicht bloß eine Epoche, sondern eben ein Anspruch an die Gesellschaft. Wir leben nach wie vor in einem Zeitalter der Aufklärung und nicht in einem aufgeklärten Zeitalter. Philosophie soll nun gerade zur Reflexions- und Urteilsfähigkeit erziehen. Doch welche Art von Philosophie ist gemeint, und wie soll in unterschiedlichen Fächern mit diversen Fachkulturen philosophiert werden?

Kant (1923, S. 866) gibt zu bedenken: „Bis dahin kann man keine Philosophie lernen; denn wo ist sie, wer hat sie im Besitze, und woran läßt sie sich erkennen? Man kann nur philosophieren lernen." Und genau darum soll es in diesem Kapitel gehen: um das Philosophieren als „kritische Haltung und Tätigkeit des Denkens" (Runtenberg, 2008, S. 188), wie es auch Runtenberg im Anschluss an Kant und Foucault vertritt. Philosophieren meint dann eine Haltung, die geprägt ist von Staunen vor der Welt, Achtsamkeit im Umgang mit ihr und anderen und Unvoreingenommenheit in ihrer Erklärung. Philosophieren hat damit überfachlichen Anspruch, realisiert sich im eigentlichen Tun und ist jedem Menschen zugänglich. Grundlegende philosophische Fragen treiben also jeden Menschen um.

Einen Teilbereich der Philosophie bildet die Ethik. Ethische Fragestellungen und Argumentationen bilden eine Grundlage für Demokratie, Werteverständnis, Humanität, Liberalität und Sozialität (vgl. Pfeifer, 2013, S. 179). Ethische Argumentation und Urteilsfähigkeit dienen dazu, Fanatismus, Scheinwissen, Fake News und damit auch totalitären Ansichten entgegenzuwirken. Sie sind gerade in der heutigen Zeit besonders relevant, um auch das Erstarken extremer politischer Positionen zu verhindern und der Abwertung von wissenschaftlichen Fakten entgegenzuwirken. Daher sind Argumentations- und Urteilsfähigkeit Querschnittsthemen in allen Unterrichtsfächern.

Doch welchen Kriterien müssen ethische Argumentationen gerecht werden, und wie lassen sich ethische Argumentationen auch in nichtphilosophischen Unterrichtsfächern fördern und umsetzen?

Damit ethische Argumentation nicht in die Falle tappt, dass am Ende einer Unterrichtsstunde die Aussage „Das muss doch jeder für sich selber wissen!" steht, bedarf es entsprechender Kriterien. Ethische Argumentation darf daher nicht beliebig, sondern muss kriterienfähig und damit auch intersubjektiv nachvollziehbar sein. Als Kriterien für die Güte der Argumentation gibt Volker Pfeifer (2013, S. 183) Relevanz, Akzeptanz und Beweiskraft an. Diese sollen im Folgenden kurz erläutert werden.

- Die *Relevanz* betrifft die Fragen „Trifft das Argument überhaupt zu?", „Kommt es infrage?", „Ist es zugkräftig?". Das ist ein Unterschied zur Beweiskraft.
- *Beweiskraft* meint die tatsächliche Güte des Arguments. Ein Beispiel kann dies deutlich machen: Für die Frage, ob Jan einen bestimmten Beruf bekommt, ist relevant, dass er ausreichend qualifiziert ist. Das heißt aber nicht, dass das Qualifikationsargument auch zugkräftig ist, denn jemand kann eine (noch) bessere Qualifikation aufweisen als Jan und sich ebenfalls um den Job bewerben. In unserem Beispiel wäre die Beweiskraft gegeben, wenn Jan tatsächlich den besten Abschluss erzielt hätte. Wäre dies das einzige Einstellungskriterium, so würde er auf dieser Grundlage den Job bekommen, was von den Mitbewerbern akzeptiert werden müsste.
- *Akzeptanz* meint dann die Nachvollziehbarkeit von anderen (vgl. ebd., S. 183).

Zusammenfassend betrachtet, lässt sich sagen: „Eine fachwissenschaftlich ‚gute' ethische Argumentation ist [...] explizit, [...], vollständig, fachlich richtig und kritisch, insofern sie ihre eigenen Voraussetzungen prüft und sich mit Gegenargumentationen auseinandersetzt" (Dietrich, 2017, S. 9).

Das Ziel ethischer Argumentation ist die Urteilsbildung. Urteile haben dabei eine andere Qualität als die bloße Meinungsäußerung. Unter einer Meinung versteht man landläufig eine „persönliche Ansicht, Überzeugung, Einstellung o. Ä., die jemand in Bezug auf jemanden, etwas hat" (Dudenredaktion, 2025a). Ein ethisches Urteil geht darüber hinaus, indem es gerade den genannten Kriterien gerecht wird und eine „prüfende, kritische Beurteilung" und „abwägende Stellungnahme" (Dudenredaktion, 2025b) beinhaltet. Dies bezieht sich vor allem auch auf die Akzeptanz. Ein Richter spricht beispielsweise auch ein Urteil aus, keine subjektive Meinung. Diesen Unterschied auch im Bewusstsein der Schüler:innen zu verankern, ist ein zentrales Ziel ethischer Argumentation. Fallanalysen eignen sich auf besondere Art und Weise zur Förderung ethischer Argumentationen.

## 18.4 Didaktische Aspekte zu Fallanalysen

Fallanalysen bieten grundsätzlich viele Möglichkeiten fächerübergreifenden Arbeitens. Insbesondere naturwissenschaftliche Fächer stellen grundsätzliches Sachwissen zur Verfügung, welches ethisch beurteilt werden kann und bisweilen auch notwendigerweise beurteilt werden muss (vgl. Pfeifer, 2013, S. 206). Franzen (2017) entwirft ein Schema zum Umgang mit Fallanalysen (Abb. 18.1), welches sich meines Erachtens hervorragend auch für die ethische Argumentation in naturwissenschaftlichen und anderen nichtphilosophischen Unterrichtsfächern eignet. Ich möchte es im Folgenden in seinen wesentlichen Punkten skizzieren.

Franzen geht von der Präsentation eines konkreten, realen Falles aus, der zum Denken und Urteilen anregen soll. Der jeweilige Fall sollte begründet ausgewählt sein und den Kriterien gerecht werden, dass er die

- Motivation der Schüler:innen steigert,
- relevant (auf gesellschaftlicher oder persönlicher Ebene) ist,
- fachliche Eignung besitzt und entsprechend seiner Komplexität für Alter und Vorwissen der Schüler:innen geeignet ist (vgl. Franzen, 2017, S. 4).

Ausgehend von dem Fall sollen die Schüler:innen sich

- in einem *Spontanurteil* positionieren. Dieses dient dazu, zunächst einen eigenen Standpunkt zu gewinnen und die Voreinstellungen und Präkonzepte der Schüler:innen sichtbar zu machen.
- Es folgt eine *Situationsanalyse*. Diese dient dazu, eine noch lückenhafte Informationsbasis zu füllen und strittige Sachverhalte sowie Interessen zu klären. Insbesondere die Interessenanalyse ist ein wichtiger Teil dieses Schrittes, „denn

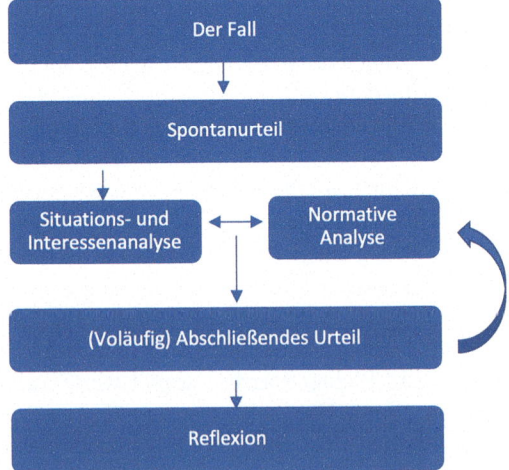

**Abb. 18.1** Schema zur Fallanalyse. (Nach Franzen, 2017, S. 5)

um die ethisch relevanten Problemstellungen einer Situation zu erkennen, muss deutlich werden, wessen Interessen von einer Entscheidung im vorliegenden Fall betroffen wären und zwischen welchen Interessen eventuell Konflikte bestehen könnten" (ebd., S. 6). Dies schließt auch die Berücksichtigung gesellschaftlicher und/oder institutioneller Strukturen ein.
- Im Anschluss daran erfolgt die *normative Analyse*. Diese steht immer in Beziehung zur Situations- bzw. Interessenanalyse. In der normativen Analyse geht es vor allem um die „Explikation und Kritik bzw. Begründung der einschlägigen und gegebenenfalls konfligierenden Normen" (Dietrich, 2017, S. 9). Hierzu zählen eine Normenanalyse sowie das Erkennen bestimmter Argumentstrukturen (z. B. Toulmin-Schema, praktischer Syllogismus) und von Scheinargumenten (z. B. normative Fehlschlüsse). Auch sollten ethische Positionen sowie argumentierende Texte in diesem Schritt einbezogen werden, um sich mit (Gegen-)Argumenten und Faktenwissen vertraut zu machen. Es folgt nun das (vorläufig) abschließende Urteil, welches wie im oben beschriebenen Sinne auf Fakten basiert, kritische Stimmen reflektiert und begründet sowie intersubjektiv nachvollziehbar dargestellt werden kann.

Da Urteilsbildung ein Prozess ist, der niemals vollständig abgeschlossen, sondern immer auch von Situations- und normativer Analyse abhängig ist, ist es meines Erachtens sehr sinnvoll, von einem vorläufig abschließenden Urteil zu sprechen. Dies beinhaltet auch den Hinweis darauf, dass das Philosophieren ein niemals abgeschlossener Prozess im Sinne der Nachdenklichkeit ist. Im letzten Schritt gilt es, den Lernprozess gemeinsam mit den Schüler:innen zu reflektieren. Dies ist besonders relevant, da auf diese Weise einerseits deutlich werden kann, dass zwischen der anfänglichen Meinungsäußerung und einem reflektierten Urteil ein wichtiger Erkenntnisgewinn steht, der ein Urteil qualitativ von einer bloßen Meinungsäußerung unterscheidet. Andererseits können auch Positionswechsel zwischen der anfänglichen Meinung und dem abschließenden Urteil reflektiert werden. Franzen (2017, S. 8) spricht davon, dass eine solche Reflexion „oft" gewinnbringend sei. Ich selbst würde diesen Schritt jedoch als obligatorisch für die Transparenz des Lernfortschritts ansehen.

Zusammenfassend lässt sich sagen: Ethische Argumentation, ausgehend von Fallanalysen, verbleibt durch eine eingehende Situationsanalyse sowie Interessenanalyse und normative Analyse, die in Wechselbeziehung zueinanderstehen, nicht bei einem bloßen Meinungsaustausch, sondern beinhaltet durch die Aspekte Relevanz, Akzeptanz, Transparenz und Beweiskraft zentrale Kriterien, die einer Beliebigkeit entgegenstehen. Die Fähigkeit zur ethischen Argumentation und Urteilsbildung fasst Dietrich (2004, S. 69) als eine ethisch-philosophische Basiskompetenz auf, mit der sich auch an fachspezifische ethische Fragestellungen herangewagt werden soll. Ein gutes, fachspezifisches Beispiel, um die ethische Urteilsfähigkeit zu schulen, bietet die Diskussion um die Organspende.

## 18.5 Die Unterrichtssequenz

**Fallbeispiel**

Mats (19) lebt im Oldenburger Münsterland und arbeitet als Altenpfleger. Er befindet sich im Winter mit dem PKW auf dem Weg zur Arbeit. Die Fahrbahn ist glatt, er verliert die Kontrolle über das Fahrzeug und schickt ein Stoßgebet zum Himmel. Er kommt von der Straße ab und wird bei dem Unfall schwer am Kopf verletzt. Sofort werden seine Eltern benachrichtigt. Im Krankenhaus versuchen die Ärzte, sein Leben zu retten, doch die Verletzungen sind zu schwerwiegend. Zwei Ärzte stellen unabhängig voneinander seinen Hirntod fest. Mats wird durch eine Maschine am Leben gehalten. Sein Herz schlägt noch, und seine Haut glänzt rosig. Mats hat keinen Organspendeausweis, daher tritt ein Arzt an die Eltern heran und fragt sie, ob sie einer Organspende (Herz, Nieren, Netzhaut ...) zustimmen würden. Doch wie sollen diese sich entscheiden? ◄

Es bietet sich zunächst eine erste mündliche Präsentation des Fallballspiels etwa durch einen freien Vortrag an, um das Zuhören zu schulen und die Aufmerksamkeit zu zentrieren. Im Anschluss sollte das Fallbeispiel auch visuell verdeutlicht werden, um Nachlesen und Nachschauen der Details zu ermöglichen.

**Das Spontanurteil**

Nach dem ersten Hören des Fallbeispiels werden die Schüler:innen aufgefordert, sich spontan zum dargestellten Sachverhalt zu positionieren. Für die Positionierung lassen sich je nach zur Verfügung stehender Zeit unterschiedliche methodische Herangehensweisen wählen. Zwei Möglichkeiten möchte ich kurz skizzieren.

1. Ein *Blitzlicht* erlaubt es allen Schüler:innen, kurz zu dem Sachverhalt begründet Stellung zu nehmen. Die Aspekte und Begründungen, die das Blitzlicht liefert, können stichpunktartig an der Tafel gesammelt oder protokolliert werden und stehen auf diese Weise für einen Vergleich mit dem abschließenden Urteil zur Verfügung (vgl. Scholz, 2020, S. 56).
2. Eine andere Möglichkeit bietet die *Positionslinie*. Man denke sich (oder markiere) eine Linie quer durch das Klassenzimmer. Das eine Ende der Linie ist die „Ja-Position" („Pro"), das andere Ende die „Nein-Position" („Contra"). Die Mitte der Linie stellt die Position „Unentschieden" dar. Nun können sich die Schüler:innen auf dieser Linie positionieren. Eine Schülerin oder ein Schüler kann nun die Rolle eines Interviewers übernehmen, der die Schüler:innen zu ihrem Standpunkt befragt. Auf diese Weise werden die Gründe für die Positionierung deutlich und können ebenfalls protokolliert oder an der Tafel gesammelt werden. Die Methode macht räumlich eindrücklich deutlich, welche spontanen Positionen zur Frage, wie die Eltern von Mats sich in Bezug auf die Organspende entscheiden sollten, vorherrschen. Sie fördert die Bewegung und intensiviert durch die leibliche Präsenz im Raum das Meinungsbild, ist im Vergleich zum Blitzlicht allerdings häufig zeitintensiver (vgl. ebd., S. 34).

**Situationsanalyse**
Nach dem Spontanurteil erfolgt die Situationsanalyse. Sie dient dem Verständnis der Situation auf inhaltlicher, rechtlicher und begrifflicher Ebene.

Der skizzierte Fall spielt in Deutschland, konkret im Oldenburger Münsterland, das bedeutet, dass deutsches Recht für die Entscheidung bzgl. der Organspende anzuwenden ist. Mats' Arbeit als Altenpfleger lässt auf ein Interesse an Medizin sowie auf Kenntnisse im medizinischen Bereich schließen. Dass er in der entscheidenden Situation betet, lässt einen gläubigen Menschen vermuten. Die Formulierung „zum Himmel" deutet auf eine christliche Sozialisation hin. Im Krankenhaus wird sein Hirntod festgestellt. Da Mats keinen Organspendeausweis besitzt, greift die erweiterte Entscheidungsregelung. Seine Angehörigen sind nun diejenigen, die die Entscheidung für oder gegen die Organspende für Mats treffen müssen.

**Interessenanalyse**
Mats selbst stand der Organspende positiv gegenüber; dies hat er jedoch leider zu Lebzeiten nicht geäußert. Sein Beruf deutet allerdings auf den Wunsch hin, anderen zu helfen und Leben zu retten.

Mats Eltern stehen unter dem Schock des plötzlichen Todes ihres Sohnes. Sie sind hin- und hergerissen zwischen ihrem Wunsch, in Ruhe von ihrem Sohn Abschied nehmen zu können, und der gesellschaftlichen Verpflichtung, durch ihre Zustimmung zu einer Organspende Menschenleben retten zu können.

Ärzt:innen haben ein Interesse an medizinischem Fortschritt und gemäß des Hippokratischen Eides, Menschenleben zu heilen, zu bewahren und zu schützen (vgl. Heubel, 2016, S. 212 f.).

Menschen auf der Transplantationsliste warten auf Spenderorgane. Vor allem Herz, Leber, Niere, Pankreas und Lunge gehören zu den häufigsten postmortal gespendeten Organen, die lebenswichtig für die Menschen auf der Transplantationsliste sind (vgl. BzgA, o. J.-d)

Der Staat hat ein Interesse daran, die Anzahl möglicher Organspender zu erhöhen, um Menschenleben zu retten.

In den verschiedenen Religionen gibt es unterschiedliche Auffassungen zur Organspende. Häufig steht das Gebot, Leben zu retten, welches sich in fast allen (auch nicht christlichen) Religionen findet, im Widerspruch zur Unversehrtheit des Körpers.

**Normative Analyse**
In der normativen Analyse sollen nun ausgehend von der konkreten Situation die zugrunde liegenden Geltungsansprüche bewertet werden. Wichtige Aspekte betreffen hier die Feststellung des Todes bzw. die Definition, wann ein Mensch tot ist, religiöse Aspekte sowie der Einbezug klassischer philosophischer Positionen wie Deontologie und Utilitarismus.

Zunächst soll auf die Definition des Hirntodes eingegangen werden. *Hirntod* heißt, dass wichtige Teile des Gehirns nicht mehr arbeiten und seine Funktionsfähigkeit irreversibel verloren ist. Das Gehirn wird normalerweise über das Blut konstant mit Sauerstoff versorgt. Gibt es eine Unterbrechung in der Sauerstoffversorgung, reagiert das Gehirn sehr empfindlich auf den Sauerstoffmangel. Bereits nach einigen Sekunden führt der Mangel zu Ohnmacht; hält dieser länger an, entstehen Schäden am Hirngewebe, und Hirnzellen werden unwiederbringlich zerstört. Sind die Schäden zu schwer, stellt das Gehirn seine gesamten Funktionen ein und stirbt ab. Ist das der Fall, ist der unumkehrbare Ausfall der gesamten Hirnfunktionen (Hirntod) eingetreten. Der Tod ist nach neurologischen Kriterien eindeutig eingetreten. Das Gehirn führt seine Steuerungsfunktion nicht mehr aus. Nur mithilfe intensivmedizinischer Maßnahmen kann das Herz-Kreislauf-System künstlich aufrechterhalten werden. Auf diese Weise bleiben die Organe von Mats zwar funktionsfähig, da sie weiter mit Sauerstoff versorgt werden, aber ein (Wieder-)Erwachen ist aus neurologischer Sicht unmöglich. Ohne künstliche Beatmung würde auf den Hirntod zeitnah der Herz-Kreislauf-Stillstand folgen (vgl. BZgA, o. J.-e). Mit der Diagnose Hirntod, die von zwei Ärzt:innen unabhängig voneinander festgestellt werden muss, ist der Tod von Mats nach neurologischen Kriterien sicher festgestellt.

Jedoch werden an der Hirntoddefinition auch immer wieder Zweifel laut. Ein Problem scheint in dem Zweck dieser Definition zu liegen, denn um die Organe unbeschadet aus einem Körper entnehmen zu können, muss das Herz noch schlagen und müssen Kreislauf und Stoffwechsel so weit arbeiten, dass sich noch keine Zersetzungsstoffe im Körper befinden, die die Organe für eine Transplantation untauglich machen.

„Also haben sich Rechtswissenschaftler und Transplantationsmediziner (mit weitgehend unkritischer Legitimation durch Ethikkommissionen) auf eine Definition der Grenze zwischen Tod und Leben geeinigt, welche die Hirntoten aus dem Kreis der Lebenden ausschließt und es so möglich macht, frische Organe aus einem Körper zu entnehmen, dessen Stoffwechselprozesse noch nicht zum Erliegen gekommen sind. Dies ist entscheidend, denn allen Transplantationsgesetzen zufolge dürfen die meisten Organe nur toten Körpern entnommen werden. Der Spenderkörper soll nicht erst durch die Explantation sterben, denn dann wäre die Organentnahme Todesursache und damit Mord. Die Hirntoddefinition ist also pragmatisch ganz auf die Erfordernisse der Transplantationstechnik ausgerichtet." (Rieser & Zunke, 2012, S. 20)

Ein weiteres Problem besteht darin, dass es durchaus noch Restaktivität im Gehirn trotz Feststellung des Hirntodes gibt. Der US-amerikanische Bioethikrat führt beispielsweise an, dass die Körper von Hirntoten noch über komplexe Steuerungsfunktionen wie die Regulation von Blutfluss, Hormonhaushalt und Körpertemperatur verfügen. Der hirntote Körper reagiert auf Schmerzreize mit einer Steigerung des Blutdrucks (vgl. President's Council on Bioethics, 2016). Christine Zunke folgert daraus: „Organtransplantation erfordert einen lebenden Toten; denn die Organe von herkömmlichen (herztoten) Leichen sind unbrauchbar und die Organe Lebender zu entnehmen, wäre Mord. Dies ist die Leistung der Hirntoddefinition: sie schafft Tote, die noch hinreichend am Leben sind, um ihre Organe weitergeben zu können" (Rieser & Zunke, 2012, S. 20).

Auch aus religiösen Gründen wird einer Organspende häufig widersprochen. Mats aus unserem Fallbeispiel ist Christ. Die christlichen Kirchen stehen der Organspende als einem Akt der Nächstenliebe grundsätzlich positiv gegenüber (vgl. Schaber, 2022, S. 27).

Es soll ein kurzer Blick auf die weiteren Weltreligionen erfolgen, da auch in Schulklassen eine hohe religiöse Diversität vorherrscht und dem gerade bei einem solch wichtigen Thema wie Organspende Rechnung getragen werden muss. Im *Islam* herrscht kein einheitliches Meinungsbild zur Organspende. Der Zentralrat der Muslime (ZMD, 2011) in Deutschland hat 1997 Stellung zur Organspende genommen und verlauten lassen, dass die Organspende für in Deutschland lebende Muslime mit ihrem Glauben vereinbar sei. Im *Judentum* muss zwischen liberalen und orthodoxen Juden differenziert werden. Während liberale Juden das Leben höher werten als die Unversehrtheit des Leichnams, sieht dies bei orthodoxen Juden bisweilen anders aus. Zwar ist es eines der wichtigsten Gebote im Judentum, Leben zu retten, jedoch galt das Hirntodkriterium lange als nicht ausreichend zur Feststellung des Todes. Ein Mensch gilt im Judentum erst als tot, wenn Atmung und Herzschlag ausgesetzt haben.

Israels Chefrabbinat äußerte sich Ende der 1980er-Jahre positiv zur Organspende. Seitdem sind Juden dazu aufgerufen, ihre Organe zu spenden, um Leben zu retten (vgl. Alhawari et al., 2018a, S. 184 f.).

Im *Buddhismus* wird der menschliche Körper als unzertrennbare Einheit aus Körper und Seele gesehen, die erst durch den Todesprozess aufgehoben wird. Dieser dauert allerdings länger an als äußerlich sichtbar. Die Vorstellung des Todesprozesses im Buddhismus steht somit im Widerspruch zum festgesetzten Zeitpunkt des Hirntodes. Im Buddhismus gibt es allerdings unterschiedliche Strömungen. Vor allem tibetisch-buddhistische Anhänger stehen der Organspende kritisch gegenüber, weil sie den Todesprozess durchbricht. Grundsätzlich ist jedoch sowohl die Lebendspende als auch die postmortale Organspende mit dem buddhistischen Glauben vereinbar, da zu den Grundsätzen des Buddhismus Mitgefühl, Geben, Teilen und Solidarität gehören (vgl. Alhawari et al., 2018b, S. 273 f.).

Zur weiteren normativen Analyse können nun klassische philosophische Positionen hinzugezogen werden, beispielsweise Utilitarismus und Deontologie.

Kants (1974, S. 51) kategorischer Imperativ „Handle nur nach derjenigen Maxime, durch die du zugleich wollen kannst, daß sie ein allgemeines Gesetz werde" gibt Aufschluss darüber, dass aus deontologischer Sicht die Organspende postmortal wie prämortal zu unterstützen ist. Die den Willen leitende Maxime muss lauten, dass man möglichst viele Leben schützen und retten möchte. Nimmt man dies als Prinzip einer allgemeinen Gesetzgebung, so ergibt sich daraus auch die Verpflichtung, postmortal seine Organe bereitzustellen, um anderen das Leben zu retten. Etwas greifbarer lässt es sich durch die goldene Regel formulieren: „Das, was man von anderen erwartet, muss man selber auch tun." Wenn man selbst im Fall der Fälle ein Spenderorgan haben möchte, dann muss man auch dazu bereit sein zu spenden.

Auch aus utilitaristischer Sicht spricht viel für die Organspende. Bezogen wird sich auf Jeremy Benthams Nützlichkeitsprinzip: „Unter dem Prinzip der Nützlichkeit ist jenes Prinzip zu verstehen, das schlechthin jede Handlung in dem Maß billigt oder missbilligt, wie ihr die Tendenz innezuwohnen scheint, das Glück der Gruppe, deren Interesse in Frage steht, zu vermehren oder zu vermindern [...]" (zit. nach Höffe, 2013, S. 56). Da laut Hirntoddefinition alle wesentlichen Körperfunktionen mit dem Hirntod erlöschen, ist die Organspende zu befürworten, da sie das Glück anderer Personen fördert.

**Urteil**
Auch wenn die Argumente meines Erachtens deutlich für die Organspende sprechen, ist das persönliche Urteil ein individuelles. Das heißt, das Urteil einer Person als solches lässt sich schwierig angreifen, lediglich die Prämissen und Argumente, die zu diesem Urteil führen, können kritisiert und hinterfragt werden. So darf auch das Ziel dieser Unterrichtseinheit nicht darin bestehen, dass alle einvernehmlich zu demselben Urteil kommen, sondern darin, dass die Schüler:innen erkennen, dass ihre Urteile auf Gründen, Fakten und Positionen basieren. Wenn sich also ein Schüler oder eine Schülerin nach der Unterrichtseinheit begründet gegen die Organspende wendet und dies reflektiert unter Einbezug der Pro-Argumente, dann ist diese Position als solche zu achten und zu respektieren. Dies gehört zu den schwierigsten Herausforderungen ethischen Urteilens, weil es Toleranz und Akzeptanz unterschiedlicher Sichtweisen erfordert. Daher hängt ethische Argumentation immer auch mit Persönlichkeitsentwicklung zusammen und wird daher dem Bildungsauftrag der Schule auf besondere Art und Weise gerecht.

**Reflexion**
Um den Schüler:innen zu verdeutlichen, wie sich ihr anfängliches Spontanurteil und ihr abschließendes Urteil unterscheiden, muss der Lernprozess gemeinsam reflektiert werden. Dies ist essenziell, damit nicht der Eindruck eines „Laberfaches" bzw. von Beliebigkeit entsteht. Eine Daumenabfrage mit der Fragestellung „Hast du deine anfängliche Position geändert?" eignet sich für den Einstieg in die Reflexionsrunde sehr gut. Die Schüler:innen müssen dann begründen, warum sie ihr Urteil verändert haben. Im Anschluss gilt es, diejenigen, auf die das nicht zutrifft, abzuholen. Die Frage „Was nehmt ihr mit?" eignet sich dafür, den Prozess gemeinsam zu rekonstruieren. Es sollte deutlich werden, dass Sachinformationen, ethische Positionen und moralische Instanzen die anfänglichen Urteile ausdifferenziert haben und dass es sich damit um einen Erkenntnisprozess handelt, der in einer differenzierten Urteilsfähigkeit mündet.

## Schlussbetrachtung

Organspende ist ein äußerst umstrittenes und vielschichtiges Thema, auf das hier leider nur Schlaglichter geworfen werden konnten. Wesentliche weitere Punkte wie die Gewebespende, Organhandel und die Lebendspende konnten an dieser Stelle nicht hinreichend vertieft werden, bieten sich jedoch für den weiteren Unterrichtsverlauf durchaus als Thematiken an.

Bioethische Fragestellungen wie beispielsweise die Beurteilung der Organspende fördern interdisziplinär die Urteilsfähigkeit sowie das vernetzte Lernen. Urteilsfähigkeit wird hierbei als zentrale Kompetenz aufgefasst, die man erwerben, aber nicht im strengen Sinn lernen kann. Gerade die Verknüpfung zwischen Fachdiskussionen und Ethik befördert hierbei die Kompetenzentwicklung und auch die Persönlichkeitsentwicklung der Schüler:innen. Philosophieren und die Förderung ethischer Urteilskompetenzen sind somit als elementare Kulturtechniken in allen Unterrichtsfächern zu fördern (vgl. Martens, 2012, S. 9). Sie stellen ein zentrales Element für ein soziales, demokratisches und wertschätzendes Miteinander dar.

## Literatur

Alhawari, Y., Verhoff, M. A., & Parzeller, M. (2018a). Hirntod, Organtransplantation und Obduktion aus der Sicht der Weltreligionen. Teil 1: Einleitung, Judentum, Christentum, Islam. *Rechtsmedizin, 28*(3), 182–190.

Alhawari, Y., Verhoff, M. A., & Parzeller, M. (2018b). Hirntod, Organtransplantation und Obduktion aus der Sicht der Weltreligionen. Teil 2: Hinduismus, Buddhismus, Shintoismus, Daoismus, Diskussion, Fazit. *Rechtsmedizin, 28*(4), 272–279.

BZgA (Bundeszentrale für gesundheitliche Aufklärung). (o.J.-a). *Gesetze und Richtlinien regeln die Organ- und Gewebespende*. https://www.organspende-info.de/gesetzliche-grundlagen/gesetze-und-richtlinien/. Zugegriffen am 10.12.2022.

BZgA (Bundeszentrale für gesundheitliche Aufklärung). (o.J.-b). *Gesetz zur Stärkung der Entscheidungsbereitschaft bei der Organspende*. https://www.organspende-info.de/gesetzliche-grundlagen/gesetz-staerkung-entscheidungsbereitschaft/. Zugegriffen am 10.12.2022.

BZgA (Bundeszentrale für gesundheitliche Aufklärung). (o.J.-c). *Die Entscheidungslösung in Deutschland und gesetzliche Regelungen in anderen europäischen Ländern*. https://www.organspende-info.de/gesetzliche-grundlagen/entscheidungsloesung/. Zugegriffen am 12.12.2022.

BZgA (Bundeszentrale für gesundheitliche Aufklärung). (o.J.-d). *Welche Organe gespendet und transplantiert werden können, ist gesetzlich streng geregelt*. https://www.organspende-info.de/organspende/transplantierbare-organe/. Zugegriffen am 15.08.2023.

BZgA (Bundeszentrale für gesundheitliche Aufklärung). (o.J.-e). *Definition und Ursachen des unumkehrbaren Ausfalls der gesamten Hirnfunktionen (Hirntod)*. https://www.organspende-info.de/organspende/hirntod/definition-und-ursachen/. Zugegriffen am 15.08.2023.

Dietrich, J. (2004). Grundzüge ethischer Urteilsbildung. Ein Beitrag zur Bestimmung ethisch-philosophischer Basiskompetenzen und zur Methodenfrage der Ethik. In J. Rohbeck (Hrsg.), *Ethisch-philosophische Basiskompetenz* (S. 65–96). Thelem.

Dietrich, J. (2017). „Das muss doch jede*r für sich selber wissen!"? Fallanalysen zur angewandten Ethik. *E&U, 17*(4), 9–12.

DSO (Deutsche Stiftung Organtransplantation). (2022a). *Statistiken zur Organspende im Überblick*. https://dso.de/organspende/statistiken-berichte/organtransplantation. Zugegriffen am 12.12.2022.

DSO (Deutsche Stiftung Organtransplantation). (2022b). *Ablauf einer Organspende – vereinfachte Darstellung*. https://dso.de/organspende/allgemeine-informationen/organspende-in-deutschland/ablauf-einer-organspende. Zugegriffen am 12.12.2022.

Dudenredaktion. (2025a). *Meinung*. https://www.duden.de/rechtschreibung/Meinung. Zugegriffen am 05.07.2025.

Dudenredaktion. (2025b). *Urteil*. https://www.duden.de/rechtschreibung/Urteil. Zugegriffen am 05.07.2025.

Eurotransplant. (o.J.). *Deutschland. Über Eurotransplant*. https://www.eurotransplant.org/region/deutschland/. Zugegriffen am 15.08.2023.

Franzen, H. (2017). Fallanalysen im Ethik- und Philosophieunterricht. In sechs Schritten zu einem reflektierten Urteil. *E&U, 17*(4), 4–8.

Heubel, F. (2016). Der Eid und die Arbeitsteilung – Wozu kann der hippokratische Eid moderne Chefärzte ermutigen? In U. Deichert, W. Höppner, & J. Steller (Hrsg.), *Traumjob oder Albtraum – Chefarzt m/w. Ein Rat und Perspektivgeber* (S. 211–226). Springer.

Höffe, O. (Hrsg.). (2013). *Einführung in die utilitaristische Ethik. Klassische und zeitgenössische Texte*. (5. Aufl.). UTB.

Kant, I (1923 [1781]). *Kritik der reinen Vernunft*. (A1. Benno Erdmann (Hrsg.)). De Gruyter.

Kant, I. (1974 [1785]). *Kritik der praktischen Vernunft. Grundlegung zur Metaphysik der Sitten*. (Weischedel, W. (Hrsg.)). Suhrkamp.

Kant, I. (1999 [1784]). *Was ist Aufklärung? Ausgewählte kleine Schriften*. (Horst D. Brandt (Hrsg.)). Meiner.

Martens, E. (2012). *Methodik des Ethik- und Philosophieunterrichts: Philosophieren als elementare Kulturtechnik*. (6. Aufl.). Siebert.

Pfeifer, V. (2013). *Didaktik des Ethikunterrichts. Bausteine einer integrativen Wertevermittlung* (3. Aufl.). Kohlhammer.

President's Council on Bioethics. (2016). *Controversies in the determination of death.* https://www.thenewatlantis.com/wp-content/uploads/legacy-pdfs/20091130_determination_of_death.pdf. Zugegriffen am 15.08.2023.

Rieser, F. J. G., & Zunke, C. (2012). Mein Herz verschenk' ich, wenn ich tot bin. *Anmerkungen zur Organ- und Gewebespende. Extrablatt, 8*, 18–27.

Runtenberg, C. (2008). Produktionsorientierte Verfahren im Umgang mit Texten und Fotografien. Ein Beitrag für die Unterrichtspraxis der Sekundarstufe I. In R. Rehn & C. Schües (Hrsg.), *Bildungsphilosophie. Grundlagen – Methoden – Perspektiven* (S. 187–207). Karl Alber Verlag.

Schaber, P. (2022). *Organspende – Geschenk oder moralische Pflicht.* J. B. Metzler.

Scholz, L. (2020). *Methoden-Kiste – Methoden für Schule und Bildungsarbeit* (9. Aufl.). https://www.bpb.de/shop/materialien/thema-im-unterricht/36913/methoden-kiste/. Zugegriffen am 15.08.2023.

ZMD (Zentralrat der Muslime in Deutschland e.V.) (2011). *ZMD bei Anhörung im Bundestag: Zustimmung für Novelle des Transplantationsgesetzes.* https://www.zentralrat.de/18035_print.php. Zugegriffen am 30.07.2023.

# 19

# Förderung von Partizipation, Nachdenklichkeit und Kreativität im Gespräch: Der Ansatz des Philosophierens mit Kindern und Jugendlichen im naturwissenschaftlichen Unterricht

Arne Dittmer

> „Das Philosophieren mit Kindern lässt sich kurz und knapp definieren als ein pädagogischer und methodischer Ansatz, der darauf abzielt, selbsttätiges Denken im Austausch mit anderen zu fördern, um Nachdenklichkeit als Haltung, reflexive Kompetenzen sowie Gesprächskultur zu fördern" (Michalik, 2009, S. 32).

### Zusammenfassung

Bei der Auseinandersetzung mit ethischen Fragen gilt es für Lehrende und für Lernende gleichermaßen, eine Haltung einzunehmen, sich trotz Kontroversen, Widersprüchen oder auch Unsicherheiten respektvoll zu begegnen und sich um ein gemeinsames Verständnis zu bemühen. Hierzu bedarf es auch kommunikativer Kompetenzen bei der Durchführung ethischer Diskussionen. Ein Ansatz, der über die Anwendung von Moderationstechniken hinausgeht und auch eine offene, zurückhaltende Haltung der moderierenden Lehrkraft und den Aspekt der Diskussionskultur in einer demokratischen Gemeinschaft adressiert, ist das *Philosophieren mit Kindern und Jugendlichen*. Bei dieser Gesprächsform können Lernende sich kreativ in ethische Kontroversen einbringen und im Sinne einer *community of scientific inquiry* Erfahrungen mit einer ernst gemeinten, gemeinsamen Nachdenklichkeit machen, bei der sich Lehrkräfte und Lernende auf Augenhöhe begegnen und lernen, über eigene Vorstellungen oder auch Unsicherheiten zu sprechen.

---

A. Dittmer (✉)
Didaktik der Biologie, Universität Regensburg, Regensburg, Deutschland
E-Mail: Arne.Dittmer@ur.de

© Der/die Autor(en), exklusiv lizenziert an Springer-Verlag GmbH, DE, ein Teil von Springer Nature 2025
C. Hößle, W. Rathje (Hrsg.), *Bioethik unterrichten - Urteilsfähigkeit fördern*, https://doi.org/10.1007/978-3-662-69707-8_19

**Worum es geht**

- Wie kann der Ansatz des *Philosophierens mit Kindern und Jugendlichen* helfen, Diskussionskultur im Fachunterricht zu fördern?
- Einführung in den pädagogisch-didaktischen Ansatz des *Philosophierens mit Kindern und Jugendlichen* zur Moderation von Gruppendiskussionen
- Eine offene Haltung von Lehrkräften und die Begegnung mit Lernenden auf Augenhöhe in der pädagogischen Interaktion
- Diskursethische Grundlagen partizipativer Gesprächsformen
- Diskussionskultur im naturwissenschaftlichen Unterricht als Element fachintegrierter Demokratiebildung

## 19.1 Ethisches Bewerten: Eine Frage guter Diskussionskultur und einer offenen Haltung den Menschen gegenüber

Ethische Fragen sind strittig, sie können verletzen oder alte Verletzungen, Sorgen und Ängste hervorrufen. Auch können Lehrende selbst von dem behandelten Thema persönlich betroffen oder berührt sein. Ethische Fragen erfordern im Unterricht sowohl aufseiten der Lehrenden als auch aufseiten der Lernenden ein besonderes Fingerspitzengefühl und Sensibilität im Umgang miteinander sowie eine achtsame Sprache. Denn was die Behandlung ethischer Fragen im Unterricht für Lehrkräfte und Schülerinnen und Schüler zu einer besonderen Herausforderung macht, sind der Umgang mit *Kontroversen*, die zu hitzigen Debatten führen können, die *Sensibilität* mancher Themen oder auch Momente der *Unsicherheit*, in denen man an Wissensgrenzen stößt, seien es persönliche oder auch fachliche, wie beispielsweise bei zukünftigen Entwicklungen wie dem Klimawandel oder den Folgen des massiven Artensterbens.

In diesem Kapitel geht es um die Förderung einer partizipativen Diskussionskultur und die Rolle der Lehrkraft in ethischen Diskussionen. Auch wenn Lehrende meist über mehr Wissen und Erfahrungen mit der Behandlung ethischer Problemlagen verfügen, Expertise allein macht eine ethische Bewertung nicht zu einem moralisch hochwertigeren Urteil.[1] Moralisch sollten sich Lehrende und Lernende daher auf Augenhöhe begegnen. Dies entspricht dem Grundverständnis menschlichen Zusammenlebens in einer demokratisch verfassten Gesellschaft. Zudem haben Lehrkräfte – auch wenn sie über mehr fachliche Expertise und meist auch über mehr Erfahrungen verfügen – in ethischen Kontroversen gegenüber den Schülerinnen und Schülern nicht die *Definitionshoheit* festzulegen, was Lernende als persönliches Ergebnis einer ethischen Auseinandersetzung mitnehmen. Der Philosoph Andreas Hüttemann (Hüttemann, 2008) spricht bezüglich des Einflusses bio-

---

[1] Ethik wird in diesem Kapitel als Reflexion moralischer Urteile, Emotionen oder Handlungen verstanden.

logischer Erklärungen und Theorien auf unser Selbst- und Weltverständnis von der *Deutungsmacht der Biowissenschaften*, und insbesondere naturwissenschaftlich sozialisierte Lehrkräfte könnten dazu neigen, ihre biologische Sicht der Dinge (z. B. bei Fragen, ob Pflanzen empfindsame Wesen sind oder ob es ein Leben nach dem Tod gibt) als Maßstab für moralisch richtiges Handeln zu setzen.

Zwar besteht aufgrund der unterschiedlichen Expertise und Rollen eine asymmetrische Beziehung zwischen Lehrenden und Lernenden, aber unabhängig von Kenntnissen und Erfahrungen sollte die moralische Beziehung zwischen Lehrkräften und Lernenden bezüglich ihrer Einstellungen, Ideen, Wünsche und Positionen als eine symmetrische aufgefasst werden. Was als moralisch falsch oder richtig gilt, ist abhängig von den Werten und Argumenten, die eine Person vertritt, und nicht von ihrem Status oder ihrer Rolle in einer Institution. Die moralische Symmetrie begründet sich in der wechselseitigen Anerkennung als Person, die sich u. a. darin zeigt, dass Lehrkräfte ihren Schülerinnen und Schülern zuhören, sie ernst nehmen und ihnen auch Möglichkeiten der Mitgestaltung anbieten.

Zugleich ist es ein Spannungsverhältnis oder auch ein *pädagogisches Paradox* (Helsper, 2016), dass Lernende in heteronomen Strukturen zur Autonomie erzogen werden sollen. Lehrkräfte bewegen sich hier in einer strukturell widersprüchlichen Situation, da sie Mitbestimmung inmitten einer weitgehend fremdbestimmten Situation (Schul- und Anwesenheitspflicht, Bindung an Lehrpläne oder die Aufsichtspflicht und Weisungsbefugnis der Lehrkräfte gegenüber den Schülerinnen und Schülern) fördern sollen. Bildungsinstitutionen haben aber insbesondere auf Unterrichtsebene eine besondere Chance, durch partizipative Gesprächsformen an der Basis einer pluralistischen Gesellschaft Teilhabe und Mitbestimmung zu praktizieren und für Schülerinnen und Schülern erfahrbar zu machen.

So ist der Biologieunterricht nicht nur der Ort, an dem Lernende sich Grundkenntnisse über bioethische Fragen und Methoden zur Erarbeitung und Reflexion dieser Fragen aneignen, sondern er kann auch zu einem Kommunikationsmodell werden, wo sich Lernende mit ihren eigenen Vorstellungen, Erfahrungen und Gefühlen einbringen können und in der Praxis erleben, wie diskurs- und somit verständigungsorientierte Kommunikationspraktiken umgesetzt werden. Die unterrichtliche Behandlung ethischer Fragen kann daher immer aus zwei Perspektiven betrachtet werden:

1. Welche Inhalte und Fähigkeiten zur Förderung ethischer Bewertungskompetenz werden vermittelt (Unterricht als Ort der Wissensvermittlung)?
2. Wie erfahren Schülerinnen und Schüler durch die Unterrichtspraxis, wie Menschen in Konfliktlagen ethische Fragen bearbeiten und Probleme lösen können (Unterricht als Modell einer demokratischen Gemeinschaft)?

Bei der Auseinandersetzung mit ethischen Fragen gilt es für Lehrende und Lernende gleichermaßen, eine Haltung einzunehmen, sich trotz Kontroversen, Widersprüchen oder auch Unsicherheiten respektvoll zu begegnen und sich in einem geschützten Rahmen um ein gemeinsames Verständnis zu bemühen. Insbesondere stark lehrkraft-, stoff- und ergebniszentrierte Unterrichtskulturen, wie sie häufig im naturwissenschaftlichen Unterricht vorzufinden sind (Nevers, 2009; Mrochen & Höttecke, 2012; Steffen, 2015; Lee et al., 2019), stellen Lehrende hier vor besondere Herausforderungen. In einer ethischen Diskussion werden sie mit Fragen konfrontiert, bei deren Auseinandersetzung sie aus der tradierten Rolle als wissende, definierende und bewertende Lehrkraft heraustreten sollten, wenn es ernsthaft darum geht, dass Schülerinnen und Schüler ihre Ideen und Meinungen frei äußern und sie auch mal in den Widerspruch gehen.

Daher bedarf es neben didaktischer und methodischer Ansätze, welche die Strukturierung von Unterricht oder die systematische Erarbeitung ethischer Problemlagen und Argumentationen unterstützen, auch sozialer und kommunikativer Kompetenzen bei der Durchführung ethischer Diskussionen. Ein Ansatz, der über die Anwendung von Moderationstechniken hinausgeht und eine offene, zurückhaltende Haltung der moderierenden Person und den Aspekt der Diskussionskultur in einer demokratischen Gemeinschaft adressiert, ist das *Philosophieren mit Kindern und Jugendlichen* (Sprod, 2014; Echeverria & Hannam, 2016). Bei dieser Gesprächsform können sich Lernende kreativ in ethische Kontroversen einbringen und im Sinne einer *community of scientific inquiry* (Sprod, 2001) Erfahrungen mit einer ernst gemeinten, gemeinsamen Nachdenklichkeit machen. Folgt man der Unterscheidung von Sadler (2011), dass *classroom environment* und *teacher attributes* wichtige Rahmenbedingungen für die Erarbeitung ethischer Fragestellungen sind, dann fördert der Ansatz des *Philosophierens mit Kindern und Jugendlichen* (PmKJ) eine Unterrichtsatmosphäre (*classroom environment*), in der Nachdenklichkeit, gegenseitiges Vertrauen und Respekt sowie auch Freude am Austausch kultiviert werden und Lehrkräfte eine pädagogisch-didaktische Haltung (*teacher attributes*) entwickeln, die durch eine echte Offenheit und auch Fehlerfreundlichkeit den Lernenden und sich selbst gegenüber geprägt ist.

## 19.2 Gestaltungselemente eines philosophischen Gesprächs

Der Impuls für den Beginn eines philosophischen Gesprächs kann sich situativ aus dem Unterricht heraus ergeben (eine Schülerin empört sich über eine aktuelle Nachricht über die Genschere CRISPR/Cas und äußert Sorgen zu einem möglichen Missbrauch), philosophische Gespräche können aber auch gezielt für eine ethische Unterrichtseinheit geplant werden, beispielsweise, um im Kontext einer Bildung für nachhaltige Entwicklung über das Verhältnis von individueller und staatlicher Verantwortung nachzudenken. Ein möglicher Ablauf zum Thema „Fleischkonsum" kann folgendermaßen aussehen (Nevers, 2003):

**Festlegung von Gesprächsregeln**
Vor Diskussionsbeginn erarbeitet die Gruppe die Gesprächsregeln, damit sie sich mit der gewünschten Gesprächsatmosphäre auseinandersetzt und selbst die Entscheidung über den Umgang miteinander trifft. Die Gruppe denkt gemeinsam darüber nach, was eine gute, verständigungsorientierte Kommunikation kennzeichnet. Beispielsweise ist es wichtig, dass alle Schülerinnen und Schüler sagen dürfen, was

sie denken, keine verletzende Sprache verwendet wird, alle ausreden können und dass die moderierende Person (meist die Lehrkraft, aber wenn die Gruppe Erfahrungen mit der Durchführung von Diskussionen hat, kann auch ein Schüler moderieren) nicht bewertet oder Aussagen verbessert.

**Präsentation eines Stimulus und Sammeln von Fragen und Assoziationen**
Diskussionsanlass kann eine Geschichte, ein Bild oder ein anderer Impuls sein, zu dem die Gruppe Ideen, Fragen oder Assoziationen äußert. Besonders geeignet sind hier ethische Dilemmata, um zu einem Nachdenken über eine ethische Frage anzuregen. So sind Nachhaltigkeitsfragen eng mit Fragen der sozialen Gerechtigkeit oder kulturellen Traditionen verknüpft. Eine kurze Geschichte, in der beispielsweise Freunde darüber diskutieren, ob man sich Weihnachten ohne einen Weihnachtsbraten vorstellen kann oder was geschieht, wenn sich nur noch wohlhabende Menschen Fleisch als Nahrungsmittel leisten können, kann Ausgangspunkt der Diskussion sein. In einer Dilemmageschichte können verschiedene Positionen angeboten werden, auf die sich die Schülerinnen und Schüler im Gespräch beziehen können: Person A fordert, dass Tiere nicht mehr in Schlachthöfen leiden müssen, und Person B findet es ungerecht, wenn Menschen mit wenig Geld auch noch auf vertraute Traditionen verzichten sollen.

**Wahl einer Frage für die weitere Diskussion**
Nachdem erste Assoziationen und Fragen zum Thema gesammelt wurden, handelt die Gruppe gemeinsam aus, welcher Fragestellung weiter nachgegangen werden soll (z. B. „Haben Menschen ein Recht auf Fleischkonsum?"). Hierzu können die persönliche Bedeutung von Fleischkonsum, Kenntnisse über Tierhaltung oder andere Ideen und Erfahrungen von den Teilnehmenden erläutert werden. Um sich die eigenen Vorstellungen bewusst zu machen und sich auf das Gespräch vorzubereiten, können mit Unterstützung der Lehrkraft und durch eigene Recherche auch Bilder, Texte oder andere Formen der Dokumentation angefertigt werden.

**Durchführung des Gesprächs**
In der Diskussion wechselt die Lehrkraft als aktiv Zuhörende aus der Vermittlerrolle in die Moderatorenrolle. Sie begleitet und spiegelt die Diskussion, bewertet diese aber nicht und kann Impulse aufgreifen oder nachfragen. Die Moderatorin bzw. der Moderator kann darauf achten, dass die Gruppe die gewählte Fragestellung im Blick behält. Sie bzw. er hört aufmerksam und wertschätzend zu, ermutigt auch die Schweigsamen, sich am Gespräch zu beteiligen, und achtet darauf, dass niemand das Gespräch dominiert oder ausgeschlossen wird. Die moderierende Person kann auch mit kurzen Zusammenfassungen und Wiederholungen das Gespräch strukturieren und sollte offen gegenüber dem Gesprächsverlauf und den geäußerten Interessen und Ideen der Gesprächsteilnehmenden sein. Auf die Einhaltung der Gesprächsregeln achtet die ganze Gruppe und sie kann die Regeln auch an ihre Bedürfnisse anpassen.

**Raum für Kreativität geben**
Die Gruppe kann auch andere Formen der Auseinandersetzung in den Prozess integrieren, beispielsweise Rollenspiele, Fotocollagen oder eine Exkursion zu einem Ort, der mit dem diskutierten Thema zu tun hat.

**Zusammenfassung und Evaluation des Gesprächs**
Eine Diskussion im Stil des *Philosophierens mit Kindern und Jugendlichen* (PmKJ) zielt nicht darauf ab, einen Konsens herzustellen. Am Ende der Diskussion ist es allerdings sinnvoll, die Gesprächsinhalte zusammenzufassen und gemeinsam mit den Teilnehmenden den Verlauf des Gesprächs zu resümieren. Ist die Gruppe mit den Prinzipien von Feedbackgeben und Feedbacknehmen vertraut, können sich Schülerinnen und Schüler gegenseitig Rückmeldung geben, was ihnen gefiel, was sie störte oder wie sie mit dem Thema weiterarbeiten möchten und welche Schlüsse oder neue Sichtweisen sie aus dem Gespräch mitnehmen. Auch ein Feedback für die moderierende Lehrkraft ist möglich.

## 19.3 Der pädagogisch-didaktische Ansatz des Philosophierens mit Kindern und Jugendlichen

Das PmKJ hat seinen Ursprung in den reformpädagogisch motivierten Arbeiten von Gareth B. Matthews (1982) und Matthew Lipman (1991) und ist in der Sachunterrichtsdidaktik der Primarstufe ein verbreiteter Ansatz (Michalik, 2013) sowie eine in der Philosophie- und Ethikdidaktik etablierte Methode (Nida-Rümelin et al., 2015). Der Ansatz ist aber weder grundschulspezifisch noch fachgebunden, sondern im Kern ein Ansatz zur Moderation von Gruppendiskussionen, der dem emanzipatorischen Leitbild folgt, Kindern und Jugendlichen – oder natürlich auch Erwachsenen – mit Respekt zu begegnen, ihre Gedanken und Gefühle ernst zu nehmen und ihnen Raum für freie Äußerungen zu geben. Das Herzstück des Ansatzes ist eine offene, nicht belehrende Haltung der Lehrkraft gegenüber den Lernenden. Die durch den Moderationsstil anvisierte Offenheit des Gesprächs bezieht sich auf die Gesprächsinhalte sowie auch darauf, dass die Diskutierenden den Verlauf mitbestimmen. Michaud und Välitalo (2017) charakterisieren die Beziehung von Lehrenden und Lernenden und die Gesprächsatmosphäre als eine *shared authority*: Die Schülerinnen und Schüler wählen die Fragen für die Diskussion, gestalten und bestimmen selbst die Diskussionsregeln und gestalten den Diskussions- und Arbeitsprozess gemeinsam mit der Lehrkraft. Diese wird dadurch keineswegs in ihrer Rolle überflüssig. Sie moderiert und unterstützt, wenn beispielsweise der Prozess ins Stocken gerät oder Probleme auftauchen.

Das Thema bzw. die ethische Frage und nicht die Lehrkraft bzw. Autorität steht im Mittelpunkt. Mit Bezug auf die öffentliche Debatte zur Stammzellforschung verdeutlicht Nevers (2003, S. 162) in ihrem Aufsatz *Diskurskultur und Moral*, dass die Gestaltungsprinzipien des PmKJ auch für Erwachsene zu empfehlen sind, wenn man ein in öffentlichen Debatten häufig zu beobachtendes „Hauen und Stechen, Taktieren und Übertrumpfen" vermeiden und Formen verständigungsorientierter

Kommunikation kultivieren will. Das unterscheidet das PmKJ auch von Diskussionen in Rollenspielen, die gerne mal in Übertreibungen der Rollen und Positionen abgleiten oder einen kompetitiven Charakter entwickeln können.

Das PmKJ wird in der Literatur häufig mit der Idee des sokratischen Gesprächs in Verbindung gebracht, das in seiner pädagogischen Interpretation auf eine ehrliche Auseinandersetzung mit Erfahrungen, Fragen und Vorstellungen der Diskutierenden abzielt (Raupach-Strey, 2002). Die lebensweltnahen Erfahrungen liefern „in ihrer Vielfalt und teilweisen Widersprüchlichkeit […] das ursprüngliche ‚Material' philosophischen Nachdenkens" (Raupach-Strey, 2002, S. 111). So machen sich vegetarisch ernährende Schülerinnen und Schüler bereits die Erfahrung, dass eine vegetarische Ernährung nicht immer angeboten oder – wenn man das Beispiel des Weihnachtsbratens nimmt – nicht immer sozial akzeptiert wird oder man selbst widersprüchliche Wünsche empfindet. Oder andere sich nicht vegetarisch ernährende Schülerinnen und Schüler empfinden es als einen moralischen Vorwurf, wenn sie mit ihrer Ernährungsweise konfrontiert werden. Im Gespräch können Erfahrungen geteilt und anderen zugänglich gemacht werden. Das Gespräch bietet die Möglichkeit, Überzeugungen und Sichtweisen gemeinsam zu erkunden und zu hinterfragen.

Das PmKJ zielt darauf ab, dass sich die Teilnehmenden darin üben, die Vielfalt an Erfahrungen und Werten wahrzunehmen, die Perspektiven anderer nachzuvollziehen und ein Verständnis von Pluralität und der Vielschichtigkeit ethischer Kontroversen zu erwerben. Es geht um eine authentische Auseinandersetzung mit dem behandelten Thema, um Empathie und darum, Perspektivenübernahme zu fördern, da die offene und zugleich durch Gesprächsregeln gestaltete und moderierte Gesprächssituation eine Aussprache unterschiedlicher Sichtweisen und persönlicher Erfahrungen ermöglicht. Das PmKJ steht für eine Gesprächskultur, bei denen sich die Teilnehmenden zum Zuhören verpflichten und zugunsten der Aussprache auf schnelle (Gegen-)Reaktionen verzichten.

Das dem PmKJ zugrunde liegende Philosophieverständnis hat eine gewisse Nähe zum Selbstverständnis der analytischen Philosophie (Schwartz, 2012), die durch eine starke Sprachorientierung geprägt ist. So zielt vor allem im naturwissenschaftsdidaktischen Kontext das PmKJ nicht auf die Herstellung philosophiehistorischer Bezüge, sondern in einem weiten sprachanalytischen Sinne auf eine gemeinsame Reflexion lebensweltlicher Erfahrungen und der alltagssprachlichen Bedeutung von Begriffen oder Konzepten aus der Perspektive der Gesprächsteilnehmenden.

## 19.4 Die diskursethischen Grundlagen des Philosophierens mit Kindern und Jugendlichen

Ein offener und kreativer Umgang mit ethischen Themen erfordert eine Ablösung von einem lehrerzentrierten Kommunikationsstil (Van der Zande, 2011) und die Förderung einer partizipativen Diskussionskultur. Dies kann man sowohl wissenschaftspropädeutisch (Bedeutung von Argumentation und Diskussionen in der Erkenntnisgewinnung; Erduran & Jiménez-Aleixandre, 2007) als auch diskursethisch mit Bezug zur schulischen Demokratiebildung begründen (Weber, 2016). Die Diskursethik ist eine normative Theorie, die sich auf das Verfahren ethischer Aushandlungsprozesse bezieht und zwei wichtige Elemente ethischer Bewertungsprozesse hervorhebt: Die Orientierung an rationaler *Argumentation* und an einer gleichberechtigten *Partizipation* im ethischen Diskurs. Normativer Ausgangspunkt der Diskursethik als einer normativen Verfahrensethik ist die Idee, dass das, was als moralisch richtig bzw. als moralisch falsch anerkannt wird, nur im Diskurs zwischen kompetenten Gesprächspartnerinnen und Gesprächspartnern (sie müssen in der Lage sein, sich am Diskurs beteiligen zu können) in einer handlungsentlastenden und herrschaftsfreien Kommunikationssituation herausgearbeitet werden kann: „Unter dem Stichwort ‚Diskurs' führte ich die durch Argumentation gekennzeichnete Form der Kommunikation ein, in der problematisch gewordene Geltungsansprüche zum Thema gemacht und auf Berechtigung hin untersucht werden. Um Diskurse führen zu können, müssen wir in gewisser Weise aus Handlungs- und Erfahrungszusammenhängen heraustreten" (Habermas, 1984, S. 130 f.). In seiner *Theorie des kommunikativen Handelns* unterscheidet Habermas (1981) strategisches vom kommunikativen Handeln. Letzteres sieht sich als verständigungsorientiertes Handeln der Vernunft verpflichtet, und alle am Diskurs Beteiligten folgen unabhängig von sozialen Beziehungen und Hierarchien dem „eigentümlich zwanglosen Zwang des besseren Argumentes" (Habermas, 1981, S. 47). Der ethische Diskurs zielt auf eine Rekonstruktion von Argumenten, urteilsrelevanten Einstellungen und Werten sowie eine Klärung und Diskussion von Handlungsfolgen. Dem Ergebnis eines Diskurses kann nur zugestimmt werden, „wenn die Folgen und Nebenwirkungen, die sich aus einer *allgemeinen* Befolgung der strittigen Norm für die Befriedigung der Interessen eines *jeden Einzelnen* voraussichtlich ergeben, von allen *zwanglos* akzeptiert werden können" (Habermas, 1983, S. 103). Dieser *Universalisierungsgrundsatz* der Diskursethik ist Ausdruck eines Glaubens an die Wirksamkeit vernünftiger und dialogorientierter Argumentation. Alle Gesprächspartner haben die gleichen Rechte, einen Diskurs zu eröffnen, ihre Meinung zu vertreten und dieser der Kritik auszusetzen, ihre Gefühle darzustellen und frei zu reden (Habermas, 1983). Auch wenn die Diskursethik einen argumentationsorientierten Fokus hat, so folgt sie der sozialen Vision bzw. dem Ideal, dass Menschen – wenn sie sich gemeinsam mit Problemlagen, Konflikten und strittigen Werten und Normen auseinandersetzen – sich aufrichtig und wahrheitssuchend begegnen. Die Diskursethik beschreibt als Leitbild eine *ideale Sprechsituation* und formuliert Prinzipien, welche die Gesprächspartner sich gegenseitig unterstellen, wenn eine verständigungsorientierte Kommunikation gelingen soll (Habermas, 1981). In einer idealen Sprechsituation unterstellen sich die Interaktionspartner wechselseitig, dass

- sie um sprachliche Klarheit bemüht sind (*Verständlichkeit*),
- die Inhalte des Diskurses in der empirischen Welt wirklich vorzufinden sind (*Wahrheit*),
- Behauptungen und Ideen geäußert werden, die prinzipiell auch von anderen für gut befunden werden können (*normative Richtigkeit* bzw. *Angemessenheit*) und
- die Äußerungen wirklich von den Sprechenden so gemeint sind (*Aufrichtigkeit*).

Diese vier Geltungsansprüche einer idealen Sprechsituation entsprechen dem wechselseitigen Vertrauensvorschuss in der pädagogischen Interaktion und in vielen Alltagssituationen. Die Diskursethik beschreibt die normativen Grundlagen für die Teilhabe in einer offenen und pluralen Gesellschaft, und sie kann auch grundlegend für kooperative Arbeitsformen oder die Gestaltung des wöchentlichen Klassenrates herangezogen werden. In naturwissenschaftlichen Vermittlungskontexten können – mit Blick auf das *Wesen der Naturwissenschaften* als soziale Institutionen – Bezüge zu der Rolle von Kommunikation in Forschungs- und Erkenntnisprozessen hergestellt werden (Osborne, 2010). Die Diskursethik bzw. nach diskursethischen Prinzipien gestaltete Diskussionen sind somit von grundlegender Bedeutung für die Förderung ethischer Bewertungskompetenz, für die schulische Demokratiebildung und für die Wissenschaftspropädeutik, wenn Schülerinnen und Schüler sich mit verständigungsorientierten Formen der Wissenschaftskommunikation auseinandersetzen.

## Resümee: Förderung pädagogischer Sensibilität und guter kommunikativer Praxis

Um ethisch sensiblen Themen gerecht zu werden, bedarf es einer Diskussionskultur, die Raum für Nachdenklichkeit, Empathie oder auch Widerspruch gibt. So ist es auch angesichts der aktuellen Debatten über Kommunikationsverzerrungen und Kommunikationsproblemen (*Fake News, Hate Speech, Wissenschaftsleugnung*) eine Chance, entgegen der Eskalationslogik sozialer Medien und populistischer Agitatoren, den Unterricht als *Mikroebene der Wissenschaftskommunikation* (Dittmer, 2025) zu nutzen und verständigungsorientierte Kommunikationsstile zu kultivieren, die ein Zuhören oder auch Eingestehen eigener Grenzen, Irrtümer und auch Unsicherheiten ermöglichen (Paseka et al., 2018). Nachdenklichkeit und Unsicherheiten brauchen in der Unterrichtskultur einen didaktischen Ort, Unterrichtsphasen, in denen Lehrkräfte und Lernende sich auf Augenhöhe begegnen und auch lernen, über eigene Unsicherheiten und Verunsicherungen zu sprechen. Nicht in erster Linie die Lernwirksamkeit, sondern insbesondere Sensibilität, Offenheit, Demut und Interesse an meinem Gegenüber sind in ethischen und politischen Kontroversen gefordert und können durch moderierte Diskussionen im Stil des PmKJ gefördert werden.

## Literatur

Dittmer, A. (2025). Der Biologieunterricht als Mikroebene partizipativer und verständigungsorientierter Wissenschaftskommunikation. In S. Achour, M. Sieberkrob, D. Pech, J. Zelck, & P. Eberhard (Hrsg.), *Handbuch Demokratiebildung und Fachdidaktik* (S. 96–106). Wochenschau Verlag.
Echeverria, E., & Hannam, P. (2016). The community of philosophical inquiry (P4C): A pedagogical proposal for advancing democracy. In M. R. Gregory, J. Haynes, & K. Murris (Hrsg.), *The Routledge international handbook of philosophy for children* (S. 35–42). Routledge.
Erduran, S., & Jiménez-Aleixandre, M. P. (2007). *Argumentation in Science Education*. Springer.

Habermas, J. (1981). *Theorie des kommunikativen Handelns. Bd. 1: Handlungsrationalität und gesellschaftliche Rationalisierung.* Suhrkamp.

Habermas, J. (1983). *Moralbewußtsein und kommunikatives Handeln.* Suhrkamp.

Habermas, J. (1984). *Vorstudien und Ergänzungen zur Theorie des kommunikativen Handelns.* Suhrkamp.

Helsper, W. (2016). Antinomien und Paradoxien im professionellen Handeln. In M. Dick, W. Marotzki, & H. Mieg (Hrsg.), *Handbuch Professionsentwicklung* (S. 50–62). Julius Klinkhardt.

Hüttemann, A. (2008). *Zur Deutungsmacht der Biowissenschaften.* mentis.

Lee, H., Lee, H., & Zeidler, D. (2019). Examining tensions in the socioscientific issues classroom: Students' border crossings into a new culture of science. *Journal of Research in Science Teaching, 57*(5), 1–23.

Lipman, M. (1991). *Thinking in education.* Cambridge University Press.

Matthews, G. B. (1982). *Philosophy and the young child.* Cambridge University Press.

Michalik, K. (2009). Philosophieren mit Kindern als Unterrichtsprinzip und die Förderung von Wissenschaftsverständnis im Sachunterricht. In K. Michalik, H.-J. Müller, & A. Nießeler (Hrsg.), *Philosophie als Bestandteil wissenschaftlicher Grundbildung?* (S. 27–42). Lit Verlag.

Michalik, K. (2013). Philosophieren mit Kindern als Unterrichtsprinzip. Bildungstheoretische Begründungen und empirische Fundierungen. *Pädagogische Rundschau, 67*(6), 635–649.

Michaud, O., & Välitalo, R. (2017). Authority, democracy and philosophy: The nature and role of authority in a philosophical community of inquiry. In M. Gregory, J. Haynes, & K. Murris (Hrsg.), *The Routledge international handbook of philosophy for children* (S. 27–35). Routledge.

Mrochen, M., & Höttecke, D. (2012). Einstellungen und Vorstellungen von Lehrpersonen zum Kompetenzbereich Bewertung der Nationalen Bildungsstandards. *Zeitschrift für interpretative Schul- und Unterrichtsforschung, 1*, 113–145.

Nevers, P. (2003). Diskurskultur und Moral. In S. Albrecht, J. Dierken, H. Freese, & C. Hößle (Hrsg.), *Stammzellforschung – Debatten zwischen Ethik, Politik und Geschäft* (S. 161–177). Hamburg University Press.

Nevers, P. (2009). Transcending the factual in biology by philosophizing with children. In G. Y. Iversen, G. Mitchell, & G. Pollard (Hrsg.), *Hovering over the face of the deep. Philosophy, theology and children* (S. 147–160). Waxmann.

Nida-Rümelin, J., Spiegel, I., & Tiedemann, M. (Hrsg.). (2015). *Handbuch Philosophie und Ethik: Bd. 1: Didaktik und Methodik.* Ferdinand Schöningh.

Osborne, J. (2010). Arguing to learn in science: The role of collaborative, critical discourse. *Science, 328*(5977), 463–466.

Paseka, A., Keller-Schneider, M., & Combe, A. (Hrsg.). (2018). *Ungewissheit als Herausforderung für pädagogisches Handeln.* Springer VS.

Raupach-Strey, G. (2002). Das Sokratische Paradigma und seine Bezüge zur Diskurstheorie. In D. Birnbacher & D. Krohn (Hrsg.), *Das sokratische Gespräch* (S. 106–139). Reclam.

Sadler, T. D. (2011). Socio-scientific issues-based education: What we know about science education in the context of SSI. In T. D. Sadler (Hrsg.), *Socio-scientific issues in the classroom: Teaching, learning and research* (S. 355–369). Springer.

Schwartz, S. . P. (2012). *A brief history of analytic philosophy. From Russell to Rawls.* Wiley-Blackwell.

Sprod, T. (2001). *Philosophical discussion in moral education: The community of ethical inquiry.* Routledge.

Sprod, T. (2014). Philosophical inquiry and critical thinking in primary and secondary science education. In M. R. Matthews (Hrsg.), *International handbook of research in history, philosophy and science teaching* (S. 1531–1564). Springer.

Steffen, B. (2015). *Negiertes Bewältigen. Eine Grounded-Theory-Studie zur Diagnose von Bewertungskompetenz durch Biologielehrkräfte.* Logos.

Van der Zande, P. (2011). *Learners in dialogue: Teacher expertise and learning in the context of genetic testing.* Doctoral thesis, University of Utrecht.

Weber, B. (2016). *Philosophieren mit Kindern zum Thema Menschenrechte: Vernunft und Mitgefühl als Grundvoraussetzungen einer demokratischen Dialogkultur.* Verlag Karl Alber.

## Vertiefende Literatur

Michalik, K. (2013). Philosophieren mit Kindern als Unterrichtsprinzip. Bildungstheoretische Begründungen und empirische Fundierungen. *Pädagogische Rundschau, 67*(6), 635–649.

Sprod, T. (2014). Philosophical inquiry and critical thinking in primary and secondary science education. In M. R. Matthews (Hrsg.), *International handbook of research in history, philosophy and science teaching* (S. 1531–1564). Springer.

The manufacturer's authorised representative in the EU is Springer Nature Customer Service Centre GmbH, Europaplatz 3, 69115 Heidelberg, Germany. If you have any concerns regarding our products, please contact ProductSafety@springernature.com

Printed and bound by CPI Group (UK) Ltd, Croydon, CR0 4YY
23/03/2026
02076466-0014